Computergeschichte(n)

Die ersten Jahre des PC

Edition Computer

Besonderen Dank schulde ich Hans Pulina, Ralph Kanig und Joachim Uhlig für das Korrekturlesen des Manuskripts.

Computergeschichte(n)

Die ersten Jahre des PC

Edition Computer

Bibliografische Information der Deutschen Nationalbibliothek. Die Deutsche Nationalbibliothek verzeichnet diese Publikation in der Deutschen Nationalbibliografie; detaillierte bibliografische Daten sind im Internet über http://dnb.d-nb.de abrufbar.

Edition Computer

http://www.raumfahrtbuecher.de
Herstellung und Verlag: Books on Demand GmbH, Norderstedt
2. Auflage 2014
ISBN-13: 978-3-7357-8210-6

Inhaltsverzeichnis

Vorwort

Es gibt eine Reihe von Büchern über die frühen Jahre des PC. Bill Gates, Stephen Wozniak und andere Pioniere haben Autobiografien geschrieben. Warum also noch ein Buch? Vielleicht, weil eine Zusammenfassung fehlt, oder sich andere Bücher nur auf einen Aspekt oder eine Person konzentrieren. Ich vermisse bei vielen Büchern auch, dass sie die Rechner behandeln. Schließlich geht es hier um Technikgeschichte. Sie ist zwar an Personen geknüpft, doch erfolgreich wurden die Produkte – auf jedes Genie kommen einige Hundert, die mit ihrer Firma nicht erfolgreich waren. Ich habe mich entschlossen, diese Lücke im deutschsprachigen Raum zu füllen. Das Buch ist keine vollständige Geschichte des PC und kein biografisches Buch. Vielmehr geht es um einzelne Ereignisse, die involvierten Personen und ihre Rolle in der Geschichte des PC. Im Anhang findet sich als Ergänzung eine technische Beschreibung der Geräte, die von den PC-Pionieren entwickelt wurden.

Das Buch umfasst den Zeitraum zwischen 1974 und 1995, wobei die meisten Ereignisse zwischen 1974 und 1984 liegen. Vorher gab es zwar auch schon Computer, aber keine Rechner, die für Privatpersonen bezahlbar waren. Nach 1991 war die Vormachtstellung von Microsoft im Betriebssystemmarkt durch Windows zementiert und bei den Rechnern spielten nicht IBM-PC kompatible Systeme keine Rolle mehr. Ich schreibe Fachbücher und dies hat sich auch im Stil dieses Buches niedergeschlagen. Sie finden daher kaum Anekdoten über die PC-Pioniere, sondern eine Aufzählung und Erläuterung der Ereignisse. Ich hoffe, dieser Stil kommt beim Leser an. Die einzelnen Kapitel können unabhängig voneinander gelesen werden. Dadurch gibt es aber auch notwendigerweise einige Wiederholungen. Die Technik der Computer und Intel-Prozessoren habe ich im letzten Kapitel etwas vertieft.

Neu in der zweiten Auflage ist ein Kapitel über Seymour Cray, dessen Computer zur gleichen Zeit entstanden, aber in einem völlig anderen Segment angesiedelt waren. Ich denke als Kontrast, und weil es sich um besondere Rechner handelt, ist er eine gute Ergänzung zu den Pionieren im PC-Bereich.

Neu ist auch eine Zeittafel, die es erlaubt, die Ereignisse im zeitlichen Zusammenhang zu sehen.

Vor dem Mikrocomputer

Auch wenn es in diesem Buch vorrangig um die PC-Geschichte geht, wäre es nicht komplett ohne einen kurzen Abriss über die Geschichte des Computers. Ich beginne nicht bei den Anfängen – Ideen und Pläne für Geräte und Rechenmaschinen gab es schon seit dem 18. Jahrhundert – sondern mit den ersten gebauten Computern.

Die Theorie über die Bestandteile des Computers wurde in den späten vierziger Jahren des vorigen Jahrhunderts von Alan Turing entwickelt. Danach enthält ein Computer mindestens ein Rechenwerk, einen Speicher sowie ein Bussystem zum Datentransport zwischen diesen Komponenten. John von Neumann beschrieb später die Architektur, nach der die meisten Computer arbeiten. Danach werden Befehle aus dem Speicher geholt, von einer Steuerlogik decodiert, im Rechenwerk ausgeführt und die Ergebnisse wieder im Speicher abgelegt. Daten und Programme teilen sich einen gemeinsamen Speicher. Wie der erste amerikanische Computer ENIAC beweist, kann man durchaus auch einen Computer bauen, der nicht diesem Prinzip gehorcht, die Nachteile waren aber offensichtlich: Die Programmierung von ENIAC war sehr aufwendig.

Zentrales Element für den Aufbau eines Computers ist ein Schalter. Wie der Lichtschalter lässt er in einer Stellung Strom durch, in der anderen Stellung nicht. Von der Zeit, die für das Umschalten benötigt wird, hängt die Geschwindigkeit des Computers ab. Fortschreitende Geschwindigkeitssteigerungen fanden durch den Einsatz von Relais, Vakuumröhren, Transistoren und integrierten Schaltungen statt.

Jeder Schalter hat einen Eingang und einen Ausgang. Ob ein Strom vom Eingang zum Ausgang fließt, entscheidet bei einem Lichtschalter der Mensch, indem er den Schalter drückt oder eben nicht. Beim Computer erfolgt das Umschalten durch eine eigene Steuerleitung, welche die mechanische Betätigung ersetzt.

Die ersten Computer

Schon 1937 konstruierte der Ingenieursstudent Konrad Zuse im Wohnzimmer der Eltern den Vorfahren des ersten Computers, die Z1. Als Schalter verwendete er Blechteile, das Gerät arbeitete rein mechanisch. Als Antrieb diente ein Staubsaugermotor. Er musste dafür pro Schalter drei Blechteile von Hand aussägen. Ein Steuerblech wird mechanisch bewegt und stellt einen elektrischen Kontakt zwischen den beiden Blechen für den Ein- und Ausgang her. Die Blechteile verklemmten sich allerdings recht häufig.

Deshalb verwendete Zuse für das Nachfolgegerät Z2 ausgemusterte Relais, die damals zur Vermittlung von Telefongesprächen benutzt wurden. Ein Relais ist ein elektromechanischer Schalter. Dieser besteht aus zwei durch einen Abstand getrennten Metallbügeln (Kontakt- und Klopfhebel). Im ausgeschalteten Zustand berühren sich diese nicht und es kann kein Strom fließen. Unter dem Kontakthebel befindet sich eine Spule, die unter Strom gesetzt werden kann. Dabei entsteht ein Magnetfeld, welches den Klopfhebel anzieht. Es kommt zum Kontakt und der Strom kann fließen. Die Z2 besteht aus rund 200 Relais. Sie wird kurz vor Kriegsausbruch fertiggestellt, funktioniert dann auch bei einer Vorführung, danach jedoch versagt sie: die alten Telefonrelais haben ausgeleierte Bügel und immer fällt eines der vielen Relais aus. Relais wurden auch für die Mark I und den Collosos verwendet.

Die Z1 und der Nachfolger Z2 waren noch Prototypen. Die Z1 funktionierte zwar grundsätzlich, war aber für den praktischen Einsatz zu störanfällig. Die Z2 war nur ein Experiment, um die neue Relaistechnik auszuprobieren. Sie enthielt einige wichtige Baugruppen eines Computers, war aber noch nicht komplett. Der eigentliche Zweck der Z2 war, festzustellen, ob die Relaistechnik zuverlässiger funktionierte, als die bei der Z1 verwendete Mechanik.

Zuses erster vollständiger Computer, die Z3 von 1941, bestand aus 600 Relais für das Rechenwerk und 1.400 Relais für den Speicher. In der Komplexität entsprach er Intels erstem Mikroprozessor, dem 4004. Das Programm wurde auf Lochstreifen gespeichert. Dafür nutzte Zuse alte Kinofilme, die er mit einem Bürolocher lochte.

Obwohl solch ein Rechner sicher kriegswichtig war, bekam er keine Unterstützung von offiziellen Stellen und bastelte bis zum Ende des Krieges weiter an der Z4. Die erste Vorführung der Z3 am 12.5.1941 gilt als Geburtsstunde des Computers. Zuse wird vom Dienst in der Wehrmacht freigestellt und arbeitet bei den Henschel Flugzeugwerken. Dort bekam er Unterstützung von Mitarbeitern, die ihm Teile brachten bzw. der Lehrlingswerkstatt, die für ihn die Bleche für die Z4 herstellten – die Z4 sollte wie die Z1 wieder aus Blechen als Schaltelementen bestehen. Fertig wurde die Z4 allerdings erst vor Kriegsende.

Er konnte aber zwei Geräte zum Einsatz bringen, die zwar keine Computer waren, (sie waren nicht frei programmierbar), aber die ein festgelegtes Programm abarbeiteten. Sie mussten Korrekturwerte für die den Abwurf der Gleitbombe HS 293 berechnen. Die HS 293 war eine geflügelte, aber antrieblose Bombe, die es ermöglichte den Bombern bei Angriffen auf Schiffen nach dem Abwurf abzudrehen und so dem Abwehrfeuer zu entkommen. Damit sie das Ziel traf, mussten entweder die Flügel sehr präzise gearbeitet sein oder man musste die Abweichung von der Idealform kennen und entsprechend Abwurfhöhe, Entfernung und seitliche Lage korrigieren. Da man durch die kriegsbedingte Rohstoff- und Arbeitskraftknappheit die Flügel aus Blech stanzte, ging man den zweiten Weg. Zuse entwickelt einen Rechner der die Abweichungen berechnet. Die Berechnungen sind fest verdrahtet. Das „Spezialgerät 1“ (S1) wurde von Messpunkt zu Messpunkt gebracht, die Abweichung eingegeben und es berechnete die Korrekturwerte. Es war von 1942 bis 1944 im Einsatz. Das darauf aufbauende Spezialgerät 2 konnte die Messwerte über selbst entwickelte Analogwandler selbst aufnehmen und kann als Vorläufer der Signalverarbeitungsprozessoren angesehen werden.

Seit 1942 arbeitet er nach Feierabend an der Z4. Das Rechenwerk besteht aus 600 Relais, der Speicher aus den mechanischen Schaltern. Sie wurde vor Kriegsende fertiggestellt, verfügte über 2.200 Bauteile und einen Speicher für 64 Fließkommazahlen mit 32 Bit pro Zahl. Sie war bis 1950 der einzige Computer in Europa. Durch den verlorenen Krieg gelangte Zuses Erstleistung aber in Vergessenheit. Erst sehr spät wurde man auch in Deutschland darauf aufmerksam, dass er den Computer erfand. Im Ausland hat sich diese Erkenntnis bis heute nicht durchgesetzt. Ich habe für dieses Buch auch einige englische Bücher über Computergeschichte gelesen – in keinem wird Zuse erwähnt.

Parallel dazu arbeitete auch das britische Militär an einem Computer. Dieser „Colossos“ sollte die chiffrierten Funkmeldungen der deutschen Verschlüsselungsmaschine „Enigma“ entschlüsseln. Auch die USA entwickelten einen Computer. Ihr Mark I wurde 1943 fertiggestellt, bestand aus 3.304 Relais und 800 km Draht, die 3 Millionen Verbindungen verknüpften. Der Rechner war 15 m lang, 2,4 m hoch und wog 5 t. Mit Hilfe von 420 Wählschaltern mussten die Operateure das Programm von Hand eingeben. Mark I schaffte eine Addition in 0,3 s und eine Multiplikation in 3 Sekunden. Auch Zuses Z4 war nicht viel schneller und benötigte für 20 Additionen eine Sekunde. Die Z4 war aber der erste funktionsfähige programmierbare Computer. Sowohl Collossos, wie auch Mark I waren nur fähig eine Aufgabe durchzuführen und nicht programmierbar. Sie waren also eher seinem „Spezialgerät 1“ vergleichbar.

Der Grund für diese langsame Rechengeschwindigkeit war die Wahl des Schalters: Durch das elektromechanische Prinzip dauerte es immer einen Sekundenbruchteil, bis ein Kontakt hergestellt wurde. Die Mechanik limitierte somit die Rechengeschwindigkeit. Die Taktfrequenz von Zuses Z3 lag im Bereich von wenigen Hertz.

Doch schon 1945 wurde ENIAC (**E**lectronic **N**umerical **I**ntegrator **a**nd **C**omputer) vorgestellt. Der Rechner war ursprünglich entwickelt worden, um Ballistiktabellen für Geschütze zu berechnen, doch kam er für den Zweiten Weltkrieg nicht mehr rechtzeitig zum Einsatz.

Dieser Rechner basierte auf Vakuumröhren, wie sie als Verstärker in Radios eingesetzt wurden. Bei einer Vakuumröhre befindet sich zwischen einer stromführenden Kathode und einer Strom aufnehmenden Anode ein Gitter in einem Vakuum. Durch das Spannungsgefälle werden Elektronen von der Kathode zur Anode emittiert. Strom fließt, wenn diese an der Anode ankommen. Setzt man das Gitter zwischen den beiden Elektroden aber unter Spannung, so stößt eine negative Ladung die Elektronen ab – es fließt kein Strom. Wie das Relais ist auch die Vakuumröhre ein Schalter, etwas kleiner, vor allem aber schneller, da der Strom berührungslos transferiert wird. Eine Elektronenröhre kann tausendmal schneller schalten als ein mechanisches Relais. ENIAC, der mit 17.468 dieser Röhren 170 m² Platz einnahm, schaffte schon 1.000 Rechnungen pro Sekunde und war damit fünfzigmal schneller als die Z3.

Elektronenröhren haben aber auch Nachteile. Sie brauchen viel Strom, entwickeln viel Wärme und sind nicht sehr langlebig. Wenn eine Vakuumröhre eine durchschnittliche Lebensdauer von zwei Jahren hat, so fiel bei ENIAC eine Röhre pro Stunde aus. Die damaligen Programmierer waren mehr Mechaniker als Programmierer, weil laufend Röhren ausgewechselt werden mussten. ENIAC benötigte eine Leistung von 150 kW. Der Rechner brauchte viel Platz, denn die Abwärme musste an die Umgebung abgegeben werden. Später entdeckte man, dass die Röhren vor allem beim An- und Abschalten ausfielen, und schaltete die Computer nicht mehr ab. Damit konnte man auch mit Röhren eine Betriebsdauer von 20 Stunden erreichen. Grace Hopper, eine der ersten Programmiererinnen, die später die Programmiersprache COBOL erfand, prägte den Ausdruck „Bug“ (Käfer) für einen Computerfehler. Eine Motte hatte in ENIAC einen Kurzschluss verursacht.

ENIAC basierte auf dem Prinzip analoger Schaltungen, wie sie damals schon in Analogrechnern eingesetzt wurden, und setzte deren Arbeitsprinzip digital um, ohne jedoch das Prinzip zu verändern. Analogrechner können elektrische Signale addieren, subtrahieren und integrieren. Wie der Ausdruck „analog“ ausdrückt, ist das Ergebnis dann aber keine Folge von definierten Signalen wie bei Digitalrechnern, sondern eine Spannung oder ein Strom proportional zum Wert. Analogrechner waren nicht frei programmierbar, sondern konnten bedingt durch die Verbindung jeweils nur eine Aufgabe lösen, die jedoch sehr gut. So setzte man experimentell zu Kriegsende in der von Braun entwickelten V-2 einen Analogrechner ein, der die Rakete entlang eines vorher festgelegten Pfades steuerte und das Triebwerk bei Erreichen eines Sollpunktes abschaltete. Er erhöhte die Zielgenauigkeit beträchtlich.

So hatte ENIAC nicht weniger als zwanzig Akkumulatoren. Dies waren die digitalen Gegenstücke zu analogen Integratoren, die Signale aufsummierten. Dazu kamen eine Multiplikationseinheit, eine Einheit zum Dividieren / Ziehen der Quadratwurzel und drei Einheiten, die Werte für Formeln aufnahmen. Von einer

Programmierung im heutigen Sinne konnte man bei ENIAC noch nicht sprechen. Es wurde ein Programm geschrieben, indem die Einheiten neu verbunden wurden. Das Programm wurde damit direkt über die Hardwareverdrahtung festgelegt. ENIAC hatte über 5 Millionen Verbindungen zwischen den Bauteilen. Damit konnte der Computer die Ergebnisse von vorgegebenen Formeln berechnen – aber auch nicht mehr.

ENIAC wurde sehr populär, er kam sogar in der Wochenschau, wobei der damalige Kommentar auch schon den Hauptnachteil von ENIAC aufzeigte: „Der ENIAC berechnet die Flugbahn, die ein Geschoss in 30 Sekunden durchläuft, in 20 Sekunden. Das Programmieren dauert zwei Tage". Kurz nach ENIAC stellt John von Neumann sein Prinzip vor, wie ein Computer funktionieren sollte. Demnach wird die Berechnung nicht durch die Verdrahtung festgelegt, sondern ein Programm. Damit gewann der Computer nicht nur Flexibilität, sondern er wurde auch universell einsetzbar. Schon der nächste Computer (EDVAC), der von 1946 bis 1949 entwickelt wurde, basierte auf von Neumanns Ideen.

Im Jahr 1951 wurde mit dem Univac I der erste kommerzielle Computer vorgestellt. Es war der erste Rechner, der nicht von Regierungsstellen in Auftrag gegeben wurde, sondern auf dem freien Markt verkauft werden sollte. Der Erste wurde an das Zensus Büro ausgeliefert. Dieses kam mit der Auswertung der Daten der Volkszählungen mit Lochkarten und mechanischen Sortier- und Addiermaschinen nicht mehr nach. Der Univac löste die Aufgabe. Der fünfte Univac sagte 1952 den Sieg Eisenhowers, basierend auf 5% der schon ausgezählten Wählerstimmen mit einer Genauigkeit von 1% voraus – nur glaubte ihm das damals keiner. Er machte Computer aber mit einem Schlag bekannt, denn er war in der CBS-Fernsehübertragung zur Wahl präsent. Der UNIVAC war anders als ENIAC frei programmierbar.

Die Anfänge der Computerindustrie waren schleppend. Die ersten Computer waren Einzelanfertigungen und es gab alle paar Jahre neue Modelle. Bis Ende der Fünfziger Jahre gab es erst einige Firmen, die Computer anboten. IBM, bei Büromaschinen weltweit führend, stieg erst relativ spät in dieses Geschäft ein. IBM hatte jedoch mit der Entwicklung von Systemen, die mit den schon eingeführten mechanischen Maschinen zur Verarbeitung von Lochkarten zusammenarbeiteten, sehr großen Erfolg.

Es war möglich die mechanischen Lochkartenstanzer und Lesegeräte an Computer anzuschließen. IBM wurde bald Marktführer, obwohl ihre Computer zunächst sehr langsam waren. Sie fügten sich aber in die Produktpalette von IBM nahtlos ein. Ein Käufer musste sich so nicht für ein neues und gegen ein altes System entscheiden. Der erste in Serie produzierte Computer war das IBM 650 System aus dem Jahr 1954. Von ihm wurden über Tausend Stück produziert. Dagegen gab es kaum Abnehmer für schnelle Computer. Sie wurden vorwiegend von Regierungsstellen und hier vor allem vom Militär gekauft. Das führte dazu, dass IBM sich auf den Markt für die Datenverarbeitung konzentrierte. Das bedeutete: die Rechner sollten keine komplexen Programme ausführen, aber viele Daten verabreiten. Das war z.B. nötig für die Buchhaltung, die Berechnung von Versicherungsbeiträgen, indem man Risiken berechnete oder die Verwaltung von Bankkonten. In diesem geschäftlichen Umfeld konnte sich IBM etablieren und lieferte seine Rechner an die Rechnungsabteilungen von größeren Firmen, Versicherungen und Banken aus.

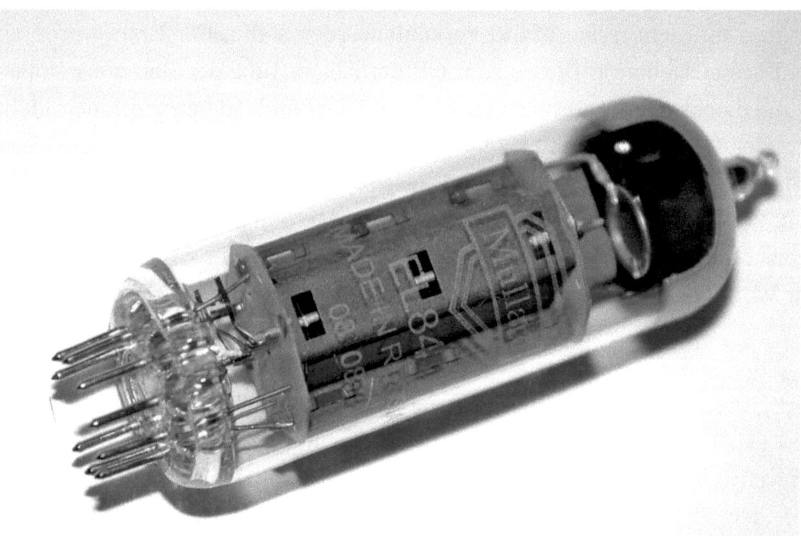

Abbildung 1: Eine Vakuumröhre

Der Transistor und der kommerzielle Erfolg

Solange Rechner mit Vakuumröhren arbeiteten, gab es nur eine geringe Nachfrage nach Computern. Die Rechner waren unhandlich, fehleranfällig und langsam. So gab es in den späten Vierziger und Fünfziger Jahren nur wenige Computer mit beschränkter Speicherfähigkeit. Sie wurden vor allem für wissenschaftliche und militärische Zwecke eingesetzt, wie die Berechnung der Wirkung von Atomwaffen oder die Simulation der Flugbahn einer Rakete. Selbst Thomas J. Watson jr., damals Chef von IBM, glaubte nicht daran, dass man mehr als ein paar dieser teuren und fehleranfälligen Ungetüme verkaufen würde. Erst der Transistor machte die Rechner zuverlässiger, leistungsfähiger und billiger.

Der erste Transistor wurde schon 1947 erfunden, allerdings wurde bei der ersten Generation Germanium als Halbleiter verwendet. Germanium machte den Transistor zehnmal teurer als Elektronenröhren. Es war damals fast so teuer wie Gold, weshalb Transistoren zuerst nur selten in Computern eingesetzt wurden. 1954 erschien jedoch der erste Transistor mit Silizium als Basismaterial. Damit wurde der Transistor erheblich billiger und ersetzte schnell die Vakuumröhren. Ab Anfang der sechziger Jahre waren die Geräte alle „volltransistorisiert".

Ein Transistor besteht aus drei Schichten. Die Leitfähigkeit der Schichten wird durch Dotierung beeinflusst. Unter Dotierung versteht man das gezielte Einbringen von anderen Elementen in das sonst hochreine Silizium. Ein Siliziumatom baut mit vier Elektronen Bindungen zu vier anderen Siliziumatomen auf. Wird eine Fremdsubstanz in das Kristallgitter eingebaut, die fünf Außenelektronen aufweist, so kann ein Elektron keine Bindung aufbauen. Es kann durch eine angelegte Spannung leicht freigesetzt werden – die Schicht wird elektrisch leitend. Das Gegenteil liegt vor, wenn ein Element eingebaut wird, das nur drei Außenelektronen aufweist. Es entstehen „Löcher" im Kristallgitter, die freie Elektronen aufnehmen und eine Stromleitung stoppen.

Die drei Schichten des Transistors sind wie folgt aufgebaut:

- Der Emitter, der mit Elementen mit fünf Elektronen dotiert ist (z.B. Phosphor)

- Der Kollektor auf der gegenüberliegenden Seite (ist ebenso dotiert)

- In der Mitte befindet sich die Basis, die mit Elementen dotiert ist, die drei Elektronen haben (z.B. Bor).

Aufgrund der Ladungsverteilung nennt man dies einen NPN-Transistor (Negativ-Positiv-Negativ). Es gibt auch das Gegenteil, den PNP-Transistor. Es ist am einfachsten, sich einen Transistor als zwei aneinandergefügte Dioden vorzustellen. Eine Diode ist ein Halbleiterbauelement, bei dem eine Schicht mit Elementen dotiert ist, die ein Elektron weniger als das Silizium haben (p-Schicht). Die andere Seite wurde dotiert mit Elementen, die eines mehr haben (n-Schicht). Zum Aufbau eines Kristallgitters fehlen nun Elektronen (p-Schicht) oder es sind ungebundene Elektronen vorhanden (n-Schicht). Es kommt von alleine zu einem Elektronenfluss

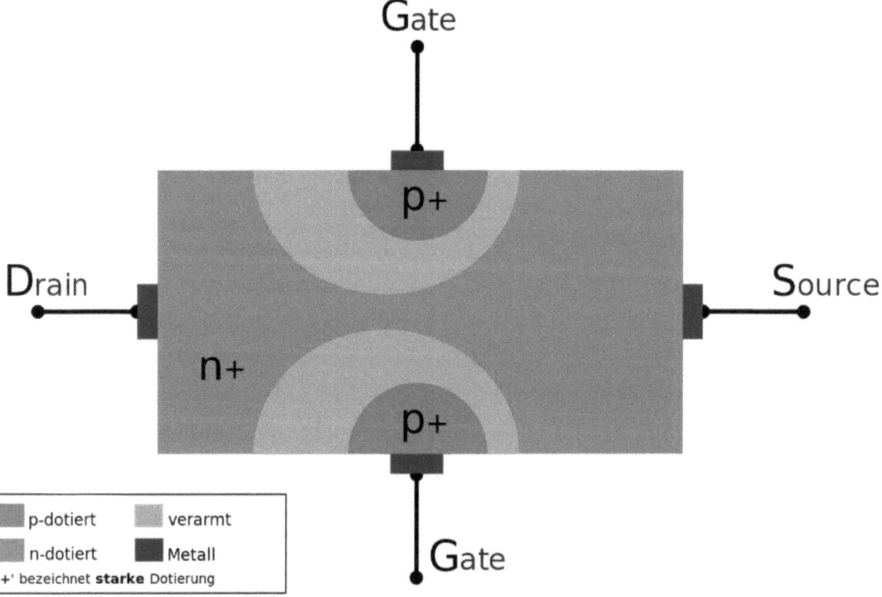

2. Abbildung: Aufbau eines Transistors (c): Wikipedia

an der Kontaktstelle, wodurch eine Sperrschicht entsteht. Diese entsteht dadurch, dass die p-Schicht nun durch die erhaltenen Elektronen ein Kristallgitter aufbauen kann, aber zu viele Elektronen hat (negativ geladen). Umgekehrt ist die n-Schicht positiv geladen, da in ihr Elektronen fehlen. In diesem Zustand lässt eine Diode keinen Strom passieren. Legt man nun an die p-Schicht eine positive Spannung an und an die n-Schicht eine Negative, so wird die Sperrschicht abgebaut. Die negativen Elektronen wandern zum Pluspol und die positive Ladung wird durch Elektronen am Minuspol abgebaut. Die Diode ist in Durchlassrichtung gepolt, also leitend. Ändert man die Polarität der Spannungen, so verstärken sich die Schichten und die Diode lässt keinen Strom passieren. Diesen Zustand nennt man Sperrbetrieb.

Ein Transistor ist nun eine „Doppeldiode“ mit einer gemeinsamen Mittelschicht. Egal, von welcher Seite Strom durchgeleitet wird, eine Seite im Transistor ist immer im Sperrbetrieb. Es läuft der Strom vom Emitter zum Kollektor, wobei die Strecke Emitter-Basis im Sperrbetrieb ist und die Strecke Basis-Kollektor im Durchlassbetrieb. Um Strom durch den Transistor zu leiten, muss über eine dritte Leitung an die Basis eine höhere Spannung anlegt werden, als zwischen Emitter und Kollektor anliegt. Dann wird auch die Strecke Emitter-Basis in den Durchlassbetrieb umgewandelt und der Transistor ist leitend. Die Spannung an der Basis kann dabei einen sehr großen Stromfluss induzieren, da normalerweise schon durch wenige diffundierende Elektronen eine Sperrschicht aufgebaut wird. Mit zunehmender Spannung an der Basis werden so immer mehr Ladungsträger mobil. Aufgrund dieser Eigenschaft hat man auch Transistoren als Verstärker genutzt – die erste kommerzielle Anwendung war das tragbare Transistorradio.

Wenn die Spannung an der Basis wegfällt, so braucht ein Transistor Zeit, bis die Ladungsträger wieder zurück in ihre "angestammten" Zonen gewandert sind. In dieser Zeit kann er nicht schalten. Alle Transistoren arbeiten nach diesem Prinzip, die eingesetzte Technologie ist aber unterschiedlich. Der oben beschriebene Transistor ist ein Bipolartransistor, wie er in der ECL-Technologie von Crays Supercomputern, aber auch den in den Siebzigern und Achtzigern überall vorkommenden TTL-Bausteinen verwendet wurde. Heute werden in Schaltungen Feldeffekttransistoren verwendet, doch das Prinzip ist das gleiche.

Gegenüber der Vakuumröhre hat der Transistor nur Vorteile. Er ist kleiner, verbraucht weniger Strom und ist robust und langlebig. Vor allem aber schaltet er hundertmal schneller als eine Röhre. Es muss kein Hochspannungsfeld aufgebaut werden, sondern es genügt eine Spannung von wenigen Volt. Die Elektronen wandern sehr schnell, die meiste Zeit benötigt ein Transistor nach Ende des Schaltvorgangs, um das aufgebaute Potenzial wieder abzubauen.

Im Jahr 1960 erschienen aufgrund einer Ausschreibung der Kernwaffenentwicklung in Livermore und Los Alamos die ersten, nur mit Transistoren ausgerüsteten Computer. Sie sollten hundertmal schneller als die schnellsten Röhrenrechner sein. Dies waren der LARC von Rand, bestehend aus 60.000 Transistoren mit einer Spitzengeschwindigkeit von 1 MFLOPS (**M**illionen **Fl**oating Point **Op**erations per **s**econd = Millionen Fließkommaberechnungen pro Sekunde) und die IBM 7030 (Stretch) mit 169.100 Transistoren und 3 MFLOPS. Doch beide Firmen verkauften nur wenige Geräte und machten mit den auf Geschwindigkeit getrimmten

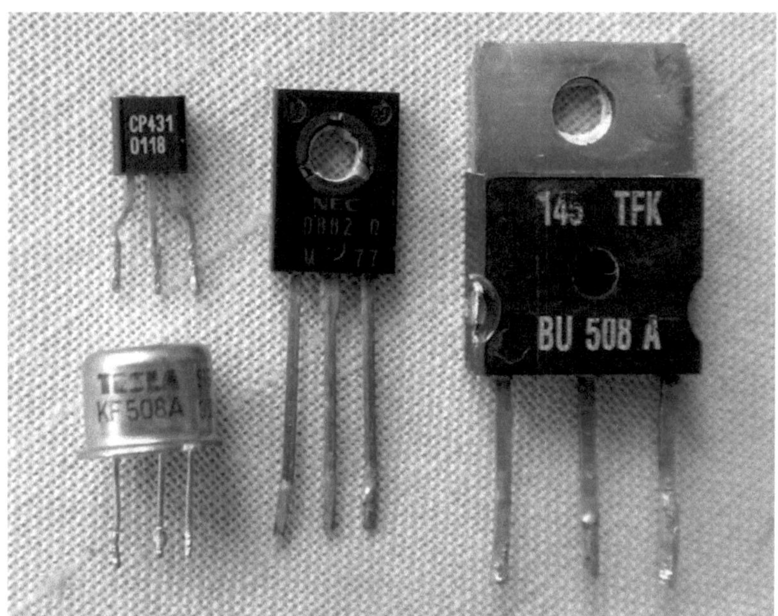

Abbildung 3: Transistoren, mit drei Anschlussleitungen zu Emitter, Kollektor und Basis

Maschinen Verluste. Die Wirtschaft verlangte nicht nach so schnellen Rechnern, sondern Geräten, die vor allem große Datenmengen verarbeiten konnten. So kam es zu einer Trennung in einen Markt für wirtschaftliche genutzte Computer mit dem Hauptaugenmerk auf Datenverarbeitung und große Speicherkapazitäten und einem Markt für schnelle Computer für die Wissenschaft und Forschung, den sogenannten „Supercomputern".

Im ersten Segment wurde IBM sehr erfolgreich mit Großrechnern wie den Systemen 360, 370 und 3080. Sie wurden über Jahre bis Jahrzehnte produziert. Das sicherte die Investitionen in die Hardware und Software. Reichte ein Rechner nicht mehr aus, so konnte das Nachfolgemodell oder ein anderes leistungsfähigeres Modell angeschafft werden. Sie konnten die Programme der alten Generation ausführen. Dazu kam ein sehr lukratives Geschäftsmodell: Computer wurden nicht nur verkauft, sondern auch vermietet. Das erschien den Kunden billiger, war langfristig aber teurer. Die Profite waren enorm und betrugen zeitweise 50% des Verkaufspreises. IBM wurde synonym mit dem Begriff Computer und hatte in den Sechziger und siebziger Jahren eine dominierende Vormachtstellung. Man sprach meist von „IBM und den sieben Zwergen", da es sieben weitere Hersteller von Großrechnern gab: Burroughs, Sperry Rand, Control Data, Honeywell, General Electric, RCA und NCR. IBM hatte jedoch den mit Abstand höchsten Marktanteil, von zeitweise bis zu 60%.

Sehr bald waren Transistoren so klein, dass auf einer Platine Hunderte untergebracht werden konnten. Nun wurde ein anderes Problem akut – wie sollte man diese Bauteile verdrahten? Es war schwer den vielen, kreuz und quer verlaufenden Leitungen zu folgen. Die vielen Leitungen begrenzten auch die Geschwindigkeit. Denn auch wenn ein Signal 20 cm in einer Nanosekunde zurücklegen konnten, so hatten die größten Computer Leitungen, die mehrere Kilometer lang waren. Der Takt musste so niedrig sein, dass ein Signal auch den entferntesten Baustein erreichte. Auch das manuelle Verlöten der Transistoren wurde immer aufwendiger, je kleiner sie wurden. Es konnte schließlich nur noch unter einer Lupe erfolgen. Obwohl es technisch möglich gewesen wäre, konnte man die Transistoren nicht mehr kleiner fertigen. Denn es war unmöglich, Platinen mit so vielen Bauteilen von Hand zu bestücken und zu verdrahten. Diese Probleme sollten mit der nächsten Entdeckung gelöst werden.

Die integrierte Schaltung

Der entscheidende Durchbruch um Computer preiswerter zu machen, war die integrierte Schaltung. Die Idee war es, alle Transistoren einer Platine auf einem einzigen Chip zu integrieren. Dazu werden auf eine dünne Scheibe aus Silizium (Wafer) in verschiedenen Arbeitsschritten nacheinander Masken gelegt. Diese Masken decken die Teile des Wafers ab, die nicht verändert werden sollen. Sie haben Lücken an den Stellen, wo eine Bearbeitung vorgesehen ist.

Für das Dotieren sprüht man z.B. Bor oder Phosphor durch die Maske. Für Leiterbahnen wird Aluminium aufgetragen. Für Isolationsschichten wird das Aluminium oxidiert zu Aluminiumoxid. Alle nicht bearbeiteten Stellen werden mit Fotolack abgedeckt, der später wieder weggeätzt wird. Heute werden über 30 Masken eingesetzt, wobei die Strukturen immer kleiner werden. Die erste Schaltung von Jack Kilby (der für die Erfindung im Jahr 2000 den Nobelpreis erhielt) bestand 1958 noch aus vier Transistoren und vier Kondensatoren. Sie war ein Flip-Flop, ein Schaltelement, welches ein Bit speichert. Schon 1970 konnte man 2.000 Transistoren auf einem Chip unterbringen. Im Jahr 1981 verfügten die leistungsfähigsten Prozessoren über 450.000 Transistoren. 2011 gelingt es, mehr als 2 Milliarden Transistoren auf einem Chip unterzubringen. Mit der Reduktion der Dimensionen sanken auch die Schaltzeiten der einzelnen Elemente und die Rechner wurden immer schneller.

Der entscheidende Vorteil der integrierten Schaltung ist, dass man damit Logikbausteine wie am Fließband produzieren kann. Die Produktion ähnelt eher dem Bedrucken einer Zeitung und hatte nichts mehr mit dem vorher üblichen Zusammenlöten von Hand gemein. Damit konnten die Herstellungskosten erheblich gesenkt werden. Auch das Verdrahtungsproblem war nun gelöst. Die Verdrahtung wurde schon bei der Herstellung festgelegt. Es mussten nun nur noch die Anschlüsse des Chips nach außen, die „Pins“ verbunden werden. 1962 wurden die ersten integrierten Schaltungen, für die sich die Bezeichnung „Chip“ einbürgerte, serienmäßig produziert. Damit konnte man eine Schaltung, welche die Fläche eines DIN-A4 Blattes belegte, auf die Größe eines Cents reduzieren.

Erstaunlicherweise war die Nachfrage aber anfangs gering. Zunächst erforderten die Schaltungen ein Umdenken – Transistoren ersetzten Vakuumröhren, aber die Verbindung der Elemente blieb gleich. Nun war die Verdrahtung auf dem Chip festgelegt. Es war keine beliebige Schaltung mehr möglich, sondern die Logikfunktionen einzelner Chips mussten kombiniert werden.

Vor allem ergab sich aber ein Henne – Ei Problem. Die Investitionskosten in die Produktion waren sehr hoch. Für jede Schaltung mussten Masken erstellt werden und die Produktion in Reinräumen war viel aufwendiger als bei Transistoren. So kostete ein IC mit lediglich 10 Transistoren 1961 noch rund 1.000 Dollar. Solange die Herstellung so teuer war, gab es keine Nachfrage, und solange die Nachfrage gering war, war auch die Herstellung wegen der geringen Stückzahl teuer. Zwei Kunden war der Preis jedoch egal – der NASA und dem Pentagon. Die NASA benötigte einen Bordrechner für die Apollo-Missionen und das Pentagon eine Steuerung für die Polarisraketen, die von U-Booten aus abgefeuert wurden. In beiden Fällen durfte der Bordrechner nicht größer als ein Schuhkarton sein, was nur mit den Chips möglich war. NASA und Pentagon nahmen in den ersten Jahren die Hälfte der Chipproduktion der USA ab.

Es war nicht nur die Kleinheit, sondern auch die Zuverlässigkeit, die wichtig war. Die Flugzeuge des Militärs konnten ohne Probleme Rechner mit diskreten Transistoren transportieren. Doch bei 20.000 Transistoren pro Computer fiel alle 70 Stunden eine Verbindung aus, weil der Rechner während des Flugs durchgeschüttelt wurde. Hier versprachen die integrierten Schaltungen die Lösung dieses Problems. NASA und Verteidigungsministerium sorgten durch ihre Nachfrage für sinkende Preise und damit zogen IC auch in kommerziell angebotene Computer ein. Im Jahr 1964 erschienen die ersten kommerziellen Rechner, die integrierte Schaltungen verwendeten. 1968 folgten dann die ersten Computer, die nur in dieser Technik hergestellt wurden.

Integrierte Schaltungen lösten auch ein Problem: Arbeitsspeicher war lange Zeit sehr teuer. Die ersten Rechner nahmen dazu die gleichen Elemente wie für die Logicfunktionen, also den Prozessor. Das ist aber sehr teuer. Der 8086-Prozessor, der im IBM-PC steckte bestand z.B. aus 29.000 Transistoren. Ein IBM-PC hatte in der kleinsten Version 64 KiB Speicher, die größte 256 KiB und später konnte man den Speicher sogar auf 640 KiB ausbauen. Benötigt man 1 Transistor um ein Bit zu speichern, das ist die effizienteste Speicherform, die man kennt, so entspricht dies 524.000 bis 5,25 Millionen Transistoren – der Speicher benötigt also zwanzig bis 200-mal mehr Elemente als die Logik. In der Mikroelektronik haben die Vorsilben „kilo", „mega" und „Giga" andere Bedeutung als im Alltagsleben. Ein Kilobyte (KiB) sind 1.024 Bytes (wobei jedes Byte aus 8 Bits besteht). Mega steht für 1.048.576 und Giga für 1.073.741.824 – zumindest bei Speicherbausteinen. Bei Festplattengrößen und Pixelzahlen von Digitalkameras verwendet man dagegen die bei anderen Einheiten üblichen Zehnerpotenzen: Kilo = 10^3 , Mega = 10^6 , Giga = 10^9. Bei Großrechnern war dagegen die Angabe in Worten üblicher. Ein Wort entsprach der Anzahl der Bits, welche die Architektur hatte. Die CDC 6600 hatte z.b. eine Wortbreite von 60 Bits. Sie hatte einen Speicher von 128 KWorte Größe. Das sind 60 / 8 * 128 = 960 KiB.

Sehr bald entwickelte man daher Speicher aus anderen Elementen, die billiger als die Schaltelemente waren. Bei den Rechnern der Univac Generation waren dies Verzögerungsspeicher: In einer Röhre, gefüllt mit flüssigem Quecksilber pro Bit eine Welle induziert Kam sie am anderen Ende an, so übte sie Druck auf, der von einem piezoelektrischen Kristall in Strom umgewandelt wurde. So konnte man die Daten wieder auslesen und erneut vorne einspeisen. Die Länge der Röhre bestimmte, wie viele Bits man gleichzeitig durch das Quecksilber schicken konnte. Verzögerungsspeicher waren bedingt durch die Wellengeschwindigkeit langsam und voluminös.

Mitte der Fünfziger Jahre wurde der Verzögerungsspeicher durch den Ringkernspeicher abgelöst. Bei diesem besteht der Speicher aus kleinen Eisenringen, aufgefädelt auf einer Matrix von Drähten. An der Kreuzung reicht ein Strom aus, die Magnetisierung des dortigen Eisenrings zu ändern. Damit kann man die Information permanent speichern, was für das Betriebssystem aber vor allem Rechner die sofort einsetzbar sein müssen (wie die Bordrechner der Apolloraumschiffe und in Kampfflugzeugen) sehr wichtig ist.

Ringkernspeicher wurde ab Ende der Fünfziger Jahre durch Fabrikation mit Maschinenunterstützung und vielen ungelernten Arbeitern auf Niedriglohnbasis immer billiger und der Preis pro Bit sank von 1 Dollar auf 1 Ct, die etwa 1980 erreicht waren. Er war aber nicht richtig schnell – die schnellste Zugriffszeit waren 300 ns, das reicht gerade Mal für eine Taktrate von 1 MHz und selbst die kleinsten Eisenringe waren noch 0,25 mm groß, man konnte den Ringkern, der ein Bit speicherte, noch sehen.

Integrierte Schaltungen konnten hier ihre Vorteile voll ausspielen: RAM benötigte jeder Computer und zwar in großer Menge. Die Serienproduktion lohnte sich also viel eher als bei Logikbausteinen. 1966 entstanden die ersten IC die als Speicher dienten – sie speicherten nur 16 Bit, doch schon 1969 hatte man die Kapazität auf 128 Bit erhöht, 256 Bit erreichte man 1970. Der Durchbruch kam mit der Erfindung des dynamischen RAM im Jahr 1970 durch Intel. Vorher wurde ein Bit durch ein Flip-Flop, ein Schaltelement gespeichert. DRAM benötigte nur einen Transistor anstatt 6 und konnte bei gleicher Fläche viermal mehr Daten speichern und war dennoch einfacher aufgebaut und billiger. Seitdem hat sich die Kapazität in 44 Jahren um den Faktor 4 Millionen erhöht: DRAM-Bausteine haben 2014 eine Kapazitär von 4 Gigabit.

In den siebziger Jahren ersetzten integrierte Schaltungen die Ringkernspeicher in Großcomputern, sie wurden in Massen produziert und Arbeitsspeicher wurde immer billiger. Das veränderte die Computerarchitektur enorm. Zum einen musste man beim Programmieren nicht mehr so auf die Größe des Programms achten, das förderte Programmiersprachen, die bequemer für den Benutzer waren, aber auch mehr Speicher brauchten, um diese Leistung zu erbringen. Billiger speicher veränderte Oberflächen: Grafische Betriebssysteme, wie Windows, brauchen viel Speicher nicht nur für das Betriebssystem selbst, sondern auch um die Oberfläche als Grafik zu speichern. Als Windows herauskam, hatten PCs um die 256 KiB Speicher – die damals erschienene VGA-Grafikkarte brauchte alleine 128 KiB um die Grafik der Oberfläche aufzunehmen.

Auch heute haben Grafikkarten 1-4 GByte Speicher, allerdings diesmal nicht für den Bildschirminhalt (da würden wenige Megabyte reichen), sondern um die Texturen der Oberflächen aufzunehmen und über jedes Objekt zu legen.

Computerfamilien

Schon vor dem ersten Mikrocomputer gab es dreißig Jahre lang Computer. Aus anfänglich wenigen Rechnern für die US-Regierung hatte sich eine vielfältige Computer-Landschaft gebildet.

In den frühen siebziger Jahren wurden die meisten Rechner schon für die Wirtschaft gefertigt. Derartige Rechner waren mit der „Datenverarbeitung" beschäftigt. Sie wurden bei Versicherungen, Banken oder bei Großunternehmen eingesetzt. Ihre Aufgabe war es, Beträge von Konten abzubuchen, Steuern zu berechnen oder Abrechnungen zu erstellen. Der eigentliche Rechner musste nicht so schnell sein, aber er verfügte über eine Reihe von Massenspeichern und Schnelldrucker. Viele Nutzer konnten über Datenleitungen mit Eingabegeräten (Terminals) Buchungen oder Daten eingeben.

Ein kleiner Markt hatte sich Mitte der sechziger Jahre abgespalten. Dies waren die Supercomputer, die damals vor allem vom Staat gekauft wurden. Es waren Rechner, die auf hohe Geschwindigkeit optimiert waren. Sie führten Simulationen zur Konstruktion von Atomwaffen oder Überschalljagdflugzeugen durch, sie untersuchten das Klima oder simulierten die Explosion einer Supernova. Diese Rechner hatten meist noch einen Großrechner als „Sklaven". Er führte die „langsamen" Aufgaben aus. Dies umfasste das Einlesen von Daten von Terminals und die Ein-/Ausgabe auf Magnetbänder und Magnetplatten. Ein Rechner belegte mit den ganzen Zusatzgeräten einen ganzen Saal und brauchte einige Personen zur Bedienung, die Bänder wechselten, Lochstreifen einlegten oder Papierstapel entnahmen.

Alle Rechner hatten aber einen Nachteil – an sie kamen nur „Eingeweihte", Ingenieure oder Operateure in weißen Kitteln, heran. Dieser exklusive Personenkreis wurden von manchen als eine Art „Priesterschaft" angesehen. Ein Benutzer kontaktierte den Computer meistens über ein Ein-/Ausgabegerät (Terminal). Es bestand entweder aus einem umgebauten Fernschreiber, welcher die eingetippten Zeichen kodiert über eine Datenleitung an den Großrechner sandte. Er druckte dann auch die Antwort aus. In der fortgeschrittenen Form war es ein Computerbildschirm mit einer Tastatur und einem kleinen Speicher, um den Bildschirminhalt zwischenzuspeichern. Aber obwohl dieses Gerät äußerlich einem PC ähnelte, hatte es keinen Prozessor und war „dumm“ – ohne die Verbindung zum Großrechner war es nutzlos.

Schon damals sanken die Preise für die gleiche Leistung. Die fortschreitende Steigerung von Leistung und Geschwindigkeit schuf eine neue Geräteklasse, die Minicomputer. Ein Minicomputer war deutlich kleiner als ein Großrechner, etwa so groß wie ein Kühlschrank. Vor allem aber war er deutlich preiswerter. Die ersten Geräte kosteten um die 100.000 Dollar, später sank der Einstiegspreis auf 10.000 Dollar.

Sie waren nicht so leistungsfähig wie ein Großrechner, aber für viele Aufgaben boten sie genügend Rechenleistung. Viele Universitätsinstitute kauften nun Minicomputer. Erstmals konnten nun Studenten und Ingenieure direkt mit einem Computer arbeiten. Der neue Markt wurde von neu entstandenen Firmen beliefert. IBM und andere Hersteller von Großrechnern ignorierten ihn weitgehend. Digital Equipment (DEC), Hewlett-Packard und Data General etablierten sich in diesem Marktsegment. Der Markt boomte so stark, dass der Umsatz von DEC 2 Milliarden Dollar erreichte – die Firma wurde nach IBM zur umsatzstärksten der Branche.

Weitere zehn Jahre später war abzusehen, dass die Steigerung der Geschwindigkeit und Integrationsdichte es ermöglichen würde, eine neue Geräteklasse einzuführen, die nochmals kleiner und preiswerter war, ja eventuell sogar von Privatpersonen gekauft werden könnte.

Mit dem Erscheinen des ersten Prozessors sahen viele, die sich für Computer interessierten, aber bisher nur zeitweise über ein Terminal mit ihm verbunden waren, diese Zeit für gekommen. Es fehlte daher Anfang der siebziger Jahre nicht an Versuchen, einen Computer für Privatpersonen zu konstruieren.

Honeywell stellte 1969 den H316 Kitchen Computer vor – eingebaut in einen Küchentisch mit einem Schneidebrett vor den Schaltern. Das 10.600 Dollar teure Gerät konnte aber nichts anderes, als Rezepte verwalten. Für ein so hoch spezialisiertes Gerät fanden sich daher nur wenige Käufer.

Als Vorläufer der modernen Mikrocomputer kann man die 1969 erschienene „Nova“ von Data General ansehen. Das 8.000 Dollar teure Gerät war ein sehr erfolgreicher Minicomputer, von dem über 50.000 Stück verkauft wurden. Die Nova hatte Rackformat und belegte mit dem Speicher zwei Einschübe. Doch mit den nötigen Peripheriegeräten (Lochstreifenleser und Fernschreiber als Minimalausrüstung) war sie für Privatpersonen unerschwinglich. Das Design des Frontpanels der Nova wurde vom Altair 8800 übernommen und ihre interne Architektur inspirierte Steven Wozniak für die Auslegung des Apple II.

Im Nachhinein stellt sich die Frage, warum die etablierten Produzenten keinen Mikrocomputer entwickelt haben. Bei den Großrechnerherstellern war die verbreitete Ansicht, dass wohl die Hersteller von Minicomputern dieses Segment erschließen würden. Für IBM und die sieben Zwerge war der Sprung von einzeln gefertigten Rechnern zu einem Massenprodukt zu groß. IBM machte einige Versuche vor dem IBM-PC Mikrocomputer zu bauen. Doch waren sie weder preiswert noch technisch innovativ.

Minicomputer wurden dagegen schon in Serien gefertigt. Doch auch die Hersteller dieser Rechner sahen das Potenzial nicht. Stephen Wozniak stellte den Entwurf des Apple I seinem Arbeitgeber HP vor. Er bekam die Antwort, dass er zwar technisch umsetzbar wäre, HP aber kein Interesse habe. HP entwickelte später die HP 9800 Serie, eine Serie von programmierbaren Tischrechnern, die aber Ausgaben auf einem integrierten Drucker ausgaben und ebenfalls im gehobenen Preissegment angesiedelt waren (lange Zeit stand die Abkürzung HP bei vielen Käufern von Produkten der Firma für „High Price“).

Bei DEC entwickelte ein Ingenieur eine Version der PDP-8, des kleinsten Modells der Firma, die zusammen mit dem Monitor und der Tastatur in ein Gehäuse passte. Es wäre der erste All-in-One PC gewesen (fast 30 Jahre vor dem iMac). Er stellte das Konzept der Führungsetage vor. Das „Aus“ kam durch den Kommentar des Firmengründers Kenneth Ohlsen: „*There is no reason for any individual to have a computer in his home*“. Es ging ebenso als Fehlurteil in die Geschichte ein, wie Thomas J. Watsons (Firmenchef von IBM) Zitat von 1953 bei der Veröffentlichung des IBM 701 Rechners, es gäbe vielleicht einen Markt von fünf Computern (dieses Typs).

Warum die Minicomputerhersteller dieses Segment nicht bedienen wollten, bleibt offen. Ich denke, in Ohlsens Urteil schwingt mit, dass es rational keinen Grund für einen persönlichen Computer gab – die ersten Geräte waren ja auch zu nichts mehr nütze, als zu lernen, einen Computer zu bedienen. Es gab keine Anwendung für einen Rechner mit wenig Speicher und einer damals langsamen CPU. Ein praktischer Nutzen stellte sich erst Anfang der achtziger Jahre ein, als die Rechner zumindest so viel Speicher hatten, um damit Textverarbeitung zu betreiben. Dass jemand einen Computer nur zum Selbstzweck kauft, war sicherlich nicht vorhersagbar.

Zum Zweiten war der Markt ein anderer und die Kunden ebenso. Ein Minicomputer wurde ausgeliefert mit einer Dokumentation und einem Betriebssystem. Eventuell kaufte der Kunde auch noch einige Programmiersprachen, um selbst Anwendungen zu programmieren. Der Käufer hatte zumindest eine Ahnung vom Rechner, konnte ihn bedienen oder es wurde dafür jemand angestellt. Der Rechner war eine Investition für eine bestimmte Aufgabe.

Ein Computer für jedermann ist dagegen ein Konsumgerät, wie ein Fernseher oder eine Stereoanlage. Jeder muss ihn bedienen können. Eine Privatperson will nicht erst eine Programmiersprache erlernen, um Programme zu schreiben, die dann etwas Nützliches tun. Sie will einen Computer einfach benutzen. Das bedeutet, nicht nur eine andere Form von Vertrieb – an den Endverbraucher, verkauft durch normale Läden – sondern auch einen komplett anderen Service und andere Garantieleistungen (Hilfe bei Problemen). Vor allem aber war es notwendig, Software für den Rechner anzubieten. Für die Entwicklung eines Computers, der nach Ansicht der Fachleute für „Jedermann nützlich“ wäre, muss ein großer Aufwand betrieben werden. War es nicht viel einfacher, wenn der Kunde stattdessen den Service eines Time-Sharing Unternehmens in Anspruch nahm, welches Computerzeit auf Großrechnern vermietete?

Kein Wunder, dass dieses Risiko den etablierten Firmen zu groß war. Dass Hobbyisten mit einem Gerät zufrieden sein würden, das gerade mal vier Zeilen dieser Buchseite abspeichern kann, das man bei jedem Einschalten von Neuem in Maschinensprache mittels von einem Dutzend Kippschalter neu programmieren und das Daten nur in Form von Leuchtdioden ausgeben würde, war kaum denkbar. Und trotzdem verkaufte sich ein solches Gerät in nur zwei Jahren über 40.000-mal. Der Erfolg des frühen PCs lag daran, dass er seine Benutzer emotional ansprach. Sie wollten einfach nur einen eigenen Computer besitzen.

Eines stand immerhin schon fest, bevor der erste PC erschien: die Bezeichnung für die Computerfamilie. Nachdem die den letzte Klasse Minicomputer („Mini" als synonym für „klein") hieß, müsste die nächste Klasse mit einem Wort anfangen, das noch kleiner klingt und so kam man auf die Vorsilbe „Mikro". Sie steht im Einheitensystem für ein Millionstel. Inzwischen gibt es die nächste Generation. Zahlreiche Hersteller verwenden inzwischen „Nano" (für ein Milliardstel) in ihren Gerätenamen (wie „iPod nano"). Bald werden dann wohl die ersten Picocomputer erscheinen (Pico = ein Billionstel).

Auch die Bezeichnung „PC" als Abkürzung für „**P**ersonal **C**omputer" hat viele Väter. So bezeichnete Hewlett-Packard die programmierbare Rechenmaschine HP 9100 im Jahre 1968 in einer Werbebroschüre als „Personal Computer". Bei einem Verkaufspreis von zwei Jahresbruttogehältern war sie es aber nicht, da sie für Privatpersonen unerschwinglich war.

Viele sehen den Ursprung der Bezeichnung in einer Schrift des Computerpioniers Alan Kay aus dem Jahr 1972 mit dem Titel „A Personal Computer for Children of all Ages". Die bekannteste Verwendung für einen Produktnamen war die für den IBM-PC, der 1981 erschien. Zu diesem Zeitpunkt war der Begriff aber schon eingeführt. Nach der Ansicht einer Kommission, die für das Computer History Museum und American Computer Museum arbeitete, und bei der auch Stephen Wozniak mitarbeitete, gebührt der Titel „Erster PC" dem Kenbak-1. Vom Kenbak-1 wurden ab 1971 rund 40 Stück verkauft. Er wurde noch vor Erfindung des Mikroprozessors produziert. Seine Logik bestand aus zahlreichen einzelnen Schaltungen. So war er vergleichsweise langsam – er führte nur wenige Tausend Befehle pro Sekunde aus.

Anfang der siebziger Jahre rückte die Hardwareentwicklung einen bezahlbaren Computer in den Bereich des technisch möglichen. Die dynamischen Speicherchips vervierfachten die Anzahl der Bits pro Chip. Ein Minimalsystem, das genügend Speicher für eine einfache Programmiersprache und Programme hatte, benötigte nun nicht mehr über 100 Speicherbausteine, sondern nur noch 30. Das EPROM erschien und damit die Möglichkeit, wichtige Programme, die beim Systemstart verfügbar sein mussten, permanent abzulegen, ohne sie jedes Mal neu eingeben zu müssen. Und hinreichend schnelle Mikroprozessoren waren verfügbar. Es fehlte nicht an Versuchen, auf Basis des Intel 8008 ein Computersystem aufzubauen. Sie scheiterten noch an der zu geringen Leistung dieses Prozessors. Doch jeder ahnte – sein Nachfolger würde dies ändern. Als dann im Januar 1974 der Intel 8080 angekündigt wurde, war die Zeit reif für den ersten PC.

Erstaunlicherweise kam dieser nicht aus dem Silicon Valley, sondern aus Albuquerque, aus dem verschlafenen Bundesstaat New-Mexiko. Den ersten PC baute weder ein Chipproduzent oder Computerhersteller, sondern eine auf Bausätze spezialisierte Firma, die kurz vor dem Bankrott stand und ihre Geschäftsräume zwischen einem Restaurant und einem Waschsalon an der Route 66 hatte.

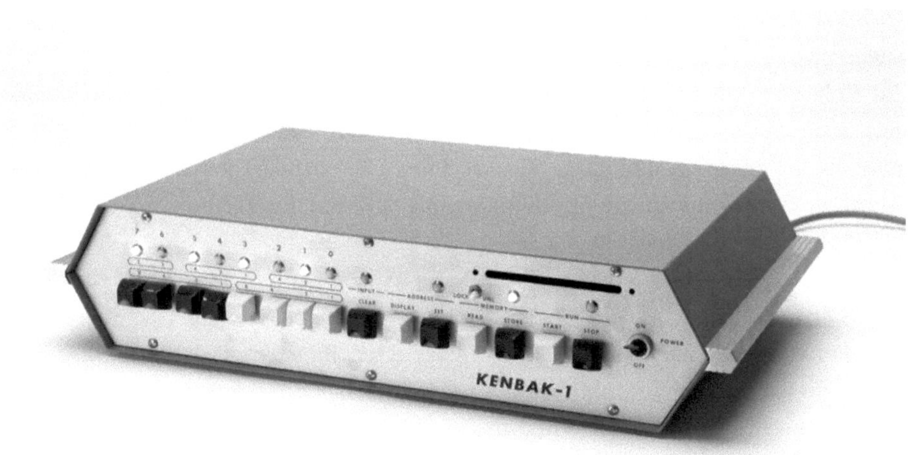

Abbildung 4: Der erste PC – der Kenbak-1

Ed Roberts

Wenn es einen Vater des PC gibt, dann ist es Henry Edwards „Ed“ Roberts (13.9.1941 – 1.4.2010). Er gründete 1968 zusammen mit drei Partnern nach seiner Air Force Ausbildung zum Elektroniker die Firma MITS (**M**icro **I**nstrumentation and **T**elemetry **S**ystems). Er blieb in der Nähe seines früheren Luftwaffenstützpunktes in Albuquerque in New Mexiko. Das erste Jahr nach der Firmengründung blieb er auch bei der Air Force angestellt, bis 1969 die steigende Zahl an Aufträgen es unmöglich machte, MITS als Nebenerwerb weiter zu betreiben.

MITS stellte anfangs Elektronik für Hobbyisten her, die kleine Raketen bauten und diese steuern oder Flugdaten übertragen wollten. Es begann eine Zusammenarbeit mit der Zeitschrift „Popular Electronics“. Ed Roberts schrieb seit 1969 für Popular Electronics über Bausätze vom MITS. Der erste Bausatz war ein IR-Transmitter, der Sprache mittels einer Infrarot-Diode über die Distanz von etwa 100 m übertragen konnte und 15 Dollar kostete. Spätere Modelle hatten eine höhere Reichweite und konnten in Modellflugzeuge eingebaut werden.

Obwohl vom ersten Modell nur etwa 100 dieser Bausätze verkauft wurden, meinte Ed Roberts, dass dieses Geschäftsfeld lukrativ wäre. Er zahlte seine drei Mitinhaber (Forrest Mims, Stan Cagle, Bob Zaller) aus und betrieb fortan MITS alleine weiter.

Ed Roberts wechselte nun die Firmenausrichtung. Er machte schon Erfahrungen mit Computern während seiner Zeit in der Air Force gemacht und hatte Zugang zu dem ersten programmierbaren Tischrechner (HP 9100A) gehabt. Er sah einen Markt in Tischrechnern, die mit dem damaligen Stand der Technik erstmals für Geschäftsleute bezahlbar waren.

MITS erster Rechner war im November 1971 das Modell 816, ein Tischrechner mit vier Funktionen, bestehend aus sechs integrierten Bausteinen. Wie alle bisherigen Produkte gab es den 816 als Bausatz für 179 Dollar oder fertig montiert für 275 Dollar. Er schrieb über das Produkt in Popular Electronics und die Verkäufe stiegen an. Mehrere Tausend Bestellungen gingen pro Monat ein. Schon im März 1972 stieg der Umsatz auf über 100.000 $ pro Monat. MITS zog in ein größeres Gebäude an der Route 66 um.

Es kamen weitere Tischrechner auf den Markt. Wie das Erstmodell waren alle als Kit zum Selbstzusammenbauen oder fertig zusammengebaut erhältlich. 1973 war das bisher beste Jahr für MITS. Der Mitarbeiterstamm wuchs auf 110 und es musste im Zweischichtbetrieb gearbeitet werden, um alle Aufträge abzuarbeiten. Erstmals waren elektronische Rechner bezahlbar. Das war schon ein Vorläufer der Mikrocomputerrevolution, denn wie diese erleichterten sie enorm die Arbeit bei der Buchhaltung und in technischen Bereichen. Mikroprozessoren erlaubten es bald, die Zahl der benötigten Chips zu reduzieren und die Produktionskosten sanken rapide.

Doch weitere Firmen drängten auf den Markt. Der Halbleiterhersteller Texas Instruments (Ti) beschloss, Tisch- und Taschenrechner zu produzieren. Im November 1972 erschien mit dem Modell Ti-2500 ein Taschenrechner mit LED-Anzeige für 120 Dollar. Es folgten die Tischrechner Ti-3000 und Ti-3500, die noch preiswerter waren und nur 85 bzw. 95 Dollar kosteten. MITS fertigte seine Rechner aus Halbleiterbausteinen, die MITS vom freien Markt bezog. Texas Instruments konnte als Hersteller dieser Bausteine die Preise der Rechner soweit drücken, dass die Kosten der Bauteile für MITS höher waren, als der Verkaufspreis eines Rechners von Ti. So kam es zu einem Preiskampf, bei dem viele Firmen bankrottgingen. Texas Instruments konnte zwar den Preiskampf gewinnen, doch die Sparte, die Taschenrechner produzierte, machte 1975 Verluste in der Höhe von 16 Millionen Dollar. Am Ende des Jahres kostete ein Rechner nur noch 26,25 Dollar, ein Jahr vorher waren es noch 150 gewesen. MITS geriet 1974 in die roten Zahlen. Ed Roberts suchte nach einem neuen Produkt, das einzigartig war und mit dem MITS wieder die Gewinnzone erreichen konnte. Im gleichen Jahr stellte Intel den 8080-Prozessor vor – den ersten vollwertigen 8-Bit-Prozessor.

Auch die Zeitschrift Popular Electronics bekam eine neue Ausrichtung. Sie fusionierte mit einem anderen Magazin, dessen Herausgeber, Les Solomon Ed Roberts persönlich kannte, da ein gemeinsamer Freund der MITS-Mitbegründer Forrest Mims war. Popular Electronics verlagerte nun seinen Schwerpunkt in die Berichterstattung über integrierte Schaltungen, Taschenrechner und Computer-peripherie.

Les Solomon suchte nach einem Projekt, dass er über mehrere Folgen hinweg seinen Lesern als Bausatz vorstellen konnte.

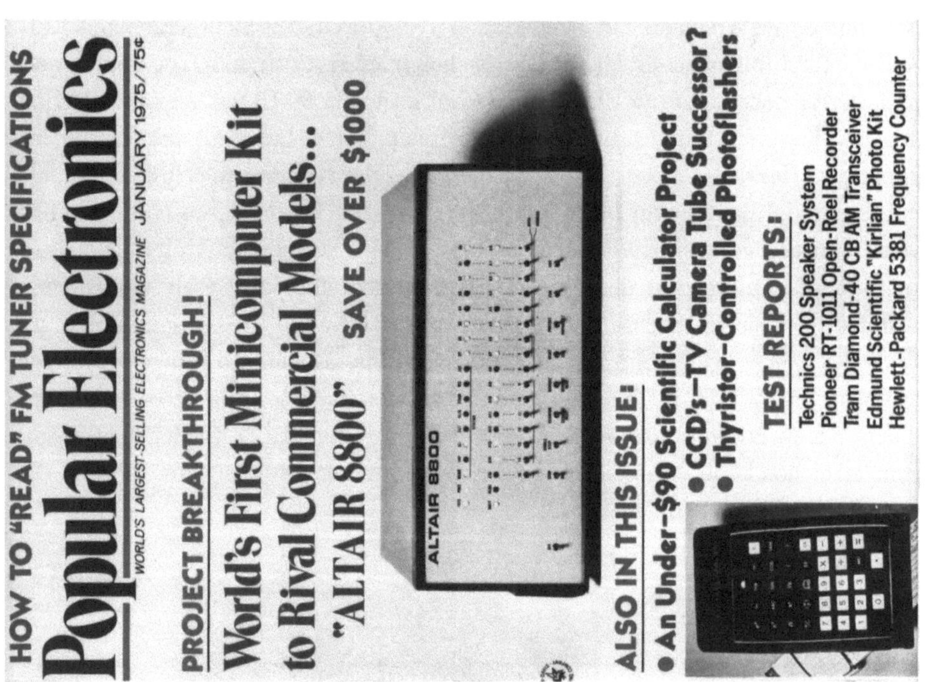

Abbildung 5: Der Titel der Ausgabe von Popular Electronics, welche den Altair vorstellte

Die Geburt des Altair

Im Jahr 1974 bekam Les Solomon von Bastlern verschiedene Pläne für Computer für den Selbstbau. Er bezweifelt aber deren Durchführbarkeit und wendet sich an seinen Freund Ed Roberts. Diese Systeme basieren noch auf dem 8008-Prozessor. Eines, entwickelt von Jonathan Titus, wurde von Popular Electronics in der Juli Ausgabe als „Mark-8“ vorgestellt.

In der Auslegung war der Mark-8 durchaus mit der Grundausführung des Altair 8800 vergleichbar. Auch hier gab es nur Kippschalter zur Dateneingabe und Leuchtdioden, um ein Byte binär darzustellen. Er war als „Minicomputer“ zum selbstzusammenbauen vorgesehen. Ursprünglich als mehrteilige Serie geplant, welche den Zusammenbau erläuterte, entschloss sich Popular Electronics später, das Projekt in der Zeitschrift nicht weiterzuverfolgen. Stattdessen wurde eine Broschüre mit den Plänen und Instruktionen gedruckt, die für 5 Dollar verkauft wurde. Als Zubehör gab es die Leerplatinen für 50 Dollar. Die Bauteile für die Platinen musste sich der Käufer selbst beschaffen. Etwa 7.500 Broschüren und 400 Leerplatinen wurden verkauft. Fertiggestellt wurden aber wohl nur wenige Rechner. Für einen Hobbyisten war der Zusammenbau sehr kompliziert und es gab auch Fehler im Design, die Fachwissen zur Korrektur erforderten. Zudem erschien nur ein halbes Jahr später der Altair 8800. Er war leistungsfähiger und preislich auf gleichem Niveau, aber einfacher im Zusammenbau. Die Bauteile für den Mark-8 kosteten alleine 350 Dollar. Teuerstes Bauteil für 125 Dollar war der 8008-Prozessor.

Roberts sah hier genau das neue Produkt, welches seine Firma retten könnte. Wenn es schon Tausende gibt, die Baupläne für einen Computer kaufen, den sie selbst zusammenbauen müssen, wie würde sich dann erst ein fertig zusammengebauter oder vormontierter Computer verkaufen? Er beschloss, das Nachfolgemodell des 8008 Prozessors, den Intel 8080 als Basis zu verwenden. Dieser Prozessor war schneller, leichter zu programmieren und verfügte über einen Adressraum von 64 anstatt 16 KiB. Vor allem aber erforderte er weniger Bausteine für das System. Roberts hatte schon im Frühjahr 1974 Pläne für einen Mikrocomputer auf Basis des 8008-Prozessors und diese auch Les Solomon vorgestellt. Das Erscheinen des Mark-8 führte dazu, dass er diese Pläne aufgab, denn sein System unterschied sich kaum vom Mark-8.

Er überredete seine Bank, bei der er schon mit 400.000 Dollar in der Kreide stand, zu einem letzten Kredit von 65.000 Dollar. Er gab an, etwa 800 Stück des neuen Rechners im ersten Jahr verkaufen zu können. Das versprach genug Gewinn, um den Kredit zu tilgen. Er selbst glaubte nur an einen Verkauf von etwa 200 Geräten.

Um den Rechner überhaupt preiswert fertigen zu können, verhandelte er mit Intel über den Preis des 8080-Prozessors. Er kostet regulär 360 Dollar. Ed Roberts konnte Intel auf 75 Dollar herunter handeln. Das war nur möglich, weil die Prozessoren kein Kernprodukt von Intel waren. Der anfängliche Verkaufspreis wurde nicht nach den Produktionskosten festgelegt, sondern fix auf den Wert von 360 Dollar. Intel war der Meinung, nun wäre auf einem Chip so viel Rechenleistung verfügbar, wie ein Benutzer eines IBM 360 Systems (eines bekannten Großrechners) am Terminal zur Verfügung hatte. Ein Rabatt war daher leicht möglich. Allerdings musste MITS dafür mehrere Hundert Prozessoren abnehmen – würde sich der Computer nicht verkaufen, so wäre MITS bankrott. Zu diesem Zeitpunkt war die Belegschaft der Firma bis auf 10 Mitarbeiter geschrumpft.

Die so eingesparten Kosten führten zu einem sehr niedrigen Preis des Altair 8800. Verkaufsagenten von Intel bekamen dadurch Probleme, das eigene Entwicklungssystem Intellec-8 zu verkaufen, welches 10.000 Dollar kostete. Es war in der technischen Auslegung mit dem Altair vergleichbar, aber vorgesehen für den Anschluss zahlreicher, auch professioneller Peripheriegeräte. Intels Angestellte setzten wegen der Preisdifferenz das Gerücht in Umlauf, MITS bekäme Bauteile, die Intel ausgesondert hätte, weil sie nicht den Spezifikationen genügen. Später verbot Intel seinen Agenten diese Aussage. Auch MITS veröffentlichte eine Gegendarstellung, doch das Gerücht hielt sich sehr lange.

Der Namen für den Altair 8800 kam von Solomons zwölfjähriger Tochter. Solomon will den Rechner nach dem Computer der populären Fernsehserie „Star Tek“ benennen. Doch der heißt nur „Computer“. Lauren Solomon schlägt Altair vor: *„da fliegt die Enterprise in der nächsten Folge hin“*. (Es handelt sich um die Folge 30,

„Amok Time", deutsch: „Weltraumfieber"). Als der zweite Rechner bei Solomon eintrifft, (der Erste ging mit der gesamten Ladung des Transports verloren), ziert die Frontblende noch die Aufschrift „PE-8" für „Popular Electronics 8-Bit". Roberts hatte noch keine Zeit, sich einen Namen zu überlegen. Der einzige Vorschlag, den es von einem seiner beiden verbliebenen Ingenieure gab, war „Litte Brother". Mit PE-8 wollte er eine Reminiszenz an die Zeitschrift Popular Electronics machen, die mit ihrer Coverstory schließlich Werbung für den Rechner betrieb.

Solomon rief am nächsten Tag Roberts an und schlug ihm dem Namen „Altair" vor. Roberts war der Name egal – er antwortete, wenn er nicht mindestens 200 Stück verkauft, dann wäre er pleite. Wie der Computer heißt, wäre daher völlig nebensächlich. So erschien die Ankündigung des Altair 8800 auf der Titelseite der Januar Ausgabe der Zeitschrift Popular Electronics. Damit war das Gerät auf einem Schlag 450.000 Lesern der Zeitschrift bekannt. Das abgebildete Gerät war eine Attrappe, denn so schnell konnte MITS gar nicht die Frontblende auswechseln.

Der Altair 8800 war in seiner Grundausführung kein Gerät, welches auf Anhieb begeistern konnte. Um Kosten zu sparen – der Bausatz sollte 397 Dollar kosten, ein Fertiggerät 695 Dollar – und um schnell ein Gerät auf den Markt zu bringen, beschränkte sich Roberts auf das Notwendigste:

Der Altair 8800 steckte in einem Klappgehäuse. An der Frontseite konnte er den Status mit LEDs ausgeben. Über diese wurden auch Ergebnisse „visualisiert". Eingaben machte man durch Kippschalter. Jeder Schalter stand für ein Bit und so musste man acht Stück umlegen, um ein einziges Byte einzugeben. Die wichtigste Neuerung befand sich im Inneren: Anstatt den Rechner auf einem Motherboard zu integrieren, hatte Ed Roberts einen Bus entwickelt, in den man bis zu 16 Platinen einsetzen konnte. Die erste Platine bestand aus dem Prozessor 8080 und die Zweite enthielt 256 Byte (nicht Megabyte!) statisches RAM (**R**andom **A**ccess **M**emory: die Bezeichnung für den Arbeitsspeicher bei Computern). Dieser S-100 Bus, so genannt, weil er genau 100 Pins hatte, wurde zum ersten Standard der Branche. Viele Computer auf Basis des 8080, 8085 oder Z80-Prozessors übernahmen ihn. Die 100-poligen Stecker waren mit rund 7 Dollar die günstigste Ausführung, die er finden konnte, denn eigentlich benötigte er nur 85 Pins. Der Rest war unbelegt.

Die Wahl des Busses erwies sich als ein Schlüsselelement für die frühe Computerindustrie. Sie war nicht selbstverständlich. Andere Minicomputer, die etwas größer als der Altair waren, bestanden aus fest verbunden Platinen, welche die gesamte Elektronik aufnahmen. Dass Roberts einen Bus einsetzte, war weniger einem weitreichenden Vorausblick, als vielmehr MITS begrenzten Ressourcen geschuldet. Mit den wenigen verbliebenen Angestellten war es nicht möglich, in überschaubarer Zeit eine Platine zu entwerfen, die alle benötigten Komponenten enthielt. So machte er aus der Not eine Tugend und schuf ein Bussystem – der Altair würde erst einmal in einer Minimalversion erscheinen. Später würde man an das Design von Karten gehen, mit denen der Käufer weitere Geräte anschließen, oder den Speicher ausbauen konnte. Weil die Busstecker relativ teuer waren, kam der Altair in der Grundausführung nur mit vier Steckern in den Handel. Wollte man den Rechner aufrüsten, so musste man Erweiterungen der Busplatine mit jeweils vier Steckern kaufen.

Die meisten Altairs wurden als Kit bestellt. Zum Glück für MITS mit seiner kleinen Belegschaft. Der Verkaufserfolg bedingte, das MITS mit der Produktion nicht mehr nachkam. Innerhalb eines Monats erhielt Roberts 4.000 Vorbestellungen. MITS konnte innerhalb von drei Monaten aus den 400.000 Dollar Schulden 250.000 Dollar Gewinn machen. Jeder, der sich für Computer interessierte, wollte einen solchen Rechner haben. Die meisten Käufer legten der Bestellung einen Vorschuss oder einen Scheck bei – nur so war die Produktion überhaupt finanzierbar. Das war ein enormer Vertrauensvorschuss, denn wer kannte schon die Firma MITS aus Albuquerque in New Mexico?

Bald gab es in Zeitschriften ganze Seiten mit Zubehör zum Altair 8800 – Karten mit dynamischem RAM bis 32 KiB, Anschlüsse für Tastaturen, Monitoranschlüsse, Lochkartenleser, Kassettenrekorder und Diskettenlaufwerke als Massenspeicher. Der erweiterbare Bus war das Geheimnis. Ed Roberts sah das allerdings anders. Ähnlich wie später Jobs und IBM erkannte er nicht, dass gerade das Anbieten einer offenen Architektur mit zahlreichen Erweiterungsmöglichkeiten den Altair so erfolgreich gemacht hatten.

Als es 1976 schon zahlreiche Hersteller von Karten und Mikrocomputern gab, ging eine Gruppe von Experten daran, den Bus zu standardisieren. Das Ziel war, bestehende Inkompatibilitäten zu beseitigen. Eine Karte für den S-100 Bus sollte in jedem Rechner funktionieren, der einen solchen Bus hatte. MITS war eingeladen worden, daran mitzuwirken, doch Roberts verweigerte die Teilnahme mit der Begründung, es wäre sein Bus und damit sein geistiges Eigentum. Alle müssten sich nach dem Altair Bus richten. Bis zu seinem Tode bezeichnete er den Bus als „Altair Bus", auch wenn die Bezeichnung als S-100 Bus sich nach der Standardisierung durchsetzte.

Wir wissen heute, dass der Altair nicht der erste PC war. Es gab mindestens zwei Maschinen vor ihm. Aber es war der erste kommerziell erfolgreiche PC.

Abbildung 6: Ein Altair 8800 der ersten Serie

Neue Konkurrenz und Produktionsprobleme

Sehr schnell entwickelte sich um den Altair 8800 eine neue Industrie. Da das Grundgerät alleine nahezu nutzlos war, gab es einen Markt für Zusatzkarten. MITS bot Karten an, um Lochstreifenleser, Fernschreiber, Kassettenrekorder als Massenspeicher und Ausgabegeräte anzuschließen, dazu eine Oktaltastatur. Viele der angekündigten Produkte konnte MITS allerdings nicht liefern. Die Firma kam schon mit der Produktion der Basiskits nicht nach. Obwohl die Rechner erst 60 Tage nach Bestellung (mit Vorauskasse!) geliefert werden sollten, konnte MITS nicht so schnell liefern, wie Bestellungen eintrafen. Es dauerte bis zum Frühjahr 1975, bis die ersten Produktionsexemplare verschifft wurden und trotzdem funktionierte auch ein Teil dieser Geräte nicht.

Die Karten mit 4 KiB dynamischem Speicher waren fehlerhaft. Sie funktionierten alleine bei Tests, aber nicht zusammen mit den anderen Karten im Gerät. Die Situation war so übel, das bei MITS sieben Rechner nonstop liefen, um wenigstens drei funktionierende Geräte für Tests zu haben. Die 4K-Karte war allerdings der Schlüssel für eine Erweiterung des Rechners – ohne sie hatte der Rechner zu wenig Speicher, um auch nur minimale Programme ausführen zu können. Trotz der bekannten Probleme lieferte MITS jedoch die fehlerhaften Karten aus. Es dauerte nicht lange und jeder wusste, dass die Karten defekt waren.

Das rief mit „Processor Technology“ einen „Fremdhersteller“ auf den Plan. Die in einer Garage gegründete Firma entwickelte eine funktionierende 4-KiB-Speicherkarte. Sie umging das Problem, indem sie teurere, aber zuverlässige statische Speicherbausteine verwandte. Obwohl ihre Karte teurer war als die von MITS, verkaufte sie sich gut, weil sie funktionierte. Cromenco entwickelte eine Serie von Karten, die es ermöglichten, auf dem Fernseher Grafik, auch in Farbe, auszugeben. Dies war damals eine Revolution. Andere Hersteller entwickelten Analog- / Digitalwandlerkarten. Später kamen noch eine Tastatur, ein Modem und Joysticks dazu. Zahlreiche neue Firmen entstanden, um den Bedarf an Zusatzkarten zu decken.

Schon wenige Monate nach dem Start war der Altair nicht mehr das einzige Gerät auf dem Markt. Im Oktober 1975 wurde mit dem IMSAI 8080 der erste Nachbau angekündigt. IMS Associates hatte den Auftrag von General Motors bekommen, ein Terminalsystem zu entwickeln und stellte dessen Entwicklung ein, als der Altair erschien. Stattdessen nahm sie den Altair als Vorbild und beseitigte dessen Schwächen. So waren z.B. die Busplatinen miteinander verbunden und der Speicherausbau betrug in der Grundausführung 4 KiB. Vor allem war das Netzteil erheblich leistungsstärker. Der IMSAI 8080 war auch der erste Rechner, der mit einem eigenen Betriebssystem, einer frühen Form von CP/M, ausgeliefert wurde. Er wurde später zum Filmstar: Der Computer den David Lightman im Film „War Games“ benutzt ist ein IMSAI 8080.

Ed Roberts beschimpfte die Kartenhersteller und IMS als „Parasiten“ und „Schmarotzer“. Sie würden von seiner Idee profitieren. Trotzdem florierte das Geschäft. Roberts stellte Telefonistinnen ein, um die Bestellungen bearbeiten zu können. Obwohl die Mitarbeiterzahl schnell von 20 auf 90 stieg, war der versprochene Liefertermin von 60 Tagen nicht einzuhalten. Bis Ende Mai 1975 waren erst 1.000 Altair ausgeliefert worden. Die Unfähigkeit, alle Aufträge zu bearbeiten, brachte IMS Associates überhaupt erst auf die Idee, einen eigenen Computer zu entwickeln. Sie hatten ursprünglich vor, Altairs zu kaufen und sie an die eigenen Bedürfnisse anzupassen.

Der Verkauf von Erweiterungskarten war aber essenziell für das Geschäft von MITS. Die Kits selbst brachten kaum Gewinn. Dieser wurde mit den Erweiterungskarten gemacht. Die 4 KiB Karte war dabei der strategische Angelpunkt. Nur mit ihr lief Altair BASIC, die einzige Software, die anfangs verfügbar war. Um das BASIC einsetzen zu können, brauchte man Karten zum Anschluss eines Typenraddruckers und eines Kassettenrekorders oder Lochstreifenlesers. Alleine diese Karten kosteten erheblich mehr als ein Altair 8800. MITS zog mit einem umgebauten Wohnmobil „MITS-Mobile“ durch das Land und stellte die Erweiterungen vor. Es gab erste Computerclubs, die Erweiterungskarten und Software für den Altair entwickelten. Der Bekannteste und Wichtigste war der Homebrew Computerclub. Es gab die Zeitschrift „Computer Notes“ von MITS, in der neue Geräte angekündigt wurden und Rat bei bekannten Problemen gegeben wurde. 1976 gab es sogar eine Convention der Altair Benutzer, deren erster Redner Bill Gates war.

Doch diese Hochphase hielt nicht lange an. Der S-100 Bus des Altair wurde zum Standard und bald gab es Rechner, welche leistungsfähiger als der Altair waren. Rechner, die nicht als Bausatz, sondern wie 1976 der „Sol“ als Fertiggeräte mit Monitoranschluss und Tastatur vertrieben wurden. MITS produzierte dagegen weiterhin Rechner als Bausätze, nun auch mit anderen Prozessoren.

Nach einer fehlerkorrigierten Version des Altair, dem 8800B, folgte der Altair 680 – ein analoges Kit auf Basis des Motorola 6800-Prozessors. Dies bedeutete aber, innerhalb der Firma zwei verschiedene Linien zu produzieren, denn der „680“ hatte einen anderen Systembus und der Prozessor verlangte nach neuer Software. Der Altair 680 wurde entwickelt, weil nun Neuentwicklungen den Motorola 6800-Prozessor einsetzten. Ed Roberts sah die Gefahr, die durch diese neuen Konkurrenten ausging – vielleicht würden sich Rechner auf Basis dieses neuen Prozessors durchsetzen. Er sah nicht die viel offensichtlichere Gefahr, seine wenigen Ressourcen in zwei völlig unterschiedliche Hardwareplattformen aufzuteilen. Anstatt wenige Produkte schnell zur Marktreife zu entwickeln, drohte sich die Firma in verschiedenen Projekten zu verzetteln.

Ed Roberts war mehr Ingenieur als Geschäftsmann und seinem bisherigen Geschäftsmodell zu sehr verhaftet, um zu erkennen, dass Rechner, die nicht zuerst mühsam zusammengebaut werden mussten, einen viel größeren Kundenkreis ansprachen. MITS war zu schnell gewachsen und hatte Probleme mit der Qualität der Produkte. Roberts hatte mehr Ideen, als er umsetzen konnte. Ein Großteil der Zusatzkarten war nicht lieferbar. Das ignorierend dachte er schon an Maschinen mit dem Z80-Prozessor, ausbaubar bis auf 16 Megabyte Speicher. Roberts war mit der Verwaltung seiner Firma überfordert, konnte und wollte Aufgaben aber auch nicht delegieren. Er stellte weitere Ingenieure zur Leitung der verschiedenen Projekte ein. Doch weiterhin traf er alleine alle Entscheidungen. Er lies sich auch nicht von anderen überzeugen – nicht einmal von Tatsachen. So gab es einen heftigen Streit, als Bill Gates ein Testprogramm zur Überprüfung der Speicherkarten schrieb und einsetzte, bevor sie an die Kunden ausgeliefert wurden. Er konnte nachweisen, dass jede einzelne Karte nicht funktionierte. Roberts wollte weder diese Tatsache anerkennen, noch die Auslieferung der defekten Bauteile stoppen. Am Schluss sah er fast alles als Bedrohung an, vor allem als Fremdhersteller von Karten auftauchten und andere PCs auf dem Markt erschienen.

Weiterhin bestand Roberts darauf, dass Händler, die den Altair verkauften, keine anderen Computer führen dürften: *„Ford Verkäufer führen nur Ford Wagen“* sagte er dazu als Vergleich. Das mag bei einem Auto funktionieren, aber nicht bei einem Computer, der für 400 Dollar angeboten wurde. So öffnete er praktisch den Konkurrenten die Tore und beschnitt den Markt für MITS. Unter den ersten Altair Dealern war auch Paul Tyrell, der später die „Byte“ Computerkette gründete. Als er vor die Wahl gestellt wurde, entweder nur Altairs, oder andere Produkte zu verkaufen, wandte er sich von MITS ab. Er war nicht der Einzige. Da ein Großteil des Umsatzes mit Erweiterungskarten und Peripherie gemacht wurde, war dies auch logisch. Selbst wenn jemand Altairs verkaufen wollte, aber es schon einen Händler in der Nähe gab, bekam er keine Lizenz, da MITS ihre Händler vor Konkurrenz schützte.

Vor allem aber verzettelte sich die Firma in zu vielen Produkten. In nur zwei Jahren wurden 40 Karten und Computervarianten von MITS veröffentlicht. Allein die beiden Hauptlinien Altair 8800 und 680 wurden in sieben verschiedenen Varianten produziert.

Erst im Sommer 1977 wurde der Altair „Turnkey“ vorgestellt, der dank einer EPROM-Karte Software beim Einschalten laden konnte, ohne dass der Benutzer ein Bootladeprogramm eingeben musste. Das kürzeste Programm war immerhin noch 23 Bytes lang, was rund 200-mal das Umlegen eines Schalters erforderte. Zwei Jahre dauerte es, einen sofort einschaltbaren Rechner zu entwickeln! Dabei war der Nutzen dieser minimalen Erweiterung sofort augenscheinlich.

Schon vorher, am 3.12.1976, verkaufte Ed Roberts seine Firma nach 40.000 verkauften Rechnern an die Firma Pertec für einen Preis von 6,5 Millionen Dollar. Es dauerte bis Mai 1977, um die genauen Details zu regeln. So wollte Roberts ein eigenes Forschungslabor bei Pertec. Zu diesem Zeitpunkt hatte MITS 230 Angestellte. 2 Millionen Dollar von dem Verkaufspreis waren Roberts persönlicher Anteil. Pertec war der Produzent der 8-Zoll-Diskettenlaufwerke für den Altair und produzierte Magnetbandgeräte für größere Rechner. Hauptmotivation für den Kauf von MITS waren die Lizenzen für BASIC, die als wertvollster Firmenbesitz galten.

Pertec beschloss, dass der Name „Altair“ zu sehr nach einem Hobbyistengerät klänge, und beendete diese Produktionslinie im Juli 1978. Sie produzierten bei MITS nun den Computer „PCC-3000“. Zu diesem Zeitpunkt entwickelte MITS eine Z80-Maschine mit 64 KiB RAM, erweiterbar auf 2 Megabyte. Allerdings waren zu diesem Zeitpunkt die Geschäfte von MITS schon rückläufig. Nun kamen die ersten Computer auf dem Markt, die über eine Tastatur, Floppy-Disks als Speichermedium und einen Anschluss für einen Fernseher oder Monitor verfügten. Der nur drei Jahre alte Altair erschien dagegen wie ein Gerät aus einer anderen Welt.

Der Niedergang von MITS wurde durch die Übernahme durch Pertec noch beschleunigt, da die Firma nun ihr Management einsetzte. Dieses war bei allem, was bisher MITS machte, anderer Ansicht. Das Problem war, das bisher alles bei MITS chaotisch ablief und die Firma alleine von Ed Roberts geleitet wurde. Es gab vorher kein klassisches Management. So stellte Pertec nahezu alles ein, was MITS produzierte, doch um neue Produkte zu entwickeln, fehlte die Zeit. Der Hauptfehler von Pertec war, dass die Firma davon ausging, das Geschäft würde weiter exponentiell ansteigen. Firmen würden nun Computer in großen Stückzahlen kaufen. Das einzige, was MITS fehlte, wäre ein professioneller Vertrieb. Nur stellte MITS keine Computer her, die für einen Firmeneinsatz geeignet waren, und inzwischen gab es Konkurrenz, welche genau diese anbot.

Ed Roberts zog sich nach nur wenigen Monaten als Angestellter bei Pertec ins Privatleben zurück. Von 1977 bis 1984 züchtete er Schweine auf einer Ranch in Georgia. Danach studierte er von 1984 bis 1988 Medizin, als eine neu eingerichtete Universität auch ältere Studenten akzeptierte. Bis zu seinem Tode praktizierte er als Landarzt in einem kleinen Dorf nahe Cochran, Georgia. Am 1.4.2010 starb Ed Roberts an den Folgen einer Lungenentzündung im Alter von nur 68 Jahren. Im Krankenhaus besuchte ihn Bill Gates noch kurz vor seinem Tod.

Bill Gates würdigte ihn in einem Nachruf als „wahrhaften Pioneer“. Auch wenn es Auseinandersetzungen gab, wusste Bill Gates zeit seines Lebens, wem er seinen Erfolg verdankte.

Abbildung 7: Ed Roberts mit einem Altair und Disk

William (Bill) Gates III

Bill Gates wurde am 28.10.1955 als Sohn eines wohlhabenden Rechtsanwaltes geboren. Seine erste Begegnung mit einem Computer hatte er an der Lakeside Privatschule in der achten Klasse. Dort programmierte er auf verschiedenen Rechnern. Die Schule hatte einen Account bei einem Time-Sharing Unternehmen. Dieses setzte einen PDP-10 Großrechner ein. Mit Unterbrechungen war er in der Folge immer wieder am Terminal, bis er schließlich die Uni schmiss und seine eigene Firma gründete. Später rekrutierte er die ersten Angestellten aus der Gruppe der Nerds (Computerfreaks) an der Lakeside Schule.

Schon Ende der achten Klasse heuerte ihn Computer Center Corporation (C-Cubed) zusammen mit anderen Nerds an, um Fehler in dem Betriebssystem der PDP-10 zu finden. C-Cubed betrieb den Großrechner PDP-10 und vermietete die Rechenzeit an

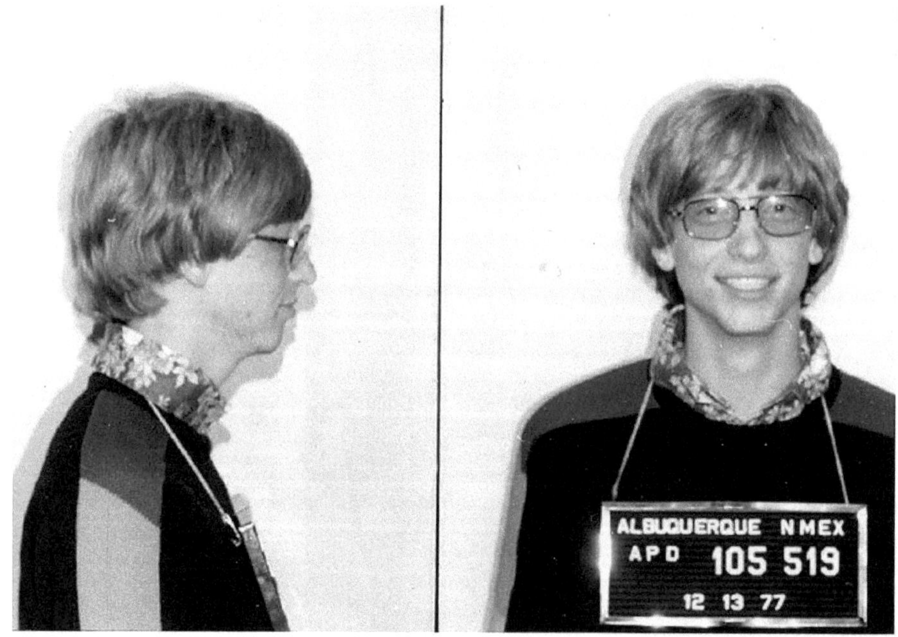

Abbildung 8: "Mugshot" von Bill Gates, als er wegen Geschwindigkeitsübertretung verhaftet wurde

zahlende Kunden. Das Betriebssystem der PDP-10 war recht „buggy“ (fehlerhaft) und eine Vereinbarung mit dem Hersteller Digital Equipment sah vor, dass keine Miete fällig war, wenn C-Cubed eine bestimmte Anzahl an Bugs nachgewiesen konnte. Zudem kosteten die Fehler das Unternehmen viel Geld. Denn wenn der Rechner abstürzte und damit auch die laufenden Programme, so waren alle Rechenergebnisse verloren und für die verbrauchte Computerzeit bezahlten die Kunden nichts. Großrechner wie die PDP-10 waren so teuer, dass Unternehmen die Rechenzeit vermieteten. Dabei zählte nur die verbrauchte CPU-Zeit. In der Regel liefen zahlreiche Programme verschiedener Nutzer gleichzeitig. Jedes war nur kurzzeitig aktiv. Verbunden waren die Nutzer mit dem Rechner über Terminals – Fernschreiber mit einer Tastatur. Sie schickten die Eingaben über Telefonleitungen zum Hauptrechner und druckten die direkten Antworten aus. Wenn das Programm auf die Eingabe wartete, so benötigte es kaum Rechenleistung. So konnte man den Rechner voll auslasten und zahlreiche Benutzer konnten gleichzeitig aktiv sein. Die Ausgaben der Programme wurden auf Papier ausgedruckt und die Ausdrucke mussten dann abgeholt werden. Man nennt dies einen Time-Sharing Betrieb.

Die Vereinbarung war, dass die Hacker Fehler aufspüren, dokumentieren und melden sollten und sie im Gegenzug kostenlos Computerzeit bekamen, wenn der Rechner nicht ausgelastet war. Anders hätte Bill Gates nicht seinem neuen Hobby in dem Maße nachgehen können, wie er wollte. Zu dieser Zeit lernte er auch Paul Allen kennen, der in einer Klasse ein Jahr über ihm zur gleichen Schule ging.

Nach einem dreiviertel Jahr Pause kam der nächste Kontakt mit Computern. Die Firma ISI (**I**nformation **S**ciences **I**nc.) heuerte Gates und einen Schulkameraden an, um einen Teil eines COBOL Programmes für Gehaltsabrechnungen zu schreiben. Auch dafür war die Belohnung immateriell: Er bekam Computerzeit im Werte von 10.000 $.

Als Paul Allen 1971 die Lakeside Highschool abschloss, gründeten er und Bill Gates ihr erstes Unternehmen – Traf-O-Data. Die Idee war es, eine langweilige Arbeit zu automatisieren. Zur Kontrolle des Verkehrsflusses waren damals an zahlreichen, stark befahrenen, Straßen Messgeräte installiert worden, um die Fahrzeuge zu erfassen. Damit wurden Daten für Entscheidung über die Position und Beschaltung von Ampeln, Straßenveränderungen etc. erhalten. Jedes Fahrzeug dass einen Messstreifen passierte, löste einen Impuls aus. Auf einem 16-Kanal-Lochstreifen wurden binär kodiert die Zeit und die Impulshöhe geschrieben. Diese Daten mussten bisher manuell von Hand in ein Erfassungssystem eingegeben werden.

Ihr Unternehmen Traf-O-Data verkaufte die Auswertung als Dienstleistung billiger als Konkurrenten. Das ging, weil Gates und Allen Schüler der siebten und achten Klasse anheuerten, um die Daten manuell auf Lochkarten zu übertragen, welche dann der Großrechner bearbeiten konnte. Heute würde man dies wohl als Kinderarbeit bezeichnen.

Doch noch immer mussten die Daten manuell übertragen werden. Allen meinte, auch dies könnte man automatisieren, wenn man ein eigenes Computersystem hätte, das den Papierstreifen direkt lesen konnte. Das war mit dem Großrechner nicht möglich. Ein eigenes System musste konstruiert werden. Intel hatte gerade den ersten 8-Bit-Prozessor, den Intel 8008, herausgebracht.

Paul Allen schrieb einen Emulator für den 8008. Bei einem Emulator simuliert ein Computer einen anderen. In diesem Falle war es die PDP-10, welche einen 8008-Prozessor simulierte. Als der Emulator funktionierte, konnten Gates, Kent Evans und Paul Allen daran gehen, die Software für den 8008-Prozessor zu schreiben, zu testen und Fehler zu beseitigen, ohne ein 8008 System zu besitzen.

Aber für das Lesen des Papierstreifens wurde dann doch ein eigenes System benötigt. Bill Gates stellte die 360 Dollar, um den Prozessor zu kaufen. Sie versuchten gemeinsam, ein Board mit der Hardware zu entwickeln, scheiterten aber an der Aufgabe. Ein Boeing-Ingenieur, den Paul Allen hinzuzog, beseitigte die Fehler. Die Maschine konnte nun den Papierstreifen direkt lesen und die Daten extrahieren. Trotzdem stürzte der Computer bei einer Vorführung in Gates Wohnzimmer ab. Bill bettelte seine Mutter an *„Bitte Mom, sag ihm das er funktioniert hatte“* und konnte den Kunden von dem System überzeugen. Traf-O-Data brachte Allen und Gates rund 20.000 Dollar Gewinn.

Der nächste Job war wieder das Beseitigen von Bugs in der PDP-10. C-Cubed war inzwischen bankrottgegangen, aber TRW hatte die Rechner aufgekauft und vermietete ebenfalls Rechenzeit. Das Problem der vielen Fehler im Betriebssystem der PDP-10 blieb. So sah sich TRW die Fehlerauswertungen an, die man von C-Cubed übernommen hatte. Da tauchten die Namen von Allen und Gates am häufigsten bei den gefundenen Fehlern auf. Beide erhielten einen regulären Job für 165 Dollar die Woche. Wie bei C-Cubed suchten sie nach Bugs im Betriebssystem und meldeten diese TRW.

Im Herbst 1973 hatte auch Bill Gates Lakeside abgeschlossen und fing an in Harvard zu studieren. Seine Resultate waren durchwachsen, in einem Kurs fiel er durch, in anderen war er im oberen Drittel. Auch hier nutzte er den Zugang zum Computer – auch die Uni hatte eine PDP-10. Daneben spielte er Nachts bis zum Morgengrauen, vorzugsweise Poker. Währenddessen suchte Paul Allen nach neuen Kunden für Traf-O-Data. Die Regierung unterstützte nun die Kommunen bei der Auswertung der Daten, sodass die bisherigen Kunden absprangen.

BASIC

Alles änderte sich, als im Dezember 1974 die Zeitschrift „Popular Electronics“ mit dem Altair 8800 auf der Titelseite erschien. Allen sah die Zeitschrift und kaufte für sich und Gates ein Exemplar. Sie diskutierten eine Zeit lang und beschlossen dann MITS anzurufen und anzubieten, BASIC für den Altair zu entwickeln. Wenige Tage nach dem Erscheinen der Zeitschrift riefen sie Ed Roberts an und bekamen die gleiche Antwort wie 50 andere, die angerufen hatten und anboten, BASIC für den Altair zu entwickeln – der Erste, der eine funktionierende Version vorführen konnte, hatte den Deal. Allen und Gates schrieben dann noch einen Brief an Roberts mit dem Briefkopf von Traf-O-Data. Als Roberts die dort angegebene Nummer wählte, nahm allerdings ein Schüler ab – der Briefkopf war noch der von der Lakeside Privatschule. Dort kannte man weder Traf-O-Data noch den Altair.

Nun half es ihnen, dass sie schon einmal einen Emulator für einen Intel Prozessor geschrieben hatten. Da es bisher noch keinen Altair gab und auch Intels Prozessor ganz neu war, gab es kein System, auf dem die Software hätte entwickelt werden können. Die Vorgehensweise war die gleiche wie bei Traf-O-Data: Einen Emulator für den 8080 auf der PDP-10 zu schreiben und mit ihm die Software entwickeln. Die spezifischen Details der Hardware des Altairs konnten aus der Beschreibung und den Diagrammen von Popular Electronics entnommen werden. Später riefen sie MITS an, um zu erfragen, wie der Altair Daten von Papierstreifenlesern las und über einen Fernschreiber ausgab.

Die ersten acht Monate arbeiteten Paul Allen und Bill Gates alleine und fast ohne Pause an dem BASIC-Interpreter. Später kam noch Monte Davidhoff hinzu. Er schrieb die mathematischen Routinen für das BASIC.

Bill Gates, betonte noch Jahrzehnte später in Interviews, wie viel Arbeit er hineingesteckt hat, um es klein und schnell zu machen. So sagte er, es wäre das „*coolste Programm*", das er je geschrieben hätte und er den Code noch auswendig könnte. Der dritte Autor, Monte Davidoff widerspricht dem. „es *ging nicht um Effizienz. Das Ausgabegerät wäre schließlich ein Fernschreiber mit einer Datenrate von 110 Bit/s gewesen. Es ging vielmehr darum, das BASIC recht klein zu machen*".

Nach drei Wochen gab es die erste Version. Die folgenden vier Wochen versucht vor allem Bill Gates den Interpreter kleiner zu machen, damit das BASIC nur 4 KiB belegt. Ende Februar 1975 hatten sie eine erste Vorführversion. Ursprünglich hatten sie MITS zugesagt, in drei bis vier Wochen das Programm fertigzustellen. Es sollte nicht das einzige Mal sein, dass sie sich gravierend in der Schätzung des Arbeitsaufwandes irrten. Im März 1975 hatte Allen einen Vorführtermin bei MITS. Auf dem Weg zum Flugplatz fiel Allen noch ein, dass sie zwar den BASIC-Interpreter fertiggestellt hatten, aber kein Programm, das ihn vom Lochstreifenleser in den Arbeitsspeicher einlädt. Das entwarf Paul Allen während des Fluges. Gates blieb zu Hause. In Albuquerque angekommen, holte ihn Ed Roberts ab und zeigte ihm MITS. Danach quartierte er ihn in einem Hotel von Albuquerque ein – nur konnte sich Paul Allen die 40 Dollar, die das Zimmer kostete, nicht leisten und musste sich von Roberts Geld leihen.

MITS hatte Probleme mit den Computern. Man hatte gerade einen Rechner mit sieben 1-KiB-RAM-Karten ausgerüstet und er musste erst einen Tag laufen, um sicherzugehen, dass die Karten funktionierten. So stand erst am nächsten Tag ein

Rechner mit einem Lochstreifenleser als Eingabegerät und einem Fernschreiber als Ausgabegerät zur Verfügung. Paul Allen tippte das Ladeprogramm ein, und der Basic Interpreter startete. Das erste Programm war:

10 PRINT 2+2
Paul Allen gab
RUN

ein. Das startete das Programm und auf dem Fernschreiber erschien eine „4" – die korrekte Ausgabe. Übrigens war genau derselbe Befehl auch das erste Programm, das das Ursprungsbasic von Kenemy und Kurtz 1964 ausführte.

Damit waren Bill Gates und Paul Allen die Ersten, die ein funktionierendes BASIC für den Altair programmiert hatten. Im April 1975 wurde Altair BASIC in den „Computer Notes", dem Newsletter von MITS angekündigt. Bis es tatsächlich lieferbar war, vergingen weitere Monate. Die ersten Kopien wurden im Oktober 1975 ausgeliefert.

Allen und Gates bekamen den Deal. Im Frühjahr 1975 bot Ed Roberts Paul Allen den Job als Software Director bei MITS an. Genauer gesagt: Allen war die gesamte Softwareabteilung bei MITS. Roberts war vor allem mit Paul Allen in Kontakt gewesen, seit sich Gates und Allen bei MITS gemeldet hatten. Allen zog um nach Albuquerque. Später kam auch noch Gates dazu. Nach der minimalen Version wurde noch eine mit einem doppelt so hohen Speicherplatzverbrauch (das sogenannte 8K-BASIC) und weiteren Befehlen programmiert.

Der Vertrag über die Software wurde allerdings erst am 22.7.1975 unterschrieben. Er wurde später als Meilenstein angesehen, weil er nicht eine feste Bezahlung für ein Softwareprodukt (wie bisher üblich) umfasste, sondern ein Lizensierungsmodell. Letzteres entpuppte sich bei großen Stückzahlen als sehr profitabel. Der Grund für das Eingehen von MITS auf diese Forderung war, dass die Firma zu diesem Zeitpunkt noch nicht so flüssig war, um Gates und Allen auszubezahlen und noch offen war, wie oft sich das BASIC verkaufen würde. Der Vertrag wurde mit Hilfe von Gates Vater und einem lokalen Anwalt ausgearbeitet. Er übertrug MITS die gesamten

Vertriebsrechte an BASIC für zehn Jahre. MITS durfte das Produkt weiter lizenzieren, sofern der Quellcode nicht veröffentlicht wurde. Eine Weitergabe des Quellcodes erforderte die Zustimmung von Gates und Allen.

Microsoft sollte 30 $ pro Kopie des 4K Basics. 35 $ für eine Kopie der 8K Version und 60 $ pro Kopie eines, noch zu entwickelnden, „Extended BASIC" erhalten, wenn diese von MITS zusammen mit Altairs verkauft würde. Bei Kopien, die ohne Hardware verkauft wurden, bekam Microsoft 50% des Verkaufserlöses. Das Gleiche galt bei Lizenzeinnahmen.

Der Vertrag hatte eine Kappung bei 180.000 $. Bei Vertragsunterzeichnung bekamen Gates und Allen 3.000 $ auf die Hand. Ein Absatz wurde später noch bedeutend: MITS verpflichtete sich „bestmöglichste Anstrengungen" zu unternehmen, um BASIC zu vertreiben. Das Unterbleiben dieses, war ein Grund für eine Vertragsauflösung.

Auf dem Papier war dies ein sehr guter Vertrag für beide. Der Preis für die Software war ungewöhnlich hoch. Denn 4 KiB Code entsprechen nach Industriemaßstäben (10 Zeilen pro Person und Arbeitstag) rund 200 Manntagen, also einem damaligen Wert von etwa 10.000 Dollar. Das sollte recht schnell hohe Einnahmen für Gates und Allen generieren. Gleichzeitig bedeutete die Kappung, dass MITS keine Unsummen für das Softwarepaket zahlen musste.

Für Gates und Allen hatte das Projekt jedoch noch ein Nachspiel. Sehr bald erfuhren die Leiter des Harvard-Rechenzentrums, dass mit ihren Rechnern ein kommerzielles Produkt entwickelt wurde. Ein Blick in die Logfiles zeigte, dass Gates und Allen für 40.000 $ Rechenzeit verbraucht hatten. Sie bekamen eine Standpauke und mussten zusagen, für weitere Projekte auf ein kommerzielles Time-Sharing Unternehmen auszuweichen. MITS zahlte nun für die Nutzung einer PDP-10 in Albuquerque.

Im Sommer 1975 gründeten Allen und Gates Micro-soft (der Trennstrich wurde später aus dem Firmennamen gestrichen) mit einer Gewinnbeteiligung von 60%

Gates und 40% Allen (wegen der größeren Beteiligung an der Programmierung von BASIC war der Anteil von BASIC höher) .

Im Sommer fuhr Gates mit dem MITS-Mobile durch die USA. Mit diesem Wohnwagen wurden neue Produkte vorgestellt, um den Verkauf anzukurbeln und es wurde frustrierten Altair Benutzern technische Hilfe angeboten, wenn ihr Kit nicht funktionierte. Gates führte dabei das BASIC vor.

Im Sommer arbeiteten Allen, Gates und die Programmierer Chris Larson und Monte Davidhoff, der schon die Fließkommaroutinen erstellt hatte, weiter an weiteren BASIC Versionen für den Altair. Es gab folgende drei Grundversionen:

Das 4K-BASIC war eine Grundversion mit den wichtigsten BASIC-Befehlen und starken Limitationen in den Fähigkeiten. So konnten Variablennamen nur zwei Zeichen lang sein. Es rechnete nur mit Fließkommazahlen mit 7 Stellen Genauigkeit (einfacher Genauigkeit) und es war nicht besonders schnell.

Das 8K-BASIC war etwa 40% schneller, da nun mehr Platz für effizientere Routinen zur Verfügung stand. Es hatte einen größeren Sprachumfang, beinhaltete weitere Rechenroutinen und konnte auch mit ganzen Zahlen und doppelter Genauigkeit rechnen.

Diese ersten beiden Versionen wurden nach dem Speicherplatz bezeichnet, der vorhanden sein musste, um den Interpreter zu laden. Es verblieb dann noch ein kleiner Speicher für Programme (bei der 4K Version 750 Bytes und bei der 8K Version 1.750 Bytes).

Das „Extended BASIC“ wurde später zum Disc BASIC. Es beinhaltete auch Lade- und Speicherbefehle für eine Diskette, sowie die Befehle um Dateien zu verwalten. Der Name sollte über den Umfang nicht hinwegtäuschen, es war weniger leistungsfähig als die meisten BASIC Interpreter der folgenden Generationen. So enthielt nur diese Version den EDIT-Befehl, um bei einer Änderung nicht eine ganze Zeile erneut eingeben zu müssen. Es belegte in der endgültigen Version 16 KiB Speicher. Damit konnte man endlich auch einen vernünftigen Massenspeicher am Altair betreiben.

Das war vorher ein Manko des Rechners gewesen. Papierstreifenleser waren nur zum Einlesen von Papierstreifen geeignet, recht teuer und der Einsatz von Kassettenrekordern als Speichermedium war langsam und umständlich.

Warum wurde BASIC gewählt? Es gab zu dieser Zeit schon zahlreiche Programmiersprachen. Die bekanntesten Sprachen waren FORTRAN für naturwissenschaftliche Berechnungen, COBOL für die Verarbeitung von Daten, wie sie bei Banken anfielen und Pascal als universell nutzbare Programmiersprache für zahlreiche Probleme. BASIC war aus mehreren Gründen geeignet:

Zum einen war die Sprache 1964 entworfen worden, um Laien in die Programmierung einzuführen. Sie war sehr leicht erlernbar. Der Name steht für **B**eginner's **A**ll-purpose **S**ymbolic **I**nstruction **C**ode, was so viel wie „symbolische Allzweck-Programmiersprache für Anfänger" bedeutet.

Das zweite war, dass die Sprache sehr wenig Speicherplatz benötigte. Alle anderen Programmiersprachen hätten selbst in abgespeckter Form erheblich mehr Platz benötigt als BASIC.

Der letzte Grund war das BASIC eine interpretierte Sprache war, und der Benutzer mit ihr interaktiv arbeiten konnte. Nach dem Start meldete sich der BASIC-Interpreter und der Benutzer konnte direkt Kommandos eingeben oder Codezeilen verändern. Mit „RUN" konnte er ein Programm starten.

Bei den meisten anderen Programmiersprachen ist die Arbeit deutlich umständlicher. Die Programmentwicklung lief damals so ab: Der Benutzer übergibt einem Übersetzungsprogramm (dem Compiler) einen fertigen Quelltext, der als Datei vorliegt. Der Compiler übersetzt den Quelltext in Instruktionen, die der Computer direkt ausführen kann, oder er gibt eine Liste von Fehlermeldungen bei Programmfehlern aus. In diesem Falle muss der Quelltext erneut bearbeitet („editiert") werden.

Als Lohn entstehen so Programme, die der Computer direkt ausführen kann, sehr viel schneller, als die von BASIC interpretierten. Dort wird jede einzelne Zeile einzeln übersetzt – jedes Mal, wenn die Zeile aufgerufen wird. Wenn eine Zeile in einer Schleife zehnmal aufgerufen wird, so wird sie beim Compiler einmal übersetzt und beim Interpreter zehnmal. Entsprechend langsamer sind die Programme.

Neben dem größeren Speicherplatz, den ein Compiler benötigte, war für einen Compiler auch weitere Software nötig. Es musste ein Editor vorhanden sein, um die Dateien zu bearbeiten und ein Fehlersuchprogramm (Debugger) um Fehler im Maschinencode zu finden. Des weiteren musste es ein System geben, mit dem die Dateien gespeichert werden konnten, der Compiler gestartet werden konnte etc., also die Betriebssystemsoftware. Das alles gab es noch nicht. Der Altair hatte gar keine Software.

Beim BASIC Interpreter war dieser auch die Betriebssystemsoftware. Er stellte Befehle zur Verfügung, um Daten zu speichern und zu laden. Auch der Editor war integriert – wenn er auch nur auf eine Zeile begrenzt war. Daher war das BASIC zugleich das Betriebssystem für den Altair. Aus demselben Grund wurden spätere Heimcomputer mit einem BASIC-Interpreter ausgeliefert, der den Benutzer beim Einschalten mit einem „Ready“ begrüßte.

Roberts beschloss, im November 1975 einen weiteren Computer zu bauen, diesmal mit dem 6800-Prozessor von Motorola als CPU, den Altair 680. Paul Allen wandte sich dagegen, weil es bedeutete, das BASIC neu zu schreiben. Auch diesmal verwandte man einen Emulator. Richard Weiland, ein Bekannter von der Lakeside Highschool wurde für die Programmierung eingestellt. Später kam Ed Curry dazu, als im Dezember 1975 aus dem Extended BASIC das Disk-BASIC wurde, als MITS beschloss, ein Diskettenlaufwerk zum Speichern der Daten einzuführen.

Am 1.7.1975 wurden die ersten 4K und 8K Versionen von Altair Basic freigegeben. Da MITS die 4-KiB-Speicherkarten noch nicht liefern konnte, dauerte es bis Oktober, bis es auch ausgeliefert wurde.

Doch die Verkäufe liefen nicht so wie erwartet. Bei einer der Reisen des MITS-Mobile hatte sich ein Mitglied des Homebrew Computerclubs den Papierstreifen mit dem BASIC „ausgeliehen“, kopiert, am Universitätscomputer eingelesen und kopiert und 25 Kopien beim nächsten Clubtreffen verteilt. Gates sah nun die Kopien von Stadt zu Stadt zirkulieren. Er kam in Roberts Büro, schrie um sich, er würde niemals Geld mit dem BASIC verdienen, jeder würde es stehlen und er wolle bezahlt werden. Ed Roberts setzte ihn auf die Gehaltsliste für 10 Dollar pro Stunde. Später schreib Gates einen offenen Brief an eine Computerzeitschrift:

By William Henry Gates III

February 3, 1976

An Open Letter to Hobbyists

To me, the most critical thing in the hobby market right now is the lack of good software courses, books and software itself. Without good software and an owner who understands programming, a hobby computer is wasted. Will quality software be written for the hobby market?

Almost a year ago, Paul Allen and myself, expecting the hobby market to expand, hired Monte Davidoff and developed Altair BASIC. Though the initial work took only two months, the three of us have spent most of the last year documenting, improving and adding features to BASIC. Now we have 4K, 8K, EXTENDED, ROM and DISK BASIC. The value of the computer time we have used exceeds $40,000.

The feedback we have gotten from the hundreds of people who say they are using BASIC has all been positive. Two surprising things are apparent, however, 1) Most of these „users" never bought BASIC (less than 10% of all Altair owners have bought BASIC), and 2) The amount of royalties we have received from sales to hobbyists makes the time spent on Altair BASIC worth less than $2 an hour.

Why is this? As the majority of hobbyists must be aware, most of you steal your software. Hardware must be paid for, but software is something to share. Who cares if the people who worked on it get paid?

Is this fair? One thing you don't do by stealing software is get back at MITS for some problem you may have had. MITS doesn't make money selling software. The royalty paid to us, the manual, the tape and the overhead make it a break-even operation. One thing you do do is prevent good software from being written. Who can afford to do professional work for nothing? What hobbyist can put 3-man years into programming, finding all bugs, documenting his product and distribute for free? The fact is, no one besides us has invested a lot of money in hobby software. We have written 6800 BASIC, and are writing 8080 APL and 6800 APL, but there is very little incentive to make this software available to hobbyists. Most directly, the thing you do is theft.

What about the guys who re-sell Altair BASIC, aren't they making money on hobby software? Yes, but those who have been reported to us may lose in the end. They are the ones who give hobbyists a bad name, and should be kicked out of any club meeting they show up at.

I would appreciate letters from any one who wants to pay up, or has a suggestion or comment. Just write to me at 1180 Alvarado SE, #114, Albuquerque, New Mexico, 87108. Nothing would please me more than being able to hire ten programmers and deluge the hobby market with good software.

Bill Gates

General Partner, Micro-Soft

Der Brief enthielt auch eine Reihe von Aussagen, die falsch waren. So gab Gates an, die Verkäufe von BASIC würden einem Stundenlohn von 2 Dollar entsprechen. In Wirklichkeit bekamen er und Allen ein Gehalt und konnten von den Lizenzeinnahmen schon drei Angestellte bezahlen. Wenig später kaufte er sich einen Porsche 911, was bei einem Stundenlohn von 2 Dollar sicher kaum möglich gewesen wäre. Das erwähnte APL wurde nie entwickelt.

In Wirklichkeit war die Ursache komplexer. Da gab es zum einen die Preispolitik von MITS. MITS verkaufte Speichererweiterungen mit Altair BASIC. Es wurde eine

4K-Karte für die 4K-Version benötigt und zwei Karten für die 8K-Version. BASIC konnte man im Bundle mit den Karten erwerben. Der Aufpreis für BASIC betrug 75 Dollar für die 8K-Version und 60 Dollar für die 4K Version. Wollte ein Käufer das BASIC alleine erwerben, so sollte es 500 Dollar kosten, also ein Vielfaches des „Bundle Preises“. Eine 4K-Karte kostete ohne BASIC 264 Dollar. Das bedeutete: Eine Karte mit BASIC war preiswerter als das BASIC ohne Karte! So kann man auch nicht funktionierende Karten verkaufen …

Ziel von MITS war es, das BASIC nicht alleine zu verkaufen, sondern mit den Karten, die man produzierte. Das Problem war nur, dass MITS die Karten mit dynamischem RAM nicht zum Laufen brachte. Auch das Wechseln des Lieferanten und das Erproben verschiedener DRAM-Typen brachte nichts. Wie sich später zeigte, konnte der 8080 den Refresh für die dynamischen Speicher nicht zuverlässig erzeugen. Der Altair 8800B erhielt daher zwei Zusatzbausteine für diesen Zweck auf der CPU-Platine.

Im Oktober 1975 gab Ed Roberts die Probleme bei den 4K Karten zu und senkte den Preis auf 195 Dollar. Bisherige Käufer bekamen eine Gutschrift von 50 Dollar. Gleichzeitig wurde der Preis für das 8K-BASIC ohne Karte auf 200 Dollar gesenkt. (150 Dollar für die 4K-Version)

Doch es war zu spät. Processor Technologies hatte eine 4K-Karte entwickelt die funktionierte. Mit statischem RAM – mit 255 Dollar teurer, aber verfügbar. Im Dezember 1975 verkaufte MITS mehrere Tausend Altair pro Monat, aber nur wenige Hundert Kopien von BASIC.

Ed Roberts konnte dies egal sein. Auch wenn er kein überragender Geschäftsmann war, so war doch eines klar: Das BASIC war das Pfund mit dem MITS wuchern konnte. Ohne das BASIC war das Gerät weitgehend nutzlos – niemand gibt längere Programme in Maschinensprache über Kippschalter ein. Ein Benutzer hätte praktisch ein Betriebssystem für den Altair schreiben müssen, um ihn benutzen zu können. Das BASIC war ein Alleinstellungsmerkmal. Ohne es war der Altair nicht mehr als ein Lernkit, mit denen man die Funktionen eines Mikroprozessors und die Maschinensprache erlernen konnte. Derartige Kits erschienen nun in großer Zahl.

Egal woher nun die Speicherkarte kam – ein Altair wurde benötigt, um BASIC laufen zu lassen. Weitere Peripherie wurde für die Ein-/Ausgabe benötigt. Mit Zubehör kostete ein Komplettsystem bis zu 2.500 Dollar. Selbst wenn die Hardware nur zum Teil von MITS gekauft wurde, vervielfachte sich der Gewinn pro Gerät. Da waren die 30 Dollar Verlust bei einer Raubkopie durchaus verschmerzbar.

Es ist daher auch verständlich, warum Roberts so viel stärker auf andere Firmen reagierte, die Hardware produzierten, vor allem auf IMSAI, da nun eine Alternative zum Altair auf dem Markt war. Diese Politik wiederholte er beim Altair 680. Auch hier gab es das BASIC umsonst, wenn eine 16-KiB-Karte gekauft wurde, sonst kostete es 200 Dollar.

Die Reaktion der Öffentlichkeit auf den Brief war stark. Einige vertraten die Ansicht die Software müsste frei sein, schon alleine, weil Gates und Allen Computerzeit der Universität genutzt hatten. Indirekt hatte also der Steuerzahler die Entwicklung finanziert. Andere fanden, dass man für die Implementation einer Programmiersprache, die andere entwickelt hatten, kein Geld nehmen dürfte. Wo blieben dann die Lizenzzahlungen an Kemeny und Kurtz, die BASIC 1964 entwickelt hatten?

Der Brief gab dem Tiny-BASIC Projekt Auftrieb. Es war schon im Dezember 1975 von Jim Warren, Mentor des Homebrew Computerclubs, ins Leben gerufen worden. Es sollte für die wichtigsten Prozessoren grundlegende BASIC Implementierungen zur Verfügung stellen. Das wurde bis zum Juli 1976 erreicht. Diese BASIC-Versionen wurden für 5 bis 10 Dollar gehandelt. Einige Tiny-BASIC Versionen wurden die Basis für die Implementationen bei Heimcomputern, so dem TRS-80 Model I und Atari 400/800.

Ed Roberts war über Bill Gates Brief sehr verärgert, obwohl er im Umgang mit Konkurrenten ein ähnliches Vokabular benutzte. Auch er bezeichnete BASIC-Raubkopierer im Oktober 1975 als „Diebe“. Roberts kritisierte, dass dies so aussähe, als würde MITS ihre Kunden beleidigen. Er drängte Gates auf die Veröffentlichung eines zweiten Briefes. In diesem stellte er klar, das er weder im Auftrag von MITS handelte, noch jemals Angestellter von MITS war. Zumindest das Letztere war eine Lüge.

Beim Nachfolgevertrag für das BASIC für den Altair 680, das ebenfalls drei Versionen (4K, 8K und Extended BASIC) umfasste, schlossen MITS und Micro-soft schon einen Vertrag über eine feste Bezahlung ab. Die 31.200 Dollar entsprachen nur einem Sechstel der Summe des ersten Vertrags. Im November 1976 gab Paul Allen sein Studium auf, ihm folgte im Januar 1977 Bill Gates. Beide waren seit einem Jahr weitgehend in Albuquerque gewesen.

Ein Punkt, der die Geschäftsbeziehungen zwischen Roberts und Gates/Allen vergiftete, war die Lizenzpolitik. Es folgten dem Altair weitere Computer und Hersteller, welche den 8080 einsetzten. Die ersten beiden Kunden waren das National Cash Centre, das den BASIC-Quellcode haben wollte und General Electric, das eine Anpassung des Dateisystems benötigte. Das war noch problemlos möglich.

Ab Januar 1977 wurde das Verhältnis zu Roberts schlechter. Weitere Firmen begannen, Personal Computer zu entwickeln. An Microsoft wandten sich Tandy, die eine große Kette von Elektronikmärkten hatten und Commodore. Beide wollten BASIC. lizenzieren. Während dies bei Commodore möglich war, da diese Firma den neuen 6502-Prozessor einsetzte, tangierte der Wunsch von Tandy den Vertrag mit MITS, da der verwendete Z80-Prozessor abwärtskompatibel zum 8080 war.

Im Frühjahr 1977 gab es zehn Anfragen für Lizenzen, das Volumen überschritt eine Summe von 100.000 $. Roberts lehnte alle Offerten ab. Roberts schrieb an Gates einen Brief, in dem er warnte, weitere Anfragen, die direkt an Microsoft gerichtet waren, zu befürworten, da nach dem Vertrag MITS das alleinige Distributionsrecht für BASIC hatte. MITS hatte 1976 einen Umsatz von 13 Millionen Dollar erreicht, doch nun nahmen die Verkäufe ab. Bessere Computer waren auf dem Markt gekommen oder angekündigt. Ed Roberts sah in jeder Computerfirma einen potenziellen Konkurrenten und das BASIC war das Verkaufsargument für den Altair, also stimmte er keiner Lizenzanfrage zu.

Noch hielt das Band zwischen Roberts und Gates. Doch als Roberts die Firma an Pertec verkaufte, sahen Allen und Gates keinen Grund mehr, Lizenzanfragen abzulehnen. Zudem war nun die 180.000 Dollar Grenze des Vertrages erreicht. Microsoft hatte bisher 105.000 $ aus Verkäufen des BASIC mit Hardware, 55.000 $ aus

Lizenzierungen und lediglich 10.000 $ aus den Verkäufen der Software ohne Hardware erhalten. Damit erreichten die Lizenzzahlungen die Kappungsgrenze und von weiteren Verkäufen würde Microsoft nicht mehr profitieren. Am 20.4.1977 schrieben Gates und Allen an Roberts und kündigten die Terminierung des Vertrages innerhalb von 10 Tagen an. Sie führten eine Reihe von Argumenten an. Die Kernargumente waren, dass MITS durch Ablehnung von Lizenzierungen Microsoft Einnahmen vorenthalten hatte. Weiterhin hatte MITS gegen die Vertragsbestimmung verstoßen, „ihr bestmöglichstes" zu tun, um BASIC zu vermarkten.

Es kam zum Streit mit Roberts und einem Anwalt von Pertec. Roberts konnte es wenige Wochen später egal sein. Am 22.5.1977 wurde der Verkauf von MITS an Pertec unterzeichnet. Pertec reagierte noch extremer als Roberts. Sie schrieben einen Brief an Gates, in dem sie explizit erklärten, BASIC nicht zu lizenzieren, da sie alle anderen Hardwarehersteller als Konkurrenten ansahen. Das war zuletzt zwar auch Roberts Vorgehen gewesen, doch war er schlau genug, dies nicht offen zu sagen. Microsoft prozessierte gegen Pertec und gewann.

Anfang 1978 verlagerte Microsoft seinen Firmensitz nach Seattle im Bundesstaat Washington. Paul Allen wollte zurück zur Ostküste und es gab nun keinen Grund mehr in Albuquerque zu bleiben. Die Jahre zwischen 1977 und 1980 waren von einem stetigen, aber langsamen Wachstum geprägt. Microsoft war vor allem Systementwickler für BASIC. Die Firma brachte auch neue Programmiersprachen heraus, wie 1977 FORTRAN für den stolzen Preis von 500 Dollar. Die Haupteinnahmequelle war aber die Erstellung von BASIC Interpretern für neu erschienene Computer. Eine Neuerung gegenüber dem Altair war, dass die nächsten Rechner nur noch eingeschaltet werden mussten und man konnte dann anfangen zu programmieren. Der BASIC-Interpreter wurde in einem ROM gespeichert, einem Speicherbaustein, der bei der Herstellung programmiert wird und dessen Inhalt nicht verändert werden kann. Das machte den Computer benutzerfreundlicher. Nun benötigte aber auch jede Firma einen BASIC-Interpreter und es gab kein Endkundengeschäft mehr. Noch immer war BASIC die einzige Sprache, die man in den nur 8-16 KiB großen Speicher für das ROM unterbrachte.

Die Erstellung eines BASIC Interpreters war eine Auftragsarbeit für Microsoft, das nun etwa ein Dutzend Mitarbeiter beschäftigte. Es war ein Vertrag mit einer festen Summe. War die Arbeit getan, so gab es die Bezahlung. Danach verdiente Microsoft nichts mehr an dem Produkt, egal ob sich ein Computer 10.000 oder 100.000-mal verkaufte.

Zur gleichen Zeit entstanden aber auch die ersten Anwendungsprogramme. MicroPro veröffentlichte die erste Textverarbeitung „WordStar“ und Aston Tate die erste Datenbank „dBase II“. Der absolute Verkaufsschlager war jedoch die Tabellenkalkulation „VisiCalc“, die für den Apple II erschien.

Damit veränderte sich zweierlei. Das Erste war, das damit die Mikrocomputer erstmals einen Nutzen hatten. Die in BASIC programmierbaren Rechner waren zwar interessante Spielzeuge und es konnten auch Laien nützliche Programme erstellen. Sie waren aber unbrauchbar für den Einsatz im Büro. Mit einem Diskettenlaufwerk als Massenspeicher und einem Typenraddrucker als Ausgabemedium konnte man aber mit WordStar Text schreiben, vor dem Ausdruck korrigieren und umformatieren. Mit dBase konnte man Daten wie Aufträge oder Artikel verwalten, Listen und Übersichten ausdrucken. VisiCalc erlaubte die Berechnung von Umsatz, Gewinn oder einfach verschiedene „Was wäre wenn…“ Szenarien durchzuspielen.

Das öffnete nicht nur einen neuen Markt – die Verkaufszahlen für Mikrocomputer stiegen rasch an – sondern diese Software wurde einzeln verkauft. VisiCalc als absoluter Verkaufsschlager wurde in sechs Jahren über 700.000-mal verkauft. Jede Kopie generierte Einnahmen. An diesem Markt partizipierte Microsoft nicht. Microsoft hatte nur Programmiersprachen im Portfolio und von diesen wurde eigentlich nur BASIC verkauft.

Vor allem eines ärgerte Paul Allen – auf dem Apple II liefen keine Programme von Microsoft. Die Microsoft-Software, die sich an den Endverbraucher richtete, wie das MBASIC, lief unter CP/M. So kam Paul Allen auf die Idee, eine Zusatzkarte für den Apple II zu konstruieren, um sie zusammen mit CP/M und MBASIC zu verkaufen. Zusammen mit Tim Paterson von Seattle Computer Products entwickelte Allen die Softcard. Sie bestand im wesentlichen aus einer Z80 CPU und Bausteinen, die zwischen dem Bus der Z80 und des Apple II vermittelten. Der Apple selbst stellte den Arbeitsspeicher und die Ein-/Ausgabemöglichkeiten zur Verfügung. Sie wurde im Mai 1980 vorgestellt und entwickelte sich bald zum Verkaufsschlager. Sie wurde für 349 Dollar mit einer Lizenz von CP/M und Microsofts BASIC verkauft. Innerhalb von wenigen Monaten machte Microsoft 50% des Umsatzes mit der Softcard.

Verglichen mit anderen Firmen war Microsoft noch nicht der Riese, der es heute ist. Während Apple innerhalb von drei Jahren nach der Firmengründung auf 155 Millionen Dollar Umsatz kletterte, waren es bei Microsoft in fünf Jahren nur 8 Millionen. Die Firma veröffentlichte Adaptionen von weiteren Programmiersprachen. Viel verdienen konnte man mit den Programmiersprachen nicht. Nicht jeder, der einen Computer kaufte, nutzte ihn zum Programmieren.

Obwohl das „Microsoft Basic", das in vielen Rechnern eingesetzt wurde, bald ein Standard wurde, tat man der Sprache dabei nichts Gutes. Eine Serie von Heimcomputern hatte es sogar im Namen: MSX für „MicroSoft eXtended BASIC". Das erste BASIC für den Altair war eine Submenge des BASIC das Kenemy und Kurtz schufen. Die beiden Schöpfer von BASIC ruhten sich aber nicht auf dem ersten Standard aus, sondern erweiterten es nach und nach und brachten 1983 True BASIC heraus. Es bot wie andere (Nicht Microsoft-) BASIC Dialekte wie z.B. Turbo BASIC (MS-DOS) oder SuperBasic (Sinclair QL) die Möglichkeit zur strukturierten Programmierung, d.h. der Verzicht auf Zeilennummern und die Anweisung GOTO,

Abbildung 9: Die Microsoft Softcard für den Apple II, die erste von Microsoft vertriebene Hardware

dafür Prozeduren und Funktionen. Microsoft BASIC hatte diese Möglichkeiten nicht. Die „Extended BASIC" Versionen enthielten vielmehr Kommandos, um Grafik zu zeichnen oder Töne auszugeben. War das Festhalten an den Zeilennummern und die dadurch erzeugte Unübersichtlichkeit von Programmen („Spaghetti Code") noch bei den ersten Versionen unumgänglich, weil sonst die Sprache einfach nicht in den verfügbaren Speicher passte, so verschenkte Microsoft später die Möglichkeit, BASIC als ernsthafte Programmiersprache zu etablieren.

Microsoft blieb BASIC treu, bis heute ist die Sprache Bestandteil von Visual Studio, der Programmierumgebung von Microsoft (die Version Visual Basic Express ist sogar kostenlos erhältlich), man modernisierte die Sprache aber nur zögerlich so brachte man Jahre um die Objektorientierung in die Sprache einzubauen und vollzog den letzten Schritt erst, als dies bei der Umstellung des Programmiermodells auf die -NET Architektur unumgänglich war. 2011 erschien als neue Variante von Microsoft das SmallBasic mit nur 14 Anweisungen für den Unterricht von Schülern.

Die Erfinder von BASIC waren davon nicht begeistert. In einem Interview, das Kenemy und Kurz 1987 der Computerzeitschrift „P.M. Computerheft" gaben, sagte Kenemy „Sie bekommen z.B. von Microsoft für den IBM PC nur diese lausige BASIC Version. Das ärgert mich. BASIC ist mein „Baby" und ich kann es nicht ab, wenn es verdorben wird. Es gibt ein berühmtes Zitat von einem Computerwissenschaftler: Wer seine ersten Programmiererfahrungen mit BASIC macht, handelt sich eine Krankheit ein, von der sich einige Leute nie erholen. Ich muss Ihnen sagen, in Bezug auf Microsoft-BASIC, das automatisch mit dem IBM PC kommt, stimme ich dieser Aussage zu. Ich möchte nicht, dass mein Kind in dieser Sprache das Programmieren lernt".

Der DOS Deal

Als IBM 1980 einen Personalcomputer entwickelte, benötigten sie dafür ein Betriebssystem und den damals noch obligatorischen BASIC Interpreter. Da traf es sich gut, das Microsoft offensichtlich beides hatte: Sie vertrieben die Softcard für den Apple mit dem Betriebssystem CP/M und MBASIC.

Im Juli 1980 gab es den ersten Kontakt von IBM mit Microsoft. Doch bevor es zu einer Verhandlung und Gesprächen kam, musste erst einmal ein „Non disclosure" Abkommen unterzeichnet werden. Aus Sicht des Unterzeichners war dies sehr nachteilig: IBM konnte alle Informationen nutzen, die es während der Gespräche erhielt. Auskünfte, die von IBM kamen, durften aber weder genutzt noch weitergegeben werden. Zu dieser Zeit wurde IBM sehr oft verklagt. Ihre Rechtsanwälte hatten diese Erklärungen aufgesetzt, um zu vermeiden, dass dies als Folge von Gesprächen wieder vorkam. Bill Gates unterzeichnete sofort, sagte aber später „*Man musste schon viel Vertrauen haben*".

Die Verhandlungsführer von IBM sagen über den Rechner fast nichts. Nicht einmal welchen Prozessor er einsetzen sollte. Stattdessen erkundigen Sie sich, welche CPU nach Gates Ansicht wohl geeignet wäre. Bill Gates glaubte noch Jahre später, IBM von der Verwendung des 8086-Prozessors überzeugt zu haben. Allerdings war diese Entscheidung schon vorher gefallen. Beim ersten Termin im Juli holte IBM sich Sachverstand ein, wie ihr neuer Rechner denn aufgebaut werden sollte. So plädierte Gates für einen Rechner mit 64 KiB Arbeitsspeicher.

Im August kam IBM wieder. Sie offerierten Verträge für die Erstellung von BASIC, Assembler und anderen Programmiersprachen. Microsoft erhielt einen Beratervertrag, der mit 5.000 $ honoriert wurde. Was Microsoft jedoch nicht bieten konnte, war das Betriebssystem. IBM wusste nicht, dass Microsoft die Rechte an CP/M nicht hatte, aber Bill schickte sie zu Gary Kildall in Monterey. Warum es nicht mit Digital Research klappte, findet sich beim Artikel über Gary Kildall.

Auf jeden Fall witterte Bill Gates die Möglichkeit, hier noch mehr zu verdienen. Paul Allen wusste aufgrund der Zusammenarbeit an der Softcard, das die Firma SCP

(**S**eattle **C**omputer **P**roducts) mit dem Programmierer Tim Paterson einen einfachen CP/M-86 Klone namens Q-DOS (**Q**uick and **D**irty **O**peration **S**ystem) erstellt hatte.

SCP war Hardwarehersteller. Nachdem der 8086-Prozessor von Intel erschien, entwickelte die Firma Karten mit dem 8086-Prozessor auf Basis des S-100 Busses. Sie konnten so in Systemen mit einem S-100 Bus eingesetzt werden, das waren die schon eingeführten 8-Bit-Rechner. Microsoft hatte auch ein BASIC für den 8086 mit Unterstützung für Diskettenlaufwerke programmiert, aber Digital Research war zu diesem Zeitpunkt noch mit der Fertigstellung der populären CP/M Version für 8-Bit-Rechner beschäftigt. Die Erstellung von CP/M für den neuen Prozessor hatte eine niedrige Priorität, der Prozessor war schließlich ganz neu und es gab noch keine Computer, die ihn einsetzten. Seit dem November 1979 lieferte SCP daher Karten mit Microsofts Disk-BASIC aus. Aber ohne ein Betriebssystem verkauften sie sich schlecht. Was noch vor fünf Jahren beim Altair klappte – ein Produkt ohne Betriebssystem anzubieten – war nun nicht mehr denkbar.

So kauft sich Paterson für 25 Dollar das Handbuch der (damals schon veralteten) CP/M Version 1.4. Er entwickelt ein Betriebssystem für den 8086, welches die API (**A**pplication **P**rogramms **I**nterface) von CP/M kopiert, also die Systemaufrufe für die Anwendungsprogramme. Dabei übernimmt Paterson auch das Konzept der Trennung von Kommandointerpreter, BDOS und BIOS. So ähnelt QDOS im Look und Feel und der Funktionsweise CP/M so stark, dass es später den Plagiatsvorwurf gibt.

Als eine rudimentäre Version des Systems (0.11) nach vier Monaten fertig ist, will SCP es als „86-DOS“ vertreiben. SCP ist Hardwarehersteller, also fragt man bei Microsoft nach, ob sie nicht potenzielle Kunden kennen würden. Kurz danach meldet sich Paul Allen mit der guten Mitteilung, man habe einen Interessenten, ohne zu sagen, wer der Kunde ist. Zeitgleich versichert Gates IBM, dass Microsoft ein Betriebssystem liefern könne.

Microsoft bekam im Oktober 1980 nach weiteren Konsultationen und einer Präsentation von Allen und Gates in Boca Raton den Auftrag für die Entwicklung des Betriebssystems. Im Dezember 1980 hat SCP die erste Version von 86-DOS (0.33) fertiggestellt.

Der erste Vertrag, der mit SCP Ende 1980 abgeschlossen wurde, sah vor, dass Microsoft das DOS vertreibt, aber SCP die Rechte an diesem System behält. Pro Kunde soll SCP 10.000 Dollar erhalten. Der Betrag sollte sich um 5.000 Dollar erhöhen, wenn auch der Sourcecode bei der Lizenz enthalten ist. Weiterhin würde Microsoft 10.000 Dollar als Bonus zahlen, wenn SCP den Vertrag sofort unterschreibt. SCP erhält so 25.000 Dollar (ein Kunde + Sourcecode + Sofortzahlprämie).

Tim Paterson bleibt noch bei SCP, wechselt allerdings im Mai 1981 zu Microsoft. SCP stellte zu diesem Zeitpunkt die Vertriebsstruktur um und vertreibt die Produkte nur noch per Mailorder. Erst jetzt erfährt er, wer der Kunde tatsächlich ist.

Die Sache erhält einen Wendepunkt, als ein Bekannter aus MITS Zeiten, Ed Curry, auf der Suche nach einem Betriebssystem für einen 16-Bit-Rechner ist. Datapoint, die Firma die er nun leitet, arbeitet ebenfalls an einem 8086-Rechner. Curry will zuerst CP/M-86 lizenzieren. Doch da dieses noch nicht fertiggestellt ist, fragt er bei Allen an, ob dieser nicht eine andere Quelle für ein Betriebssystem kenne. Er verweist ihn an Brock, den Firmeninhaber von SCP. Gleichzeitig ruft dies Ballmer und Gates auf den Plan. Gates ruft Brock an, man wolle nun nicht mehr das Betriebssystem lizenzieren, sondern kaufen. Ballmer wird persönlich vorstellig, um Rod Brock zur Vertragsunterzeichnung zu drängen, denn Paul Allen hat erfahren, dass Curry bis zu 250.000 $ für das Betriebssystem zahlen will. Brock werden alle Rechte an SCP-DOS für 50.000 Dollar abgekauft. Zwei Tage später wird eine Lizenz an Datapoint für 186.000 $ verkauft.

Am 12. August 1981 erscheint der IBM PC. Und mit dem Erfolg des PC kam auch der von Microsoft. Binnen eines Jahres schloss die Firma Verträge mit 50 Herstellern von Klones, die jeder ein Betriebssystem und einen BASIC-Interpreter brauchten. Während IBM ihr Betriebssystem PC-DOS nennt, heißt das gleiche Produkt von Microsoft MS-DOS (**M**icro**s**oft **D**isc **O**perating **S**ystem).

Tim Paterson bleibt noch bis April 1982 bei Microsoft: Die erste Version von PC-DOS ist voller Bugs. Beinahe täglich kommen Fehlerberichte und Anrufe von IBM und so wird schnell die fehlerbereinigte Version 1.1 nachgeschoben. Paterson bessert nach. Danach verlässt er Microsoft.

Die erste Version von PC-DOS unterschied sich nicht sehr von CP/M. SCP bot, als das Produkt noch eigenständig vertrieben wurde, sogar einen Z80 zu 8086 Übersetzer an, der CP/M-80 Programme übersetzte, damit sie auf 86-DOS liefen. Folgende Versionen von PC-DOS erhielten neue Funktionen, die verhinderten, dass ein Programm, das für CP/M 86 geschrieben wurde, unter PS-DOS lief.

Obgleich CP/M 86 erst sechs Monate nach PC-DOS verfügbar war und von IBM zum sechsfachen Preis verkauft wurde, reichte dies Bill Gates nicht, um Digital Research vom Markt zu verdrängen. Interessenten bekamen die Antwort, dass sie die Programmiersprachen von Microsoft nur bekommen würden, wenn sie MS-DOS ebenfalls abnehmen würden. So erwog Digital Equipment, für ihren Rainbow Computer, der sowohl eine Z80 wie auch 8086 CPU hatte und damit sowohl CP/M-80 wie auch CP/M86 oder MS-DOS ausführen konnte, zuerst nur CP/M-86 von DRI zu kaufen. Ebenso wurden die Sprachen von Microsoft nicht für CP/M-86 angeboten. Gates hängte sich auch persönlich ans Telefon um andere Softwarehersteller zu überzeugen, ihre Produkte für MS-DOS alleine zu entwickeln. Das klappte bei Lotus: 1-2-3 erschien nur für MS-DOS. So war sehr bald klar, das CP/M-86 keine Chance auf dem Markt hatte.

IBM bereute bald den Deal mit Microsoft. Nicht nur wegen der Zahlung an DRI, sondern weil sich bald nach Einführung von PC-DOS Beschwerden über Fehler im Produkt häuften. So schickte man eine Mannschaft zu Microsoft um diesen bei der Qualitätssicherung zu helfen, die offensichtlich verbesserungswürdig war. Sie kamen schockiert zurück: Es gab keine Qualitätssicherung! Niemand testete Produkte vor der Auslieferung. Wann immer ein Entwickler meinte, die Version wäre fertig, wurde sie als offizielles Release herausgegeben. Wären sie von der Beurteilung Microsofts seitens Intel informiert gewesen, wäre die Entscheidung vielleicht anders verlaufen. Bill Gates rief 1980 auch Intel an, damit der Chiphersteller ein gutes Wort bei IBM einlegte:

„Mein Chef, Chuck McMinn, kommt eines Tages in mein Büro und knallt mir ein Handbuch auf den Schreibtisch“, erinnert sich John Wharton. *„Und erzählt mir, eine Firma irgendwo im Norden versuche Intel dazu zu bewegen, ihr Betriebssystem zu lizenzieren oder zu unterstützen“*. Zwei Tage darauf hatte sich Wharton mit MS-DOS vertraut gemacht. Er war nach Seattle geflogen und hatte einen Tag mit den Entwicklern gesprochen und kam zu einem knallharten Urteil. *„Meine Empfehlung war ein uneingeschränktes Nein. Diese Leute sind Spinner. Sie machen nichts wirklich Neues und sie haben keine Ahnung von dem, was sie tun. Ihre Ansprüche sind ziemlich niedrig, und es ist nicht einmal sicher, ob sie wenigstens die eingelöst haben.“*.

Dass die Qualität verbesserungswürdig war, zeigt auch eine andere Episode. So verhandelte Atari mit Microsoft über die Übernahme des Apple Interpreters für ihre Atari 400/800 Rechner. Dazu müsste das 11 KiB große BASIC an die Hardware angepasst und auf 8 KiB verkleinert werden: Es scheiterte, weil der Code nicht dokumentiert worden war.

Der DOS-Deal hat noch ein Nachspiel. Als Tim Paterson 1982 Microsoft wieder verlässt, um ein neues Unternehmen zu gründen (Falcon Technologies), schenkt ihm Allen eine kostenlose Lizenz für DOS, die er für seine Rechner nutzen kann. Schließlich verzichtet er damit auf die Aktienoptionen, die allen frühen Mitarbeitern zustehen. 1986 läuft das Geschäft schlecht und Microsoft kauft das gesamte Unternehmen auf, um die Lizenz zurückzuerhalten. Danach arbeitet Paterson erneut für Microsoft, ist an der Entwicklung von Quick Basic und J+ beteiligt und verlässt 1998 erneut die Firma. Seitdem betreibt er Paterson Technology, entwickelt Geräte um VHS Videorekorder an den PC anzuschließen.

Eine zweite Lizenz erhielt Seattle Computers, die ehemaligen Eigentümer. (Tim Paterson, der es praktisch alleine programmiert hat, ist in dieser Geschichte der eindeutige Verlierer).

1986 laufen auch bei Seattle Computer Products die Geschäfte nicht mehr so gut, und die DOS-Lizenz erweist sich als das wichtigste Unternehmenskapital. Es war nicht eine einfache DOS-Lizenz. Es war eine zeitlich unbefristete Lizenz, ohne

Volumenbegrenzung, nicht nur für MS-DOS 1.0, sondern für alle Nachfolgeversionen. Eine solche Lizenz ist für einen Computerhersteller Millionen wert und SCP dachte auch daran, sie an Tandy zu verkaufen. Vorher bot Brock sie aber Microsoft zum Rückkauf an – für 20 Millionen Dollar. Microsoft Anwälte schrieben zurück, dass Firmeninhaber Brock, den Vertrag *„übertrieben ausgelegt“* habe und die Lizenz nicht übertragbar sei. Das brachte Brock dazu, auf 60 Millionen Dollar Schadensersatz zu klagen. Die Prozessakten waren einige Hundert Seiten stark und die Verhandlung dauerte über drei Wochen.

Zuerst lehnte Bill Gates es strikt ab, ein Vergleichsangebot zu unterbreiten. Der Verlauf des Prozesses, bei dem er täglich zusah, muss ihn aber vom Gegenteil überzeugt haben. Während sich die Geschworenen berieten, unterbreiteten Microsofts Anwälte ein Vergleichsangebot über 50.000 $. Es wurde jede Stunde erhöht, bis es Brock bei 925.000 $ annahm und der Prozess ohne Urteil abgeschlossen wurde. Später befragten seine Anwälte die Geschworenen. Es stand zu diesem Zeitpunkt 8:4 für Brock. Zwei weitere Geschworene waren bereit ihre Meinung in seinem Sinne zu ändern. Die Chancen standen für Brock also gut, den Prozess zu gewinnen.

Anwendungsprogramme

Mit den Einkünften aus DOS war die finanzielle Zukunft der Firma gesichert. Microsoft wuchs und hatte 1981 mit 75 Angestellten fast doppelt so viel Personal wie 1980. Nachdem Microsoft ins Geschäft mit den Betriebssystemen expandiert hatte, war nun das strategische Ziel in weitere Geschäftsfelder zu investieren, um breiter aufgestellt zu sein.

Gates Ziel war eindeutig: Microsoft sollte auch das Geschäft mit den Anwendungen dominieren, in dem es bisher nicht vertreten war. Der Anfang war Multiplan, eine Tabellenkalkulation. Tabellenkalkulationen waren damals die „Killerapplikation“. Mit Ihnen waren alle Arbeiten, die mit Zahlen zu tun hatten, so viel einfacher, dass sie durch die Arbeitsersparnis alleine den Kauf eines PC rechtfertigten. Das hatte VisiCalc beim Apple gezeigt.

Microsoft entwickelte Multiplan, als Erste einer Serie von Anwendungen, die mit „Multi“ anfangen sollten. Multiplan sollte einfacher zu bedienen sein als existierende Vorbilder, es war optisch gefälliger als VisiCalc. Aber es war langsamer als VisiCalc. Zeitgleich erschien Lotus 1-2-3. Es war optisch weitaus weniger ambitioniert als Multiplan – aber zehnmal schneller. Multiplan wurde kein Verkaufserfolg. Microsoft hatte bei der Anwendungsentwicklung ein neues Model eingesetzt. Bill Gates glaubte an eine vielfältige Landschaft aus verschiedenen Computern. Um alle Plattformen mit Software versorgen zu können, wurde die Software in einer Hochsprache auf einem Minicomputer von DEC entwickelt. Erst danach wurde Sie durch einen Übersetzer in den Maschinencode der Zielplattform übersetzt. Dadurch waren die Anwendungen aber viel langsamer als das direkt in Maschinensprache programmierte 1-2-3.

Eine gewisse Bedeutung hatten Microsofts Anwendungen in den ersten Jahren, als es zahlreiche MS-DOS kompatible Rechner gab. Sie alle hatten ein Problem: Sie waren zwar nur auf MS-DOS Ebene kompatibel zum IBM-PC. Aber die sich am besten verkaufenden Programme (wie 1-2-3) waren so programmiert, dass sie auf direkt auf die Hardware des IBM-PC zugriffen und MS-DOS übergingen. Durch die Programmierung von Multiplan in einer Hochsprache war es möglich, das es mit wenigen Anpassungen auf vielen Rechnern lief. So verkaufte Microsoft spezielle Anpassungen von Multiplan an Sirius, Zenit, Texas Instruments und Tandy. Aber es konnte nicht an den Erfolg von Lotus 1-2-3 anknüpfen. Im ersten Jahr machte Lotus einen Umsatz von 57 Millionen Dollar. Der Kapitaleinsatz (vor allem für Printwerbung, nicht für die Erstellung des Programms) betrug lediglich 3 Millionen Dollar. Im zweiten Jahr stieg der Umsatz auf 157 Millionen Dollar und Lotus hatte 700 Angestellte. Bill Gates Firma war, obwohl sieben Jahre älter, deutlich kleiner und umsatzschwächer. Das zeigte ihm, wo der Gewinn gemacht werden konnte. Nur klappte es noch nicht ganz.

So wiederholte sich die Misere einige Jahre später bei Word (ursprünglich „Multiword“) als Textverarbeitung. Auch wenn Word als erste Anwendung andeutungsweise das Schriftbild beim Druck auch in der Bildschirmdarstellung wiedergab, durch Menüs leicht bedienbar war, so war das Programm doch langsamer als Konkurrenzprodukte. Word erreichte erst nach Jahren eine dominierende Marktstellung.

Diese kam erst durch Windows. Um den Verkauf von Windows anzukurbeln, entwickelte Microsoft auch Anwendungen für Windows. Das waren anfangs Portierungen von Excel für den Mac und Word für Dos. Als bei Windows mit der Version 3.0 endlich der Erfolg kam, waren Excel und Word mit am Start. Es gab keine Konkurrenz, da niemand mehr an den Erfolg von Windows glaubte.

In den achtziger Jahren wächst Microsoft stetig – dank der Einnahmen aus DOS. Neue Manager brachten nun die innerbetriebliche Organisation auf Vordermann. So lief die Buchhaltung 1982 noch auf einem Tandy Computer. Es gab gerade mal zwei Damen, welche die gesamte Produkthotline stellten (Microsoft hatte gerade begonnen MS-DOS an Endverbraucher zu verkaufen, aber keinerlei Infrastruktur dafür geschaffen). Die gesamte Produktion und Verpackung wurde in einer Halle durchgeführt. Es gab keine Übersicht über die Lagerhaltung – Bill Gates fand die Maus toll, so vertrieb Microsoft auch Mäuse. Nur gab es bei den PCs keine Anwendungen für die Maus und damit auch keine Nachfrage. Als der erste Produktmanager eine Inventur anordnete, stellte sich heraus, das Microsoft einen Siebenjahresvorrat an Mäusen hatte.

Es begann nun auch eine ordentliche PR-Arbeit, wobei die Marketingfirma sehr bald erkannte, dass der Kernpunkt eine Identifikation der Firma mit einer Person war. So wurde Bill Gates Image aufgebaut.

Sein jugendliches Aussehen, die meistens ungekämmten Haare und die unmodische Brille, passten zu dem, was den Marketing-Fachleuten vorschwebte: Gates sollte als Programmierer und Nerd die Firma repräsentieren. Das wurde auch recht clever gemacht. Gates trat als der Visionär auf, der die Zukunft des PC kennt. Er hat die Ideen für revolutionäre Programme. Ein Großteil der Öffentlichkeit glaubte das und sah die Mängel in real existierender Microsoft-Software als die Fehler des leider nicht so talentierten Fußvolkes an. Seit der Programmierung des BASIC Interpreters für den tragbaren Tandy-100 Computer im Jahr 1982 programmierte Bill Gates aber nicht mehr selbst.

Inzwischen hat Gates dieses Konzept verinnerlicht und glaubt sogar selbst daran. So spricht er bei Interviews über die „Visionen“, die er schon hatte, bevor der Altair erschien und wie er das Projekt IBM-PC rettete, das seiner Ansicht nach sonst zum Scheitern verurteilt war.

Windows

Microsoft wurde von Apple gebeten, Software für den Mac zu schreiben. So kam Bill Gates schon 1981 in den Genuss einer Vorführung des Prototyps der Lisa. Später wurde vereinbart, dass Microsoft Versionen von Multiplan und Multiword für den Mac schreiben sollte.

Etwa zur gleichen Zeit planten verschiedene Firmen Aufsätze auf DOS, um die Bedienung zu vereinfachen. Auf der COMDEX 1982 wurde ein Prototyp von „Visi On“ vorgestellt, eine auf DOS basierende grafische Oberfläche. Bill Gates sah hier den

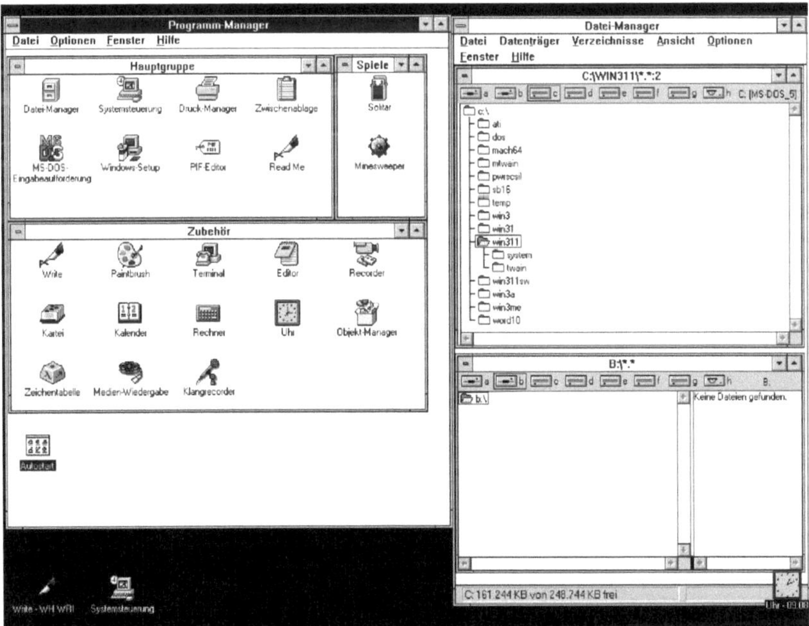

Abbildung 10: Gerade einmal zwanzig Jahre alt: Windows 3.1

nächsten Schritt in der Weiterentwicklung des PC. Er versuchte zuerst IBM zu überzeugen, dass es sinnvoll wäre, gemeinsam eine ähnliche Oberfläche zu entwickeln. IBM wollte sich aber von seinen „Vendors“ (Lieferanten) lösen, um mehr Kontrolle über die Architektur und die Software des PC zu bekommen. IBM arbeitete schon an einer eigenen Oberfläche namens „Topview“.

Bill Gates sah in den grafischen Oberflächen eine Bedrohung für DOS. Zwar waren alle angekündigten Produkte ein grafischer Aufsatz für DOS, doch die Anwendungen für die Oberflächen arbeiteten mit diesen zusammen und nicht mit DOS. Was würde passieren, wenn der Hersteller der Oberfläche dann ganz auf DOS verzichtete?

So beschloss Bill Gates, ein eigenes grafisches Betriebssystem auf den Markt zu bringen und legte den Termin für die Markteinführung auf den März 1984 fest. Das Programm hieß intern „Interface Manager“ und das beschrieb seine Funktion recht gut. Die PR-Fachleute fanden den Begriff aber zu sperrig und tauften es „Windows“, weil die Entwickler dauernd von „Fenstern“ sprachen. Mit großem Werberummel wurde Windows auf der COMDEX im November 1983 angekündigt. Microsoft schaffte es, auf „inoffiziellem Wege“ enorm viel Reklame für Windows zu machen: Auf den Rücksitzen der Taxis waren Windows Aufkleber angebracht. Die Taxifahrer trugen Windows Sticker. In Hotels fanden die Messebesucher Kissenbezüge mit dem Windows Logo vor und jeden Tag wurde von den Zimmermädchen neu zusammengestelltes Werbematerial unter der Zimmertür durchgeschoben. Dieser Umweg war nötig, weil man auf der COMDEX selbst nur am eigenen Stand Werbung betrieben dürfte.

Nur war Windows zu diesem Zeitpunkt noch in einem frühen Prototypstadium und zwei Jahre vom Auslieferungstermin entfernt…

Was herauskam, war ein Fiasko, wie es die Firma bisher nicht erlebt hatte. Bill Gates hatte die Aufgabe völlig unterschätzt. 30 Programmierer begann mit Microsofts neuem Projekt, das sechs Mannjahre umfassen, also in wenigen Monaten abgeschlossen sein sollte. In Wirklichkeit benötigte die Software fast drei Jahre zur Fertigstellung und am Schluss waren 80 Mannjahre aufgelaufen.

Es gab mehrere Gründe für diese gravierende Fehlentwicklung. Die eine war, dass Bill Gates die Aufgabe unterschätzte. Bisher hatte er Erfahrung mit Projekten, die von wenigen Programmierern in wenigen Wochen bis Monaten abgeschlossen werden konnten. Nun war Windows ein Projekt, dessen Codebasis um mindestens eine Größenordnung darüber lag. Daraus ergab sich nicht nur, dass es entsprechend länger dauerte. Es bedeutete auch, dass nun die Kommunikation zwischen den Teammitgliedern viel aufwendiger war. Ein Programmierer war nun nur noch für einen kleinen Teil der Software verantwortlich. Was er tat, musste genau dokumentiert werden, damit andere Programmierer mit seinen Codeteilen arbeiten konnten. Es waren zahlreiche Personen nur damit beschäftigt, den Code und das fertige Produkt zu testen und Fehler zu suchen.

Das Zweite war die persönliche Einmischung von Bill Gates. Er nahm während der Entwicklung auf die Features Einfluss. Das zeigt eine Episode. Der Mac wurde mit einer Maus ausgeliefert und damit bedient. Bei den PCs gehörte die Maus aber nicht zu der Standardausrüstung und es gab kaum Software, die eine Maus unterstützte. Daher sollte die Oberfläche mit der Tastatur bedienbar sein. War es bei kleinen Projekten noch möglich, so ein Feature relativ einfach während der Entwicklung einzufügen, so bedeutete dies bei Windows eine Verschiebung der Fertigstellung um drei bis sechs Monate. Es mussten die Anforderungen und Code geändert werden. Die Dokumentation aktualisiert und die Funktion getestet werden.

Damit nicht genug bestand Bill Gates später darauf, als er auf einem Apple Postscriptfonts und die Möglichkeit diese auch zu drucken sah, dass die ganze Oberfläche in Postscript gezeichnet werden sollte. Das kam so spät, dass die Entwickler ihn noch von der Unmöglichkeit, dies zeitnah zu integrieren, überzeugen konnten. Etwa zur Mitte der Projektlaufzeit wurde der Entwicklungsleiter MacGregor gefeuert, weil Bill Gates ihm Schuld an den Verzögerungen ankreidete.

Leiter wurde nun Steve Ballmer, ehemaliger Studienkollege von Bill Gates und Nummer Zwei in der Firma, nachdem Paul Allen 1983 aus der Firma ausschied. Bei ihm war die Hodgekinsche Krankheit diagnostiziert worden, eine Form von Lymphknotenkrebs. Die Krankheit konnte zwar geheilt werden, doch das veränderte Allens Perspektive und er sah die Arbeit nicht mehr als wichtigsten Lebensinhalt.

Heute investiert Allen sein Vermögen von 10,5 Milliarden Dollar in verschiedene Projekte, darunter so exotische wie die Raumfahrtfirmen SpaceShipOne und Stratolaunch. Der Grundstock dieses Vermögens ist aber immer noch der Anteil an Microsoft.

Steve Ballmer verschlimmerte die Situation noch. Die Arbeitsbedingungen bei Microsoft waren schlecht. Die Firma zahlte unterdurchschnittlich und die wichtigste Motivation, die es für Programmierer gab, waren Geschäftsanteile als Boni. Wertvoll waren Sie erst, wenn Microsoft an die Börse gehen würde. Diese Boni waren an Überstunden gekoppelt, nicht Leistung. Sie arbeiteten daher schon enorm viel, doch Ballmer meinte, die Programmierer würden das Projekt verzögern.

Dazu kam das Betriebsklima. Bill Gates ist intelligent, aber auch unbeherrscht, er geht davon aus, dass jeder wie er dauernd arbeitet, und besitzt kein Einfühlungsvermögen. Seine Wutausbrüche, in denen er Personen anschreit, sind ebenso bekannt wie Mails, in denen er Code anderer als „*den größten Scheiß den ich jemals sah*“ bezeichnet. Bei Gates ließen dies viele Programmierer durchgehen, weil er als Programmierguru galt. Steve Ballmer unterscheidet sich im Verhalten nicht von Bill Gates. Doch Ballmer ist nicht Programmierer, sondern Betriebswirt. Während die Entwickler Gates cholerisches Verhalten noch akzeptierten, fühlten sie sich von Ballmer brüskiert.

Nun prallten auch zwei Kulturen aufeinander, wie der Zeitbedarf eingeschätzt wird. Programmierer neigen dazu, den Aufwand für ein Projekt zu niedrig einzuschätzen. Sie vergessen, dass es Probleme geben kann, dass der Code getestet und kommentiert werden muss, und eine Dokumentation für den Anwender zu schreiben ist. Das ging auch Bill Gates so: Er kündigte bei seinem Anruf bei Ed Roberts an, BASIC in drei bis vier Wochen fertig zu haben. Es wurden vier Monate bis zu einer vorführbaren Version und acht bis zur Fertigstellung daraus.

Ballmer vertrat dagegen (wie viele Betriebswirte) den Standpunkt, dass er immer zu hohe Schätzungen für den Projektaufwand bekäme, damit niemand sagen könne, man hätte zu lange gebraucht. Mit etwas „Motivation“ und Überstunden wären erheblich kürzere Fristen möglich. Der Microsoft-Entwickler Marlin Eller drückte dies so aus: *„Für einen Codeteil, für den man sechs Wochen brauchte, schätzten die Programmierer den Zeitbedarf auf vier Wochen und Ballmer meinte, man könnte ihn in zwei schaffen“*.

So sah es für Ballmer aus, als wäre alles im Zeitplan, bis dieser nur noch Makulatur war. Die Besprechungen endeten oft in Wutausbrüchen von Ballmer. Schließlich setzte Ballmer 1985 sogar ein Meeting am Ostersonntag an – nur um zu sehen, wer selbst zu diesem Termin erschien. Bill Gates reichte es schon lange: Er hatte Ballmer im Frühjahr 1985 ein Ultimatum gestellt, Windows auszuliefern, bis der erste Schnee fällt, sonst könne er seinen Hut nehmen. Fertiggestellt wurde Windows am 20.11.1985 – zum Glück für Ballmer fällt in Seattle äußert selten Schnee vor Weihnachten.

Ein weiterer Grund, warum Windows so lange brauchte, war die PC-Hardware. Der Mac wurde mit 512 KiB Speicher ausgeliefert. Nur wenige PCs verfügten über so viel Speicher, wobei DOS ja auch noch Speicher benötigte. Das Mac-OS war auf die verbaute Hardware optimiert – der Bildschirm war monochrom und klein. Windows musste eine Reihe von Grafikkarten mit unterschiedlichsten Fähigkeiten unterstützen. Vor allem war der Prozessor im IBM PC viel langsamer als der im Mac. Der Code musste so viel stärker optimiert werden, damit Windows überhaupt bedienbar war.

Trotzdem reichte schon das parallele Starten mehrerer der mitgelieferten Minianwendungen, wie des Kalenders und des Editors aus, damit die Uhr von Windows signifikant nachging, weil sie nicht genügend Rechenzeit zugebilligt bekam. Windows 1.0 war schlicht und einfach auf einem IBM-PC nicht benutzbar. Windows 1.0 war auch nicht wie das heutige Windows ein eigenständiges Betriebssystem, sondern ein Aufsatz auf DOS. Als eine große Einschränkung war es nur möglich Windowsprogramme (die selten waren) auszuführen, aber keine DOS-Programme. Windows 1.0 nur war nichts mehr als ein grafisches Spielzeug.

Auch in anderer Hinsicht geriet Windows zum Fiasko. Im November 1983 zeigte Bill Gates Folien von Windows und rief Softwarehäuser auf, Programme für das System zu schreiben. Als der Einführungstermin sich immer weiter verschob, sprangen immer mehr Entwickler ab und es gab schließlich kaum Software – und ohne diese war Windows weitgehend nutzlos. Der Ruf von Microsoft nahm irreparablen Schaden, weil sie ein Produkt ankündigten, das sie nicht ausliefern konnten – die Zeitschrift Infoworld prägte dafür den Begriff „Vaporware“.

Als Windows endlich erschien, war die Enttäuschung groß. Das Programm benötigte neben einer Maus vor allem eine Festplatte, die war damals noch extrem teuer und zudem sehr viel Arbeitsspeicher. Es gab kaum Anwendungen für das System und es lief nur auf schnellen Rechnern mit einem 8086-Prozessor oder IBMs neuem AT-Computer mit akzeptabler Geschwindigkeit. Es war damit nicht alleine. Auch das schon erschienene Visi On und IBM TopView benötigten schnelle Hardware. Lediglich Digital Researchs Konkurrenzprodukt GEM lief auf jedem PC mit Diskettenlaufwerk.

Eine Klage von Apple lag auch in der Luft, denn Windows ähnelte dem Mac OS, welches durch die Anwendungsentwicklung natürlich Microsofts Programmierern gut bekannt war, zu sehr. Nun drohte Gates unverhohlen. Man werde Excel und andere Anwendungen für den Mac nicht fertigstellen oder weiterentwickeln, wenn Microsoft keine Lizenzierung bekäme. Da die Verkäufe des Mac rückläufig waren, musste Apple Chef John Sculley darauf eingehen. Sonst wäre der Rechner noch weniger konkurrenzfähig gewesen. Als Bill Gates erfuhr, dass Apple ein eigenes (und nach Ansicht der Entwickler schnelleres und komfortableres) BASIC für den Macintosh entwickelte, drohte er Apple, wenn dieses erscheinen würde, würde Microsoft die Lizenz für das BASIC des Apple II nicht verlängern – er war nach Misserfolgen mit dem Apple III, der Lisa und zu geringen Verkäufen des Mac nun die Cashcow von Apple. So stampfte Apple seine BASIC-Entwicklung ein.

Windows 2.0 wurde eigentlich nur weiterentwickelt, weil Excel und Word einige Funktionen benötigen, die auf dem Mac vorhanden waren, aber nicht in Windows 1.0. Dies geschah mit einem sehr kleinen Team, danach sollte das Betriebssystem nicht mehr weiter entwickelt werden. Das kommende Betriebssystem wäre OS/2. Windows 2.0 erschien im November 1987.

1988 hatte die Windows Gruppe keine konkreten Zielsetzungen. Wann und ob eine neue Version entwickelt werden würde, war völlig offen. Dass sie überhaupt noch existierte, lag an David Weise, der sich weigerte, das Projekt zu begraben. Das Problem von Windows beruhte auf seiner Entwicklungsgeschichte als DOS-Aufsatz. Es war für den 8086-Prozessor geschrieben worden, welcher nun veraltet war. Diese Kompatibilität lähmte Windows. Damit DOS Programme liefen, musste Windows so tun, als liefe es auf dem 8086-Prozessor, in der Fachsprache „Real Mode“ genannt. Darauf beruhten fast alle Probleme von Windows. In diesem Modus läuft zu einem Zeitpunkt nur eine Anwendung. Es ist nicht möglich, ihr vom Betriebssystem nach gewisser Zeit die Rechenzeit zu entziehen und sie ist auch nicht isoliert. Dadurch kann ein Fehler in einer Anwendung das ganze System zum Absturz bringen. Auf dem 80826-Prozessor gab es den Protected Mode, der es erlaubte, mehrere Anwendungen voneinander abzuschotten und zu isolieren. Das Problem war nur: Es war eine Einbahnstraße. Einmal in den Protected Mode umgeschaltet, konnte man nicht zurückwechseln. Da Windows auf dem Real Mode beruhte, musste es für den Protected Mode komplett umgeschrieben werden. Es reichte nicht, Teile des Codes oder einige Treiber umzuschreiben. Die gesamte Portierung wurde als so aufwendig angesehen, dass niemand die Aufgabe in Angriff nehmen wollte.

Der Zufall, der die gesamte Entwicklung wieder ins Rollen bringen sollte, war der Zukauf eines Debuggers. Murray Sargent hatte an der Universität von Arizona einen Debugger entwickelt. Mit ihm konnte man Anwendungen, die für den Real Mode geschrieben waren, im Protected Mode laufen lassen und ihr Verhalten auf Probleme untersuchen.

Damit war es nun möglich, den Code zu untersuchen und umzuscheiben. Es kam wieder Bewegung in die Entwicklung und 21 Monate später erschien Windows 3.0. Es war stabiler, stürzte nicht so häufig ab und auf den inzwischen weitverbreiteten Rechnern mit dem 386-Prozessor liefen auch DOS Anwendungen unter Windows – von diesem abgeschottet und damit ohne Gefahr für das System. Diesmal hatte sich auch Bill Gates dem Marketing angenommen. Er war durch die Industrie getingelt um Softwarefirmen zum Schreiben von Anwendungen für Windows zu bewegen – es zahlte sich aus. Dank der eigenen Anwendungen wie Excel und Word konnte Microsoft sich auch im Anwendungsmarkt gut platzieren.

Am 22.5.1990 wurde Windows 3.0 mit einer 3,5 Millionen Dollar teuren Werbekampagne in den Handel gemacht. Es lohnte sich: Innerhalb von zwölf Monaten wurden 3,5 Millionen Exemplare verkauft – von allen vorherigen Versionen wurden zusammen nur 3 Millionen Exemplare verkauft.

Damit war der Knoten geplatzt. Die letzte Bastion des Mac – die einfachere grafische Bedienung, hatte nun auch der PC. Microsofts Umsätze explodierten, denn jeder musste zu Windows zusätzlich noch eine DOS-Lizenz erwerben.

Der Ritt auf dem Bären

Im August 1985 einigten sich IBM und Microsoft darauf, gemeinsam ein neues Betriebssystem zu entwickeln. OS/2 – **O**perating **S**ystem/**2** – sollte in zwei Jahren ausgeliefert werden. OS/2 sollte DOS ablösen, welches für den 8086-Prozessor entwickelt wurde und dessen Grenzen schon spürbar waren. Das neue Betriebssystem sollte den 80286-Prozessor unterstützen, stabiler sein und mehrere Programme gleichzeitig ausführen können.

Von Anfang an versuchte Gates IBM zu überzeugen, den 80286 zu überspringen und den Code für den kommenden Prozessor 80386 zu entwickeln. Er hielt die Architektur des 80286 für *„Brain damage“*. Der 80386 würde erheblich leistungsfähiger und leichter zu programmieren sein. Zudem wäre er der Standard, wenn das Betriebssystem erscheinen würde. Doch Bill Loewe, Leiter der PC-Division von IBM wollte die derzeitige Generation von IBM-Rechnern unterstützt sehen und die setzte den 80286-Prozessor ein.

Die Allianz beider Firmen war keine Liebeshochzeit: IBM wollte ursprünglich OS/2 alleine entwickeln. Doch selbst eigene Spezialisten meinten, dass die Softwareabteilung zu träge und langsam für den sich schnell verändernden Mikrocomputermarkt war. Bei IBM dachte man langfristig. Systeme waren über ein Jahrzehnt lieferbar. Gates sah zwar, dass IBM hier einen eigenen Standard setzen wollte. Aber wenn Microsoft dabei war, so wäre das nicht so einfach. Für Microsoft wäre so weiterhin ein Lizenzgeschäft möglich. Steve Ballmer beschrieb dies als *„Auf dem*

Rücken des Bären reiten – egal ob er sich schüttelt oder versucht dich abzuwerfen, du musst auf dem Bären bleiben. Er war der Größte und Wichtigste. Man musste auf ihm bleiben, sonst war man unter ihm. IBM war der Bär und wir wollten auf seinem Rücken reiten".

Das Microsoft OS/2 und Windows zeitgleich entwickelte, passte IBM gar nicht. Steve Ballmer als Kontaktpartner für IBM und gleichzeitig Windows Entwicklungschef trat bei Bill Gates sogar dafür ein, die Entwicklung von Windows nach der Version 1.0 komplett einzustellen. Gates dachte aber, eine kleine Rückversicherung wäre nicht schlecht und so waren eine Handvoll Programmierer immer noch mit Windows 2.0 betraut.

Die Entwicklung von OS/2 verlief zäh. Es waren zwei Firmen mit unterschiedlichen Unternehmenskulturen beteiligt und die Arbeit von mehreren Standorten musste synchronisiert werden. Microsoft beklagte die langen Entscheidungswege: Gab es einen Bug oder eine Änderung, so musste erst ein Verantwortlicher bei IBM gefunden werden, der über die Korrektur entscheiden konnte. Auf der anderen Seite lernte auch Microsoft hinzu. Bisher war die Software von Microsoft nicht gerade als qualitativ hochwertig bekannt – getestet wurde kaum. Es gab bei Projektbeginn auf 20 Programmierer einen Tester. Zum Ende der Zusammenarbeit war es wie bei IBM ein Tester pro Programmierer.

Doch OS/2 kam nur langsam in die Gänge. Im Dezember 1987 erschien die erste textbasierte Version, ergänzt 1988 durch eine grafische Oberfläche. IBMs Version unterstützte die Anbindung an Datenbanken und Großrechner und zielte damit auf den Benutzer, der PCs neben Großrechnern einsetzten. Weitere Versionen, mit einem sicheren Dateisystem als dem in DOS verwendeten, und die Unterstützung für Netzwerke folgten. Doch der Erfolg blieb aus. Das Problem war, das es bei textbasierten Anwendungen keinen offensichtlichen Vorteil zu DOS gab. Hier setzte der Anwender nur ein Programm zur gleichen Zeit ein und viele Vorteile, wie die Abschottung mehrerer Anwendungen, waren in der Praxis nicht relevant.

Als Windows 3.0 erschien, geriet auch die grafische Version von OS/2 ins Hintertreffen. Dafür gab es eine Reihe von Gründen. So wurde Windows 3.0 preiswerter verkauft und oft schon auf Computern vorinstalliert. Dagegen war OS/2 nur separat zu erwerben. Dann unterstützte es auch nur wenige Geräte, die nicht von IBM stammten.

Microsoft wollte zum einen die Unterstützung der Hardware von Fremdherstellern eingebaut haben und zum andern endlich den 80286-Code entfernt sehen. Es kam zu Differenzen, wie die Weiterentwicklung laufen sollte. Mit immer weiter ansteigenden Verkäufen von Windows 3.0 kam Gates zu dem Schluss, dass OS/2 eine tote Plattform sei. Er beendete die Allianz vor Fertigstellung der Version 2.0 im April 1992. Danach entwickelte IBM OS/2 alleine weiter. Es erschienen noch zwei weitere Versionen: 3.0 und 4.0, jeweils mit einer verbesserten Benutzeroberfläche. Die 3.0 Version wurde auf Rechnern der Kette Vobis installiert, als diese die rigiden Lizenzbedingungen von Windows (die später von Gerichten einkassiert wurden) ablehnten. Vobis vertrieb Rechner mit DR-DOS und PC-DOS und Microsoft gestattete die Installation von Windows über diesen DOS-Versionen nicht. Die letzte OS/2 Version integrierte eine Spracherkennungssoftware.

Windows NT

Als bedeutend für die Zukunft Microsofts sollte sich ein anderes Produkt erweisen: Windows NT. Das NT stand für **N**ew **T**echnology. Während das „normale“ Windows ein Aufsatz für DOS war, mit allen Nachteilen hinsichtlich Stabilität und Leistungsfähigkeit, war Windows NT ein völlig neues Betriebssystem eines Entwicklerteams, das Microsoft von DEC übernommen hatte. Der einstmals führende Minicomputerhersteller war in wirtschaftliche Schwierigkeiten geraten. Seine weltweit führenden Entwickler wanderten ab: das Team für die Prozessorentwicklung zu AMD, wo sie den Athlon-Prozessor entwickelten und die Softwareentwicklung zu Microsoft. Was unter der Bezeichnung Windows NT entwickelt wurde, hatte außer dem Namen nichts mit dem normalen Windows gemein: Es war ein stabiles System aus mehreren auswechselbaren Modulen um es an unterschiedliche Systeme anpassen zu können.

Nathan Myrvold war damals CTO bei Microsoft und hatte die Gunst von Bill Gates. Er prophezeite, dass RISC-Prozessoren bald die von Intel gebauten CISC-Prozessoren ablösen würden. Microsoft sollte für diese Zukunft gewappnet sein. So war Windows NT anfangs als Betriebssystem so ausgelegt, dass es auf unterschiedlichsten Prozessortypen laufen konnte. Es sollte hier einen Standard setzen, bevor es eine andere Firma tat. Zusatzmodule sollten es ermöglichen, Programme, die für Windows 3, OS/2 oder UNIX geschrieben wurden, auszuführen. Dadurch gab es eine Anbindung an schon bestehende Standards. Microsoft investierte in die Zukunft – zumindest solange, bis die Realität zeigte, dass nach wie vor nur Intels Chips verkauft wurden. So wurde die Unterstützung für andere Prozessoren nach und nach wieder gestrichen. Ursprünglich lief es auch auf MIPS, Alpha, Power PC, Sun SPARC und Intel 860/960-Prozessoren

Windows NT erschien erstmals im September 1993, wobei es gleich die Versionsnummer 3.1 verpasst bekam, die aktuelle Versionsnummer des „normalen" Windows. Mit Einführung der Version 4 im Juli 1996, deren grafischen Oberfläche mit der von Windows 95 identisch war, setzte es sich in Unternehmen durch. Dort etablierte es sich als stabile und zuverlässige Alternative zu Windows 95. Noch 2003 installierte der Autor auf neuen PCs für den Automobilhersteller Daimler Windows NT 4.0. Der modulare Aufbau von Windows NT erlaubte es schließlich, die auf DOS basierende Windowslinie zu beenden.

Zwar war Windows das meistverkaufteste Betriebssystem, aber es hatte auch einen miserablen Ruf. Es war instabil, Programme stürzten oft ab und es wurde mit der Zeit langsamer und noch instabiler. Der häufigste Rat von Profis bei Computerproblemen war, es einfach neu zu installieren. An dieser Problematik hatten auch die Nachfolgeversionen Windows 95, 98, 98SE und Millennium nichts geändert. Sie wiesen zwar eine zunehmend schickere Oberfläche auf, basierten aber immer noch auf dem gleichen Code und enthielten immer noch DOS als Basissystem.

Microsoft beendete diese Windows Linie mit Windows XP – auch wenn dieses als Consumer Windows (es gibt nach wie vor auch Servervarianten) beworben wurde, basierte es nun vollständig auf dem 32-Bit-Code von Windows NT und enthält keinen 16-Bit-Code mehr. Es konnte durch das Windows 3.1 Subsystem aber auch alte 16-Bit-Programme ausführen.

Der Nachfolger Vista wurde trotz siebenjähriger Entwicklungszeit ein Flop. Es war grafisch anspruchsvoller, es lief nur auf aktueller Hardware vernünftig und die neu eingeführte Einschränkung der Benutzerrechte nervte durch etliche Nachfragen. Viele Neuerungen, die das System sicherer machen sollten, wie ein neues Dateisystem, einen sicheren Kern, der stärker von den äußeren Schichten abgekoppelt war und der von Viren oder anderen Schadprogrammen nicht infiziert werden konnte, wurden während der Entwicklung gestrichen. Was blieb war die neue Oberfläche „Aero“ und das Windows standardmäßig selbst bei einem Benutzerkonto mit Administratorrechten bei allen Dingen nachfragte, die diese Rechte erforderten.

Viele Firmen setzten weiterhin XP ein und selbst Computerhersteller installierten aufgrund vieler Kundenanfragen Windows XP auf neuen Rechnern. Microsoft musste Windows XP weiterhin ausliefern und unterstützen, obwohl sie den Support ursprünglich auslaufen lassen wollten. Mit Hochdruck arbeitete man daran, die bekannten Probleme zu lösen.

Beim Nachfolger Windows 7 wurden diese Kritikpunkte beseitigt und es konnte an den Erfolg von Windows XP anschließen. Doch bei Windows 8 hatte Microsoft das Gespür, was die Käufer wollten, wieder verloren. Inzwischen hatten sich mobile Geräte etabliert, wie Smartphone oder Tabletts. Microsofts Windows Versionen für diese Geräte wie Windows Mobile fanden kaum Anklang. Microsoft meinte das Problem lösen zu können, indem sie eine Version für alle Geräte schuf. Es wurde völlig ignoriert, dass ein PC komplett anders bedient als ein Tablett wird. PC Benutzer konnten nur umständlich den Desktop einblenden, das Startmenü fehlte komplett. Stattdessen gab es Kacheln und man sollte „Wischen“ – was mangels berührungssensitiver Bildschirme nicht möglich war. Zudem wurde Windows mit einem Microsoft (MSN) Konto verdongelt. Auch hier besserte Microsoft mit der Version 8.1 nach, konnte sich aber nicht vollständig von der neuen Oberfläche lösen. Immerhin konnte die Firma mit Windows 8.1 Verkaufserfolge bei Tablet-PCs (Tabletts, die man mit einer Tastatur ergänzen und dann wie ein Notebook benutzen kann) verzeichnen. Bei Tabletts und Smartphones dominiert nach wie vor aber Android vor iOS. Satya Nadella, derzeitiger Chef von Microsoft wird wahrscheinlich aber an der Ausrichtung nichts ändern – nach seiner Aussage hat Microsoft nur einen Anteil von 14% bei den Betriebssystemen – es sind zwar im PC-Bereich 85%, aber viel stärker wächst eben der Markt der kleinen Geräte. Davon haben viele Käufer gleich mehrere und kaufen sie in relativ kurzen Zeitabständen neu.

Demo und Vaporware

Ein Gedanke treibt Bill Gates um: Er könnte die Kontrolle über Märkte verlieren. Bei einer Diskussion mit Gary Kildall fragte ein Journalist, ob es denn Platz für zwei Betriebssysteme auf dem Markt gäbe. Kildall antwortete „*Natürlich*", während Gates sagte „*Nein, es gibt nur Platz für einen*". Gates will, wie auch die ihm im Management nahestehenden, wie Ballmer, einen Markt dominieren. Nur wenn Microsofts Produkte auf einem Markt dominieren, so kann er auch kontrolliert werden.

Der sicherste Weg, einen Markt zu kontrollieren ist der, Konkurrenten gar nicht erst groß werden zu lassen. Im Softwarebereich gibt es hier weitaus bessere Möglichkeiten als Prozesse, wie sie bei Chipherstellern inzwischen an der Tagesordnung sind.

Neben dem Weg, mit dem Reichtum durch MS-DOS und Windows, einfach kleine Firmen aufzukaufen, wenn sie etwas Vielversprechendes in der Entwicklung haben, den Microsoft sehr oft beschritten hat, gibt es auch schmutzigere Vorgehensweisen.

Als Geschäftstaktik von Microsoft wurde mehrfach das Präsentieren von „Vaporware" bekannt. Nachdem Windows 1.0 diese Bezeichnung von der Zeitschrift Infoworld bekommen hatte, wurde der Begriff zum Synonym für Produkte, die angekündigt, aber extrem verspätet (oder nie) ausgeliefert wurden. Noch einmal sollte Windows zur Vaporware werden: Windows 95 wurde als „Windows 4.0" mehr als ein Jahr lang angekündigt. Es wurde die Fachpresse mit falschen Informationen eingedeckt. Viele Zeitschriften brachten monatlich die neuesten Gerüchte über das System. Der Launch war das bisher größte und teuerste Medienereignis für Microsoft. Es wurde sogar für 10 Millionen Dollar die Rechte für den Rolling Stones Titel „Start me up" eingekauft. Die Käufer stellten nach dem Kauf fest, dass es nur langsam lief und eher eine evolutionäre Verbesserung war. Windows 95 sollte die noch bei Windows 3.1 vorherrschende 16-Bit-Architektur durch eine 32-Bit-Architektur, wie sie auch in Windows NT vorhanden war, ersetzen. Nur war dies nicht vollständig erfolgt – zahlreiche Treiber waren noch 16-bittig ausgelegt und es lief nur auf den modernsten PCs richtig flüssig.

Eine weitere Form, Gegner auf Abstand zu halten war die Demoware. Wenn man den Konkurrenten nicht aufkaufen konnte, so kündigte man Produkte an, die nie erscheinen würden und präsentierte Demonstrationen von angeblichen Prototypen. Bekannt wurde der Fall der Firma GO. Sie war 1987 gegründet worden. GO hatte nach zwei Jahren ein vielversprechendes Produkt in der Entwicklung: den ersten Pen-Computer. Ein Computer für die Westentasche, mit einem berührungs-sensitiven Bildschirm, der mit einem Stift bedient wurde.

Microsoft schätzte damals den Markt für stiftgesteuerten Computer auf 3 Milliarden Dollar und führte anfangs Gespräche mit GO, um sie zu überzeugen, dass es einfacher wäre, Windows zu verwenden. Microsoft könnte Windows anpassen, sodass es auch mit dem Stift bedienbar wäre. Das war 1989. Doch GO lehnte ab. So gründete Microsoft eine eigene „Pen Computing" Gruppe. Als GO 1990 den ersten Prototypen des Systems vorführen konnte, machte diese nichts anderes, als diese Demonstration zu kopieren. Sie schrieben Code, der genau dasselbe demonstrierte – ohne dass das System auch nur annähernd fertiggestellt gewesen wäre. Zum Schluss zeigte man in einer Demonstration, wie bestehende Windowsanwendungen (der Taschenrechner) mit einem Stift bedienbar wären.

Die Wirkung war die beabsichtigte: Jeder wartete auf die bald verfügbare Version von Windows, welche dies konnte und bei GO sprangen die Kunden ab. Die Firma geriet in Finanznot und wurde von AT&T übernommen.

Bis Microsoft eine Windows Version für Tablet-PCs veröffentlichen sollte, die tatsächlich mit einem Stift bedienbar war, vergingen elf Jahre. Nachdem der Markt sich nicht als so lukrativ herausstellte, wurde die Entwicklung erst mal wieder eingestellt und erst Jahre später neu aufgenommen.

Später resultierte aus dem Geschäftsgebaren eine FTC-Untersuchung gegen Microsoft. Als Windows für Tablett PCs erschien, prozessierte 2005 einer der GO-Gründer, Jerry Kaplan. Er vertrat die Ansicht, dass Microsoft die Technologie von

GO gestohlen habe. Den Prozess gewann er 2008. Doch GO gab es schon seit 1993 nicht mehr. Microsoft hatte die Firma mit einer Demoware ruiniert. Die Strafe von 367,4 Millionen Dollar erhielt Alcatel-Lucent, welche nun die Rechte an den Entwicklungen von GO hielten.

1990 kontaktierte Microsoft Intuit, Hersteller der Finanzsoftware Quicken. Zuerst hieß es, man wollte die Firma kaufen. Als dies nicht gelang, gab es ein Kooperationsangebot für die gemeinsame Entwicklung einer Finanzsoftware. Es gab gemeinsame Konsultationen und Gespräche auf Entwicklerebene. Kurz, bevor der Vertrag unterzeichnet werden sollte, gab es eine kleine Änderung: Microsoft war nun nicht mehr an einer Kooperation interessiert. Man werde eine eigene Software mit der Bezeichnung „MS-Money“ entwickeln. Natürlich war der Einblick, wie Quicken funktionierte, dafür vorteilhaft.

Etwa zur gleichen Zeit begann eine Zusammenarbeit mit 3Com. Microsoft wollte einen LAN-Manager auf den Markt bringen, um Novells Netware anzugreifen. Jedoch fehlte das Know-how, weshalb Gates sich an den Hersteller von Netzwerkhardware 3Com wandte, die sich erhofften, nun strategisch von Microsoft unterstützt zu werden. Doch es reichte nicht, wenn 3Com einwandfreien Code auf der Ebene des Netzwerkes schrieb, für den sie zuständig waren. Der Code von Microsoft für die oberen Schichten, mit denen die Anbindung an den LAN-Manager erfolgte, war fehlerhaft. Novell erkannte dies und führte Demos vor. In ihnen konnte man von einem Terminal aus den zentralen Server eines Netzes zum Absturz bringen, wenn er mit dem LAN-Manager lief. Und nicht nur das, danach musste gleich das gesamte Betriebssystem neu installiert werden.

3Coms Absatz brach zusammen. Nicht nur wegen der geringen Verkäufe, sondern auch wegen Lizenzzahlungen an Microsoft, unabhängig von der Verkaufshöhe. Dann begann Microsoft, über 3Coms Vertriebskanäle ihre nicht abgesetzten Lizenzen zu Dumpingpreisen zu vertreiben. 3Com machte in diesem Jahr rund 40 Millionen Dollar Verlust.

Die letzte Methode Konkurrenten das Wasser abzugraben ist, das Produkt zu verschenken. Es gab zu DOS Zeiten einen florierenden Markt an Hilfsprogrammen wie die Norton Utilities. Programme die Funktionen hatten, die man brauchte, aber in DOS fehlten. Bei DOS 6.20 wurden diese eingebaut: Virenschutz; Wiederherstellung gelöschter Dateien, Festplattendefragmentierung, automatisierte Speicheroptimierung, Backup, Datenkomprimierung, Datenübertragung über die serielle und parallele Schnittstelle. Die Umsätze der Firmen, die solche Programme herstellten, brachen ein. Aber DOS verkaufte sich gut. Warum die Tools eingebaut wurden? Um den Absatz zu pushen, denn es gab – anders als bei den vorherigen Versionen – keinen technischen Grund für den Kauf einer neuen Version. Später mussten nach einem Gerichtsurteil wieder Funktionen entfernt werden, doch dies kam für die betroffenen Firmen zu spät – den Umsatzausfall konnte dies nicht wiedergutmachen.

Dank der Finanzmittel, über die Microsoft verfügt, konnte die Firma auch Krisen überstehen, die andere Firmen in den Ruin getrieben hätten. So verschlief Microsoft komplett den Internet-Boom. Obwohl Microsoft schon seit 1992 an einer Netzwerkarchitektur arbeitete, die in die grafische Oberfläche eingebunden war, setzte Microsofts führender Technologe Nathan Myhrvold auf Breitbandnetze, verbunden mit eigenen Servern. Breitbandnetze waren z.B. über Fernsehkabel möglich, aber erst in einer ferneren Zukunft. Eine Entwicklungsgruppe, die an einer Kommunikation über Modems arbeitete, wurde wieder aufgelöst. Parallel zu der Einführung von Windows 95 startete Microsoft MSN, einen Onlinedienst, welcher in Konkurrenz zu AOL und CompuServe stehen sollte. Dabei sollte dieses so eingebunden werden, dass der Benutzer nicht merkt, ob er im Netzwerk oder auf dem PC Dokumente bearbeitet.

Doch die Masse ging ins Internet. MSN wurde eingestampft und Passagen in Bill Gates Buch „Der Weg nach vorn“ über die Zukunft der Welt stillschweigend vom MSN auf das Internet umgeschrieben. Leider war aber bei Microsoft kein Browser für das neue Medium verfügbar. So kaufte man den Mosaic Browser auf und verbreitete ihn unter dem Namen „Internet Explorer“ (IE). So viel Mühe wie man sich aber auch gab: Jahrelang hinkte der Internet Explorer in der Popularität hinter Netscape her. So kam man erst darauf, dem Konkurrenten zu drohen, und als er nicht aufgab, bekam Netscape keine Informationen über die Schnittstellen von Windows 95. So konnte Netscape erst nach Erscheinen von Windows 95 den

Browser anpassen. Zuletzt integrierte Microsoft den IE ins Betriebssystem, um Kunden davon abzuhalten, noch einen Browser zu installieren. Bis man mit dem Internet Explorer 4 technisch gleichgezogen und Netscape als Firma ruiniert hatte, gab Microsoft mehrere Milliarden Dollar für Entwicklung und Werbung aus. Als dann die Vormachtstellung zementiert war, wurde die Weiterentwicklung wieder eingestellt, bis Firefox als Open Source Software den IE in der Popularität überholt hatte.

Warum dieser Krieg wegen eines Browsers? Weil man mit dem Browser die Plattform festlegt, mit der Benutzer im Internet surfen. Bill Gates sah den Browser (egal ob er von Netscape oder woanders herkam), als eine Bedrohung für Windows an. Der Browser würde es ermöglichen, Anwendungen zu starten und Dateien zu öffnen, die auf externen Servern liegen. Es wäre dann egal, mit welchem Betriebssystem jemand ins Netz geht, er brauchte nur einen Browser. Daher war Netscapes Communicator eine Bedrohung für Windows. Netscape verkaufte anfangs eine „Gold" Version, die auch ein Mailprogramm und ein Werkzeug zum Erstellen von Webseiten beinhaltete, musste dies aber einstellen, als Microsoft seinen Internet Explorer verschenkte und mit Windows auslieferte. Schlussendlich ging Netscape daran pleite, dass die Firmenphilosophie darauf beruhte, dass man mit Zusatztools Geld verdienen würde. Das war nicht mehr möglich, nachdem der Internet Explorer populärer als Netscape war. Das Bündeln des Browsers mit dem Betriebssystem hatte noch ein Nachspiel. Schließlich verurteilte ein US-Gericht Microsoft dazu, Windows ohne Browser auszuliefern. Die Untersuchungen, die auch die Praktiken untersuchte, Hersteller unter Druck zu setzen, damit sie Windows mit ihren Rechnern ausliefern, verliefen für Microsoft recht ungünstig. Analysten sprachen schon von einer Zerschlagung des Unternehmens (Auftrennung in verschiedene, autonome Unternehmen, die z.B. nur Anwendungssoftware oder Betriebssysteme vertreiben). Doch der Amtsantritt der Bush-Regierung bewirkte ein Einstellen der Untersuchungen und ein für Microsoft sehr günstiges Urteil.

Microsoft übernimmt Standards und erweitert sie eigenständig: Frontpage und Word 2000 erweitern HTML um eigene Tags, die nur der Internet Explorer versteht – im Extremfall kann ein anderer Browser die Seiten nicht mehr darstellen. Es gibt Erweiterungen im Internet Explorer, um den Internet Server von Microsoft zu unterstützen, wie neue Skriptsprachen (VB Skript) oder die ActiveX-Module. Das alles kann einem Entwickler das Leben erleichtern, doch damit er es ins Auge fasst, muss der Internet Explorer auf vielen Rechnern laufen. Um den Absatz von anderen Microsoft Produkten zu pushen, musste der IE also den Markt dominieren. Damit schuf der IE einen Markt für Serversoftware von Microsoft, welche alle diese Erweiterungen unterstützen.

Nun war das Erweitern des Standards damals normal – in der damaligen exponentiellen Wachstumsphase des Webs tat Netscape dies auch, weil das Normierungsgremium W3C gar nicht mehr nachkam, die Standards den Entwicklungen nachzuziehen.

Zum Knall kam es mit Sun. Sun hatte die Programmiersprache Java erfunden. Sie war die ideale Sprache fürs Internet, weil sie sowohl auf dem Computer des Anwenders (Client) wie auch dem Server eines Anbieters laufen konnte und beide Teile miteinander kommunizierten konnten. Kleine Javaanwendungen, (Applets), die im Browser liefen, konnten so Daten von Großrechnern abrufen. Es waren „verteilte" Anwendungen möglich.

Microsoft lizenzierte die virtuelle Maschine für Java von Sun, also den Teil, welcher den Code ausführte. Diese wurde jedoch verändert und das hauseigene Entwicklungsstudio erzeugte Code, welcher nur auf der eigenen virtuellen Maschine lief. Damit wollte Microsoft die Windows Plattform im Internet durchsetzen, verletzte aber das Grundprinzip von Java – die Sprache sollte plattformunabhängig sein. Applets sollten auf jedem Computer und in jedem Browser laufen.

So kam es kam 1997 zum Prozess zwischen Microsoft und Sun und 2001 bekam Sun recht. Microsoft durfte die veränderte virtuelle Maschine nicht mehr mit Windows ausliefern. Was tat nun Microsoft? Die inzwischen um einige Generationen weiterentwickelte Java Version ausliefern? Nein, sie entfernten Java komplett aus Windows. Seitdem muss der Benutzer sich Java manuell von Sun herunterladen. Dabei ist Java inzwischen die populärste Programmiersprache und wird für viele Anwendungen benötigt.

Die Versuche, das Internet zu dominieren, sind, obwohl dies Bill Gates schon 1995 in einer Ankündigung als wichtigstes Unternehmensziel vorgab, gescheitert. Die meisten Server laufen unter kostenloser Open Source Software, wie dem Apache Webserver und nicht dem Internet Informationsserver von Microsoft. Es gelang auch nicht, eigene Plattformen im Internet so populär zu machen, als dass sie eine führende Position einnehmen konnten. So ist der „Live-Messenger“ nur eines von vielen Instant-Messageing Produkten. „Bing“ konnte Google als populärste Suchmaschine nicht ersetzen und Facebook konnte Microsoft bisher kein eigenes soziales Netzwerk entgegensetzen.

Wie üblich, versucht Microsoft dieses Problem finanziell zu lösen: Es kauft andere Unternehmen auf, welche erfolgreicher sind. So bezahlten sie 8,5 Milliarden Dollar für den Online-Telefondienst Skype. 2008 versuchte die Firma, Yahoo für 44 Milliarden Dollar zu kaufen. Der bisher letzte größere Aufkauf war der von Minecraft, einem Spielehersteller. Microsoft zahlte 1,96 Milliarden Dollar für die Firma, die 2013 einen Umsatz von gerade einmal 223 Millionen Euro und einen Gewinn von 88 Millionen Euro aufweisen konnte. Die wenigsten dieser teuren Aufkäufe lohnten sich. So auch die Beteiligung an der Handy-Sparte von Nokia und dann deren Aufkauf für 5,44 Milliarden Dollar. Den Absatz konnte der Aufkauf nicht anheben und viele Arbeitsplätze bei Nokia werden nun „abgebaut“. Diese Verluste nahm man Steve Ballmer übel, der Bill Gates als CEO folgte. Doch konnte sich Microsoft dies leisten: Mit Windows und Office kommt enorm viel Geld in die Kasse. Die Lizenzierungsbedingungen wurden immer restriktiver, Office wird z. B. nur noch vermietet. Dabei stiegen die Preise an: 1993 kosteten DOS 6.2 und Windows 3.1 jeweils 98 DM, heute kostet die Home Version von Windows 8.1 auch 98 Euro – auf den ersten Blick hat sich nicht viel geändert. Doch 1993 kostete ein PC zwischen 3.000 und 4.000 DM, heute zwischen 500 und 700 Euro. Gemessen am Preis des PC ist die Software dreimal teurer geworden und bei preiswerteren PCs inzwischen der Hauptkostenfaktor. Dabei gibt es keinen Stapel Disketten und kein Handbuch mehr. Die geringen Kosten für die „Herstellung“ sanken also. Auch gibt es kaum noch Rabatte für vorinstallierte Versionen.

Lediglich wenn Microsoft in ein Marktsegment eindringen will, gibt es Rabatte, so kostet eine „Bing“ Version von Windows 8.1 für mobile Geräte nur 25 Euro, wenn das Gerät weniger als 300 Euro kostet und für Bildschirmgrößen von 9 Zoll ist, es sogar umsonst. Der einzige Unterschied zum normalen Windows: Bing ist als Standardsuchmaschine voreingestellt. Die enormen Gewinne aus den Verkäufen von Windows & Co generieren die Gewinne: 2013 hatte Microsoft bei 78 Milliarden Dollar Umsatz einen satten Gewinn von 22 Milliarden Dollar.

Bill Gates hat langsam aus Microsoft zurückgezogen. Im Januar 2000 gab er den CEO-Posten an seinen Freund Steve Ballmer ab. Steve Ballmer war schon seit 1980 die Nummer zwei bei Microsoft. Am 12.9.2007 verabschiedete er sich bei der Unternehmensvollversammlung offiziell aus dem Tagesgeschäft und seinen letzten Arbeitstag bei Microsoft hatte er im Juni 2008. Die Unternehmenspolitik änderte dies nicht. In der Vergangenheit gab es kaum Meinungsdifferenzen zwischen Ballmer und Gates. Auch Zitate von Ballmer, der Linux als ein *„Krebsgeschwür, das in Bezug auf geistiges Eigentum alles befällt, was es berührt“* bezeichnet, wiesen darauf hin, dass weiter Krieg geführt wird. Ballmer gliederte Microsoft neu, viele seiner Entscheidungen erweisen sich jedoch als fehlerhaft (Bei Vista gab er es selbst zu). So gab es mehr Druck das Ballmer seinen Posten räumt. Man fand in Satya Nadella, vorher Leiter der Abteilung für „Cloud-Services“, einen Nachfolger. Er leitet seit Februar 2014 Microsoft. Steve Ballmer verließ am 20.8.2014 Microsoft und kaufte von seinem Vermögen in Höhe von 15,2 Milliarden Dollar zuerst mal den Basketballklub Los Angelos Clippers für 1,49 Milliarden Dollar.

Bill Gates hat inzwischen begonnen sein enormes Vermögen, das auf 72,7 Milliarden Dollar geschätzt wird, für wohltätige und gemeinnützige Zwecke auszugeben. Bisher war er, gemessen an seinem Reichtum, relativ sparsam. Er besitzt zwar eine Sammlung schneller Sportwagen und eine Multimediavilla, aber Paul Allen leistete sich schon vor zwei Jahrzehnten ein eigenes Basketballteam, samt Stadion und Jet.

Die von ihm gegründete Bill & Melinda Gates Foundation (seit 1994 seine Ehefrau) hat bisher 28 Milliarden Dollar von ihm erhalten, Ziel der Stiftung ist es, vor allem durch Impfstoffe, zahlreiche Krankheiten in Afrika und anderen Staaten der Dritten Welt zu bekämpfen. Bill Gates hat angekündigt, bis zu seinem Tode 90 bis 95% des Vermögens für wohltätige und dem Allgemeinwohl dienende Zwecke zu verschenken. Seinen Kindern will er nur jeweils 10 Millionen Dollar vererben.

So ganz scheint ihn das nicht auszufüllen, denn schon 2008 registrierte er ein neues Unternehmen „bg3c“: **bg** steht für Bill Gates. **C** für Catalyst. **3** für einen dritten Ort neben Microsoft und der Bill & Melinda Gates Foundation. Was diese Firma macht, ist nicht genau bekannt. Die Klassifizierung des Warenzeichens spricht von „wissenschaftlichen und technischen Dienstleistungen” sowie „Entwicklung von Computerhard- und Software“. Seit der Registrierung gibt es aber keinerlei Aktivitäten seitens bg3c.

Die geschichtliche Leistung von Bill Gates ist sicher, dass er es als Erster geschafft hat, ein Firmenimperium basierend auf Software aufzubauen. Dass man mit Software reich werden kann, ist heute selbstverständlich, doch als Bill Gates Microsoft gründete, war dies durchaus nicht so. Programme wurden entweder auf Kundenwunsch erstellt, oder es gab eine Reihe von Systemprogrammen vom Hersteller, wie das Betriebssystem und Compiler für die Erstellung von Programmen. Dass jemand Programme erstellt und an den Endkunden verkauft, war völlig neu. Es war vergleichbar der Umstellung von der Maßanfertigung beim Handwerk zum normierten Massenprodukt.

Es sah auch in den ersten Jahren nicht so aus, als wäre dieses Konzept so erfolgreich wie der Hardwarebau, bis der Durchbruch mit DOS kam. Dass mit Software erheblich höhere Verdienste möglich sind, liegt in der Natur der Sache. Der Datenträger ist relativ preiswert, ein Handbuch, das in hoher Auflage gedruckt wird, auch. Heute ist beides durch den Download und PDF-Dokumente ersetzt, wodurch auch diese Kostenfaktoren wegfallen. Software hat daher, wenn sie ein Massenprodukt wird, das Potenzial ihre Schöpfer reich zu machen, weil die Herstellung einer Kopie enorm günstig ist. Ein Großteil des Umsatzes ist dann Reingewinn. Dagegen ist die Hardwareentwicklung teuer, genauso wie die Fertigung und sie wird immer teurer, je ausgeklügelter diese wird.

Bill Gates war der Erste, der durch Software reich wurde. Ihm sind seitdem weitere gefolgt, wie Mitch Kapor, der Lotus schuf, oder Facebook-Erfinder Mark Zuckerberg, der noch schneller als Bill Gates Milliardär wurde – in nur fünf Jahren.

Gary Kildall

Gary Kildall (19.5.1942 – 11.7.1994) unterscheidet sich in vielem von anderen PC-Pionieren. Während Roberts Elektroniker war, Gates und andere sich die Grundlagen selbst beibrachten, hatte er Computerwissenschaften studiert. Gary Kildall wuchs in Seattle auf, studierte zuerst Mathematik in Washington. 1972 erlangte er den Doktor in Computerwissenschaften. Da zu dieser Zeit der Vietnamkrieg tobte, wurde er zum Wehrdienst einberufen. Er hatte die Wahl, in Vietnam zu kämpfen, oder als Lehrer an der Naval Postgraduate School in Monterey, Kalifornien, zu unterrichten. Er entschied sich für Letzteres.

Er machte die Lehrtätigkeit zum Beruf und gab Unterricht in Algorithmen und Compilerbau, wobei er sich den Ruf erwarb, einer der am meisten fordernden Dozenten zu sein.

Abbildung 11: Gary Kildall

Als 1972 der Intel 4004 erschien, kaufte sich Gary den Prozessor. Er machte sich daran, diesen Chip zu programmieren und tat dies auch bei den Nachfolgern 8008 und 8080. Ähnlich wie Bill Gates programmierte er zuerst auf einem Großrechner, einer IBM 360, welche den Prozessor simulierte. Der 4004 war noch nicht leistungsfähig genug, um eine Programmiersprache zu unterstützen. Deshalb erstellte Kildall einen Crossassembler, der es erlaubte, die Programme für den 4004 auf der IBM 360 zu erstellen und dann auf den 4004 zu überspielen.

Er stellte das System Intel vor und Intel stellte ihn als Softwareentwickler und technischen Berater auf der Basis eines Nebenjobs mit einer Arbeitszeit von einem Tag pro Woche ein.

Als der 8008 erschien, dachte Gary, dass dieser Prozessor leistungsfähig genug wäre, um eine Programmiersprache zu unterstützen. Er erstellte eine Implementation der Sprache PL/1 für den 8008 und nannte sie PL/M. (**P**rogramming **L**anguage for **M**icrocomputers).

Das nötigt Respekt ab, denn PL/1 ist eine Sprache, die von IBM als „universelle" Programmiersprache geschaffen wurde. Andere Sprachen, wie FORTAN oder COBOL waren nur für einen Zweck gut geeignet. FORTAN für Berechnungen und COBOL für Datenverarbeitung. PL/1 war daher komplex und umfangreich. Gary brachte es fertig, die wichtigsten Elemente von PL/1 zu implementieren und die Sprache auf die Mikroprozessoren zuzuschneiden. So konnte er direkt auf die Ressourcen des Mikroprozessors, wie den Speicher oder die Ausgabeports zugreifen. Damit existierte eine Programmiersprache für die Systemprogrammierung. Er setzte sie in der Folge für die Programmierung seiner Betriebssysteme ein.

Gary meinte, dies wäre für Intel interessant, da es die Erstellung von Software für ein Computersystem erheblich vereinfacht. Der Anwender konnte nun mit PL/M auf die Ressourcen des Prozessors zugreifen, anstatt diesen in Assembler zu programmieren. Intel hatte an dem System jedoch kein Interesse.

Von Intel bekam er für die Arbeit ein Intellec-8 Entwicklungssystem, das er in den Praxisräumen der Schule aufbaute und mit seinen Schülern nutzte. Es wurde um einen Fernschreiber, ein Terminal und einen Papierstreifenleser erweitert, womit Kildall eine im Vergleich zum Altair komfortable Entwicklungsumgebung hatte. Nach einem Upgrade auf den 8080-Prozessor passte Kildall PL/M an diesen Prozessor an.

Was den Mikrocomputern aber noch fehlte, war ein adäquates Speichermedium. Der Altair verwandte Papierstreifenleser und Kassettenrekorder als Speichermedium.

Papierstreifenleser lasen die Daten von einem Papierband. Er durchlief den Leser, wo er von Metallstiften gelesen wurde. Wo sich ein Loch im Papierstreifen befand, konnte der Metallstift einen Kontakt mit der darunterliegenden Fläche herstellen. So konnte Strom fließen. Wo es kein Loch gab, da gab es keinen Strom. So konnte ein Bit gespeichert werden. Papierstreifen waren damals bei Minicomputern weit verbreitet. Bei den Mikrocomputern war es ein verbreitetes Medium, um Software zu verteilen. Der einfach aufgebaute Papierstreifenleser war für Hobbyisten noch bezahlbar, der deutlich komplexere Papierstreifenstanzer jedoch nicht. So konnten Daten nur eingelesen aber nicht gespeichert werden. Der Nachteil des Papierstreifenlesers war die lange Ladezeit. Es dauerte rund 6 Minuten um die kleinste Version des Microsoft Basics (4K Version) zu laden.

Die zweite Lösung war es, einen Kassettenrekorder als Datenspeicher zu missbrauchen. Da ein normaler Audiokassettenrekorder konstruiert wurde, um Sprache und Musik zu speichern und der Audioausgang eben diese Signale wiedergab, musste ein Umweg beschritten werden. Auf der Kassette wurden nur Töne einer Frequenz gespeichert. Es stand jeweils ein Ton einer bestimmten Dauer für eine „1“ und eine kürzere Dauer für eine „0“. Jedes Bit wurde durch eine kurze Pause beendet. So war auch der Kassettenrekorder ein langsames Medium. Die Geschwindigkeit betrug bei den ersten Modellen üblicherweise 600 Bit/s. So dauerte es immer noch Minuten, ein Programm einzulesen. Noch wichtiger war, dass die Computer so für Geschäftsanwendungen nicht geeignet waren. Es war auf den Kassetten nicht möglich einzelne Datenblöcke gezielt zu überschreiben und es dauerte sehr lange, bis beim Spulen der Block gefunden war. Das machte die Datenverarbeitung mühsam oder unmöglich.

Es gab aber schon andere magnetische Speichermedien. Festplatten waren für Mikrocomputer zu teuer, doch IBM hatte schon die Diskette entwickelt. Daten wurden auf einer flexiblen Kunststoffscheibe gespeichert, die mit einer Eisenoxidschicht überzogen war. Die Informationen wurden magnetisch aufgezeichnet. Doch diese 8“ Diskettenlaufwerke waren teuer (sie kosteten 1.500 Dollar) und unhandlich (8“ stand für den Durchmesser der Disketten von 8 Zoll, also rund 20 cm). Alan Shugart hatte jedoch eine kleinere Diskette entwickelt und seine Firma vertrieb ein Diskettenlaufwerk im Format von 5,25 Zoll für nur 500 Dollar.

Gary sah in den Shugartlaufwerken den Massenspeicher der Zukunft – er war bezahlbar und kompakter. Er versuchte einen Diskettenkontroller für sein Intellec System zu bauen, scheiterte jedoch daran. 1973 wandte sich Gary an einen alten Freund von der Uni Washington, John Torode, ob er ihm nicht bei dem Kontroller helfen könnte. John Torode brachte die Hardware zum Laufen und Gary Kildall schrieb die Software, um eine Shugartfloppy anzusprechen. Er war damit seiner Zeit voraus – das war ein Jahr vor Erscheinen des Altairs und drei Jahre, bevor die ersten Floppy-Disks bei anderen Mikrocomputern verwendet wurden.

Sehr bald erkannte er, dass er mehr brauchte, als ein System, das direkt auf die Floppy zugreift. Das war zwar die naheliegende Lösung. Doch wenn jemand einen neuen Kontroller baute, der technisch anders ausgelegt war, hätte er die Software weitgehend neu schreiben müssen. Das Gleiche galt, wenn die Floppy anders formatiert wurde. Über Jahre hinweg entwickelte Gary sein Programm weiter. Was Kildall entwarf, war ein Betriebssystem, welches an unterschiedliche Hardware anpassbar war.

CP/M – oder was ist ein Betriebssystem?

Das entstehende Programm nannte Kildall CP/M – die Abkürzung steht für **C**ontrol **P**rogram/**M**onitor, später auch für **C**ontrol **P**rogram for **M**icroprocessors.

Es war ein Betriebssystem, die elementare Software, die ein Computer zum Arbeiten braucht. Ein Mikroprozessor verfügt über keinerlei Kenntnis, wie der Computer aufgebaut ist. Sein Befehlssatz ist ausgelegt, um einfache Ein-/Ausgabeoperationen zu tätigen. Beim 8080-Prozessor geschah dies, indem Daten auf einem Steuerbus geschrieben oder von ihm gelesen wurden.

Je nach Computer gab es nun verschiedene Bausteine, bei komplexer Peripherie, wie einem Floppydisk Controller, waren es ganze Platinen mit Chips, welche die Peripheriegeräte mit dem Prozessor verbanden. Welche Befehlsfolgen nötig waren, um einen Tastendruck einzulesen, ein Zeichen auf dem Bildschirm oder dem Drucker auszugeben oder einen Sektor von einer Diskette zu lesen, variierte daher von System zu System.

Ein Betriebssystem ist nichts anderes als die Sammlung elementarer Routinen, um die Hardware anzusteuern. Diese werden von den Anwendungsprogrammen genutzt. Das Betriebssystem als solches gab es schon lange. Praktisch jeder Computer benötigte eines. Auch die ersten Mikrocomputer hatten eines, doch war dies meist mit dem BASIC Interpreter verbunden. Von BASIC aus konnte man durch Programmbefehle auf einen Drucker oder den Bildschirm schreiben. Später gab es ein „Discbasic“, das auch die Befehle für die Arbeit mit Disketten beinhaltete.

Das hatte jedoch einen entscheidenden Nachteil. Der Zugriff ging nur über BASIC-Programme. Andere Programmiersprachen oder Programme, die in Maschinensprache geschrieben waren, blieben außen vor.

Anwendungsprogramme mussten bei dieser Vorgehensweise direkt auf die Hardware zugreifen. So waren sie nur auf einem Computer lauffähig oder es war ein großer Aufwand, sie anzupassen. Eines der ersten Anwendungsprogramme war „Electric Pencil“. Es war die erste Textverarbeitung. Electric Pencil wurde 1976 von Michael Shrayer für den Sol geschrieben. Sehr bald bekam der Autor Anfragen, ob man das Programm nicht auch auf anderen Computern einsetzen könnte. Er passte Electric Pencil an. Nicht einmal, nicht zweimal, sondern 78-mal! Jeder Computer hatte andere Routinen, um Zeichen von der Tastatur einzulesen, auf dem Bildschirm zu schreiben etc. Das machte jedes Mal eine Anpassung nötig.

CP/M trug der Vielfalt der Mikrocomputer Rechnung, indem es diese Mannigfaltigkeit unterstützte. Dies geschah durch ein modulares System. Womit der Anwender in Berührung kam, war der Befehlsinterpreter (CCP: **C**onsole **C**ommand **P**rocessor). Er las Befehle von der Tastatur ein und führte sie aus. Seine Fähigkeiten waren äußerst beschränkt. Er konnte eigentlich nur das Verzeichnis der Diskette ausgeben, Dateien umbenennen, löschen oder als Text ausgeben und Programme starten. Er wurde außerdem automatisch geladen, wenn ein Anwendungsprogramm beendet wurde. So konnte dieses den Speicher des CCP vereinnahmen und vom verfügbaren Arbeitsspeicher blieb mehr für die Daten übrig.

Das Zweite war eine Ansammlung von etwa drei Dutzend Systemroutinen, genannt das BDOS (**B**asic **D**isc **O**peration **S**ystem). Ein Anwendungsprogramm nutzte diese, um damit die gesamte Ein- / Ausgabe abzuwickeln. Es waren Routinen, um Zeichen oder Zeichenketten von der Tastatur einzulesen, auf den Drucker oder Bildschirm auszugeben, Dateien zu öffnen, Verzeichnisse abzufragen, Daten Sektor für Sektor von der Diskette zu lesen und zu schreiben. Damit stellte es die Grundfunktionalität zur Verfügung, die alle Anwendungsprogramme zum Arbeiten benötigten. Dieser Teil war bei allen Computern identisch.

Der dritte Teil war das BIOS, das **B**asic **I**nput-**O**utput **S**ystem. Es umfasste elementare Routinen, um auf die Hardware zu zugreifen. In der Regel wurde ein Funktionsaufruf des BDOS in viele einfachere des BIOS umgesetzt. Ein Hersteller eines Mikrocomputers musste diesen Teil an seine Hardware anpassen. Kurzum: Kildall hatte die Trennung von Hardwareebene und Softwareebene erfunden. Damit war CP/M das ideale Betriebssystem für Mikrocomputer – jeder Rechner war anders aufgebaut, die Anpassung beschränkte sich aber auf einen kleinen Teil des Betriebssystems. Das Prinzip übernahmen in der Folge alle Betriebssysteme.

Das war eine Revolution. Sie hatte Vorteile für die Hersteller von Mikrocomputern wie auch Softwareentwickler und Anwender. Der Hersteller musste nun nicht mehr ein komplettes Betriebssystem schreiben, sondern nur noch die Anpassungen am BIOS. Dies wurde später von einer Firma als Serviceleistung angeboten, die mit Digital Research zusammenarbeitete.

Sobald dies getan war, konnte er eine, für seinen Computer angepasste, CP/M Version als Betriebssystem vertreiben. Damit konnten Benutzer alle für CP/M geschriebenen Anwendungsprogramme nutzen. Für Softwareentwickler machte es die Entwicklung einfacher, denn nun gab es nur noch ein Betriebssystem, für das Anpassungen nötig waren und nicht zig Betriebssysteme. Gleichzeitig war der Markt viel größer, als bei einem einzelnen Modell.

Der Käufer wiederum konnte aus vielen Programmen wählen. Setzte ein neuer Rechner CP/M ein, so konnte der Käufer dieses neuen Rechners auf eine Vielzahl von Anwendungen zurückgreifen, die schon entwickelt waren.

Es war ein gemeinsamer Standard mit nur geringen Anforderungen. CP/M lief auf jedem Rechner mit einem 8080 oder Z80-Prozessor mit mindestens 16 KiB Speicher. CP/M selbst belegte nur 5,5 KiB Speicher.

CP/M ließ den Herstellern große Freiheiten. So schrieb es kein Format für die Disketten vor. Es entwickelten sich vier technische Standards für 5,25 Zoll Disketten: 40 und 80 Spuren, jeweils einseitig und doppelseitig. Das entsprach 250, 500 und 1000 KiB Rohkapazität ohne Formatierung. Wie die Disketten formatiert wurden, war abhängig von den Vorlieben des Produzenten. So gab es Sektoren mit 128, 256, 512 und 1024 Byte Größe und die Zahl der Sektoren pro Spur konnte zwischen 5 und 16 schwanken. So gab es über 100 verschiedene Diskettenformate für CP/M mit Nettokapazitäten von 90 bis 820 KiB. Das erschwerte zwar die Verbreitung von Software, behinderte aber nicht den technischen Fortschritt und lies den Herstellern maximale Freiheit bei ihren Plänen für die Diskettenlaufwerke. Das Problem der vielen Formate lösten viele Hersteller dadurch, dass sie neben dem eigenen Format noch ein zweites populäres Format, wie das des Rechners Kapyro oder das IBM-Format, lesen und schreiben konnten, auch wenn so die maximale Kapazität nicht ausgenutzt wurde. So musste Software nicht in vielen Formaten angeboten werden, sondern nur einigen wenigen.

Erstaunlicherweise wurden die meisten Kopien von CP/M verkauft, als MS-DOS es schon als Standardbetriebssystem abgelöst hatte. Die britische Firma Amstrad vertrieb von 1985 bis 1990 die CPC (**C**olor **P**ersonal **C**omputer) und von 1985 bis 1991 die PCW-Serie (**P**ersonal **C**omputer **W**ordprocessor). Die ersteren sind Heimcomputer mit BASIC-Interpreter und die Zweite Serie ist ein geschlossenes System mit zwei Diskettenlaufwerken im Monitorgehäuse und einem Drucker. Es wurde als Textverarbeitungssystem verkauft. Zu den drei Millionen verkauften CPC und acht Millionen verkauften PCW (in Deutschland: Joyce) kommen noch vier Millionen Kopien von CP/M, die mit dem Commodore C128 ausgeliefert wurden. Dieser war als Doppelprozessorsystem konzipiert und konnte sowohl die Software des C64 ausführen, wie auch CP/M, wozu er über eine Z80A CPU verfügte. Während viele Käufer die CPC und PCW-Serie als preisgünstige CP/M Rechner für den beruflichen Einsatz nutzten, war dies beim C128 eher die Ausnahme.

Die Vermarktung von CP/M

Bis 1974 hatte Gary Kildall eine erste Basisversion von CP/M fertiggestellt. Er gründete eine eigene Firma, bei der auch seine Ehefrau Dorothy McEwen als kaufmännischer Part beteiligt war. Sie hieß anfangs MAA für **M**icrocomputer **A**pplication **A**ssociates. MAA bot Dienstleistungen an. Es blieb aber ein Nebenerwerb.

Erste Anlaufstelle für das neue System war sein Arbeitgeber Intel. Er bot Intel CP/M zusammen mit PL/M für 20,000 Dollar und ein Entwicklungssystem an. Kildall sah für Intel hier den Einstieg in den Markt der Systeme. Intel könnte Diskettenlaufwerke zusammen mit den Entwicklungssystemen verkaufen und CP/M wäre das Betriebssystem dazu.

Intel hielt nichts von CP/M, denn wie Kildall mit PL/M selbst bewies, konnte man ohne ein Betriebssystem nützliche Programme erstellen und ein Einstieg in die Herstellung von Komplettsystemen war nicht geplant. Aber weil man mit Gary schon gut zusammengearbeitet hatte, zahlte man ihm für PL/M die ganze Summe und schenkte ihm das Entwicklungssystem.

Gary machte sich selbstständig. Er wollte nun selbst CP/M vertreiben. 1976 gründet er seine zweite Firma, „Intergalactic Digital Research Inc.“. Später wurde der verspielte Firmenname gekürzt auf „**D**igital **R**esearch **I**nc.“ (DRI). In kaufmännischen Fragen hatten sowohl Kildall wie seine Frau allerdings wenig Erfahrungen und so waren die ersten Abschlüsse äußerst vorteilhaft für die Kunden. Die erste Volumenlizenz erwarb GNAT Computers. Für nur 90 Dollar konnte sie CP/M jedem Computer beilegen – wohlgemerkt 90 Dollar für **alle** Lizenzen.

Der nächste Abschluss kam im Juni 1976 mit IMSAI zustande. Anfangs kaufte IMSAI CP/M als Einzellizenzen. Doch der Marketing Direktor Seymour Rubinstein hatte große Pläne und plante Tausende Computer zu verkaufen und drängte auf eine Volumenlizenz. Die Firma zahlte 25.000 Dollar für das Recht, CP/M ohne Volumenbeschränkung mit ihren Rechnern verkaufen zu dürfen. Rubinstein fand die Summe zu niedrig und vertrat die Meinung „*CP/M von den beiden gestohlen zu haben*“. In einem Interview sagt er, dass Gary und Dorothy ihm in kaufmännischen

Aspekten wie *„Kinder im Wald“* vorkamen. Zumindest gab er nach dem Abschluss Gary den Tipp, ab sofort das Betriebssystem nur noch auf der Basis Lizenz pro Kopie zu verkaufen. IMSAI verkaufte zwischen 17.000 und 20.000 Exemplare des IMSAI 8080, wenn nur die Hälfte dieser Rechner CP/M einsetzten, so kostete sie eine Kopie nicht mal 2 Dollar. Diese ersten Versionen von CP/M hatten noch keine Trennung der einzelnen Bestandteile. Immer mehr Anfragen für Anpassungen machten nun eine Modularisierung des Systems nötig.

Gary gab seinen Job an der Schule auf und bald arbeiteten andere Programmierer mit ihm in seinem Haus in Monterey. Die Arbeitsatmosphäre war locker und kollegial. Nach einem Gerücht soll bei einem Einstellungsgespräch (je nach Version) entweder Gary oder Dorothy in einer Toga erschienen sein. Ende 1976 wurde CP/M als Produkt erstmals mit einer Anzeige im Computermagazin Byte angekündigt.

Bis 1978 arbeitete er an CP/M, das er verbesserte und modularisierte. Dazu kamen noch Hilfsprogramme, um den Nutzen des Systems zu erhöhen. Als weiteres Produkt vertrieb DRI auch den PL/M Compiler, der jedoch nicht an die Erfolge von CP/M anknüpfen konnte. Später wurde das Betriebssystem an andere Prozessoren wie den 8086 oder 68000 angepasst.

1981 lief CP/M auf 200.000 Rechnern in 3.000 verschiedenen Konfigurationen. DRI machte einen Umsatz von 6 Millionen Dollar und beschäftigte 75 Personen. Der Umsatz war alleine in den letzten beiden Jahren um 1000% geklettert. Es war so populär, das Zweiprozessormaschinen erschienen, um CP/M einzusetzen. Viele Apple-Nachbauten hatten einen Z80 integriert, um CP/M einsetzen zu können. Commodore baute aus demselben Grund in den C128 eine Z80 CPU ein. Microsoft machte mit der „Softcard“ für den Apple mehr Umsatz, als mit allen anderen Produkten zusammen.

1979 erschien die am weitesten verbreitetste Version CP/M 2.2. Sie kostete nur 70 Dollar als Einzellizenz. Gary war einfach nicht geschäftstüchtig genug. *„Er versuchte nicht jeden Dollar herauszupressen oder zum Patentamt zu rennen, wenn er etwas Neues entwickelt hatte“*, sagte Gordon Eubanks, ehemaliger Student, Mitarbeiter von DRI und späterer CEO von Symantec über Gary Kildall. Trotzdem wuchs die

Firma rasch und Gary konnte sich zahlreiche technische Spielzeuge leisten, wie mehrere schnelle Sportwagen, ein Speedboat und ein eigenes Flugzeug. DRI war eine der am schnellsten wachsenden Softwarefirmen und Ende der siebziger Jahre weitaus umsatzstärker als Microsoft. Der Grund war ganz einfach: Jeder Computer brauchte ein Betriebssystem, aber Programmiersprachen waren nur notwendig für diejenigen, die selbst programmierten.

Zu dieser Zeit waren auch unter CP/M die Grundelemente dessen, was man heute unter einem „Office Paket“ verstehen würde, verfügbar: Anwendungen um Textverarbeitung zu betreiben (WordStar, 1978), Daten zu verwalten (dBase II, 1979) und Tabellenkalkulation (SuperCalc 1980). Zum gleichen Zeitpunkt versuchte IBM in den Markt einzudringen und arbeitete an einem eigenen Computer. Hier knüpfe ich nun an die Geschichte bei Bill Gates an.

„Gary went flying“ – die wahre Geschichte

Über das Treffen mit IBM in Pacific Grove gibt es seit Jahrzehnten Gerüchte. Die meisten sind geprägt von der Sicht des Siegers – Bill Gates, der einmal auf die Frage, wie es zu dem Deal kam, obige Antwort gab.

Es begann im August 1980 mit einem Anruf von Bill Gates, der sagte *„da sind wichtige Kunden, sei nett zu ihnen“* und Gary mit einem IBM-Mitarbeiter verband. Es wurde ein Treffen für den nächsten Tag ausgemacht.

Doch Gary Kildall hatte schon einen Termin für den nächsten Tag. Und er flog auch wirklich. Nur eben nicht zum Spaß, sondern zusammen mit Tom Rolander zu einer Besprechung mit Northstar Computers.

Als er am frühen Nachmittag zurückkam, war die Situation festgefahren. Dorothy McEwans hatte wie Bill Gates die Verschwiegenheitserklärung vorgelegt bekommen, die besagte, dass IBM jede Information, die sie bei diesem Gespräch erhalten würde, nutzen könnte, umgekehrt DRI zu völliger Verschwiegenheit verdonnerte. Sie hatte Probleme mit dieser Erklärung. Ihr zugezogener Anwalt riet natürlich von dieser — einseitig eine Partei benachteiligenden — Vereinbarung ab.

Gary hatte kein Problem mit der Vereinbarung und unterschrieb sie. Er kam wie angekündigt um 13 Uhr vom Flugplatz. Tom Rolander bereitete dann eine Präsentation einer frühen Version von MP/M vor. MP/M war eine Multi-User-Version von CP/M. Sie war nach Kildalls Ansicht für den stärkeren 16-Bit-Prozessor 8086 viel geeigneter als CP/M-86.

Aus den gleichen Gründen, warum IBM nur den leistungsschwachen 8088 mit niedriger Taktrate wählte, waren sie auch nur an einer Single-Tasking Version des Betriebssystems interessiert: Der Computer sollte nicht zu viel können. Es sollte keine hausinterne Konkurrenz zu größeren Systemen entstehen.

Der Kernpunkt, warum es aber zu keinem Abschluss kam, war die Lizenzierung und der Name. IBM war nicht an einer Lizenzierung auf der Basis einer Bezahlung pro Kopie interessiert. Gary hatte hinzugelernt und inzwischen wurde CP/M nur noch so lizenziert, für 10 Dollar pro Kopie. IBM wollte 250.000 Dollar für die exklusiven Rechte bezahlen, was für Kildall indiskutabel war – das entsprach 25.000 Kopien und IBM würde bestimmt weitaus mehr Rechner verkaufen.

Noch schwerwiegender war, dass IBM den Namen in PC-DOS ändern wollte. DRI hatte zu dieser Zeit rund 200 Kunden, die das Betriebssystem als „CP/M" verkauften. Das war der Produktname. Wenn nun ein Kunde den Produktnamen einfach ändern konnte, dann würde das weitreichende Folgen haben. DRI müsste dann den anderen Kunden dasselbe Recht einräumen. Sonst hätte die Firma im Falle eines Rechtsstreits schlechte Karten, sich gegen eine Umbenennung in XYZ-DOS zu wehren.

Kurzum: Für DRI mit einem eingeführten Produkt, war es nicht möglich auf diese Forderungen einzugehen. Daher musste der Abschluss scheitern. Für Microsoft, die zu diesem Zeitpunkt kein Betriebssystem hatten, waren die Einschränkungen natürlich kein Hindernis.

Nach dem Gespräch begegneten sich die IBM Vertreter und Kildall nochmals – Dorothy und Gary hatten ihren Urlaubsbeginn schon Wochen vorher auf den nächsten Tag gelegt. So traf man sich erneut im Flugzeug, sprach nochmals, kam aber in der Sache nicht weiter. So schildert Tom Rolander die Geschichte, der damals auch anwesend war.

Es gibt auch eine andere Geschichte der Begegnung, die vor allem von Jack Sams von IBM und Microsoft (Ballmer, Gates die aber beide nicht anwesend waren) verbreitet wird. Demnach war Gary außer Haus, kam aber nicht am selben Tag zurück. Dorothy McEwans weigerte sich die Verschwiegenheitserklärung zu unterzeichnen und so kam es zu keinerlei Gesprächen.

In jedem Falle ist eines klar: IBM wollte nur unter seinen Bedingungen Verträge machen. Microsoft ging darauf ein, DRI nicht. Es war auch nicht die einzige Ablehnung die IBM schlucken musste. So wollten sie für 500.000 Dollar die Rechte an WordStar, der populärsten Textverarbeitung, kaufen. Wenn der Hersteller das Programm selbst vermarkten wollte, hätte er es nochmals neu schreiben müssen. Auch dies war für MicroPro nicht hinnehmbar. Der IBM PC erschien mit der viel weniger leistungsfähigen und schwer zu bedienenden Texterarbeitung Easy Writer, die vernichtende Kritiken erhielt.

Dass ein neuer Computer entstand, dessen Betriebssystem sehr CP/M ähnelte, bekam Kildall noch vor dem Verkaufsstart heraus. Es mussten Anwendungsprogramme für den IBM-PC geschrieben werden. Dazu benötigten die Entwickler Informationen über die API, **A**pplication **P**rogrammers **I**nterface, also die Routinen des Betriebssystems. Natürlich fiel auf, dass dieses „PC-DOS“ die gleiche API wie CP/M hatte und dies wurde Gary von Bekannten in anderen Firmen mitgeteilt.

Er schrieb an Microsoft und IBM einen Brief, um diese Frage zu klären. Erst jetzt interessierte sich IBM dafür, woher den Microsoft ihr Betriebssystem hatte und wie es sein konnte, dass es die API von CP/M verwandte. Als sie herausfanden, dass PC-DOS eine Kopie von CP/M war, sah sich IBM schon als Ziel eines Prozesses. IBM zahlte DRI 800.000 Dollar dafür, dass sie IBM nicht verklagten. Das war ein Vielfaches dessen, was Microsoft für die Entwicklung von PC-DOS bekam.

IBM sagte weiterhin zu, dass sie CP/M und PC-DOS für ihren Rechner anbieten würden, der Name würde nicht geändert werden. DRI würde 10 Dollar pro Kopie bekommen und Betriebssystem und Computer würden nicht gebündelt werden. Das hörte sich nach einem fairen Wettbewerb an, und Gary Kildall stimmte zu. Er und auch zahlreiche Mitarbeiter von DRI glaubten nicht daran, dass IBM in diesem Markt erfolgreich sein würde. Die Firma war für sie zu träge und sprach ein anderes Publikum als die typischen Käufer eines PC an. Sie würden also Geld erhalten, und selbst wenn sich CP/M nicht gut verkaufen würde, wäre es noch ein gutes Geschäft. Dass der IBM-PC bald den Markt beherrschen würde, konnte damals niemand ahnen.

In wieweit PC-DOS eine Kopie von CP/M ist, ist bis heute umstritten. Tim Paterson verklagte unter anderem den Autor des Buchs „They Made America“, Harold Evans. Er hatte ein Kapitel über Gary Kildall geschrieben und machte die Aussage, der Code von PC-DOS wäre von CP/M geklaut worden. Tim Paterson, Schöpfer von PC-DOS verlor den Prozess.

Nur war bei den Gesprächen mit IBM keine Rede von den Verkaufspreisen. Diese wollte IBM angeblich wegen Anti-Thrust Regelungen nicht nennen. Sie versicherten aber Bill Gates, der aufgeregt anrief, dass PC-DOS weiterhin ihr strategisches Produkt wäre. PC-DOS wurde beim Kauf eines IBM PC für 40 Dollar angeboten und CP/M für 240 Dollar. So war klar, dass PC-DOS viel mehr Käufer finden würde.

Bei den Verkäufen im freien Markt, war das Preisverhältnis nicht ganz so extrem, weil DRI hier den Preis festlegen konnte und Microsoft ihr MS-DOS nicht so billig abgab. Doch auch hier war CP/M-86 teurer als MS-DOS. So stand es auf verlorenem Posten, auch wenn es als das ausgereiftere und schnellere System galt. IBM hatte alleine 300 Fehler vor der Veröffentlichung gefunden. Später schrieb Microsoft PC-DOS für die Version 2.0 komplett neu. Spätestens jetzt musste ein Programmierer sich für eines der beiden Betriebssysteme entscheiden. Durch die Ähnlichkeit auf der API-Ebene war es vorher noch möglich, Anwendungen zu schreiben, die sowohl unter CP/M-86 wie auch MS-DOS liefen. So liefen wie ersten Versionen von Word-Star auf MS-DOS wie CP/M-86.

Spätere Projekte

Doch Gary Kildall resignierte nicht. Im Gegenteil: Er brachte weitere innovative Produkte heraus. Das Erste war **C**oncurrent **CP/M** (CCP/M). CP/M-86 und MS-DOS waren Betriebssysteme für einen Benutzer. Ein Programm konnte aktiv sein.

CCP/M entstand aus MP/M. Tom Rolander hatte seit 1979 MP/M entwickelt, noch für die 8-Bit-Prozessoren. Die Idee war, dass mehrere Benutzer gleichzeitig einen Mikrocomputer nutzen sollten, jeder mit einem eigenen Terminal an die Zentraleinheit angeschlossen.

MP/M war kein großer Markterfolg, es gab nicht viele Computer, die den Anschluss mehrerer Terminals zuließen. Die Personen, die es kauften, nutzten primär eine Eigenschaft von MP/M: Es konnte auch ein Benutzer mehrere Programme gleichzeitig betreiben.

Diese Fähigkeit mehrere Programme parallel laufen zu lassen, bekam CCP/M, später in Concurrent PC-DOS umbenannt, als es MS-DOS unterstützte. Das Programm war seiner Zeit weit voraus. Es konnte präemptives Multitasking, was bedeutet, dass jedes Programm einen Teil der Arbeitszeit des Prozessors zugeteilt bekam, auch wenn es nicht auf dem Bildschirm zu sehen war. Auch liefen die meisten Programme, selbst sehr hardwarenah programmierte Anwendungen. Es benötigte nur den IBM-PC mit seinem langsamen 8088-Prozessor.

Zwei Gründe waren für den fehlenden Markterfolg verantwortlich: CCP/M erforderte 256 KiB Arbeitsspeicher nur für das Betriebssystem. Es unterstützte aber keinen Speicher über 1 MByte, sodass dieser Speicher nicht den Anwendungen zur Verfügung stand. Zum Zweiten wurde es sehr teuer verkauft. 1986 kostete eine Kopie 975 DM.

Tom Rolander, DRI Angestellter seit 1978, kaufte sich eine Apple Lisa und spielte damit. Zuerst war Gary Kildall nicht besonders interessiert, sah aber dann, dass dies die zukünftige Benutzeroberfläche sein würde. DRI entwickelte eine eigene Oberfläche: den **G**raphics **E**nvironment **M**anager GEM. GEM 1.0 wurde auf der

COMDEX im November 1984 angekündigt und schon am 28.2.1985 ausgeliefert. Obwohl das Produkt erst ein Jahr nach Microsofts Windows entwickelt wurde, erschien es neun Monate vorher auf dem Markt. Apple verklagte DRI, weil GEM zu sehr der Oberfläche des Mac ähnelte. So mussten viele Details geändert werden, z.B. die Animationen beim Öffnen der Fenster verschwanden und das Icon für den Papierkorb wurde geändert.

Von dem späteren Windows 1.0 unterschied sich GEM dadurch, dass es auch auf einem IBM-PC lief und weitaus geringere Ansprüche an die Hardware stellte. Eine Version für den 68000-Prozessor stellte die grafische Oberfläche der Atari ST Serie.

Was GEM und andere Produkte von DRI den Markt kostete, war das sich Gary Kildall zu sehr auf das Programmieren konzentrierte. Er vernachlässigte die Vermarktung und verärgerte Geschäftspartner. Er gab sich keine Mühe GEM aktiv zu vermarkten. Nach der dritten Version von GEM lizenzierte er den Sourcecode an Softwarehersteller, welche es weiterentwickelten. Eines der prominentesten Produkte, die so entstanden, war der „Ventura Publisher“ von Xerox.

Erst 1987 brachte Digital Research einen eigenen DOS-Klone namens DR-DOS heraus. Es war billiger als MS-DOS, leistungsfähiger und erreichte schnell einen Marktanteil von 5-10%. Es beinhaltete einen Taskmanager, konnte die Festplatte komprimieren und das Speichermanagement war effizienter. Für Microsoft hatte das vor allem einen Nachteil: Es musste die Preise für MS-DOS senken. In einer Mail an Ballmer schrieb Bill Gates am 6.10.1989, dass er annehme, dass so 30-40% des Umsatzes verloren gehen.

Nun begann Microsoft eine üble Taktik, um den Konkurrenten platt zu machen: In Windows wurde Code eingefügt, der die DOS-Version abfragte und bei DR-DOS verweigerte Windows die Zusammenarbeit. Weiterhin mussten Firmen, die DR-DOS mit den Rechnern verkauften, mit Nachteilen rechnen, wenn sie von Microsoft Software haben wollten. Beide Maßnahmen wurden aber bekannt und schadeten dem Ruf Microsofts.

Ein weiteres Projekt Gary Kildalls in den achtziger Jahren war es, die CD-ROM als Computerspeicher einzuführen. Er entwickelte das Dateisystem für die Daten-CD, dass bis heute eingesetzt wird, und brachte ein Produkt auf den Markt: Groliers Enzyklopädie auf CD-ROM. Die einzelnen Seiten waren durch Hypertext verbunden, sodass man die Enzyklopädie benutzen konnte, wie heute die Wikipedia. Auch hier war Kildall seiner Zeit voraus: Erst Mitte der neunziger Jahre waren CD-ROM Laufwerke so preiswert, dass sie zur Standardausstattung von PCs gehörten.

Seit 1983 war Gary Kildall Comoderator der Sendung „The Computer Chronicles", die von PBS wöchentlich ausgestrahlt wurde. Hier war er auch wieder in der Rolle, die ihm am meisten behagte: Er konnte sein Wissen weitergeben. In der Sendung wurden zahlreiche Größen der Computerpioniere eingeladen und berichteten von ihren Produkten. Die Sendung wurde in 100 Ländern ausgestrahlt (leider nicht in Deutschland) und hatte 2 Millionen Zuschauer. Sie gewann zahlreiche Preise für ihren kompetenten Journalismus, darunter alle ein Dutzend der Computer Press Association.

1991 verkaufte er Digital Research an Novell und wandte sich anderen Dingen zu. Novell brachte 1993 noch eine Version von DR-DOS als Novell DOS 7 heraus. 1996 wurden die Rechte weiter an Caldera verkauft. Caldera verklagte einen Tag nach dem Kauf Microsoft. Es wurden sowohl das Klonen von CP/M, wie auch der Windowscode zum Abfangen der DOS-Version, als wettbewerbswidrige Handlungen angeklagt. Der Prozess endete im Jahre 2000 und Microsoft musste einen nicht veröffentlichten Betrag an Caldera zahlen.

Was wurde Gary Kildall zum Verhängnis? Vielleicht, dass er es mit Bill Gates zu tun hatte? Ein Fachjournalist schrieb: Gegen den Geschäftsmann Bill Gates hätte wohl jeder den kürzeren gezogen. Gary Kildall glaubte daran, dass am Ende der sich durchsetzt, der die besten Programme schreibt. Wie wir dreißig Jahre später wissen, können auch nur mittelmäßige Produkte sehr populär werden, wenn sie zum Standard werden.

Zeit seines Lebens ärgerte ihn die Frage, ob er wirklich fliegen gewesen wäre. Obwohl er sich niemals negativ über Bill Gates ausließ, gibt es ein anderes, sehr aufschlussreiches Zitat von Kildall. 1983 sagte er zum Journalisten Michael Swaine: *„Steve Jobs is nothing. Steve Wozniak did it all, the hardware and the software. All Jobs did, was hang around and take the credit.*“.

Das Problem, so sagen ehemalige Mitarbeiter von Kildall, war, dass Gary nicht in die Geschäftswelt gehörte und sich in ihr nicht wohlfühlte. Er fühlte sich in seinem akademischen Umfeld wohl, ihm fehlten alle Eigenschaften, die man benötigte, um als Firmenchef erfolgreich zu sein. Er hatte das Glück, das er etwas programmierte, was sich als essenziell für den Erfolg der frühen Mikrocomputer entpuppte. Er ging seinen Ideen nach und sowohl GEM, wie auch Concurrent-DOS, waren zu ihrer Zeit revolutionär. Nach Ansicht von Lee Lorenzen, Leiter der GEM-Entwicklung war es Ziel bei GEM einfach nur zu zeigen, dass er so was erstellen kann. Doch er verstand es nicht, GEM erfolgreich zu vermarkten. Später stellte Kildall einen Präsidenten für diesen Bereich ein, doch erwies sich dieser als ein Fehlgriff. Gary Kildall studierte nicht den Markt und schaute, was gefragt wird oder womit man am meisten Geld verdienen kann. Dazu mögen zwei Beispiele dienen:

So war ein Produkt von Digital Research die Programmiersprache LOGO. LOGO ist eine Programmiersprache, die für den Unterricht von Kindern entworfen wurde und als besonderes Element die „Turtle Grafik“ enthält: Eine stilisierte Schildkröte zeichnet beim Bewegen die Grafik. LOGO entstand, weil er für seinen Sohn Scott eine bessere Programmiersprache als BASIC für den Unterricht haben wollte. Die Nachfrage nach LOGO war gleich Null.

Als nach dem DOS Deal seine Mitarbeiter ihn drängten, nun auch Programmiersprachen anzubieten, brachte er den PL/M Compiler auf den Markt, anstatt BASIC oder Pascal. In PL/M war CP/M geschrieben worden. Sie war eine hervorragende Sprache zur Systemprogrammierung. Aber außerhalb von DRI und Intel setzte sie keiner ein. Dort wurde für diesen Zweck „C“ eingesetzt.

Ihm fehlte der Sinn dafür, was der Markt nachfragte. So gab es Ende der siebziger Jahre die ersten bezahlbaren Festplattenlaufwerke. CP/M unterstützte sie zu diesem Zeitpunkt nicht, was einige Kunden dazu trieb, eigene Bugfixes zu schreiben. Erst als Gary feststellte, dass das Geschäft abflaute, rief er ein Crashprogramm ins Leben, um die Festplattenunterstützung einzubauen. Auch lies sich DRI Zeit, die neu erschienen Prozessoren Intel 8086 und Motorola 68000 zu unterstützen, was schließlich Tim Paterson zu der Erstellung von Q-DOS bewegte. CP/M 86 erschien dann auch erst neun Monate nach PC-DOS.

Wäre Gary Kildall zu einem zweiten Bill Gates geworden? Ich denke nicht. Denn er verpasste auch nach dem Fiasko mit DOS viele Chancen oder entwickelte einfach das Falsche. GEM hätte anstatt Windows die grafische Oberfläche auf IBM-kompatiblen PCs sein können. Er nutzte diese Chance nicht. Er hatte viel Glück mit CP/M, weil es das Produkt war, das gerade gefragt war. Niemals hat Kildall aber etwas entwickelt, um einen Markt zu bedienen oder erst zu schaffen, wie dies Bill Gates schon bei Altair BASIC tat.

Ich glaube, selbst wenn die Besprechung mit IBM in einem besseren Klima verlaufen wäre, so wäre es doch schwer geworden, handelseinig zu werden. Was IBM wollte, war ein Betriebssystem exklusiv für ihren PC mit dem Recht, es so zu nennen, wie sie wollten. Das war mit einem schon existierenden Produkt nicht möglich. Wie sollte man hier handelseinig werden? DRI hätte nur eine abgewandelte Version für IBM produzieren können, die sich zumindest in einigen Punkten von CP/M unterscheidet. Alles andere hätte zu Problemen mit derzeitigen und zukünftigen Kunden geführt. Doch dafür gab es nicht die Zeit, schließlich sollte der IBM-PC in weniger als einem Jahr auf dem Markt sein. Gary Kildall hatte auch nicht das Interesse an CP/M-86 – er schrieb zu dieser Zeit an einem PL/1 Compiler.

Das Microsoft durchaus nicht IBM die exklusiven Rechte einräumte, sondern sich die Hintertür frei lies, es selbst weiter zu lizenzieren, das bemerkte IBM erst nach der Vertragsunterzeichnung mit Microsoft.

Gary glaubte bis dahin, dass er Betriebssysteme vertreiben würde, Microsoft dagegen Programmiersprachen. Als Gordon Eubanks vorschlug sein C-BASIC mit CP/M zu bündeln, lehnte er dies ab, um nicht Bill Gates zu verärgern. Leider teilte dieser nicht diese Überzeugung und auch nicht die von Kildall, dass eine Firma die Betriebssysteme produziert, keine Anwendungen für diese erstellen sollte, weil sie natürlich Vorteile hat, wenn sie das Betriebssystem in- und auswendig kennt. So machte DRI keine Versuche in das lukrative Anwendungsgeschäft einzusteigen.

In seinen letzten Jahren engagierte Kildall sich für AIDS Kranke. Daneben arbeitete er an einem Buchmanuskript: „Computer Connections: People, Places, and Events in the Evolution of the Personal Computer Industry“, das jedoch nie veröffentlicht wurde. Ohne eine ausfüllende Beschäftigung und immer wieder angesprochen auf den verloren gegangenen DOS-Deal, stieg die Frustration, auch weil seine anderen Erfindungen kaum gewürdigt wurden. Er sprach dem Alkohol zu.

Am 11.7.1994 starb Gary Kildall im Alter von 52 an einer Hirnblutung. Er war (ob dies bei einer Auseinandersetzung, oder einem Sturz passierte, ist offen) am 8.7.1994 mit dem Kopf auf einen Videospielautomaten in einer Kneipe geprallt. Obwohl er in den nächsten Tagen zweimal im Krankenhaus war, wurde ein Bluterguss unter der Schädeldecke nicht bemerkt. Er starb drei Tage, nachdem er sich am Kopf verletzt hatte, im Krankenhaus.

Tom Rolander, Freund von Gary Kildall seit 1973, schreib an Bill Gates eine Mail, um ihn von dem Tod zu unterrichten. Als die Beerdigung feststand, unterrichtete er Gates nochmals über den Ort und das Datum. Er bekam in beiden Fällen keine Antwort. Anders als beim Tode von Ed Roberts gab es auch kein öffentliches Statement von Gates zum Tode Gary Kildalls.

Steve Jobs und Steven Wozniak

Stephen Gary Wozniak (geboren am 11.8.1950) und Steven Paul Jobs (23.2.1955 – 5.10.2011) sind zwei sehr unterschiedliche Charaktere. Stephen Wozniak (er selbst bevorzugt die Abkürzung seines Namens als „Woz") ist ein technisches Genie, während Steve Jobs großes Geschäftstalent und Überzeugungskraft hat. Beide zusammen machten den Erfolg von Apple aus.

Stephen Wozniaks Vater, der Ingenieur bei Lockheed war und an geheimen Raketenprojekten der USAF arbeitete, entdeckte schon früh das Interesse seines Sohnes an Elektronik und förderte es. Er baute mit Stephen eine Tic-Tac-Toe Maschine und ein Radio. Er brachte auch von der Arbeit elektronische Teile mit und bastelte mit Stephen in der Garage.

Schon früh zeigte sich Stephens Talent für Computer, als er eine Addiermaschine für einen Schulwettbewerb entwarf und den zweiten Preis gewann. Wie er später in seiner Autobiografie einräumte, war seine Schüchternheit wohl daran schuld, dass es nur der Zweite war, denn als die Kommission kam, um ihn zu der Maschine zu befragen, sagte er nur das Allernotwendigste.

12. Abbildung: Stephen Wozniak (2010)

Eine zweite Eigenschaft, die Stephen hat, ist sein Hang zu Scherzen. So verdrahtete er mit seinen Freunden die Nachbarschaft und zapfte auch die Telefonleitungen an, wodurch er die Gespräche abhören konnte. In der Schule wollte er seinem Freund einen Streich spielen und baute aus einem Metronom,

Kleinteilen und einer Batterie die Attrappe einer Bombe. Sie wurde jedoch vom Lehrer entdeckt und er rannte mit ihr aus der Schule, sehr zur Freude von Woz, der das Öffnen des Gehäuses mit einem Schalter kombinierte, wodurch das Metronom schneller tickte ... Danach erhielt Stephen zwei Tage Schulverbot.

In der Highschool erkannte ein Lehrer das Interesse von Wozniak für Elektronik. Er arrangierte einen Besuch in einer Computerfirma, die mit der Highschool zusammenarbeite und Stephen sah erstmals einen Computer – eine PDP-8, das kleinste und am meistverkauften Modell von DEC. Stephen verschlang das Manual der PDP-8. Sehr bald interessierte er sich aber für die Nova, das kleinste Model von Data General. Der einfache, aber effiziente, Befehlssatz der Nova faszinierte ihn. In seinem Zimmer hingen Poster der Nova und er begann einen Computer auf dem Papier zu konstruieren, der die Nova nachbildete.

Nach Abschluss der Highschool ging Wozniak aufs College. Er wollte zur University von Colorado. Das Problem war, dass er als Student eines anderen Bundesstaats sehr hohe Studiengebühren zahlen musste. Daher machte er mit seinen Eltern aus, dass er dort nur die ersten beiden Semester studieren dürfte, dann aber das Studium in Kalifornien fortsetzen sollte.

Auch hier fing er wieder mit den Scherzen an. Er hatte einen TV-Störer entwickelt. Ein Gerät, das den Empfang eines Fernsehers störte, wenn er es anschaltete. Meistens schaltete er es gerade dann aus, wenn jemand die Antenne in einer unbequemen Position neu ausgerichtet hatte. Das klappte im

13. Abbildung: Steve Jobs (2010)

Wohnheim genauso gut wie in der Nachbarschaft. Doch beim ersten Test im Vorlesungssaal sagte der Assistent nur „*Wer den TV-Empfang stört, sollte damit aufhören oder er fliegt raus*“. Die Uni hatte wohl solche Scherze schon vorher erlebt.

In der Uni gab es bald neuen Krach. Stephen hatte das Budget für Rechenzeit gesprengt, als er Programme in FORTRAN entwickelte. Damit dies klappte, hatte er die Laufzeit künstlich beschränkt und die einzelnen Programmteile verkettet. Wie sich zeigte, hatte er die Rechenzeit des gesamten Kurses um das Fünffache überschritten. Der Professor erkannte das Talent von Wozniak, da er einige Zeit brauchte, um die ganzen Programmiertricks zu durchschauen. Er drohte aber, wenn es nochmals einen solchen Vorfall gäbe, müsste Wozniak bzw. seine Eltern die Rechnung über mehrere Tausend Dollar bezahlen.

So scheiterte auch der Plan Wozniaks, nach dem einen Jahr dauerhaft in Colorado bleiben. Er wollte nicht riskieren, bei einem weiteren Scherz die Rechnung zahlen zu müssen.

In den Semesterferien arbeitete Wozniak bei Tenet, einer Computerfirma. Das eröffnete neue Möglichkeiten für sein Elektronikhobby. Seit seinem Addierer/Subtrahierer, der aus etwa 500 diskreten Bauteilen (Transistoren, Kondensatoren und Widerständen) bestand, hatte er Pläne für einen Computer gehabt. Aber er konnte sich die Bauteile nicht leisten. Bei Tenet konnte er nun auf Bauteile zurückgreifen, die von der Produktion abgelehnt wurden.

Zusammen mit seinem Freund Bill Fernandez entwickelte er einen Rechner. Er perfektionierte das Design und brauchte schließlich nur noch 20 anstatt rund 100 Chips. Er orientierte sich an der Nova und der Rechner hatte eine Frontplatte wie die Nova mit Kippschaltern und Leuchtdioden – wie fünf Jahre später der Altair. Er funktionierte und wurde wegen des bevorzugten Getränks beim Zusammenbauen der „Soda Cream Computer“ genannt. Es gelang auch die lokale Zeitung von der Wichtigkeit des Computers zu überzeugen und sie schickten einen Journalisten, der sich den Rechner ansah. Am Ende der Vorführung stolperte er jedoch über das Netzkabel, das Netzteil brannte durch und der Soda Cream Computer löste sich in Rauch auf.

Bill Fernandez brachte ihn aber mit einem Freund zusammen, dem fünf Jahre jüngeren Steve Jobs. Er schaute sich den Computer an, bevor er zerstört wurde und beide Elektronikfreaks fanden sich sympathisch.

Steven (Steve) Jobs hat einen anderen Lebensweg als Stephen Wozniak. Sein Vater stammt aus der Arbeiterklasse. Er wurde adoptiert und kannte lange Zeit nicht seine leiblichen Eltern. Von seinem Adoptivvater gab es kaum Unterstützung für das Interesse an Elektronik und in seiner Jugend wechselte seine Familie oft den Wohnsitz, was die soziale Integration nicht erleichterte. Er ist zwar sehr selbstbewusst, aber auch arrogant und unbeherrscht. Er hatte das Glück, an eine Lehrerin zu gelangen, die auch seinen Geschäftssinn erkannte *„sonst wäre ich wohl im Gefängnis gelandet*“. Sie bot ihm 5 Dollar für die Fertigstellung seines Arbeitsheftes. Später gab es noch größere Belohnungen für eigentlich normale Schularbeiten. Das Haupttalent von Jobs war aber sein selbstsicherer Ton und sein Verhandlungsgeschick. Er war nicht wie Wozniak ein Elektroniktüftler.

In der Schule benötigte ein Lehrer für ein Projekt zwei Teile von der Computerfirma Burroughs. Kein anderer Hersteller fertigte sie. Als Jobs davon hörte, rief er Burroughs an und sagte, für ein Projekt bräuchte man Bausteine und man würde auch welche von Ihnen „evaluieren“. Zwei Tage später kamen die Teile per Luftpost. Bei einer anderen Gelegenheit rief er William Hewlett (Firmengründer von Hewlett-Packard) persönlich an, ob er ihm nicht bestimmte Elektronikbauteile zuschicken könnte. Auch dies klappte.

Das Erste, was beide Steves gemeinsam machten, war der Bau einer „Blue Box“. Sie hatten in dem Magazin „Esquire“ einen Artikel über einen „Phreaker“ gelesen, der eine Schwachstelle im Vermittlungssystem von AT&T ausnutzte. Mit einem Ton einer bestimmten Frequenz konnte man das Vermittlungssystem, das auf der Basis von Tönen arbeitete, dazu bringen ein Ferngespräch zu führen – und zwar für umsonst. Wozniak meinte, dass der Artikel zu gut geschrieben wäre, um fiktiv zu sein. Er schaute sich in der Bibliothek die Bücher über das Vermittlungssystem an und stellte fest, dass es tatsächlich möglich war. Später stellten sie fest, dass es den Phreaker auch in Wirklichkeit gab. Es war „Captain Crunch“, alias John Draper, der sich nach einer Trillerpfeife in einer Packung Frühstücksflocken benannte, mit der er das Phänomen entdeckte. Sie trafen ihn. Wozniak war aber persönlich enttäuscht, da er meinte „Captain Crunch“ müsste ein Technikguru sein, was aber nicht der Fall war.

Steve Jobs verkaufte die von Woz zusammengelöteten Blue Boxes zuerst an der Universität. Das Geschäft lief sehr gut – viele Studenten kamen aus anderen Bundesstaaten und innerhalb eines Wohnheims rentierte sich eine Blue Box schnell. Woz benötigte für eine Box Bauteile im Wert von 40 Dollar, Jobs verkaufte die Boxen anfangs für 150 Dollar. Als die Nachfrage ungebrochen hoch blieb, erhöht er den Preis schrittweise auf 300 Dollar. Wozniak ringt ihm das Versprechen ab, sie an Studenten für den ursprünglichen Preis zu verkaufen. Das Ende kommt, als sie bei einem Verkauf kein Geld erhalten, sondern den Lauf einer Pistole vors Gesicht gehalten bekommen. Nun wird es Woz zu gefährlich. Wenig später suchte AT&T nach den Phreakern und machte es schwerer die Lücke auszunutzen. Das bewog auch Jobs, den Verkauf der Boxen einzustellen.

Die Wege der beiden trennen sich 1972, als sich Jobs von LSD ab, und östlichen Philosophien zuwendet. Er plant, einige Monate durch Indien zu trampen. Dort wollte er einen Guru besuchen, der jedoch kurz vor seiner Ankunft stirbt. Aus den paar Monaten werden fast zwei Jahre. Er wird Vegetarier und interessiert sich für Buddhismus. Zurück in den USA geht er auf eine Farm in Oregon, wo er bei der Apfelernte hilft. Nach einer nicht bestätigten Anekdote soll er so auf den Firmennamen „Apple“ gekommen sein. Stephen Wozniak beschreibt Jobs zu dieser Zeit als unsteten Hippie, der sich mal für Monate eine Auszeit nimmt und dann von einem Tag auf den nächsten wieder auftaucht.

Stephen Wozniak studiert insgesamt drei Jahre, unterbricht dann 1973 sein Studium und beginnt für HP zu arbeiten. Zeitgleich bekommt Steve Jobs eine Arbeit bei Atari. Atari ist eines der Start-ups jener Tage. Die Firma verdient enorm viel Geld mit dem Verkauf von Videospielen. Atari erfand „Pong“, das erste Videospiel überhaupt. Woz sagt, dass er so etwas auch könne, und konstruiert einen Prototypen, der anders als die verkauften Spiele, direkt an die Schaltkreise des Fernsehers angeschlossen wird – aus 28 Chips. Atari benötigt dazu über 100. Woz zeigt ihn Al Acorn, der in der Vorstandsetage von Atari arbeitet. Acorn bietet ihm auf der Stelle einen Job bei Atari an, doch Wozniak fühlt sich bei Hewlett-Packard gut aufgehoben und lehnt ab. Etwas später hat Nolan Bushnell, Gründer von Atari, die Idee für ein neues Spiel: „Breakout“. Doch seine Ingenieure meinen, das dieses Spiel zu kompliziert in der Konstruktion wäre. Man bräuchte über 200 Chips dafür:

In der Zeit vor dem Mikroprozessor wurden alle Funktionen durch Chips, die nur einfache Funktionen ausführten und ein maskenprogrammiertes ROM bewerkstelligt. Es waren daher sehr viele Bausteine für ein Spiel notwendig.

Jobs bietet an, die Schaltpläne in vier Tagen zu entwerfen. Bushnell bietet ihm eine Prämie für das Design an, abhängig von der Anzahl der Chips, die benötigt werden. Jobs wendet sich an Wozniak, der das Design erstellen soll, denn selbst kann er es nicht und bietet ihm dafür die Hälfte der Prämie an. Vier Nächte lang sitzt Woz über Diagrammen und verbindet Chips auf Platinen. Tagsüber geht er zur Arbeit bei HP und Jobs prüft mit Ingenieuren von Atari die schon fertiggestellten Schaltungen und schließlich ist es fertig: Woz benötigt nur 45 Chips für das Spiel.

Er bekommt von Jobs 350 Dollar, das wäre die Hälfte von 700 Dollar, die er für den Entwurf bekommen hätte, sagte Jobs. Es war mehr, wie Wozniak erst Jahre später erfuhr, als er Nolan Bushnell bei einem Flug begegnete und sie sich unterhielten. Wozniak spricht in seiner Autobiografie von *„mehreren Tausend Dollar“*. Es sollen je nach Quelle zwischen 5.000 und 7.000 Dollar gewesen sein. Trotzdem wird für Breakout ein anderer Entwurf verwendet. Die Ingenieure von Atari verstehen die hochoptimierte Schaltung nicht und auch Jobs ist nicht mit den Details vertraut. So beschließen sie, die Schaltung neu zu entwerfen.

Apple I

Als mit dem Altair die Mikrocomputerrevolution anbrach, war auch Woz unter den Mitgliedern des Homebrew Computerclubs. Er kam zu den Klubtreffen und fand erstmals eine Gemeinschaft von Nerds, die genauso wie er an Elektronik interessiert waren. Er bekam ein Datenblatt eines 8008-Prozessors und studierte es – und erkannte, dass die Mikroprozessoren genauso funktionierten, wie die Minicomputer, die er kannte. Es ist aus der Retroperspektive vielleicht erstaunlich, dass die Erfindung des Mikroprozessors an Wozniak vorbeiging, aber er hatte in den letzten drei Jahren bei Hewlett-Packard nur an der Konstruktion von Taschenrechnern gearbeitet. Er erkennt sofort, dass nun alle Schaltkreise seines Soda Cream Computers auf einem Chip vereinigt sind. Das Gerät der Stunde ist der Altair. Allerdings beträgt Wozniaks monatlicher Nettolohn gerade mal 400 Dollar und er kann sich den Altair nicht leisten. Er findet auch, dass er in der Grundversion nicht mehr leistet als sein Soda Cream Computer. Er ist zwar ausbaufähig, aber bis er wirklich zu etwas gebrauchen ist, hätte er mehr Geld, über 1.000 Dollar investieren müssen.

Er beschloss daher, seinen eigenen Computer zu bauen. Der 8080-Prozessor von Intel kam nicht infrage. Er war ihm zu teuer und kostet so viel wie seine Monats-

Abbildung 14: Ein Computer, der um die Apple I Platine herum entworfen wurde.

miete. Er erfuhr aber, dass Hewlett-Packard Mitarbeiter einen Rabatt beim Kauf eines neuen Mikroprozessors, des 6800 von Motorola erhielten. Er würde ihn nur 40 Dollar kosten. *„Das ist aber günstig“*, sagte später Woz in seiner Autobiografie und machte den Chip zur CPU seines Rechners. Die nächste Designentscheidung war, dass der Computer ein ROM haben sollte. Anders als beim Altair sollte der Computer nach dem Einschalten sofort betriebsbereit sein. Dafür benötigte er ein Startprogramm und dieses sollte in einem nicht flüchtigen Speicher, dem ROM sitzen. Später, so hoffte er, würde der Computer es ihm erlauben, FORTRAN Programme zu schreiben, doch erst einmal reichte ein Monitor Programm. Ein Monitorprogramm ist ein sehr einfaches „Betriebssystem“. Es gibt nur wenige Befehle, die es erlauben, Programme zu starten, Daten in den Speicher zu schreiben oder anzusehen. Es war nötig, um elementare Funktionen des Computers zu testen.

Die wichtigste Neuerung war jedoch, dass der Computer einen Fernseher zur Ausgabe und eine Tastatur zur Eingabe nutzen sollte. Wie dies geht, hatte Woz schon gelöst. Er hatte im Anschluss an das Videospiel ein Videoterminal gebaut, dass es erlaubte, Daten über das Arpanet (Vorläufer des Internets) zu senden und die Ausgabe auf einem Fernseher darzustellen.

Während seine Pläne reifen, erfährt er, dass es einen neuen Mikroprozessor gibt, der pinkompatibel und im Design vergleichbar mit dem 6800 ist. Er fährt zur Computermesse Wescon, die vom 16 bis 18.6.1975 in San Francisco stattfindet. In einem Hotel neben der Messe verkauft ein Ingenieur von MOS Industries namens Chuck Peddle den neuen Mikroprozessor mit der Bezeichnung „6501“. Er kostet nur 20 Dollar. Wozniak legt noch 5 Dollar für ein Handbuch drauf und hat so den Prozessor seines neuen Computers gefunden.

Die notwendigen praktischen Arbeiten macht er bei seinem Arbeitgeber in der Werkstatt nach Arbeitsende und am Wochenende. Das Monitorprogramm sollte in zwei PROM's von nur 256 Byte Kapazität untergebracht werden. Das war auch für Wozniak eine Herausforderung, weil 256 Byte selbst für ein so einfaches Programm wenig Speicher sind. Die meisten Chips benötigte er für den Speicher: Der Apple I sollte einen Arbeitsspeicher von 4 KiB haben, wofür Wozniak 32 Chips benötigte.

Am 29.6.1975 arbeitet der Apple I zum ersten Mal. (Den Namen bekam der Computer erst später von Steve Jobs). Der Apple I wird meist als Vorläufer des Apple II angesehen. In vielen Darstellungen der Computergeschichte wird er vergessen. Doch war er der erste Computer, der an einen normalen Fernseher angeschlossen werden konnte. Vorher benötigten Computerfreaks einen Fernschreiber als Ein-/Ausgabemedium. Dieser war nicht nur teuer (die billigsten kosteten über 1.000 Dollar), sondern er konnte Daten auch nur zeilenweise ausgeben. Farbe und Grafik waren unmöglich. Das Editieren von Eingaben ging ebenfalls nicht, weil eine einmal gedruckte Information nicht wieder in ein weißes Papier umgewandelt werden kann. Wer einmal eine Schreibmaschine hatte und Tippfehler produzierte, kann sich vorstellen, wie mühsam das die Eingabe machte. In den folgenden Monaten arbeitet Woz neben der Arbeit an seinem Computer und verbessert ihn weiter.

Als das Design fertig ist, bringt er Fotokopien der Schaltpläne und des ROM Listings zu den Treffen des Homebrew Computerclubs. Woz schätzt, dass er etwa 100 Kopien verschenkt hat.

Bei einem dieser Treffen begleitete ihn auch Steve Jobs. Steve hatte wenig mit der Hardware am Hut. Er sah aber die Nachfrage und kam auf die Idee, dass man diesen Rechner verkaufen könnte. Wenn so viele die Baupläne nehmen, selbst aber dann die Platine herstellen und bestücken müssen, dann gibt es sicher viel mehr Leute, die das nicht können, aber auch einen Computer haben wollen.

Auch steuert Jobs Anregungen bei, um den Rechner einfacher und billiger zu machen. Er schlägt vor, die gerade neu erschienen 4 Kbit DRAM-Bausteine von Intel einzusetzen. Woz blieb skeptisch, er glaubt nicht daran, dass man sich bei Intels Prozessorpreisen überhaupt einen Intel Chip würde leisten könnte. Doch die DRAM waren billiger als die sonst üblichen SRAM. Jobs hängt sich ans Telefon und bald trudeln einige Probeexemplare ein. Sie sind pinkompatibel zu den statischen Bausteinen, sodass es keine gravierenden Änderungen gibt. Nur muss der Refreshzyklus erzeugt werden. Wozniak führt diesen automatisch bei jedem 65-sten Takt aus. Der 6502-Prozessor weist nicht die Kinderkrankheiten des 8080 bei der Ansteuerung von dynamischen Speichern auf, welche MITS so große Probleme bereiteten. So konnte die Anzahl der Speicherchips von 32 auf 8 reduziert werden. Die spätere Verkaufsversion hatte sogar 8 KiB RAM.

Zuerst versucht Wozniak, Hewlett-Packard das Design anzubieten. Er hat eine Besprechung mit dem Entwicklungsleiter des HP 9830 Rechners, der gerade für Ingenieure entwickelt wurde. Er kostet 10.000 Dollar und zählt zu den kleineren Systemen von HP. Es wird ihm klar, dass HP kein Gerät für Hobbyisten bauen wird, das ist nicht die Zielgruppe der Firma. Er erfährt später, das HP tatsächlich einen Heimcomputer unter dem Projektnamen „Capricorn" entwickelt hat. In seiner Biografie philosophiert er, dass er wohl immer noch bei Hewlett-Packard arbeiten würde, hätte er die Chance gehabt, in diese Gruppe zu gelangen. Der Capricorn-Prozessor wurde in den HP 83-87 Tischrechnern verwendet. Mit 3.250 Dollar für die HP 85, die 1980 erschien waren aber auch sie keine Heimcomputer.

Der erste Gedanke von Wozniak ist es, nur die Platine zu verkaufen. Sie stellt für einen Hobbyisten das Hauptproblem für den Zusammenbau dar. Das Bestücken ist dann vergleichsweise einfach. Seine Rechnung war diese: Es gibt im Homebrew Computer Club rund 500 Mitglieder. Vielleicht würden 40 bis 50 die Platine kaufen. Das Layouten der Platine für eine Kleinproduktion kostet 1.000 Dollar. Die Herstellung rund 20 Dollar. Wenn er also die Fertigplatine für 40 Dollar verkauft und rund 50 Leute sie kaufen, dann wären ihre Vorinvestition wieder drinnen gewesen.

Steve Jobs meint: *„Klar, lass es uns versuchen, wenn es nicht klappt, können wir wenigstens sagen, wir haben einmal eine Firma gehabt"*. Am 1.4.1976 wird Apple Computer gegründet, mit dem Zweck den Apple I zu vermarkten. Steve Jobs verkauft seinen VW-Bus und Wozniak seinen HP-Taschenrechner. Das liefert ein Grundkapital von 1.300 Dollar. Wie viele andere Computerfirmen beginnt auch bei Apple der Zusammenbau in einer Garage – der von Steve Jobs, die ja nun ohne Auto leer ist.

Jobs, dessen kaufmännisches Talent immer stärker hervortritt, überzeugt Paul Tyrell, den Besitzer der „Byte" Computerkette, 100 Stück der neuen Computer für 500 Dollar pro Stück zu kaufen. Er spricht ihn bei einem Klubtreffen an und überzeugt ihn von dem Rechner. Tyrell verweist ihn an einen lokalen Leiter des Byte

Shops, der die Details des Verkaufs aushandeln soll. Byte soll komplett bestückte Platinen abnehmen. Wie sich später herausstellt, rechnet Tyrell aber mit betriebsbereiten Computern.

Aber um diesen großen Auftrag ausführen zu können, wird viel mehr Kapital benötigt: Jeder Apple I benötigt Bauteile im Wert von 250 Dollar. Apple benötigte nun mindestens 20.000 Dollar zusätzliches Kapital. Sie erhalten 5.000 Dollar von Alan Baum, einem Freund von Wozniak, als Darlehen. Jobs kann mit dem Auftrag örtliche Zulieferer überzeugen, ihm die Bauteile mit einem Zahlungsziel von 30 Tagen zu liefern. Er bleibt solange im Büro des Verhandlungspartners, bis dieser Tyrell anruft und sich den Auftrag bestätigen lässt.

Innerhalb von zehn Tagen bauen sie zusammen mit Daniel Kortke und Bill Fernandez die Rechner zusammen. Schon wenige Tage nach Firmengründung, am 12.4.1976, steigt der dritte, stille, Anteilseigner an Apple, Ronald Wayne aus. Wayne wird von Jobs und Wozniak mit 800 Dollar für seinen 10%-Anteil ausgezahlt. Es war ihm zu riskant mit seinem Privatvermögen für die Schulden des Unternehmens einzustehen. Sechs Jahre später wäre dieser Anteil rund 1,5 Milliarden Dollar wert gewesen. Damals sah er aber das Risiko – Jobs stand mit 15.000 Dollar für die Bauteile im Minus und Wayne hätte 1.500 Dollar bei einem Ruin zahlen müssen. Wayne hat unter anderem das erste Apple Logo (Newton unter einem Apfelbaum) entworfen und das Handbuch des Apple I geschrieben. Er hat den Ausstieg niemals bereut.

Zwar zahlt der Byte Shop 500 Dollar pro Apple I, zufrieden sind sie aber nicht mit der Lieferung. Sie erwarteten einen vollständigen Computer, nicht eine Platine. So lassen sie ein Gehäuse aus Holz fertigen, und bauen eine Tastatur ein. Später schalten auch Woz und Jobs eine Anzeige in „Byte“ und bieten den Apple I für 666,66 Dollar an. Woz liebt Zahlen mit vielen gleichen Ziffern.

Jobs und Wozniak machen rund 8.000 Dollar Gewinn mit dem Apple I.

Apple II

Nach dem Apple I änderte sich zuerst einmal für beide nichts. Woz ging weiter zur Arbeit bei HP, Jobs war weiterhin Teilzeit-Angestellter bei Atari. Woz arbeitete nebenher an seinem nächsten Computer. Er hatte eine Schaltung entworfen, mit der er auf einem Fernseher auch Farbe und Grafik anzeigen konnte. Er versuchte nun, die Features dieser Schaltung in seinen neuen Rechner einzuarbeiten. Ein Unterschied zum Apple I war nicht nur die Farbgrafikfähigkeit, sondern die gesamte Ansteuerung. Die TV-Ausgabe erfolgte nicht durch Schieberegister, welche den Apple I so langsam machten, sondern las einen Speicherbereich des Hauptspeichers aus. Schrieb man etwas in diesen Speicher, so erschien das Bitmuster auf dem Bildschirm. Die Ausgabe war allerdings etwas ungewöhnlich: Um einen Chip einzusparen, waren die Zeilen nicht sequenziell im Speicher angeordnet.

Eine weitere Vereinfachung für Wozniak waren EPROMs. Sie erleichterten den Test der Programme enorm. Er konnte nun ein komplexeres Betriebssystem schreiben, da er nicht bei einem Fehler den ganzen Chip zum Müll schmeißen musste. Er lieferte den Rechner schließlich mit einem Integer-BASIC aus (ein BASIC, das nur mit ganzen Zahlen rechnen konnte).

Abbildung 15: Wozniak und Jobs arbeiten am Entwurf des Apple II 1977

Es waren drei wesentliche Gründe, welche den Apple II so erfolgreich machten:

Der Erste war die Weitsicht bei der Speicherbestückung: Wozniak hatte so viele ICs eingespart, dass der Apple II mit nur halb so vielen Chips wie der Apple I auskam. Er nutzte den Platz für drei Reihen Speicherbausteine. Im Auslieferungszustand war eine bestückt mit 4 Kbit DRAM Chips – lediglich 4 KiB Speicher. Der Käufer konnte nun die beiden anderen Bänke ebenso bestücken und hatte eine 12-KiB-Maschine. Die Sockel konnten aber auch die neuen 16 kbit RAM aufnehmen, die jedoch zu Produktionsbeginn noch sehr teuer waren. Da diese die vierfache Kapazität hatten, resultierte so ein Maximalausbau von 48 KiB. Kein anderer Computer dieser Zeit hatte diese Ausbaumöglichkeiten.

Der eingesparte Platz wurde auch genutzt, um acht Slots für Erweiterungskarten einzubauen. Ein Bussystem hatte den Altair erfolgreich gemacht und es sollte auch der Schlüssel für den Erfolg des Apple II werden. Als sich Wozniak im nächsten Jahr einem Floppy-Disk-Kontroller widmet, muss der Apple nicht umkonstruiert werden, sondern der Controller wird einfach als Zusatzkarte eingebaut. Jobs will nur zwei Slots, doch Wozniak wehrt sich: Das spart keinen Chip ein und es wäre mit ihm nicht zu machen – er setzt sich durch.

Der dritte Grund war eine sehr ausführliche Dokumentation des Rechners und des Busses. Dadurch ist es Zulieferern leicht möglich, eigene Erweiterungen zu konstruieren. Damit war es aber auch möglich, den Rechner nachzubauen. Apple lizenzierte nur einen Nachbau: den des deutschen ITT-2020. Apple versuchte, die zahlreichen Nachbauten, die vor allem in Taiwan entwickelt und in Europa vertrieben wurden, (auch weil in Europa der Apple II deutlich teurer als in den USA verkauft wurde) zu unterbinden. Der Erfolg war durchwachsen. Als die Firma Video Technology den Computer durch Reengineering nachbaute, das heißt die Software nicht kopierte, sondern funktionell identisch nachprogrammierte, war es nicht mehr möglich, diese Nachbauten zu verhindern.

Für Steve Jobs war eines klar: Auf jeden Käufer eines Apple I kamen Hunderte, die keine Hardwarebastler waren. Diesen musste man einen Computer anbieten, der einfach zu bedienen war, den man anschaltete und in BASIC programmieren konnte, der Grafik ausgeben konnte. Er glaubt, dass man davon 1.000 Stück pro Monat verkaufen könnte, was Wozniak für „*reinen Wahnsinn*“ hält.

Das Problem ist nur, dass man für einen solchen ergonomischen Computer viel höhere Vorinvestitionen tätigen muss. Er benötigt eine Tastatur und ein Gehäuse. Das Gehäuse muss eigens für den Rechner gefertigt werden, das erfordert Kapitalmittel, welche Jobs und Wozniaks Möglichkeiten weit überstiegen.

Erneut werden beide mit dem Prototyp bei ihren Arbeitgebern vorstellig. Bei Atari gibt es sogar eine Besprechung mit Nolan Bushnell, Firmengründer und Präsident. Nach Woz Aussagen kam der „Geschäftsplan“ der beiden nicht so überzeugend an. So meint Wozniak, inzwischen von Jobs von dem Erfolg des Rechners überzeugt, man könnte wohl eine Million Stück verkaufen, was Bushnell für übertrieben hält.

Etwas mehr Interesse gibt es bei HP, da dort ein eigener Rechner konstruiert wird. Doch überwiegen hier Bedenken, was die Garantie angeht. So soll der Computer an einen Fernseher angeschlossen werden – haben die beiden das bei allen Fernsehern, die auf dem Markt sind, getestet? Was passiert, wenn es auf einem nicht klappt? Für HP als eingeführte Firma und Marke sind solche Tests wichtig, auch um den Ruf nicht zu gefährden. In der Regel gibt es für HP-Computer nur HP-Peripherie. Auch HP lehnt den Computer ab. Wozniak, der aber einen Teil seiner Arbeitszeit und Ausrüstung von HP für die Entwicklung verwendet hat, bekommt aber die Rückmeldung, dass HP keine rechtlichen Ansprüche anmelden wird.

Jobs sucht nach Kapitalgebern und wendet sich an Arthur Rock, der ihn weiter zu Mike Markkula vermittelt. Markkula, ehemaliger Angestellter von Fairchild und später Marketing Direktor von Intel, hatte sich schon im Alter von 32 vermögend zurückgezogen und befand sich im „Ruhestand“. Jobs kann Markkula überzeugen, bei Apple einzusteigen und ein Vierteljahr später wird er offizieller Partner von Apple. Markkula investiert 92.000 Dollar seines eigenen Kapitals und bürgt mit seinem Vermögen für einen Kredit über 250.000 Dollar bei der Bank. Markkulas Rolle bei Apple wird gerne unterschätzt. Er sorgte durch seine Kontakte dafür, dass Firmen überhaupt erst Geschäfte mit Apple machten. So war Regis McKenna von Steve Jobs Auftreten zwar beeindruckt, wies ihn aber zuerst ab. Erst ein Anruf von Mike Markkula überzeugte ihn davon, für Apple zu arbeiten. Ebenso war es Mike Markkula, der darauf bestand, dass Apple möglichst bald ein Diskettenlaufwerk für den Computer anbietet, weil er in ihm den Schlüssel für den Erfolg bei Geschäftsleuten sah, die sicher keinen Computer einsetzten, bei dem man Daten auf Audiokassetten speichert.

Am 3.1.1977 wird Apple Inc. nun als Gesellschaft neu gegründet. Wozniak, Jobs und Markkula halten je ein Drittel der Firma. Markkula besorgt später auch den ersten Präsidenten für Apple, Michael Scott.

Im Februar bezieht Wozniak zusammen mit Jobs und den ersten Angestellten Randy Wigginton und Chris Espinosa ein 22 m² großes Büro. Er arbeitet Tag und Nacht um einen Prototyp bis April, zu Jim Warrens West Coast Computer Faire fertigzustellen. Randy Wigginton und Chris Espinosa kannte Woz von den Homebrew Treffen. Sie schrieben Demoprogramme und testeten Wozniaks BASIC auf Fehler. Angestellter Nummer 1 ist aber Bill Fernandez, der Jobs und Wozniak zusammenbrachte und schon beim Zusammenbau des Apple I half. Jobs bringt alle fast zum Wahnsinn, weil er Druck erzeugt, fragt, wann das BASIC fertig ist, das Wozniak auf Papier entwirft, anstatt einen Emulator zu benutzen und mit der Forderung, dass alle Lötverbindungen in geraden Linien gezogen werden, was dem Innenleben später ein sehr aufgeräumtes und ästhetisches Aussehen gibt. Irgendwann in dieser Zeit zwischen Apple I und II zerbricht dabei die Freundschaft zwischen Wozniak und Jobs.

Externe Hilfe kam von Rod Holt von Atari. Jobs fragte bei seinem Chef nach einem fähigen Ingenieur, der Wozniak unterstützen könnte. Holt ist verantwortlich für den Entwurf des Netzteils und TV-Modulators. Beide Komponenten beinhalten zahlreiche analoge Elemente, von denen Woz wenig Ahnung hat. Wozniak hat auch nicht das Interesse, diese relativ „langweiligen“ Teile des Computers zu entwerfen. Holt setzt gegenüber Jobs durch, den TV-Modulator nicht ins Gehäuse zu integrieren, sondern ihn extern anzuschließen. Er plädiert dafür, den Entwurf an eine Fachfirma zu vergeben. Der Hintergrund waren die FCC-Regularien über die elektromagnetische Abschirmung, um andere Geräte oder Dienste wie Amateurfunk, Polizeifunk nicht zu stören. Würde der TV-Modulator diese nicht einhalten, dann würde das den Computer nicht betreffen und er könnte weiter verkauft werden. Gleichzeitig erlaubt die externe Vergabe es, die Firma, die mit dem Entwurf betraut ist, dann in die Pflicht zu nehmen.

Mit den gewonnenen Finanzmitteln kann nun das Konzept des Apple II fertiggestellt und das Gerät in Großserie gefertigt werden. Jobs entwirft das Gehäuse, welches durch sein schlichtes Design Maßstäbe setzte, auch wenn es durch die Höhe und feste Verbindung von Tastatur und Computer nicht gerade ergonomisch war. Jobs kümmert sich auch um ein leises Netzteil und sinnvolle Lüftungsschlitze, um einen Lüfter einzusparen.

Markkula möchte, das Wozniak, seinen Job bei HP aufgibt. Er prognostiziert, dass Apples Umsatz innerhalb eines Jahrzehnts auf 500 Millionen Dollar steigen würde. In einer solchen Firma kann dann der Chefingenieur den Job nicht nebenher erledigen. Wozniak will aber HP nicht verlassen. So ruft Jobs etliche Bekannte von Wozniak an, denen er sagt, Wozniak würde die Chance seines Lebens wegschmeißen. Gerade hätte man erst 250.000 Dollar bekommen, um den Apple II zu bauen und Woz würde den Erfolg von Apple, durch sein Beharren bei HP zu bleiben, gefährden. Am selben Tag wird Wozniak von Anrufen von Freunden und Verwandten überhäuft, die ihm alle raten, HP zu verlassen. Schließlich gibt er nach.

Zuletzt kümmert sich Jobs um die Bewerbung des Produkts. Ihn haben die Anzeigenkampagnen von Intel beeindruckt und so wendet er sich an die Agentur McKenna, die diese Anzeigen entworfen hat. Er ruft die Sekretärin von McKenna so lange an, bis die ihren Chef bittet, ihn zu empfangen um Ruhe zu haben. Dort angekommen wendet er seine übliche Strategie an: Er weigert sich das Büro zu verlassen, bis er eine Zusage erhält. McKenna übernimmt den Auftrag, will aber ein neues, einfacheres, Apple Logo. Das Alte zeigt Newton unter einem Baum. Es entsteht das über zwei Jahrzehnte vorherrschende Logo mit dem angebissenen Apfel und den Farbstreifen. Michael Scott bezeichnete es als das *„most expensive bloody logo ever designed“*, aber fast allen anderen gefällt es. Erst 1997 wird es durch ein schlichteres Logo ohne Regenbogen abgelöst.

McKenna schaltet eine Anzeige in der auflagenstärksten Computerzeitschrift „Byte“, um die Computerfreaks zu erreichen. Aber auch eine im „Playboy“ um die Firma und den Rechner landesweit bekannt zu machen. Dass eine Firma die Kleincomputer herstellt, im Playboy oder einer anderen populären, sich an ein komplett anderes Zielpublikum gerichteten, Zeitschrift inseriert, gab es vorher nicht. Der

Schachzug machte Apple aber über Nacht bekannt. In der Folge erschienen zahlreiche Artikel über Apple im Besonderen und Mikrocomputer im Allgemeinen in zahlreichen Zeitschriften, die sich sonst mit anderen Themen beschäftigten.

Auf der West Coast Computer Faire im April 1977 erscheint der Apple II zusammen mit zwei anderen neuen Computern, dem Tandy TRS-80 (Modell I) und dem Commodore PET. Alle drei haben trotz technischer Unterschiede eines gemeinsam: Es sind die ersten Computer, die man einfach einschalten und dann in BASIC programmieren kann. Der Apple II ist mit einem Verkaufspreis von 1.298 Dollar der teuerste des Trios. (TRS-80: lediglich 595 Dollar, PET 799 Dollar). Es war schon immer etwas teurer, einen Apple sein Eigen zu nennen. Beide Konkurrenten haben darunter zu leiden, dass sie recht schnell entworfen wurden.

Der PET hatte eine Gummitastatur. Dies wurde als ein Mangel empfunden. In der Eile hatte man auf der linken Seite der Tastatur den Punkt vergessen, sodass dieser nur mit dem Zehnerblock rechts eingegeben werden konnte. Anders als der Apple II wurde er als Komplettsystem mit Monitor und Kassettenrekorder verkauft.

Der Tandy TRS-80 wurde von Radio Shack entwickelt, einer Kette, die nicht nur Elektronikartikel, sondern auch Plüschtiere mit Radios anbot, also so ziemlich alles verkaufte. Dort waren einige Ingenieure zu dem Schluss gekommen, dass der Mikrocomputermarkt groß genug wäre, um dort mit einem eigenen PC mitzumischen. Radio Shack wollte ein eigenes Produkt platzieren, da dann die Verdienstspanne größer war. Das Management war sich nicht sicher, ob der TRS-80 sich gut verkaufen würde. Es ging davon aus, dass man den PC, wenn das nicht der Fall wäre, zumindest für die eigenen Geschäfte zur Buchhaltung und Abrechnung nutzen könnte.

Das Problem des TRS-80 waren zu viele Einschränkungen, um den Preis niedrig zu halten. Der Computer selbst kostete nur 399 Dollar, wurde aber meist im Paket mit einem Fernseher verkauft. So konnte er keine Kleinbuchstaben darstellen, die dafür notwendigen Bausteine kosteten 1,50 Dollar in der Produktion, was 5,00 Dollar am Verkaufspreis ausgemacht hätte. Der Z80-Prozessor wurde aus demselben Grund mit nur 1,77 MHz getaktet. Das BASIC war sehr langsam, genauso das Laden und

Speichern auf den Kassettenrekorder. Das Modell I war auch insgesamt schlecht verarbeitet. So war die Verbindung zu einem Erweiterungsmodul nicht stabil, was zu Systemabstürzen führte. 1980 musste die Produktion eingestellt werden, weil das nicht abgeschirmte Gehäuse nicht mit den FCC-Regeln konform war.

Die Produktionsmängel blieben auch bei den folgenden Modellen (TRS-80 Modell II, III und 4) bestehen, sodass der Computer bald den Beinamen „Trash-80“ bekam. Aufgrund des niedrigen Preises war der TRS-80 jedoch bis 1981 der meistverkaufte Rechner in den USA.

Auch Commodore ließ bald dem PET Nachfolgemodelle folgen, die über mehr Speicher verfügten und an die auch Diskettenlaufwerke angeschlossen werden konnten.

Der Apple II dagegen konnte vom Benutzer aufgerüstet werden. Er musste nur die Speicherchips austauschen und früher als bei beiden Konkurrenten (schon 1978) gab es einen Diskettencontroller für den Apple. Die treibende Kraft war Mike Markkula, der die Verfügbarkeit eines unkomplizierten Massenspeichers als unverzichtbar für den Erfolg ansieht: Er erschließt erst den Markt der Businessanwendungen. Ohne Diskettenlaufwerke bleibt der Apple II ein Hobbygerät. Er überredet Woz zu der Konstruktion des Diskettencontrollers in wenigen Wochen, indem er ihm bei Fertigstellung vor der CES in Las Vegas offeriert, er könne dann mit dorthin fliegen.

Auch hier zeigte sich Wozniaks Genie beim Entwurf von Schaltungen. Beim Altair belegte ein Diskettencontroller zwei große Boards und umfasste etwa 35 Chips, beim Apple II nur eine kleine Platine mit sieben Bausteinen. Wozniak fand nicht nur Chips, die höher integriert waren und so mehrere konventionelle ersetzten, er ersetzte auch Chips durch Software. Eine Diskette rotiert mit 300 U/Min und der Schreiblesekopf digitalisiert dabei die magnetisch gespeicherten Informationen mit einer Geschwindigkeit von 250.000 Bit/s. Ein Diskettenkontroller muss diese Bits einlesen, zu einem Byte zusammenbauen und an die Anwendung übergeben. Darüber hinaus muss er über einen Sektor Prüfsummen bilden und diese mit der nach dem Sektor gespeicherten Prüfsumme vergleichen, um festzustellen, dass er die Information korrekt gelesen hat. Weiterhin muss er den Anfang eines Sektors oder einer Spur anhand von Indexinformationen feststellen.

Diese Aufgabe ist komplex und daher benötigten damalige Diskettenkontroller zahlreiche Bausteine dafür. Wozniak löste das Problem dadurch, dass er praktisch nur die Bausteine für die Digitalisierung des Signals vorsah und das Betriebssystem die ganze Signalverarbeitung durchführte. Die große Leistung besteht darin, dass dafür nicht viel Zeit zur Verfügung steht – pro Bit nur 4 Takte des mit 1 MHz getakteten Prozessors. Später konnten Programmierer durch Auswechseln der Routine einfach Kopierschutzmechanismen implementieren.

Wie immer erlaubt sich aber auch Wozniak weiterhin Scherze. Bei der Präsentation des Apple II zeigt er auch Breakout – diesmal in BASIC geschrieben. Die Möglichkeit auf dem Computer in Farbe Spiele zu programmieren war einer der Gründe, warum er ihn entwickelte. Er trifft John Draper („Captain Crunch“) wieder und lässt ihn das Spiel spielen – allerdings mit einem eingebauten Cheat. Egal wie Draper den Schläger steuert – er trifft immer den Ball. Eine Viertelstunde später steht er als Superspieler da.

Dazu kreiert Woz mit zwei Angestellten einen Flyer für einen fiktiven Computer namens „Zaltair“ und verteilt diese. Überhaupt findet man in dem Flyer sehr viele „Z“, weil der Z80 Prozessor als der neue Star gilt und viele neue Produkte daher ein „Z“ im Namen haben. Natürlich ist der Zaltair besser als alles andere (auch besser als der Apple II) und dazu noch abwärtskompatibel zum Altair (was technisch nicht möglich ist). Selbst Jobs fliegt auf den Scherz herein und meint bei einer Besprechung. *„In der Vergleichstabelle schneiden wir gar nicht so schlecht ab …“*. Erst Jahre später löst Wozniak den Scherz auf.

Mike Scott schien der ideale Präsident für Apple zu sein. Er sah die Firma als Schiff und sich als Kapitän und begrüßte jeden neuen Angestellten mit „Willkommen an Bord“. An Weihnachten verteilte er als Santa Claus Geschenke, doch er forderte auch die Ingenieure. Insbesondere mit Stephen Wozniak gab es Reibereien. Wozniak arbeitete zwar Tag und Nacht an einem Projekt – aber nur, wenn es ihn interessierte. Bei allen anderen Dingen kam er unregelmäßig zur Arbeit, was zu Problemen mit seiner unmittelbaren Umgebung sorgte.

Als Wozniak seinen Freund John Draper einstellte, weil er eine Karte bauen will, mit der der Apple II Telefonnummern wählen kann, wurde das Verhältnis schwieriger. John Draper kam mit Wozniak gut aus, wurde aber von den meisten anderen Entwicklern abgelehnt. Als sich herausstellte, dass Drapers Telefonkarte versteckte Phreaking-Qualitäten hatte, die zusammen mit der Rechenkraft des Apple (nach Aussage von Chris Espinosa) ausgereicht hätten, das zwölf Apple II, simultan koordiniert, das Telefonnetz zum Kollabieren gebracht hätten, gab es Krach zwischen Scott und Wozniak. Die Features wurden von anderen Angestellten wieder aus dem Design entfernt. Wenig später wurde Draper wegen Phreaking verhaftetet – er hatte einen Apple II dabei, der konfisziert wurde. Erneut macht Scott Wozniak Vorwürfe.

Am 25.2.1981 entließ Mike Scott an einem Vormittag 40 Apple Entwickler, darunter die halbe Apple II Mannschaft. Er vertrat die Meinung, sie wären „redundant". Die verbliebenen Angestellten wandten sich an Jobs und Markkula, welche die Entscheidung verteidigten. Sie versetzten Scott jedoch einen Monat später auf den Posten des Vizepräsidenten. Mike Markkula übernahm die Leitung – zuerst kommissarisch, doch sollte es drei Jahre dauern, bis ein neuer Präsident gefunden wurde. Am 10.7.1981 verließ Mike Scott Apple. Ob er recht hatte und tatsächlich die Angestellten „redundant" waren, ist umstritten. Selbst die verbliebenen Angestellten räumten ein, dass in der letzten Zeit nicht viel gearbeitet wurde. Die Firma war enorm schnell gewachsen und es wurden Leute mit schlechter Qualifikation eingestellt, um die Lücken zu füllen. Diese stellten weitere ein, die noch weniger geeignet waren. Scott hätte dies korrigieren wollen. Er hatte auch Markkula und Jobs um Erlaubnis gebeten, die überflüssigen Mitarbeiter zu kündigen. Aber die Art – alle ohne Vorankündigung auf einmal zu feuern, kostete ihn den Job.

Damit gibt es nur noch einen Chef im Unternehmen, denn Markkula und Scott hatten darauf geachtet, dass Jobs keine Macht bei Apple bekam. Er war als Vorgesetzter problematisch. Viele störten sich an seiner Art, kamen nicht mit ihm aus. Am gravierendsten war aber seine Einmischung in Projekte. Jobs wollte seinen eigenen Rechner konstruieren. Einen, den er mitentwickelt hatte. Der Apple II, das war Wozs Rechner, das war nicht nur innerhalb von Apple bekannt. Jobs brachte aber Konstrukteure mit seiner immer weiter wachsenden „*Must have*“ Liste zum Durchdrehen. Er war auch nicht von der Unmöglichkeit oder den Folgen für die Projektdauer, Kosten oder die Fertigung zu überzeugen. Beim Apple III war er „nur“ für das Gehäuse verantwortlich. Das Gehäuse hatte Jobs entworfen. Alle Überzeugungsversuche der Konstrukteure, es sei zu klein, prallten ab. So mussten die Chips auf der Platine eng gesetzt werden. Die Bestückungsautomaten hatten als Folge Probleme die Platine zu bestücken, mit den bekannten Folgen bei der Auslieferung.

Nun, ohne Scott, war es schwer Jobs von der Verwirklichung seines Computers abzuhalten – und er fand ein Projekt innerhalb von Apple, den Macintosh.

VisiCalc

Aber auch Apple vergab Chancen – Chancen die Vormachtstellung noch weiter auszubauen. Dan Hawkins ist bei Apple für die Marketingkampagnen bei Kleinunternehmen zuständig. Als er die erste Version von VisiCalc vorgeführt bekommt, erkennt er auf Anhieb das Potenzial der Software. Mit ihr kann man Berechnungen durchführen, und ohne zu programmieren. Jeder, der in einem Büro Zahlen-

Abbildung 16: Die Lisa (links) und der Apple II (rechts)

kolonnen addieren muss, für den muss diese Software wie das Evangelium vorkommen – nicht nochmals anfangen, wenn man einen Tippfehler macht, wie dies bei einem Tischrechner der Fall ist. Er lädt Dan Fylstra ein, welcher die Software vertreibt und fragt ihn, was es kostet, die Rechte zu kaufen, damit sie nur für den Apple II entwickelt wird. Sie einigten sich auf eine Summe von 1 Million Dollar in Apple Aktien. Doch der Deal kam nicht zustande. Mike Markkula war dies zu teuer.

Trotzdem war VisiCalc mitverantwortlich für den Erfolg des Apple II, weil es lange Zeit nur auf dem Apple lief und zwei Jahre lang war es das einzige Tabellenkalkulationsprogramm. Es bürgerte sich die Bezeichnung „Killerapplikation“ ein. Darunter versteht man eine Anwendung, die einen Computer so nützlich macht, dass sie alleine den Kaufpreis des Rechners rechtfertigt.

So kann ein Textverarbeitungsprogramm im Büroalltag so viel Arbeitszeit einsparen (Tippfehler können schneller korrigiert werden als mit Tipp-Ex, es ist möglich immer wieder verwendete Floskeln als Textbausteine einzufügen und der erneute Ausdruck eines Dokuments geht schneller, als es aus dem Ordner herauszunehmen und zu fotokopieren), dass ein Personal Computer mit einem Textverarbeitungsprogramm sich finanziell lohnt, weil eine Sekretärin damit viel effektiver arbeiten kann.

Nur konnte man mit dem Apple II in der Basisversion keine Textverarbeitung betreiben, weil er nur 40 Zeichen pro Zeile darstellte und keine Kleinbuchstaben kannte.

VisiCalc wurde zwischen 1978 und 1979 von Dan Bricklin und Bob Frankston entwickelt. Dan Bricklin hatte angefangen Informatik zu studieren, sah sich selbst jedoch nicht als begabt genug und wechselte zu einem Betriebswirtschaftsstudium. Sein Professor entwickelte an der Tafel mit den Studenten Kalkulationen, die (so behauptete er) so auch bei großen Firmen an riesigen Tafeln durchgeführt wurden. Die Daten waren in Zeilen und Spalten angeordnet und gaben die Posten einzelner Abteilungen wieder wie Umsätze, Ausgaben, Mitarbeiter etc. Sie standen in Beziehung zueinander – veränderte sich die Mitarbeiterzahl so stiegen die Lohnkosten. Weiterhin hatten Ergebnisse eines Jahres Einfluss auf die des Nächsten, z.B. wie viel

Geld im nächsten Jahr für Investitionen zur Verfügung steht. Das Problem ist, das durch diese Abhängigkeit ein veränderter Wert eine Neuberechnung zahlreicher anderer Werte nach sich ziehen kann – manuell eine sehr fehlerträchtige Angelegenheit.

Er versucht zuerst in BASIC auf einem geliehenen Apple II eine Simulation dieser Rechenvorschrift. Das klappt auch, doch für jede Simulation muss er ein eigenes Programm schreiben. Schließlich wendet er sich an seinen Freund Bob Frankston, der erfahrener Programmierer ist. Er kontaktiert auch Dan Fylstra, welcher gerade Harvard verlassen und einen Softwarevertrieb aufgebaut hat. Die Idee ist, dass ein Programm, welches die Vorgehensweise nachbildet, sich gut verkaufen würde. Sie vereinbaren, dass Frankston & Bricklin das Programm fertigstellen und Fylstra es vertreibt. Der Anteil von Franston und Bricklin beträgt bei Einzelkunden 35,7% (das sind 35 Dollar, oder soviel wie ein populärer Taschenrechner kostete). Bei Firmenkunden beträgt der Anteil 50% (wegen der höheren Stückzahl und des geringeren Aufwands für den Verkauf). Verkauft wird VisiCalc für 99 Dollar.

Frankston entwickelt das Programm mit der Unterstützung von Bricklin (was das Verhalten und die Eingabemöglichkeiten angeht) auf einer PDP-10 mit einem Crossassembler, der Code für den 6502-Prozessor erzeugt. Dass der Zielrechner ein Apple II ist, liegt daran, dass zu dieser Zeit nur der Apple II auf mindestens 32 KiB Arbeitsspeicher aufrüstbar war. So viel Speicher benötigte VisiCalc.

Der Name „VisiCalc“ als Abkürzung für „Visual Calculator“ wurde gewählt, um zum einen die Bedienungsfreundlichkeit zu unterstreichen und zum anderen, um bei Kunden die Hemmschwelle abzubauen. Selbst Steve Jobs bezeichnet die Erfindung des Spreadsheets als eine von zwei Erfindungen, welche die PC-Industrie zu ihrer heutigen Größe brachten.

In den drei Monaten, nachdem VisiCalc auf den Markt kam, verdreifachte sich der Umsatz von Apple. Wozniak spricht in seiner Autobiografie sogar von einem Sprung von 1.000 auf 10.000 verkauften Apple II pro Monat. Durch dieses Programm wurde der Computer, auf dem es lief, zum Marktführer.

VisiCalc war so erfolgreich, weil es jedermann erlaubte, beliebige Berechnungen mit dem Computer durchzuführen. Vor allem Banker und andere, die mit Zahlen in der Finanzwelt jonglieren mussten, kauften das Programm. Es wurde später für die 8-Bit-Linie von Atari, Commodores CBM Serie und die TRS-80 Reihe und den IBM-PC adaptiert. Über 700.000 Exemplare wurden in sechs Jahren verkauft. Es rief sehr bald Nachahmer auf den Markt: Für CP/M erschien 1980 SuperCalc. Von Microsoft stammte Multiplan für CP/M und MS-DOS. Schon 1983 war der Boom von VisiCalc vorbei. Obwohl es auch zu den ersten Anwendungen des IBM PC gehörte, wurde es innerhalb weniger Monate von Lotus 1-2-3 verdrängt. Dieses war anders als die PC-DOS Version von VisiCalc in Assembler programmiert und griff direkt auf die PC-Hardware zu. Es war erheblich schneller und erlaubte größere Arbeitsblätter.

Als es nur auf den Apple II lief, zwischen 1979 und 1980, wurden ein Viertel aller Apple II nur gekauft, um VisiCalc zu betreiben. Apples Umsatz explodierte, wie an diesen Umsatzzahlen zu sehen ist:

Jahr	Umsatz
1977	700.000 $
1978	7.000.000 $
1979	48.000.000 $
1980	200.000.000 $

VisiCalc wurde bald von Markt verdrängt, die letzte Version erschien 1983. 1987 prozessiert Software Arts Publishing Company gegen Lotus, sie hätten 1-2-3 VisiCalc nachempfunden. Mitch Kapor, der es schuf, war Beta Tester bei VisiCalc. Er hätte dadurch gewusst, wie das Programm funktioniert. Software Arts forderte 100 Millionen Dollar.

Dabei war Lotus schon im Besitz von VisiCalc – mit den Einnahmen aus Lotus 1-2-3 hatte Lotus 1985 Software Arts und die Rechte an Visicalc aufgekauft und die Entwicklung eingestellt. Die Firmengründer hatten dann die Software Arts Publishing Company gegründet, die nun einen Clone namens „Ontio 2-5-9" publizieren wolle. Das Gericht sah das als einen Präventivschlag und lehnte die Klage ab.

Frankston und Bricklin haben seit Jahrzehnten keinen Cent am Boom der Tabellenkalkulationen verdient, denn sie haben das Funktionsprinzip des Spreadsheets nicht patentieren lassen und die Vertriebsrechte an Software Arts abgetreten.

Apple III

Als Apple 1980 an die Börse ging, waren Wozniak, Markkula und Jobs auf einen Schlag Multimillionäre. Schon frühzeitig hatten Markkula und Jobs Wozniak gedrängt, wichtige Teile der Hardware, wie die PROMs, mit einem Copyright zu versehen und insgesamt fünf Patente angemeldet. Das ermöglichte es, den Nachbau des Rechners zu erschweren.

Der Apple II wurde stückweise verbessert, es folgten 1979 der Apple II+ und 1983 der Apple IIe. Letzterer wurde bis 1993 gefertigt. Es folgte der transportable Apple IIc. 1986 wurde der Spagat versucht, den nun schon veralteten Apple II und einer neuen Technologie zu verbinden. Es entstand der Apple IIGS. Der Apple II wurde über 15 Jahre gefertigt – eine Ewigkeit in einer Branche, in der sich die Leistung alle zwei Jahre verdoppelt. Dies lag daran, dass die Nachfolgemodelle sich nicht so verkauften, wie dies geplant war. 1984 wurde der Zenit mit 1 Million verkaufter Apple II erreicht, danach sanken die Produktionszahlen.

Ursprünglich sollte der Apple II durch den Apple III abgelöst werden. Dies war der erste Rechner, der nicht von Stephen Wozniak entworfen wurde. Chef der Entwicklung war Dr. Wendell Sander. Obwohl seine Konstruktion zwei Jahre dauerte, (von 1978 bis 1980) konnte der Apple III nicht an den Erfolg des Vorgängermodells anknüpfen.

Basierend auf dem 6502A-Prozessor war er fast doppelt so schnell, wie der Apple II und verfügte über 128 KiB RAM und eine ergonomische, abnehmbare, Tastatur. Standardmäßig konnte er 80 Zeichen pro Zeile darstellen. Der Apple III war eine Büromaschine, kein Heimcomputer, sollte aber kompatibel zum Apple II sein, was die Entwicklung verzögerte. Der Apple III wurde zu teuer und schlimmer: Die ersten Geräte waren fehlerhaft. Die Chips saßen zu locker in den Sockeln, weil die Fertigung Probleme hatte – das schadete dem Ruf. Das Problem wurde nach einem Jahr behoben, doch das schlechte Image haftete dem Rechner an.

Das Zweite war eine Designentscheidung. Der Apple III sollte sich an Geschäftsleute richten. Diese kauften einen Apple II in der höchsten Speicherausbaustufe, dazu die 80-Zeichenkarte um 80 Zeichen pro Zeile auf einem Monitor darzustellen. Also packte man das alles in den Apple III hinein, der über noch mehr Anwendungs-speicher und mehr Grafikspeicher verfügte.

Das Problem war, dass der Apple III um die Software des Apple II auszuführen mit einem Schalter in den Apple II Modus umgeschaltet werden konnte. Aber in den eines normalen Apple II+: Es fehlte in diesem Modus die Unterstützung von 80 Zeichen/Zeile und der nutzbare Speicher betrug dann nur noch 48 KiB. So kauften die meisten Kunden weiterhin einen Apple II mit einer Speichererweiterung auf 64 KiB, zumal diese Kombination erheblich preiswerter war.

1983 wurde eine verbesserte Version, der Apple III+ vorgestellt, bei dem die Probleme behoben waren. Der Arbeitsspeicher wurde nochmals auf 256 KiB ver-doppelt und der Preis von 4.000 bis 6.000 Dollar (je nach Version) auf 3.500 Dollar gesenkt. Doch auch ihm war kein Erfolg beschieden. Schon 1985 wurde die Produktion nach nur 90.000 verkauften Exemplaren eingestellt.

1980, als der Börsengang näher rückte, meinte Wozniak, es sollten davon nicht nur die drei Firmengründer, sondern alle Angestellten profitieren. Er schlug vor, den Mitarbeitern Aktien zu einem Vorzugspreis zu verkaufen, doch weder Jobs noch Markkula wollten mitmachen. So verkaufte er von seinem Aktienpaket jeweils 2000 Aktien zu je 5 Dollar an insgesamt 40 Mitarbeiter. Er nannte das „Woz Plan“. Es war ungefähr ein Drittel seines Anteils. Als Apple dann an die Börse ging, waren diese Aktien dann erheblich mehr wert. So war Wozniaks Anteil kleiner als der von Jobs und Markkula. Steve Jobs missfiel dies. *„Woz vergab Aktien an völlig ungeeignete Leute. Er konnte einfach nicht Nein sagen. Eine Menge Leute nutzten ihn aus.“* Eine seltsame Sichtweise für jemanden, der niemand auch nur **eine** Aktie abgab, nicht einmal engsten Verwandten.

Nach zwei Jahren und einigen Vaterschaftstests erkannte Jobs seine 1978 geborene, uneheliche, Tochter Lisa an. Er drängte auf eine Regelung des Unterhalts für die Mutter Chris-Ann Brennan vor dem Börsengang. Vorher hatte Chris-Ann Brennan keinerlei Unterstützung erhalten und war zeitweise auf die Wohlfahrt angewiesen. Als Apple im Dezember 1980 an die Börse ging, war Steve Jobs Anteil mit einem Schlag 217,5 Millionen Dollar wert und die Unterhaltsregelung sicherlich etwas teurer geworden.

Im Februar 1981 verunglückt Wozniak beim Start mit seinem Flugzeug und verliert dabei sein Kurzzeitgedächtnis. Als er es nach einigen Monaten wiedergewonnen hat, beschließt er sein Studium wieder aufzunehmen und verlässt die Firma. Er heiratet und beendet 1986 an der Universität von Berkeley sein Studium unter falschem Namen. 1982 und 1983 sponsert er zwei Rock Festivals. Sie werden ein voller Erfolg, doch nur organisatorisch. Finanziell verliert er rund 25 Millionen Dollar an beiden Projekten. Er kehrt 1983 zu Apple zurück, ist jedoch nicht mehr in die Entwicklung involviert. Vielmehr soll seine Anwesenheit die Mitarbeiter motivieren. Schließlich verlässt er am 6.2.1987 Apple endgültig, bleibt allerdings weiterhin auf der Gehaltsliste (wenn auch nur mit 1 Dollar pro Jahr).

Er gründet das Unternehmen CL-9 und will eine programmierbare Fernbedienung entwickeln. Das Design für das Gehäuse soll Frog Design entwerfen. Als Steve Jobs davon Wind bekommt (die Firma ist auch am Design des Macintosh beteiligt) droht er Frog Design, alle Aufträge zu entziehen. Auch seine folgenden Unternehmen werden kein Erfolg.

Wozniak unterrichtet seit über einem Jahrzehnt Schüler der 5+6 Klasse in der Nutzung des Internets und der Erstellung von Webseiten. Zusätzlich, außerhalb der Schule, ältere Schüler im Programmieren. Er hat viel von seinem Vermögen für wohltätige Zwecke gespendet und ganze Schulen mit Computer ausgestattet. San Jose hat eine Straße nach ihm, den „Woz Way“ benannt.

Xerox PARC und die Lisa

In den späten sechziger und frühen siebziger Jahren explodiert der Umsatz von Xerox. Die Firma investiert in neue Geschäftsfelder und gründet ein Zentrum zur Erforschung neuer Bürotechnologien. Es entsteht der Xerox PARC (**P**alar **A**lto **R**esearch **C**omplex). Das Management befürchtet, dass Computer das Papier im Büro ablösen könnte. Der Xerox PARC soll verhindern, dass die Firma den Anschluss an das elektronische Zeitalter verliert.

Unter der Leitung von Robert W. Taylor entstanden im Computerzentrum von PARC Erfindungen, welche die Computertechnik revolutionierten. Taylor lud nur die besten Köpfe ein, die von den schon eingestellten Wissenschaftlern interviewt wurden und ihre Arbeit verteidigen mussten – nur die besten wurden aufgenommen. Heraus kam eine kreative Gruppe, die, ohne konkrete Vorgaben bestimmte Produkte zu entwickeln, bahnbrechende Dinge erfand. Von Anfang an gab es jedoch Probleme mit dem Xerox Management. So benötigten einige Forscher eine PDP-10. Ihre schon entwickelte Software lief auf diesem Rechner. Xerox hatte aber eine Computerfirma aufgekauft und bestand darauf, dass deren Rechner eingesetzt würden. So klonte das Computerlabor einfach die PDP-10 – immerhin ein Großrechner – „mal so eben". Später gab es das Problem, das Xerox es nicht verstand, aus den meisten entwickelten Erfindungen Produkte zu generieren. Das führte dazu, dass die fähigsten Köpfe Xerox PARC verließen und eine eigene Firma aufmachten oder bei anderen Computerfirmen anheuerten. Adobe wurde von John Warnock gegründet, der die PARC-Erfindung Postscript in Produkte umsetzte, genauso wie Robert Metcalfe Ethernet zur Basis seiner Firma 3Com machte.

Im PARC wurde das Ethernet erfunden – ursprünglich um Daten von einem Computer zu dem neu erfundenen Laserdrucker zu übertragen. Die Computer wurden vernetzt, es wurde das erste Computerspiel, die objektorientierte Programmierung und das Notebook erfunden. Das Wichtigste waren aber eine Reihe von Erfindungen, die sich um die grafische Benutzeroberfläche drehten.

17. Abbildung: Xerox Alto – der Container ist der eigentliche Computer

Sie entwickelten den Xerox Alto. Es war der erste Rechner mit einer grafischen Benutzeroberfläche. Er hatte einen Bildschirm in den Abmessungen eines US-Briefes – wie dieser war er hochkant aufgestellt. Er verfügte über eine separate Tastatur. Er basierte auf einem speziell entwickelten Prozessor von Data General. Bedient wurde er erstmals mit einer Maus. Doch er war kein PC. Die Zentraleinheit war so groß wie ein Bürocontainer, hatte 128 bis 512 KiB RAM und beinhaltete eine Festplatte. Der Xerox Star wurde 1973 entwickelt und aufgrund seiner technischen Anforderungen war er mit der damaligen Technologie nicht preiswert zu produzieren. Xerox gab sich nicht viel Mühe ihn zu vermarkten. Nur 1.000 bis 2.000 Stück wurden verkauft – zu Preisen von rund 32.000 Dollar pro Stück.

Nach und nach entstand auf diesem Computer so ziemlich alles, was eine grafische Benutzeroberfläche braucht. Die grafische Oberfläche selbst, mit dem Konzept einer

Abbildung des Desktops (mit einem Papierkorb und Fenstern). Die Mausbedienung, das Prinzip des WYSIWYG (**W**hat **y**ou **s**ee **i**s **w**hat **y**ou **g**et – ein Text wird so ausgedruckt, wie er auf dem Bildschirm dargestellt wird). Es entstanden erste grafische Anwendungen wie Superpaint und das Konzept, Daten über Anwendungen (auch Rechnergrenzen) auszutauschen und automatisch zu aktualisieren. Zudem waren die Computer untereinander vernetzt und benutzten gemeinsam einen Laserdrucker – auch dieser wurde im PARC erfunden. Er war das einzige Produkt aus dem PARC, das Xerox erfolgreich vermarktete und brachte Xerox rund 16 Milliarden Dollar ein.

Der Xerox PARC ist jedoch kein abgeschlossenes Firmenzentrum. Xerox lädt einflussreiche Größen anderer Firmen ein, den PARC zu besuchen. Unter den Besuchern ist im November 1979 Steve Jobs. Er erkennt sofort die Bedeutung dessen, was er sieht, wobei er von den drei Hauptpunkten der Vorführung – Ethernet, die erste objektorientierte Programmiersprache Smalltalk und die GUI, (**G**raphical **U**ser **I**nterface) nur den letzten Punkt wahrnimmt, so ist er von dem Alto gefesselt. *„Innerhalb einer Stunde war mir klar, dass einmal alle Computer so aussehen werden*“.

Er verhandelt mit Xerox und erreicht, das es im Dezember eine erneute, technisch tiefer gehende Demonstration gibt, diesmal auch für ausgesuchte Programmierer von Apple. Der Preis ist ein Vorkaufsrecht von Xerox über 100.000 Aktien von Apple zu je 10 Dollar/Stück. Adele Goldberg vom Xerox PARC weigert sich zuerst die Demonstration durchzuführen *„Wir geben unser Tafelsilber weg*“ sagt sie. Goldberg wird von ihrem Chef aber schriftlich angewiesen, die Demonstration vorzubereiten. Nach dieser ist es auch den Xerox Mitarbeitern klar, dass Apple die Bedeutung dieser Technologie verstanden hat – anders als das Xerox Management in New York. Jobs will einen Computer entwickeln, der das umsetzt, was sie dort gesehen haben. Einige PARC-Mitarbeiter wechseln danach zu Apple, andere später zu Microsoft.

1981 unternimmt Xerox einen weiteren Versuch, die Technologie zu kommerzialisieren. Der Xerox Star stellt auf einem herkömmlichen 17“ Bildschirm zwei Seiten in Originalgröße dar. Er ist zwar preiswerter als der Alto (17.000 Dollar pro Gerät), doch nicht wirklich erschwinglich, da er viel Speicher (mindestens 384 KiB) und eine Festplatte benötigt. Die Rechenleistung eines Xerox Star war zwar vergleichbar mit einem fünfmal teureren Minicomputer, doch sie wird alleine für die grafische Benutzeroberfläche benötigt. Noch immer war der Rechner bahnbrechend und seiner Zeit 15 vorraus.

Xerox hatte nun ein Einsatzgebiet für die Technologie gefunden – in einem Büro konnten die Computer vernetzt werden und gemeinsam einen Laserdrucker nutzen. Angestellte konnten sich Dokumente und Mails über das Netzwerk zustellen oder auf einem zentralen Fileserver ablegen. Aber ein System mit zwei bis drei Arbeitsplätzen, Fileserver und Laserdrucker kostete rund 100.000 Dollar – das war zu teuer. So wurden nur 25.000 Xerox Star verkauft. Einer der Käufer war Bill Gates.

Jobs reklamiert in der Folge die Erfindung der grafischen Oberfläche, bis ihn bei einem Symposium einmal Bill Gates korrigiert: „*Nein, Steve, ich denke es war eher so, dass wir beide einen reichen Nachbarn mit dem Namen Xerox hatten und Du eingebrochen bist, um den Fernseher zu stehlen, doch feststellen musstest, dass ich schon vor Dir da war und du sagtest: 'Das ist nicht fair, ich wollte den Fernseher stehlen'*". 1995 sagte Jobs über Xerox: „*Das waren Kopiererleute, die keine Vorstellung davon hatten, was ein Computer leisten konnte. Sie haben vom größten Durchbruch in der Computerindustrie so gut wie nichts mitbekommen. Ihnen könnte heute die ganze Industrie gehören. Ihre Firma könnte zehnmal so groß sein. Sie hätten die IBM oder Microsoft der Neunziger Jahre werden können*".

Jobs neues Projekt ist jetzt ein grafischer Computer und er bekommt auch das Okay des Vorstands für die Entwicklung. Doch der erste Versuch, die Lisa, wird ein kommerzieller Misserfolg. Offiziell steht LISA für **L**ocal **I**ntegrated **S**oftware **A**rchitecture. Inoffiziell ist es der Name von Jobs 1978 geborener unehelicher Tochter Lisa Brennan. Begonnen hatte die Lisa noch als Projekt von Wozniak für ein Multiprozessorsystem. Die Entwicklung der Lisa dauerte vier Jahre und kostete Apple 50 Millionen Dollar.

Wie bei dem Xerox Star sind es die Anforderungen an die Hardware, welche die Lisa zu einem 9.995 Dollar teuren Computer machten. Sie wurde von dem Motorola 68000-Prozessor angetrieben, einem der schnellsten verfügbaren Prozessoren.

Während 1983 Apple den Apple IIe mit 64 KiB RAM verkaufte, hatte die im Jahr zuvor vorgestellte Lisa 1.024 KiB RAM – das 16-fache. Das Betriebssystem war wie beim Xerox Star so umfangreich, dass die Lisa eine Festplatte benötigte und Festplatten waren damals noch sehr teuer. Auch die Diskettenlaufwerke mit hoher Speicherkapazität waren eine Spezialanfertigung. Die ersten Geräte wurden noch ohne Festplatte ausgeliefert, doch das Arbeiten gestaltete sich damit mühsam. Als dann noch die Diskettenlaufwerke Probleme machten, wurden die unzuverlässigen und langsamen 871-KiB-Laufwerke nach 6.500 verkauften Exemplaren kostenlos durch kleinere 400-KiB-Laufwerke und eine Festplatte mit einer Speicherkapazität von 5 Megabyte ausgetauscht.

Zwar war die Lisa dem späteren Macintosh in vielem überlegen – das Betriebssystem war umfangreicher und konnte echtes Multitasking, kontrollierte also, wie viel Rechenzeit jedes Programm erhielt, die Grafikauflösung war höher und die Festplatte erlaubte es, viel mehr Daten abzulegen, aber bei einem Preis, der fünfmal höher als der eines Apple IIe war, fanden sich nur wenige Käufer. Später versuchte Apple, die Kosten zu senken.

Die Lisa 2 (Macintosh XL) erschien. Sie setzte die preiswerteren Diskettenlaufwerke des Macintosh ein, verzichtete auf die Festplatte und hatte nur halb so viel Speicher. Dafür kostete sie aber auch nur noch zwischen 3.495 und 5.495 Dollar, je nach Version. Ein Grund, warum die Lisa so teuer wurde, sagte einer der Entwickler, war das Sie alles können sollte: *„Wir drehten einfach durch. Wir alle. Einschließlich Steve Jobs. Lisa wurde zu einer Art Sammelbecken: Alles, was man nur mit einem Computer machen konnte, wollten wir daran ausprobieren. Plötzlich fiel der Kostenfaktor, der im ursprünglichen Plan mit 2.000 Dollar festgesetzt worden war, einfach unter den Tisch.“*.

Macintosh

Schon vor dem Erscheinen der Lisa wird das Projekt Jobs aus den Händen genommen. Jobs wollte den Posten des Vizepräsidenten der Produktion haben, doch Michael Scott meinte, er wäre dafür nicht geeignet. Er trieb die Leute mit seinem Perfektionismus an. Er forderte, bis zur Erschöpfung an dem Projekt zu arbeiten und dabei auch Feiertage oder Wochenenden zu opfern. Er war ein miserabler Vorgesetzter und Projektmanager. Auf der anderen Seite war er ein guter Geschäftsmann, so wurde er Leiter des Einkaufs und zusätzlich, um dies zu versüßen, Vorstandsvorsitzender. Egal wie es lief. Die Lisa war nicht mehr sein Computer, zumal sich schon abzeichnete, dass sie zu teuer werden würde.

Er wendet sich nun einem anderen Projekt zu, der seit 1979 laufenden Entwicklung des Macintoshs. Ziel dessen war es, einen Computer mit einer grafischen Oberfläche für einen Preis unter 600 Dollar zu konstruieren. Das Konzept beruhte ursprünglich auf der Verwendung des 8-Bit-Prozessors 6809 mit 64 KiB RAM. Bisher hatte die Macintosh Gruppe keine besondere Priorität bei Apple gehabt. Als nach einem Jahr der erste Prototyp steht, ist das Management dagegen, auch Steve Jobs. So erinnert

Abbildung 18: Der Ur-Macintosh mit externem Diskettenlaufwerk

sich der Projektleiter Jeff Raskin *„Nein das können sie nicht machen. Apple braucht die Lisa. Das da steht dem nur im Wege.“*

Jobs ersetzt Raskin, den ursprünglichen Leiter der Entwicklung nach einem persönlichen Konflikt. Er entscheidet sich gegen das ursprüngliche Konzept und für den 68000-Prozessor, der auch in der Lisa verwendet wird. Von Jobs stammen wesentliche Designentscheidungen, so das Aussehen des Macintosh, das im Auftrag von Frog Design entwickelt wurde. Er indoktriniert das Macintosh-Entwicklungsteam, dem er einschärft, dass von Ihnen die Zukunft Apples abhängt und er hängt eine Piratenflagge auf. *„It's more fun to be a pirate than to join the navy",* sagt er, als er das Team übernimmt.

Das kleine Team, aus anfangs nur fünf Leuten, kommt auch besser mit Jobs Attitüden zurecht. Er taucht, wie bei jedem Projekt, unregelmäßig auf, ungeduldig und wird unwirsch, wenn er keine Fortschritte sieht. Also wird immer eine Demonstration vorbereitet, die man zeigen kann, wenn Jobs vorbeischaut. Auch für ein weiteres Jobs-Problem finden sie eine Lösung: Er lehnt alles ab, was nicht von ihm stammt. Also reden sie frühzeitig über Dinge, die sie gerne hätten und die Jobs genehmigen muss. Jobs verwirft die Ideen natürlich sofort als „Müll“ oder „Mist“. Er taucht dann aber einige Wochen oder Monate später mit derselben Eingebung auf, nun in der festen Überzeugung, es wäre **seine** Idee. Das Team prägt dafür den Ausdruck RDF für „**R**eality **D**istortion **F**ield“.

Um den Apple preiswerter als die Lisa fertigen zu können, ist er viel einfacher aufgebaut:

- Der Bildschirm ist kleiner (nur 9 Zoll anstatt 12 Zoll Diagonale mit 512 × 384 Punkten), und fest ins Gehäuse integriert.

- Es gibt nur ein Floppydisklaufwerk, ebenfalls ins Gehäuse integriert. Eingesetzt werden handelsübliche 3,5 Zoll Diskettenlaufwerke mit einer Kapazität von 400 KiB. Die Lisa hatte Spezialanfertigungen die 871 KiB aufnahmen.

- Der Arbeitsspeicher beträgt nur 128 KiB. (Lisa: 1.204 KiB)

- Es gibt keine Erweiterungsslots.
- Der Betriebssystemkern sitzt in einigen ROM Chips und der Rest wird von Diskette geladen. Eine Festplatte kann dadurch entfallen.

Um sich ganz dem Entwurf zu widmen, wirbt er im März 1983 John Sculley als Manager von Pepsi Cola ab. Sculley soll die operativen Geschäfte der Firma führen. Er überzeugt ihn mit den Worten: „*Wollen sie den Rest ihres Lebens Zuckerwasser produzieren oder mit mir die Welt verändern?*“. Damit hat Apple nach drei Jahren wieder einen CEO, der nicht zugleich Unternehmenseigner ist.

Die Entwicklung des Macs gestaltet sich schwierig. Wie bringt man es fertig, einen Computer mit grafischer Benutzeroberfläche erheblich günstiger als die Lisa zu fertigen? Gegenüber der Lisa wurden Kapazität der Floppys und Auflösung des Bildschirms verkleinert. Der Mac erhielt ein niedliches Gehäuse, das im iMac 1998 eine Renaissance erlebt. Die Idee für das Gehäuse stammt von Steve Jobs und es war ein großer Aufwand, die Elektronik in das kleine Gehäuse zu integrieren. Bei der Lisa belegte die Logik noch die Hauptplatine und drei Erweiterungskarten. Es wurde auf einen Großteil der Intelligenz der Lisa verzichtet, die eigene Prozessoren für die Schnittstelle, das Diskettenlaufwerk / die Festplatte oder den direkten Zugriff auf den Speicher ohne Behelligung der CPU hatte.

Die Nachteile des Mac lagen darin, dass der Betriebssystemkern, um in das nur 64 KiB große ROM zu passen, sehr beschränkt war. Er konnte weder echtes Multitasking wie die Lisa, noch war es etwas, was man heute unter einer grafischen Oberfläche verstehen würde. Er enthielt nur die Aufrufroutinen für die elementaren Grafikoperationen. Das bedeutet, dass das Betriebssystem zwar die Zeichenroutinen für Linien, Kreise etc. beinhaltete, aber z.B. schon Fenster von der Anwendung gezeichnet werden mussten.

Als Nachteil entpuppt sich das Fehlen von Erweiterungsslots. Dadurch kann der Mac nicht aufgerüstet oder erweitert werden. Jobs lehnte das ab, weil es von Woz stammte. Dies war nach Chris Espinosa Aussagen fast schon ein Reflex: Alles, was von Wozniak kam, wurde abgelehnt. Allerdings waren Steckplätze für Karten auch schon in Jeff Raskins Konzept nicht vorgesehen. Raskin argumentierte, der Mac wäre ein *„Gebrauchsgerät wie ein Toaster und der wäre schließlich auch nicht erweiterbar“*.

Nur war der Mac nicht so billig wie ein Toaster. Das Preisziel von 600 Dollar war mit dem 68000-Prozessor nicht mehr zu halten. Trotzdem war der Nutzen des Macs beschränkt: 128 KiB RAM waren zu wenig. (Jobs wollte nur 64 KiB, doch schon 128 KiB ließen kaum Speicher für Anwendungen). Die Entwickler hatten allerdings die Möglichkeit vorgesehen, den Speicher aufzurüsten – so erschien neun Monate später der „Fat-Mac“ mit 512 KiB Speicher. Wer löten konnte, konnte auch selbst die Speicherbausteine gegen welche mit der vierfachen Kapazität austauschen.

Aufgrund der Einschränkungen war es nicht möglich, auf einem Macintosh Software für den Mac zu schreiben. Dies konnte nur auf einer Lisa geschehen, die leistungsfähig genug war, die Entwicklungswerkzeuge aufzunehmen. Das sorgte für ein verlängertes Leben dieser Produktlinie, die nun in „Macintosh XL“ umbenannt wurde. Es schloss aber viele Hobbyprogrammierer aus, die nicht 5.000 Dollar für eine Lisa 2 übrig hatten. Damit es genügend Anwendungen für den Mac gab, beauftragte Jobs Microsoft, diese extern zu erstellen. Im Normalfall produzierte Apple seine Software intern. Doch das hätte bedeutet, dass Jobs wieder die Kontrolle über das Projekt verlieren könnte. Das wollte er nicht riskieren. So bekam Microsoft alle Informationen darüber, wie der Mac intern funktionierte. Das waren Vorteile bei der Entwicklung ihrer eigenen grafischen Oberfläche, deren Entwicklung im selben Jahr begann. Microsoft entwickelte Word und Multiplan für den Mac.

Zum Start des Macintosh gibt es eine groß angelegte Werbekampagne. Bekannt ist der Werbespot, der in der Halbzeitpause des Superbowls gezeigt wurde. Er wurde für 1,5 Millionen Dollar von Ridley Scott produziert. Er zeigt eine Athletin in farbigem Dress, die einen Hammer in eine Leinwand wirft, auf der der große Bruder eine Menge von grauen Anhängern indoktriniert. Der Bildschirm explodiert und es kommt der Slogan. *„On January 24 th, Apple Computer will introduce Macintosh. And you'll see why 1984 won't be like 1984“*. Der Spot spielte auf George Orwells Roman „1984“ an, dessen Thema gerade in den Medien erneut aufgegriffen wurde, weil das Jahr 1984 nun gekommen war und es auch eine aktuelle Verfilmung des

Romans gab. Die Platzierung in der Halbzeitpause des populärsten amerikanischen Sportereignisses machte den Macintosh mit einem Schlag bekannt. Der Spot wurde nur einmal wiederholt.

Anfangs sah es wirklich so aus, als würde Steve Jobs recht behalten. In den ersten drei Monaten stiegen die Verkäufe des Macs rapide an. Es wurden rund 70.000 Rechner verkauft. Doch der geplante Verkaufspreis ist nicht zu halten. Jobs wollte den Mac für 1.500 Dollar anbieten. Die Werbekampagne und eine Aktion, bei denen man einen Macintosh kostenlos für einen Tag ausleihen konnte und bei der viele Rechner in einem so schlechten Zustand zurückkamen, dass man sie nicht erneut verkaufen konnte, machten es nötig, den Verkaufspreis von 1.995 auf 2.495 Dollar anzuheben.

Die Fachzeitschriften beschrieben das Bedienkonzept als revolutionär. Doch das reichte nicht. In den ersten drei Monaten kauften die typischen „Early Adaptors" – Leute, die das neueste technische Spielzeug besitzen wollen. Doch für einen dauerhaften Markterfolg musste der Rechner auch die Bedürfnisse aller Kunden befriedigen, und da haperte es.

Das Konzept der grafischen Benutzeroberfläche war sicherlich die wichtigste Innovation in der noch jungen Branche. Sie bildete einen Schreibtisch nach. Anstatt Dateien mit Befehlen wie „Copy a:Document.txt b:" zu kopieren, zog man ein Dokument mit der Maus auf ein Diskettenlaufwerk. Textverarbeitungen konnten das Schriftbild beim Druck wiedergeben. Erstmals war es möglich, Informationen einfach über die Zwischenablage auszutauschen. Kurzum: Der Macintosh hätte wirklich ein Verkaufsschlager werden können, weil seine Oberfläche einen viel größeren Personenkreis ansprach. Doch das Problem blieb der Preis: Für einen Rechner für jedermann war er zu teuer. 2.500 Dollar entsprachen 1985 der Kaufkraft von rund 5.400 heutigen Dollar. Soviel Geld gaben aber nur Personen aus, die den Computer beruflich einsetzten. Sie kamen aber auch mit den textorientierten Oberflächen zurecht und für sie zählte mehr die Ausstattung des Computers, als eine grafische Oberfläche.

Während der Macintosh sich preislich in dem Marktsegment der Geschäftsrechner platzierte, war er ausgestattet wie ein Heimcomputer – auch diese hatten typischerweise nur ein Diskettenlaufwerk. Für einen Rechner dieser Preisklasse waren im IBM-Segment zwei Laufwerke und deutlich mehr Speicher üblich. Die Anwendungen waren das Hauptproblem des Mac: Es gab MacWrite und MacPaint – das war es denn auch erst mal. Es dauerte einige Zeit, bis dieses Manko beseitigt war. Von Jobs Prognose, 500.000 verkauften Geräten im ersten Jahr, war nun keine Rede mehr. Es wurden nur 140.000 Stück verkauft.

Sculley legte kurz nach Verkaufsstart die Lisa- und Mac-Entwicklungsgruppe zusammen, um Kosten zu sparen. Jobs begrüßt die Entwickler der Lisa mit den Worten *„Na Leute, da habt ihr aber einen schönen Mist gebaut"*. Noch überzeugt, seine Verkaufsprognosen würden sich als richtig erweisen, beschimpft er die Apple II Abteilung als die „Gestrigen". Das sorgt für Verärgerung, weil der Apple II den Großteil des Umsatzes erwirtschaftete. 1984 ist das umsatzstärkste Jahr der Apple II Linie.

Nach 100 Tagen flacht der Umsatz des Macintosh ab, und danach fing er an zu sinken. Ein Jahr nach der Markteinführung wurden nur 10.000 Geräte pro Monat verkauft – Tendenz fallend. Apple saß, weil man Jobs Vorhersagen über 500.000 bis 700.000 verkaufte Geräte im ersten Jahr geglaubt hatte, auf 200.000 unverkauften Macs, die sie zu einem Bruchteil ihres Werts abstoßen mussten. Inzwischen liefen auch die Verkäufe des Apple II nicht mehr so gut, obwohl eine Kompaktversion, der Apple IIc, vorgestellt wurde. In Zeiten von 16-Bit-Rechnern war der, seit 1977 nur gering modernisierte, Computer inzwischen veraltet.

Sculley strukturierte die Firma um und musste Leute entlassen. Die Macintoshgruppe war auf 700 Leute angewachsen und wurde drastisch verkleinert. Es soll nun nur noch zwei Vizepräsidenten geben und darunter war nicht mehr Steve Jobs. Das führte dazu, dass Jobs den Sturz von Sculley betrieb, den er für technisch inkompetent hielt. Das Verhältnis hatte sich stark abgekühlt. In den Meetings war es so, dass meistens Jobs redete und Anwesende den Eindruck hatten, er belehre Sculley, wie dieser das Geschäft führen sollte. Sculley bekam davon Wind und betrieb nun selbst den Rauswurf des Firmengründers. Er rief die Vorstandsmitglieder und Chefs der Abteilungen an und bekam auch von Mike Markkula Rückendeckung. Jobs hatte sich in den letzten Jahren zu viele Feinde gemacht. Es gelang einigen Freunden Jobs zu überreden, sich nochmals mit Sculley zu treffen, auszusprechen und zu versöhnen. Er habe nur das Beste für die Firma erreichen wollen, sagte er zu Sculley und Jobs versprach, nicht mehr gegen Sculley zu intrigieren. Das war am 27.5.1985. Am selben Tag noch – es war Memorial Day in den USA – trommelte Steve erneut seine Getreuen zusammen, um einen zweiten Versuch zu unternehmen, Sculley zu entthronen. Sie wollten Mike Markkula überzeugen, der dazukam, sich alles anhörte, aber nichts kommentierte.

Am nächsten Tag wurde Jobs in Sculleys Büro gebeten. Dort war auch Mike Markkula. Er hatte Sculley unterrichtet und mit dem zweiten Sturzversuch war das Maß voll: Steve Jobs wurde entmachtet. Offiziell beschlossen wurde es bei einer Sitzung des Vorstands am 31.5.1985. Jobs packte schon am 28.5.1985 seine Sachen, verließ sein Büro. Der Firmeninhaber wurde erst mal in ein Gebäude abgeschoben, indem er nichts mehr mit dem Kerngeschäft zu tun hatte. Jobs verkaufte wenig später 850.000 seiner Apple-Aktien, um mit den 11 Millionen Dollar Kapital eine neue Firma zu gründen. Weitere Verkäufe folgten, Jobs trennte sich nach und nach von seinen gesamten Apple-Aktien. Am 17.9.1985 legte er auch seinen Posten als Chairman nieder und verließ Apple.

Apple zwischen Jobs

Nach dem Weggang von Jobs begann die Zeit, die danach als die „goldenen Jahre“ von Apple bezeichnet werden. John Sculley beseitigte nach und nach die Nachteile des Macs. Anfang 1986 erschien der Fat-Mac mit 512 KiB Speicher. Später folgte der Macintosh Plus, mit der Möglichkeit bis zu vier Erweiterungskarten einzubauen.

Eine Wende in Richtung Mainstream war der Macintosh II: nun in einem herkömmlichen Desktopgehäuse, mit getrenntem Monitor und Nubus-Slots (einem standardisierten Bussystem). Das Gehäuse konnte nun eine Festplatte aufnehmen und der hochauflösende Monitor zeigte auch Farbe an.

Apple wuchs und mit der Einführung des ersten Laserdruckers hatte auch der Macintosh seine Nische im Anwendungsmarkt gefunden. Grafiker und Designer setzten ihn ein und er wurde für das Desktop-Publishing (DTP) genutzt. Apple beteiligte sich mit 15% an Adobe und lange Zeit liefen Adobes Grafik- und DTP-Produkte nur auf dem Macintosh liefen. Neue Versionen erschienen zuerst für den Mac.

Was allerdings auf Dauer fehlte, war eine Weiterentwicklung des Macintosh und neue Produkte. Es gab zwar einige Vorstöße. Eines der bekannteren war der Newton, ein Organizer, der mit einem Stift bedient wurde, doch seine Handschriftenerkennung funktionierte nicht sehr zuverlässig. Keines dieser Produkte konnte an den Erfolg des Macs anknüpfen.

Das Hauptproblem von Apple war aber der sich verändernde Markt. Der Apple II war zwar niemals Marktführer, sondern nur eine populäre Marke mit einem hohen Marktanteil. Aber 1980 gab es viele Plattformen: die Tandy TRS-80 Serie, die Commodore CBM Reihe, zahlreiche CP/M Rechner... In den neunziger Jahren sah die Situation aber so aus, dass es hier den Macintosh gab und dort die IBM-Kompatiblen. 1980 hatte Apple 17% Marktanteil und 1991 waren es 15,4%. Nur verteilten sich 1980 die restlichen 80-85% auf viele Computersysteme und 1991 auf eine einzige Plattform – IBM kompatible Computer.

Das schuf ein immer größeres Problem für Apple. Wer Software entwickelte, konnte also entweder 15% (mit sinkender Tendenz) oder 85% (mit steigender Tendenz) des Marktes erreichen. Es gab immer mehr neue Software für IBM-kompatible Rechner und immer weniger neue für den Mac.

Aus dem gleichen Grund waren Apples Herstellungskosten höher: Es wurden von allen Einheiten weniger produziert als in dem viel größeren PC-Markt. Zudem musste die Firma alleine die Entwicklung finanzieren, während viele Hersteller im PC-Segment inzwischen nur noch Assemblierer waren, welche den PC aus verfügbaren Bauteilen zusammenstellten.

Sculley diskutierte mit seinen Vertrauten die Lizenzierung von Apple Nachbauten. Doch alle hielten es für eine schlechte Idee, weil die Zweitlieferanten Apple wahrscheinlich nur Marktanteile kosten würden. Es kam erst zum Ende der Ära Sculley dazu und die Lizenznachbauten erhöhten den Marktanteil nicht. Auch wurde mit IBM diskutiert, ob das Mac-OS nicht auf ihre Rechner portiert werden sollte. Sculley erwog eine Zeit lang, Apple in eine reine Softwarefirma umzuwandeln.

Der Einbruch kam für Apple rapide: 1991 hatte die Firma noch 15,4% Marktanteil. 1996 waren es nur noch 6%. Sculley reagierte mit Umorganisationen, konnte aber nichts verbessern. Der Einbruch ist verständlich, wenn man sich eine Aussage von Bill Gates zu Gemüt führt, der sagte, dass 1992 weniger als 10% der PCs mit Windows arbeiteten und 1995 waren es 90%. Es fiel nun die letzte Bastion, die der Mac dem PC voraushatte: die grafische Oberfläche. Der Mac war für viele nur noch ein teures Hightech-Spielzeug. Es gelang Sculley nicht, Apple auf dem Markt der Business Anwendungen zu platzieren, obwohl dies immer sein Ziel war. Sculley reagierte mit einem Prozess gegen Microsoft. Noch 1985 erhielt Microsoft eine Lizenz für die Nutzung von GUI-Elementen in Windows 1.0. Sie drohten sonst die Anwendungsentwicklung für den Macintosh einzustellen. Mit der Vorstellung von Windows 2.0, mit noch mehr Elementen des Mac OS, prozessierte Apple gegen Microsoft. Erst nach sechs Jahren erging das Urteil: Von 189 Elementen waren 179 durch die Lizenz für Windows 1.0 abgedeckt. Die restlichen 10 seien nicht patentierbar, weil sie nur eine Idee wiedergeben würden. Apple hatte den Prozess verloren.

Sculley brachte es fertig, Apple von 800 Millionen auf 8 Milliarden Dollar Umsatz zu katapultieren. Aber er war nur Manager. Es fehlte ihm der technische Sachverstand, der in einer Computerfirma, erst recht einer, die sich gegenüber der Konkurrenz nur durch bessere Computer abheben kann, notwendig ist. Es gab zu viele Modelle des Mac (über 70 Subversionen). Viele Projekte wurden angefangen und nicht in Produkte umgesetzt, wie z.B. eine Portierung des Mac OS für x86-Rechner. Sculley setzte zudem auf die falsche Hardwareplattform: Als es Motorola nicht mehr gelang, die 68000-Serie in der Leistung zu steigern, setzte er auf den PowerPC Prozessor, anstatt die Intel Plattform. Diesen Fehler räumt er auch in Interviews ein. 1993 wurde nach einem Quartal mit Verlusten Sculley durch Michael Spindler ersetzt, der jedoch das Blatt nicht mehr wenden konnte. Apples Niedergang ging weiter. Im nächsten Jahr sank der Marktanteil auf ein Allzeittief von 3%.

NeXT und Pixar

Nach dem Weggang von Apple gründet Steve Jobs eine neue Firma – NeXT Inc, später umbenannt in NeXT Computers. Mit ihm gingen fünf Apple Angestellte, darunter der Chef des Lisa-Teams. Jobs investiert 7 Millionen Dollar in NeXT.

NeXT sollte einen neuen Computer entwickeln, doch keinen PC, sondern eine Workstation. Wie immer gelang es Steve Jobs, andere von seinem Vorhaben zu überzeugen. So bekam er 1987 nach einer Besprechung mit Ross Perot 20 Millionen Dollar für 16,6% der Anteile an NeXT.

Als am 12.10.1988 die NeXT Workstation vorgestellt wurde, war sie sicher der modernste Computer ihrer Zeit. Sie setzte den 25 MHz schnellen 68030-Prozessor ein, der gerade erst auf den Markt gekommen war. Der Rechner verfügte über 8 bis 64 MByte Arbeitsspeicher, eine 256 MByte große magnetooptische Wechselplatte als primäres Speichermedium. Er war erweiterbar um Festplatten mit 40, 330 oder 660 MByte Speicherkapazität. Ergänzt wurde der Hauptprozessor durch einen Fließkommaprozessor, einen I/O-Prozessor für den Datentransfer zur Festplatte / Ethernet und einen weiteren für die Signalverarbeitung von Audiodaten und Daten der seriellen Schnittstellen. Ergänzt wurde die Workstation durch einen billigen Laserdrucker, bei dem der NeXT die Datenaufbereitung übernahm, sodass er nur die Mechanik beinhaltete.

Kurzum: verglichen einem PC war der NeXT-Cube (weil die gesamte Hardware in einem Würfel von 30 cm Kantenlänge untergebracht war) um ein Vielfaches leistungsfähiger. Es war aber kein PC, sondern eine Workstation, ein grafischer Arbeitsplatz, ein Rechner in der Klasse über den PCs.

Anvisiert wurde der Bildungsmarkt. Schon Apple war in Schulen und Universitäten gut vertreten. Schüler und Studenten lernten auf Apple II Rechnern. Zwei Eliteuniversitäten, Stanford und Carnegie Mellon beteiligten sich bei NeXT, 26 Universitäten sitzen in einem Beratergremium. Revolutionär war das objektorientierte Betriebssystem NextSTEP, das erste seiner Art.

Auf dem Monochrommonitor mit 17 Zoll Diagonale mit 1120 × 832 Punkten wurde die Grafik durch den Signalprozessor als Postscript ausgegeben. Sie sah damit wirklich so aus, wie später beim Ausdruck.

Trotzdem wurde der NeXT kein Erfolg. Es gab dafür einige Gründe. Der NeXT beinhaltete zahlreiche Features, die kein Anwender alle benötigte, aber mitbezahlen musste. Wer eine grafikfähige Workstation brauchte, war daran interessiert, dass die Anzeige schnell erfolgte. Er benötigte Farbdarstellung und kein Postscript. Für eine Unix-Maschine war wichtiger, dass das Betriebssystem kompatibel zu anderen Unixversionen war. Auf Unix basierten die meisten anderen Workstations dieser Ära. Das war aber, bei dem „Mach“ genannten Betriebssystem, das zwar aus Unix entwickelt wurde, nicht gegeben.

Für den angestrebten Einstieg in den Bildungsmarkt war der Preis (6.500 Dollar für eine Einstiegskonfiguration, im Einzelhandel sogar 9.999 Dollar) zu hoch. Bemängelt wurde vor allem, dass das Systemlaufwerk eine magnetooptische Wechselplatte war. Diese waren völlig neu auf dem Markt. Es bedeutete aber auch, dass ein NeXT Cube, der nicht in einem Netzwerk hing, keine Chance hatte eine Platte zu kopieren. Es war nicht möglich, sie wegen des darauf abgelegten Betriebssystems einfach zu entnehmen. Die magnetooptischen Platten erwiesen sich als Sackgasse. Der NeXT war der einzige Computer, der sie als Systemlaufwerk einsetzte und auch als Wechselmedium waren sie bei anderen Computern nicht sehr verbreitet.

Der Absatz erfüllte daher nicht die Erwartungen. 1990 gab es als Nachfolgemodell die konventionellere NeXTstation, die nun in einem flachen Gehäuse untergebracht war („pizza box“). Das magnetooptische Laufwerk wurde durch 2,88 MByte Floppys ersetzt (bei der Vorstellung des ersten NeXT kündigte Jobs noch an, niemals Diskettenlaufwerke zu unterstützen). Doch auch diese waren deutlich teurer als die im PC-Bereich üblichen 1,44 MB Typen und zu diesen nicht kompatibel. Für 3.000 Dollar Aufpreis konnte die NeXTstation nun auch Farbe darstellen. Der Preis für eine Einstiegskonfiguration hatte sich halbiert auf 4.995 Dollar.

Trotzdem wurden von allen beiden Modellen in knapp vier Jahren bis 1992 nur 50.000 Exemplare verkauft. Das sind deutlich weniger als von der Apple Lisa oder dem Apple III, die beide als Flops eingestuft werden. Mehrfach musste Jobs Geld zuschießen, oder er fand Investoren, die dies taten, wie Canon, der Hersteller der magnetoptischen Platten. 1990 investierte Canon 100 Millionen Dollar für einen Anteil von 16,67% an der Firma. Das entsprach einem Firmenwert von 600 Millionen Dollar. Gemessen an den Verkäufen, war die Firma nur einen Bruchteil dieser Summe wert. 1992 schoss Canon nochmals 30 Millionen Dollar zu.

Doch die Finanzspritzen änderte nichts an den Verkäufen. NeXT stellte 1993 die Fertigung von Computern ein und wurde zu einer reinen Softwareschmiede, welche das objektorientierte Betriebssystem NeXTStep anbot. 300 der 540 Angestellten mussten ihren Hut nehmen. NeXTStep wurde für den 486-Prozessor, die PA-RISC Serie von Hewlett-Packard und Suns SPARC-Prozessor angeboten. Jedoch war auch NeXTStep kein Markterfolg beschieden.

Am 20.12.1996 kündigte Apple an, NeXT zu übernehmen, um durch NeXTStep das Mac-OS abzulösen. Obwohl Apple für die Lisa ein Multitasking Betriebssystem entwickelt hatte, war Mac OS bis zu diesem Zeitpunkt nicht zu echtem Multitasking fähig. Das Betriebssystem galt als träge, fehlerbehaftet und überaltert. Apple zahlte für NeXT 429 Millionen Dollar, die zurück an die Investoren flossen. Steve Jobs bekam für seinen Anteil 1,5 Millionen Apple Aktien. Er kehrte zurück zu Apple.

NeXTStep wurde für den Power-PC portiert und löste 2001 als Mac OS X das alte Betriebssystem ab.

Die historische Bedeutung der NeXT-Workstation ist, dass Tim Burners-Lee auf einem NeXT das World-Wide-Web Protokoll, also das Konzept der Darstellung von HTML-Seiten mit Hypertextlinks entwickelte. Tim Burners-Lee bekam beim CERN einen NeXT Computer und sollte feststellen, was man mit diesem Gerät alles anstellen kann.

Jobs zweite neu gegründete Firma war PIXAR. Er kaufte sie 1986 von Lucasfilm für 10 Millionen Dollar. PIXAR versuchte auch zuerst einen Computer zu anzubieten, den Pixar Image Computer. Doch er verkaufte sich noch schlechter als der NeXT Cube. So wurde dessen Entwicklung eingestellt und PIXAR konzentrierte sich darauf, die Erstellung von computeranimierten Filmen als Dienstleistung anzubieten. Während der nächsten neun Jahre investierte Jobs über 50 Millionen Dollar seines eigenen Geldes in PIXAR. Diesmal fanden sich keine weiteren Geldgeber, die sich beteiligt hätten. Die Wende kam, als 1991 Disney die Firma beauftragte, einen Animationsfilm zu produzieren. Der 1995 vorgestellte Zeichentrickfilm „Toy Story" wurde ein kommerzieller Erfolg, dem weitere folgten. Steve Jobs konnte einen für PIXAR günstigen Vertrag mit Disney aushandeln und produzierte „Das große Krabbeln", „Toy Story 2", „Findet Nemo", „die Monster AG" und „die Unglaublichen". Jeder dieser Filme wurde ein Kassenschlager.

Am 24.1.2006 übernahm Disney PIXAR, nachdem der Kooperationsvertrag ausgelaufen war. Der Preis waren Disneyaktien im Werte von 7,4 Milliarden Dollar. Damit gehören Steve Jobs nun 7% von Disney – erheblich mehr als der Disneyfamilie, die 1% der Anteile hält. Steve Jobs bewies bei PIXAR etwas für ihn sehr untypisches: Durchhaltewillen und Zurückhaltung. Er hielt sich aus der schöpferischen Arbeit heraus, versuchte also nicht hineinzureden, wie die Filme gemacht werden sollten. Völlig anders als bei NeXT und beim Mac, wo er für einige Fehlentscheidungen verantwortlich war. Obwohl Jobs über Jahre hinweg viel von seinem eigenen Vermögen investierte, erwog er nie den Verkauf von PIXAR. Die Aktien von Disney bildeten lange Zeit den Grundstock seines Vermögens. Erst als in den letzten beiden Jahren sich der Apple-Aktienkurs vervielfachte, wurde der Anteil an Apple wertvoller als der an Disney.

19. Abbildung: Der NeXT Cube

Neuanfang bei Apple

Als Steve Jobs 1997 zu Apple zurückkehrte, ging es der Firma schlecht. Der Marktanteil lag im einstelligen Bereich. In den letzten Jahren war der Umsatz gesunken und die Firma hatte Verluste gemacht.

Sculley gelang es zwar, die Macintosh Linie erfolgreich nach Jobs Weggang auf Kurs zu bringen. Doch nach einigen Erfolgen, wie dem Powerbook und dem Macintosh LC, folgten immer mehr Produktpleiten, die Sculley 1993 den Job kosteten. Doch auch seine Nachfolger konnten an der Misere nichts ändern.

Steve Jobs übernahm auf dem Papier nur einen Beratungsposten. Seine Aufgabe war, NeXTstep zum nächsten Macintosh Betriebssystem umzubauen. Alte Anwendungen sollten in einem Kompatibilitätsmodus, der „Blue Box“ weiterhin ausführbar sein. Damit sollte das Hauptproblem des Mac OS, das seit dem Ur-Mac nicht gelöst war, nämlich die Stabilität und Speicherlecks gelöst werden. Das Mac-OS hatte keine vollständige Kontrolle über das System. Fehlerhafte Anwendungen konnten den ganzen Computer zum Absturz bringen. Anfangs glaubt selbst Jobs nicht daran, dass er Apple wieder profitabel machen kann. Er trennt sich bald nach der Übernahme von NeXT von den Apple-Aktien, die er bekommen hat – just zu dem Zeitpunkt, als der Aktienkurs das Tal erreicht.

Es kam für den amtierenden CEO Gil Amelio anders als gedacht. In wenigen Monaten hatte Jobs überall Manager seines Vertrauens etabliert und mischte sich auch in die anderen Bereiche der Firma ein. Er strukturierte die Produktpalette um und schuf die Apple Stores. Die Lizenznachbauten des Macintosh wurden eingestellt. Nach sechs Monaten nahm Gil Amelio den Hut und Steve Jobs übernahm den Posten des CEO, zuerst als Zwischenlösung, doch daraus wurde eine Dauerstellung. Erst 2006 legte Jobs das „interim“ aus der Stellenbezeichnung ab.

Er ging auch eine Allianz mit Microsoft ein. Bill Gates persönlich kündigte an, Microsoft Office für den Mac zu veröffentlichen und 150 Millionen Dollar in stimmlose Anteile zu investieren. Die Allianz mit dem „Erzfeind“, sorgte für Verärgerung, als sie auf der MacExpo angekündigt wurde. Doch diese Finanzspritze war nötig, um

Apple zu retten. Dafür ließ Apple die Ansprüche wegen der Benutzung grafischer Elemente fallen, lizenzierte diese an Microsoft und installierte den Internet Explorer als Standardbrowser für den Mac. Unbestätigten Gerüchten zufolge soll eine weitere Gegenleistung darin bestanden haben, dass Steve Jobs aufhörte, in Interviews zu sagen, Microsoft hätte die grafische Oberfläche vom Mac geklaut. Seitdem begegneten sich Jobs und Gates sehr freundschaftlich und lobten den anderen bei öffentlichen Auftritten. 1995 sagte Jobs dagegen noch „*The only problem with Microsoft is they just have no taste. They have absolutely no taste. And I don't mean that in a small way, I mean that in a big way, in the sense that they don't think of original ideas, and they don't bring much culture into their products*".

Apples erstes neues Produkt war der iMac, eine Rückkehr zu den Wurzeln des Macintosh: Der gesamte Rechner war in das Gehäuse des Monitors integriert und es gab ihn in knalligen Bonbonfarben. Obwohl die Meinungen über die Hardware geteilt waren und er auch nicht wirklich preiswert war, sah der Rechner schnuckelig und unkompliziert aus. Der iMac wurde ein großer Verkaufserfolg: 500.000 Stück wurden in nur fünf Monaten verkauft.

Weitere Produkte folgten, wobei es sich zeigte, dass Apple vor allem erfolgreich war, wenn es nicht den Mainstream bediente. So bei den Powerbooks, die sich durch eine extrem lange Akkulaufzeit auszeichneten, oder den Mac mini, der nur so groß wie eine Butterbrotschachtel war. Unter der Regie von Steve Jobs visiert Apple nun nicht mehr den Businessmarkt an. Ziel ist nun der private Kunde, der einen schicken und coolen Computer sucht und dafür bereit ist, mehr Geld auszugeben. Weiterhin investiert Apple ins Produktplacement: Apple Produkte sind an prominenter Stelle in Spielfilmen oder Serien zu sehen.

Dem Mangel an Anwendungen wurde begegnet, indem eigene Anwendungen entwickelt und mit dem Rechner ausgeliefert wurden. Auch hier bedient Apple nun Märkte, welche andere Firmen ignorieren, wie mit dem Musikprogramm „Garage Band". Seit 2006 setzt auch Apple x86-Prozessoren ein. Über die Software „Boot camp" kann Windows parallel zu Mac OS installiert werden.

Apple wurde profitabel. Doch die großen Einnahmen kamen nicht durch den Computerverkauf, sondern von dem MP3-Player „iPod“ und vor allem durch den iTunes Shop. Apple bot Musikstücke zu einem niedrigen Preis, mit einem für die damalige Zeit recht freizügigen DRM-System an. (**Di**gitales **R**echte**m**anagement) Später war iTunes einer der ersten Downloadshops für Musik, der ganz auf ein DRM-System verzichtete. Die Musikindustrie hatte dagegen die Zeichen der Zeit ignoriert. Sie reglementierten die Nutzung stärker und verlangten höhere Preise. So wurde Apple zum größten Downloadanbieter für Musik.

Apples neuestes Produkt ist das iPad. Ein Gerät, das weder Notebook, noch eBook-Reader ist, sondern „Irgendetwas“ dazwischen. Man kann mit ihm lesen, surfen oder Filme anschauen. Auch hier erkannte Jobs, dass es dafür einen Markt gibt, genauso wie beim zwei Jahre früher vorgestellten iPhone, einem Smartphone mit Gestensteuerung. Nach wie vor ist es etwas teurer, ein Produkt von Apple zu kaufen, doch treffen diese nun den Geschmack der Massen, durch ein schickes Design, bedienungsfreundliche Handhabung oder einfach, weil sie „cool“ sind. Das iPad gilt bei Experten als die größte Innovation von Apple. Anders als beim iPhone oder iPod stieg nämlich Apple hier nicht in einen schon bestehenden Markt ein, sondern schuf wie beim Macintosh einen neuen. Weiterhin hat Apple ihre Konsumenten dazu erzogen sich bei der Neuvorstellung des neuesten Produktes (die beim iPhone z.B. im Jahresabstand erfolgt) sich dieses zu kaufen und dafür sogar stundenlang Schlange zu stehen, selbst, wenn man das Vorjahresmodell hat und damit zufrieden ist.

Eines allerdings haben alle „ixxxx“ Produkte gemein: Es ist eine abgeschlossene Apple Welt. Die Audio- und Videoformate sind andere, als die standardisierten, wie MP3 oder MPEG-4. Beim iPad sind Anwendungen („Apps“) nur über Apples Onlinestore installierbar. Über die dort angebotenen Anwendungen entscheidet Apple oder der Geschmack von Steve Jobs. Die Ankündigung auf dem iPad werde es keine Pornos geben, bedeutet in der Praxis, dass auch die Bildzeitung für das iPad ohne Nackedeis auskommen muss. Selbst im digitalen ALDI-Prospekt sieht man auf dem iPad Blitze, auch wenn es dort zwar nackte Haut aber keinen Busen zu sehen gibt. Das Programmieren für das iPad wird daher im Fachjargon schon „doing the Iran version“ genannt. Die Abgeschlossenheit bietet auch Verdienstmöglichkeiten. So verdient Apple an jeder installierten App mit. Dies hat dazu geführt das Google für

Android ein ähnliches Modell einführte und Microsoft schrieb Windows 8 sogar um, damit man beim Start eine Seite mit Apps sieht (die es natürlich nur im Microsoft App-Store gibt), anstatt die installierten Anwendungen.

2011 verfügte Jobs über ein geschätztes Vermögen von 8,3 Milliarden Dollar, darunter 5,4 Millionen Apple Aktien und 138,4 Millionen Disney Aktien. Die Apple Aktien stammen vor allem aus Geschenken von Apple. Er arbeitet zwar für 1 Dollar pro Jahr, erhält aber im Gegenzug Geschenke wie einen Jet. So erhielt er alleine im Jahr 2003 vom Vorstand 10 Millionen Aktien. Der größte Anteil am Vermögen sind die Disney Aktien. Die Apple Aktien machen nur rund ein Viertel aus.

Steve Jobs gilt als Egomane, nicht nur, was seinen Führungsstil betrifft, sondern auch in seiner generellen Einstellung Menschen gegenüber. So gibt es Kritik, daran, dass er trotz seines Reichtums kein Geld an wohltätige Zwecke oder zur Förderung von Wissenschaft ausgibt. Nicht nur das: Als er Präsident von Apple wurde, stellte er alle laufenden Wohlfahrtsprogramme ein, und seitdem gibt es auch keine neuen.

Gesundheitlich ging es Steve Jobs in den letzten Jahren immer schlechter. 2004 wurde ihm ein Tumor der Bauspeicheldrüse (neuroendokriner Tumor der Beta-zellen) diagnostiziert und entfernt. Er wurde noch rechtzeitig erkannt, sodass keine Bestrahlung oder Chemotherapie notwendig war. Obwohl ihm die Ärzte damals ein halbes Jahr gaben, schien er die Krankheit überwunden zu haben, doch dem war nicht so.

2009 gab er bekannt, dass er unter einer Hormonstörung leide, die auch für seine Gewichtsabnahme verantwortlich sei. Im selben Jahr wurde eine Lebertransplantation durchgeführt. Am 17.1.2011 gab Steve Jobs bekannt, sich bis auf Weiteres aus gesundheitlichen Gründen vom Tagesgeschäft zurückzuziehen, jedoch weiterhin CEO von Apple zu bleiben. Zuerst brachen die Aktienkurse um 6% ein, erholten sich jedoch, als Apple zwei Tage später einen Rekordgewinn für das letzte Quartal 2010 ausweisen konnte. Am 24.8.2011 folgte dann der endgültige Rücktritt vom Chefposten. Tim Cook übernahm nun diese Stelle.

Nur wenige Wochen später starb Steve Jobs am 5.11.2011 im Kreise seiner Familie an den Folgen der Krebserkrankung. Schlussendlich hatte ihn doch der Krebs besieht. Kurz vor seinem Tod wurde seine Autobiografie angekündigt, für die er über 50 Stunden lang mit dem Autor Walter Isaacson zusammensaß, der aber auch andere Weggefährten, Konkurrenten und Kritiker befragte. Sie erschien jedoch erst nach seinem Tod. Die Krankheit soll Jobs verändert haben, er wurde umgänglicher und menschenfreundlicher. Vorher war hatte er nur Verachtung für jene übrig, die seinen Ansprüchen nicht genügten. Lange Zeit vermieden es sowohl Mitarbeiter von Apple, wie NeXT, in den Fahrstuhl zu steigen, wenn sie Jobs dort sahen, weil er jeden fertigmachte, ausfragte oder kritisierte.

Bei aller Kritik an seiner Person ist Steve Jobs nach Ansicht des Autors der wohl beste Manager in der Computerindustrie. Bill Gates mag durch Glück und die durch DOS resultierende Marktmacht erfolgreicher sein, doch Steve Jobs war erfolgreich mit innovativen Ideen. Produkten, die schön sind, ein gutes Design aufweisen. Er meinte, das es wichtig ist den Geist der Erfinder in Produkten wiederzufinden und das einen solche Produkte emotional ansprechen. Das war auch immer sein Ziel bei neuen Produkten.

Die Zukunft wird zeigen, ob Apple auch ohne Steve Jobs weiterhin so erfolgreich sein wird. Steve Jobs brachte es fertig, den Wert von Apple nochmals zu verzehnfachen. Die Marke ist mittlerweile 83,5 Milliarden Dollar wert, bei einem Umsatz von 66,25 Milliarden Dollar im Jahre 2010. Auch nach Jobs Tod änderte sich daran nichts. Drei Jahre später ist Apple 80% mehr wert. Der Umsatz betrug 2013 über 170 Milliarden Dollar, mehr als der doppelte Umsatz von Microsoft, dabei hat die Firma ein Drittel weniger Mitarbeiter.

Apple ist aber auch in Kritik gekommen. Apple lässt wie fast alle Hersteller von elektronischen Geräten in China fertigen. In den dortigen Fabriken werden die Arbeiterinnen ausgebeutet, arbeiten 6 Tage jeweils 12 Stunden pro Tag für 160 Euro im Monat. Zahlreiche Arbeiter haben sich das Leben genommen und Apple geriet in die Schlagzeilen.

Die Intel Story

Intel ist der umsatzstärkste Halbleiterhersteller. Während Computerpioniere eine oder mehrere Episoden der PC-Geschichte prägten, ist sie ohne Intel schlichtweg nicht denkbar. Daher an dieser Stelle eine kleine Firmengeschichte von Intel, mit dem Schwerpunkt auf die Produkte, die den PC prägten.

Wenn man an Computerfirmen denkt, haben viele die Vorstellung von einer Firma, die in einer Garage von einem genialen Tüftler gegründet wird. Etwas von diesem Klischee trifft auf Apple zu, jedoch nichts davon auf Intel. Intels Gründer Bob Noyce und Gordon Moore kostete es einen Anruf und sie hatten innerhalb eines Nachmittags das Gründungskapital zusammen. Das lag daran, dass sie schon seit gut einem Jahrzehnt im Geschäft waren, als sie Intel gründeten.

Robert Noyce und Gordon Moore gehörten 1957 zu den acht Gründern von Fairchild Semiconductors. Schon vorher arbeiteten Noyce und Moore zusammen. Sie waren die Assistenten von William Shockley, dem Erfinder des Transistors in den Bell Laboratories. Doch das Arbeitsklima bei Shockley war schlecht. Er war psychotisch, führte Lügendetektortests ein und so kündigten auf einmal acht seiner engsten Mitarbeiter, um zusammen Fairchild zu gründen.

Das Geld für die Firma bekamen sie von Morgan Fairchild, der damals gut mit der Herstellung von Luftbildkameras verdiente. Er investierte 1,5 Millionen Dollar in die Firma. Es gab eine Minderheitsbeteiligung der acht Gründer, mit der Option von Fairchild, sie innerhalb weniger Jahre auszuzahlen. Sie hätten dann zusammen zwischen 3 und 5 Millionen Dollar erhalten, je nach Zeitraum nach der Gründung.

Schon im ersten Jahr machte Fairchild Gewinn. Die Firma stellte Transistoren her, die vor allem vom Militär und dem Raumfahrtprogramm für die Herstellung von Steuerungen abgenommen wurden. Zwei Jahre später übte Fairchild die Option aus, die Firmengründer auszuzahlen und wurde zum Alleininhaber. Es lohnte sich trotzdem für alle: Noyce bekam 250.000 Dollar, das entsprach seinem zehnfachen Jahresgehalt.

Noyce entwickelte die integrierte Schaltung und glaubte auch ihr Erfinder zu sein. Vier Monate vorher hatte sie aber schon Jack Kilby bei Texas Instruments entwickelt. Noyce Prototyp war aber fortgeschrittener und kam ohne Drähte auf dem Chip aus. Kilbys Prototyp hatte dagegen auf dem Substrat noch Drähte zur Verbindung der Elemente. Es schlossen sich Jahre an, in denen Fairchild und Texas Instruments gegeneinander prozessierten – es ging um Lizenzen, die aus der Erfindung resultierten. Schließlich gewann Texas Instruments den Prozess.

Noyce entwickelte bei Fairchild die Serienproduktion der integrierten Schaltung. Von Moore stammten grundlegende Verfahren zur Herstellung. Er wurde bekannt durchs das „Mooresches Gesetz“. Es postuliert, dass die Zahl der Transistoren auf Halbleitern sich alle 18 bis 24 Monate verdoppelt und damit die Computer immer schneller und leistungsfähiger werden.

Die Erfindung der integrierten Schaltung (meist als „IC“ für **I**ntegrated **C**ircuit abgekürzt) war in der Tat das Ereignis, das der Computerindustrie zu einem exponentiellen Wachstum verhalf. Computer gab es bis dahin schon seit fast dreißig Jahren. Sie waren jedoch immer teuer gewesen. Es gelang, Transistoren preiswerter zu fertigen. In zehn Jahren sank der Preis immerhin von 45 Dollar auf 2-3 Dollar pro Stück. Doch sie waren nun so klein, dass das Verlöten tausender dieser Transistoren unter dem Mikroskop erfolgen musste und die Fertigung von Platinen sehr aufwendig war.

Die integrierte Schaltung löste dieses Problem und mehr noch – sie beschleunigte die Entwicklung der Computertechnik. Transistoren wurden in zehn Jahren um den Faktor 20 billiger. ICs nahmen aber in einem Jahrzehnt 250-mal mehr Elemente auf und dabei sanken die Fertigungskosten pro Chip.

Noyce konnte anfängliche Bedenken von Herstellern gegen die neue Schaltung ausräumen. Er bot an, fertige Schaltungen billiger als IC zu fertigen, als die Bauteile einzeln auf dem Markt kosten würden.

Doch Fairchild wurde durch ein Management an der Ostküste, wo der Hauptkonzern seine Firmenzentrale hatte, gelenkt. Noyce machte sich mehrmals

Hoffnungen auf den Sitz des CEO, bekam ihn allerdings nie. Als Morgan Fairchild starb, hatten die ehemaligen Bell Angestellten noch weniger Freiheiten in der Produktion. Gleichzeitig nahmen weitere Firmen die Produktion von integrierten Schaltungen auf und die Konkurrenz wurde stärker.

Als es Fairchild schlechter ging, verschlechterte sich das Betriebsklima. Ein neues Management trieb jede Abteilung dazu, ihren Profit zu maximieren. Dadurch kamen praktisch alle langfristigen Entwicklungen zum Erliegen, weil sie zuerst Geld kosteten und erst später Profit einbrachten. Nach und nach verließen alle Gründer Fairchild und machten sich selbstständig. Noyce und Moore waren 1968 die letzten verbliebenen Firmengründer. Noyce hielt Patente im Halbleiterbereich. Moore hatte einige Fertigungsprozesse für LSI Bausteine entwickelt und galt als Miterfinder der MOS Technologie. 1968 war Noyce General Manager und Director of Research and Development bei Fairchild und Moore Assistant Director of Research and Development. Nun verließen auch sie Fairchild.

Sie gingen daran, eine neue Firma zu gründen. Das benötigte Kapital bekamen Sie vom Venturekapitalbeschaffer Arthur Rock. Er bekam mit den zugkräftigen Namen der ehemaligen Fairchild Produktionschefs innerhalb eines Nachmittags das Geld von 15 Geldgebern. Darunter waren auch die anderen sechs schon vorher ausgestiegenen Fairchild Gründer. Moore und Noyce beteiligten sich mit je 250.000 Dollar, ein Zehntel ihres damaligen Vermögens und Rock mit 300.000 Dollar. Die restlichen 5 Millionen Dollar kamen von verschiedenen Finanzgebern. Es ist interessant, das sowohl Noyce wie auch Moore zurückschreckten, zu viel des eigenen Kapitals zu investieren. Stattdessen beteiligte sich Noyce bei der Finanzierung von AMD als Kapitalgeber. Diese Firma, die später zum Hauptkonkurrenten werden sollte, wurde wenige Monate später gegründet, als auch Jerry Sanders Fairchild verließ. Er war dort für Marketing und Vertrieb zuständig.

Zuerst war als Name „NM Electronics“ geplant. Die zweite mögliche Variante mit den Initialen der Firmengründer „MN Electronics“ wurde wegen der Ähnlichkeit zu „random noise“ bei der Aussprache verworfen. Noyce kam auf die bessere Abkürzung „Intel“ für „Integrated Electronics“. Zugleich erinnerte sie an „intelligent“.

Intel hatte keine Probleme Mitarbeiter zu bekommen. Nach einem Interview in der Palo Alto Times wurden die beiden mit Bewerbungsschreiben überhäuft. Offizielles Gründungsdatum von Intel ist der 18.7.1968.

Mit der Bezeichnung „Integrated Electronics" ist auch die Produktpalette der Firma umschrieben. Noyce und Moore wollten Bauteile auf Basis von integrierten Schaltungen herstellen. Kunde sollte die Industrie sein. Weder den Regierungsmarkt (Militär) noch den Endverbraucher wollte die Firma beliefern. Ziel war es, gute Ideen schnell in neue Produkte umzusetzen, nicht neue revolutionäre Dinge über lange Zeit hinweg zu entwickeln. „Intel delivers", die Marketingphilosophie, steht sowohl für eine solide Vertriebspolitik, die Produkte erst ankündigt, wenn sie lieferbar sind, wie auch für das Orientieren an der Nachfrage des Marktes. Ende 1968 hatte Intel 12 Angestellte und Einnahmen von 2.628 Dollar.

Doch was sollte die Firma produzieren? Noyce und Moore waren schlau genug, nicht in einen Konkurrenzkampf mit Fairchild und den Herstellern von Logikbausteinen zu treten. Damals hatten integrierte Schaltungen sich schon bei den Großrechnern durchgesetzt. Deren CPU bestand aus integrierten Schaltkreisen. Allerdings nicht aus einem Chip, sondern ganzen Platinen mit Hunderten von ICs. Jeder Einzelne hatte eine einzelne Funktion, addierte z.B. zwei Zahlen von 4 Bit Breite. Das entspricht einer Dezimalstelle. Um eine Zahl mit vielen Dezimalstellen zu addieren, arbeiteten viele dieser Schaltkreise parallel.

Nach wie vor bestand der Speicher allerdings aus Ringkernspeichern eingesetzt. Die Information wurde magnetisch auf dünnen Eisenringen gespeichert, die in einer Matrix aufgezogen wurden. Der Ringkernspeicher war robust, zuverlässig, aber sehr teuer in der Herstellung. Denn wie Transistoren bestand er aus Tausenden einzelner Eisenringe, die von Hand auf Hunderten von Drähten aufgezogen wurden. Noyce und Moore sahen hier ihre Chance: Integrierte Schaltungen sollten auch die Speicherbausteine ersetzen.

Intel arbeitete an einer neuen Technologie. In ihr sollten die Speicherchips entstehen. Auch andere Firmen entwickelten damals ICs, welche die Ringkernspeicher ersetzen sollten. More und Noyce waren sich nicht sicher, welche die beste Technologie war. Zu Beginn verfolgte Intel daher gleich drei Technologien: die MOS Technologie, Bipolar Technologie und Mehrchipmodule. Die Bipolartechnologie konnte sehr bald mit dem 3101 ein Produkt vorweisen. Sie war erprobt und basierte darauf, wie Transistoren bei Einzelfertigung hergestellt wurden: Die einzelnen Zonen, die Strom leiten oder sperren sollten, wurden dotiert, sodass sie einen Elektronenüberschuss oder Mangel aufwiesen. Ohne Strom ist eine Schicht mit Elektronenmangel ein Isolator und eine Schicht mit Elektronenüberschuss ein Leiter. Bipolartransistoren wurden auch in Logicmodulen eingesetzt, der Speicher der Cray 1 bestand z. B. aus Chips in Bipolartechnologie (allerdings stammte er von Fairchild).

Die von Intel favorisierte MOS Technologie (**M**etal-**O**xide-**S**emiconductor) setzte dagegen auf echte Leiter (aufgedampftes Metall) und echte Isolatoren (Oxidation des Halbleiters zum Oxid). Sie wurde als die Beste eingestuft, konnte aber nicht auf Erfahrungen bei anderen Fertigungsprozessen anknüpfen. Anstatt das es in der Basis verschiebbare Ladungen gab, baute eine Spannung ein Feld auf, das die Elektronen vom Emitter zum Kollektor lenkte. MOS hatte den Vorteil, das man die Transistoren viel kleiner fertigen konnte als mit der Bipolartechnologie. Die Mehrchiptechnologie erwies sich als zu aufwendig und ihre Entwicklung wurde eingestellt.

Die MOS Technologie steckte nach Anfangserfolgen in einer Krise. Alle produzierten Chips waren defekt und Grove, verantwortlich für diese Sparte, drängte darauf, die Entwicklung einzustellen. Da nahm sich Moore des Problems an und untersuchte die Wafer mit dem Mikroskop und analysierte die Chips. Nach weniger als einem Monat hatte er das Problem gefunden: Beim Erhitzen und Abkühlen dehnten sich Silizium und Siliziumoxid unterschiedlich stark aus und es gab an den Ecken und Kanten der Bahnen auf dem Chip Risse. Kühlte man die Wafer stufenweise ab, so konnte man dieses Problem lösen. Der Weg war frei zu Intels erstem Chip in MOS Technologie, einem 256-Bit-RAM, genannt „Intel 1101“. Gegenüber der Bipolartechnik erlaubte es die MOS Technologie, mehr Bits pro Chip unterzubringen. Das 1101 wurde wenige Monate nach dem 3101 im Jahre 1969 vorgestellt. Wie beim 3101 wurde Honeywell als Abnehmer gewonnen. Im Jahre 1969 war Intels Belegschaft schon auf 106 angewachsen.

Andy Grove

Noyce und Moore waren beide Techniker und wollten dies auch bleiben. Sie konzentrierten sich auf die Forschung und Entwicklung. Für die Geschäftsführung stellten Sie Andy Grove ein. Für ihn war es der erste Job im Management. Er war vorher Professor und dozierte über Halbleiterschaltungen. Von Grove stammt auch ein bekanntes Buch über Schaltungen. Zusätzlich wurde einige Monate später Bob Graham eingestellt.

Grove war für die Produktion zuständig und Graham für den Vertrieb und das Marketing. Auf Dauer konnte jedoch nur einer das Unternehmen führen. Grove dehnte seinen Einfluss immer mehr aus und so verließ Graham einige Jahre später das Unternehmen. Graham drängte jedoch das Unternehmen sich auch mit Bipolartechnik zu beschäftigen und dank ihm bekam Intel den ersten Großauftrag. Der Computerhersteller Honeywell suchte nach Subunternehmern, die einen 64-Bit-Speicherchip in Bipolartechnik herstellten. So bekam Intel, weil es auch diese Technologie erforschte, neben sechs anderen Firmen einen Entwicklungsauftrag über 10.000 Dollar. Intel brachte es fertig den Chip rechtzeitig zu präsentieren und Intels erstes Produkt „Intel 3101" war geboren. Mit einem Auftrag von Honeywell über 10.000 Stück pro Jahr zu einen Stückpreis von 100 Dollar war die Firma auf Gewinnkurs.

Grove war ein völlig anderer Typ als Moore und Noyce. Moore galt als zurückgezogen, bescheiden und typischer Wissenschaftler. Selten sah man ihn auf Partys. Noyce war erheblich sozialer veranlagt, galt als charmant und genussfreudig (er fuhr einen Porsche und kaufte einen der ersten Lear Jets). Noyce war auf gesellschaftlichen Anlässen präsent und hatte einige Affairen, die 1974 schließlich zur Scheidung führten.

Andy Grove (eigentlich András István Gróf) kam als ungarischer Einwanderer in die USA. Schon als er 1967 bei Fairchild anfing, galt er als Wunderkind – drei Jahre nach der Ankunft in den USA schloss er als bester seiner Klasse die Universität ab, obwohl er bei Ankunft in den Staaten kaum Englisch sprach.

Er erwarb sich wegen seines rigiden Kurses in der Firma den Ruf als „Mr. Clean". Selbst sehr bescheiden (so fliegt er nur Economy Class) fordert er auch von den Mitarbeitern vollen Einsatz für die Firma. Berüchtigt waren seine „Mr. Scrooge" Memos, kurz vor Weihnachten, in denen er erinnerte, dass der 24.12. (in den USA) ein normaler Arbeitstag ist. Er führte eine Liste ein, in der sich alle Mitarbeiter eintragen mussten, wenn sie nach 8 Uhr am Arbeitsplatz erschienen – egal, um welche Uhrzeit sie am Abend vorher nach Hause gegangen waren oder wie viele Überstunden sie angesammelt hatten. Das führte zu Kuriositäten, wie dazu, dass viele so spät kamen, dass sie für Besucher gehalten wurden und sich nicht eintragen mussten oder sie gaben falsche Namen an, wie „Mickey Mouse" oder besonders beliebt: „Andy Grove"...

Auch woanders arbeitet Andy Grove mit zweifelhaften Mitteln. So gibt es monatliche Leistungsbeurteilungen durch den Vorgesetzten. Fallen diese zweimal „unterdurchschnittlich" aus, so wird in der Regel der Mitarbeiter entlassen. Dieses Mittel wird auch benutzt, um Angestellte, welche die 40 überschritten haben, durch schlechte Beurteilungen loszuwerden. Auf diese Weise trennte sich Intel ständig von den 10% der Mitarbeiter, die vermeintlich oder tatsächlich am Ende der Leistungsskala liegen.

Grove genehmigte in seinen Betrieben nichts, was nicht unmittelbar mit der Arbeit zu tun hatte. Als Terry Oppendyk, Mitarbeiter der 8086-Abteilung, einmal zu einer Besprechung Ingenieure aus der Hardwareecke und Softwareabteilung in eine Bowling-Bahn einlud und dabei gemischte Teams aus beiden Lagern bildete – mit dem Effekt, dass sich beide Abteilungen kennenlernten und besser zusammenarbeiteten – bekam er einen Rüffel, weil die Besprechung auf einer Bowling-Bahn stattfand. Das rieche zu sehr nach Freizeit. In Intels Fertigungsbetrieben wurden so erst Anfang der neunziger Jahre Duschen installiert.

Die Managementmethode von Grove ist „Intel Management by Objectives". Jeder Mitarbeiter bekommt von seinem Vorgesetzten Ziele definiert, die er erfüllen muss. Schafft er dies nicht, so muss er darüber Rechenschaft ablegen. Mit seinem Wahlspruch „*Nur die Paranoiden überleben*" propagiert Grove auch eine Haltung der permanenten Angst, das Unternehmen könnte den Bach herunter gehen.

Neben dem positiven Aspekt, laufend neue Wege zu erforschen – schließlich könnten daraus zukünftige Produkte werden – drückt sich dies vor allem in einer Prozesslawine aus, die von Intel ausgeht. Jeder potenzielle oder echte Konkurrent wird von Intel mit Klagen überzogen, die nur den Sinn haben, seine Marktposition zu schwächen oder den Start von Produkten zu verzögern. Die meisten Verfahren hat Intel verloren, doch es ging nicht darum, sie zu gewinnen, sondern dem Konkurrenten zu schaden. Die Liste dieser Verfahren ist lang und füllt beim Buch „Inside Intel" fast 200 Seiten.

Im Jahre 1979 wurde Grove Präsident von Intel, als Noyce aus dem Unternehmen ausschied. 1987 folgte der höchste Posten: CEO (Chief Executive Officer). Er löste Moore ab, der CEO seit 1979 war. 1997 übergab Grove das Unternehmen an Craig Barett. Im selben Jahr wurde er von der Zeitschrift Time als „Person des Jahres" ausgezeichnet. Seit 1998 war Grove nur noch Aufsichtsratsvorsitzender von Intel. Gegenüber der Business Week gab Andy Grove damals an, 2005 endgültig in den Ruhestand gehen zu wollen. Er wartete nicht so lange und zog sich schon 2004 zurück. Unter seiner Leitung konnte Intel seinen Börsenwert von 4 auf 197 Milliarden Dollar steigern.

20. Abbildung: Moore und Noyce

Abbildung 21: Grove, Noyce und Moore (von links nach rechts) vor einer Fotografie des Intel 4004 Prozessors

Die Erfindung von DRAM und EPROM

Ted Hoff, ein junger Stanford Absolvent und Intel Mitarbeiter Nr. 12, hatte eine Speicherzelle entwickelt, die einen völlig neuen Chiptyp erlauben würde. Intels etabliertes MOS-RAM 1101 speicherte ein Bit in vier Transistoren. Im Prinzip war der Speicherchip wie ein Logikbaustein aufgebaut, nur waren die Transistoren in einem dichten Raster angeordnet. Es bildeten vier Transistoren eine Speicherzelle aus zwei Gattern, ein Flip-Flop. Später nannte man diesen Speichertyp statisches RAM. (SRAM) Noch heute besteht der interne Speicher in einem Prozessor aus diesem Typ, da die Information sehr schnell ausgelesen werden kann.

Ted Hoffs Speicherzelle bestand nur aus einem Transistor und einem Kondensator. Der Kondensator ging noch dazu in die Tiefe, anstatt sich in die Fläche auszudehnen. So konnte man auf der gleichen Fläche viermal so viele Bits speichern. Es gab jedoch einen Nachteil: Im Halbleiter Silizium diffundieren dauernd Ladungen aus dem Kondensator. Er verlor die gespeicherte Information und musste tausendmal pro Sekunde „aufgefrischt" werden. Dazu wurde der Kondensator ausgelesen. Wenn er eine Ladung enthielt, wurde er erneut aufgeladen.

Dieser zusätzliche Aufwand war jedoch klein im Vergleich zu der erhöhten Speichermenge. Zudem war zu erwarten, dass der neue Chip wegen seines einfachen Aufbaus leicht in seiner Leistung gesteigert werden konnte. Es bedurfte aber Noyce persönlichen Auftretens, um Honeywell von den Vorzügen des neuen Chips zu überzeugen. Doch es gelang und die neue Schaltung, „Intel 1103" wurde zum wichtigsten Produkt der noch jungen Firma. Die Technologie wird dynamisches RAM (DRAM) genannt, weil die Information ohne das Auffrischen verloren geht. Innerhalb von wenigen Jahren setzte DRAM sich im Markt durch. Erstmals war es nun möglich, den Ringkernspeicher preislich zu unterbieten. Der im Oktober 1970 vorgestellte 1103 wurde anfangs für 10,24 Dollar verlauft, also einem Cent pro Bit. Im Vergleich dazu kostet ein Bit auf dem 3101 Chip über das Hundertfache pro Bit. Die Bipolartechnologie, die zwar sehr schnelle Speicher ermöglichte und 1969 noch den Hauptumsatz generierte, verlor rapide an Bedeutung und wurde bald eingestellt.

Von 566.000 Dollar Umsatz im Jahre 1969 klettere der Umsatz dank des Intel 1103 im nächsten Jahr auf 4,2 Millionen und Intel war in den schwarzen Zahlen. Nachdem Intel 14 der 18 größten Computerhersteller als Kunden gewinnen konnte, wurde auch Kritik an dem 1103 laut. Im Vergleich zu anderen Halbleitern und den Kernspeichern benötigte der 1103 eine komplexe Infrastruktur. Er brauchte Treiberbausteine zum Verstärken des Stroms, drei verschiedene Versorgungsspannungen und einen Refreshtakt. Während Intel mit Hochdruck an einer einfacheren Version des 1103 arbeitete, entwickelten Ted Hoff und Stan Mazor ein Demosystem. Dieses beinhaltete alle Schaltungen, die man brauchte, um eine große Speicherbank aus 1103 Bausteinen in Betrieb zu nehmen. Ziel war es, Computerherstellern ein Referenzdesign vorzugeben, dass sie für die Produktion eigener Speichersysteme übernehmen konnten und so die Vorbehalte gegenüber dem 1103 auszuräumen.

Damit gelang Intel unabsichtlich der Einstieg in ein neues Geschäftsfeld, nämlich der Speichersubsysteme. Unternehmen begannen das Demosystem in nennenswerten Mengen zu kaufen und bauten dieses als Speichersystem in ihre Computer ein. Sie machten sich nicht die Mühe, es zu verändern und kauften nach einigen Testmustern nur noch die Chips, sondern sie orderten die Platinen in größeren Stückzahlen. Intel gründete eine eigene Abteilung für Speichersysteme, die nun nicht einzelne Chips, sondern ganze Platinen mit Speicher und ihren peripheren Bausteinen verkaufte. Für Intel ergab dies zwei Vorteile. Zum einen waren diese Systeme viel lukrativer als der Verkauf der Bausteine. Zum Zweiten konnte Intel in den Systemen Chips verbauen, die nicht die Spezifikationen erreichten. Die 1103 Bausteine waren z.B. für eine maximale Betriebstemperatur von 75 Grad spezifiziert. Sie mussten auch in der Elektronik von Raketen eingesetzt werden können. Ein Speichersystem wurde aber nur für eine maximale Betriebstemperatur von 55 Grad ausgelegt, da Großrechner aktiv gekühlt wurden. Intel konnte dem Kunden also Chips verkaufen, die sonst in den Mülleimer wanderten und dieser zahlte dafür sogar noch einen Aufpreis.

Trotz aller Erfolge entsprach beim 1103-DRAM die Ausbeute nicht den Erwartungen. Don Frohmann, der frisch über die Technologie promoviert hatte, nahm sich dem Problem an. Er vermutete, dass sich bei den Halbleitern einige Gatter vom

Untergrund elektrisch gelöst hatten und nun „schwebten". Um die Ursachen dieses Versagens zu untersuchen, baute er einen Transistor mit einem schwebenden „Floating" Gate über einem normalen Control Gate. Als er durch das Control Gate einen Strom schickte, entdeckte er, dass das Floating-Gate die Information ohne Stromversorgung behielt.

Bei einer weiteren Untersuchung zeigte sich, dass man die Information wieder löschen konnte, wenn man den Chip mit UV-Licht bestrahlte. Was Don Frohmann entdeckte, war eine Revolution. Die Speicher, die Intel bisher produzierte behielten die Information nur, solange sie mit Strom versorgt wurden. Für das Betriebs-system, war ein Speicher nötig der seine Daten nicht verlor. Solche Speicher produzierte Intel schon, es waren ROMs – **R**ead **O**nly **M**emorys. Sie bestanden aus einer Schaltung, die in einer Matrix jeweils einen Transistor dort enthielten, wo eine „1" gespeichert wurde und keinen, wenn dort eine "0" gespeichert wurde. Der Transistor ließ dann Strom durch (entspricht der „1"), wenn er fehlte, konnte der Strom die Stelle nicht passieren, entspricht der logischen „0"). Der Nachteil: Diese Bausteine wurden in großen Stückzahlen mit einer vorgegebenen Maske produziert. War ein ROM fertiggestellt, so war der Inhalt nicht veränderbar. Das war eine Vorgehensweise für die Serienproduktion.

Es gab aber zwei Probleme: Während der Entwicklungszeit stand noch kein ROM zur Verfügung. Nur bei der endgültigen Version der Software lohnte sich die Herstellung einer eigenen Schaltung. Weiterhin rentierte sich die Produktion nur bei größeren Stückzahlen. Was macht ein Hersteller, der anfangs vielleicht nur mit dem Verkauf einiger Hundert Exemplare rechnet? Für beide Fälle war das neue EPROM (**E**lectrical **P**rogrammable **R**ead **O**nly **M**emory) die ideale Lösung. Es war wieder löschbar (wichtig für die Entwicklung). Es war zwar pro Chip teurer, aber dafür musste nicht eine große Anzahl von Bausteinen abgenommen werden.

Doch es war auch eine Herausforderung in der Fertigung. Es belegte dreieinhalbmal mehr Fläche als der größte Chip, den Intel bis dahin produziert hatte. Damit sank aber auch die Produktionsausbeute. So passten die verfügbaren Masken nicht mehr auf die Fläche und man musste vier Stück aneinanderfügen. Weiterhin gab es bei der Produktion Probleme bei den Verbindungsstellen. Zuletzt brauchte der Chip ein aufwendiges und teures Keramikgehäuse mit einem Deckel aus Quarzglas, durch das ein Benutzer mit UV-Strahlen den Chip löschen konnte.

Demgegenüber gab es keine Probleme die Industrie von dem Chip zu überzeugen. Die Vorteile waren sofort sichtbar. Jeder konnte ein EPROM sofort programmieren und zum Löschen einfach aus dem Sockel nehmen und unter eine UV-Lampe legen. Jeder, der vorher Code für ein ROM entwickelte, erkannte, wie dies die Arbeit vereinfachte. Vorher musste man eine Maske für ein ROM erstellen, Chips herstellen und diese dann in ein Gehäuse einbauen. Bei einem Fehler musste man eine neue Maske erstellen und so fort. Das neue Produkt vereinfachte die Produktentwicklung enorm.

Bald nach der Einführung im Februar 1971 stiegen die Verkaufszahlen rapide an. Das EPROM 1702 machte den größten Teil des Umsatzes aus und katapultierte Intels Umsatz von 9 auf 66 Millionen Dollar. Intel konnte auch ein Problem beim 1702 recht schnell lösen. Der Chip erwies sich sehr kapriziös, was die beiden Versorgungsspannungen anging. Schwankten diese nur um wenige Prozent, so fiel er aus. Eine Untersuchung zeigte, dass wenn er bei der Herstellung mit einer hohen negativen Spannung behandelt wurde, die Toleranz viel größer war. Intel brachte bald unter der Bezeichnung 1702A eine verbesserte Version heraus. Es dauerte über zwei Jahre, bis die Konkurrenz aufschließen konnte. In dieser Zeit hatte Intel das Monopol auf das EPROM.

22. Abbildung: Intel 1702A EPROM. Speicherkapazität: 256 Byte

Der Mikroprozessor

Wie viele junge Firmen nahm Intel auch Auftragsarbeiten an. Die Firma Nippon Calculation Machine Corporation hatte Intel beauftragt, die Schaltungen für einen Tischrechner mit Drucker ihrer unter der Marke „Busicomm“ vertriebenen Rechenmaschinen zu entwickeln. Noyce war sich nicht sicher, ob Intel diesen Auftrag annehmen sollte. Das Kerngeschäft waren Speicherbausteine, die in großen Stückzahlen produziert wurden. Hier ging es um einen vergleichsweise kleinen Auftrag, der aber viele Ressourcen binden würde. Ted Hoff, Erfinder des DRAM, war jedoch für dieses Projekt. Noyce erlaubte ihm an dem Design der Schaltungen zu arbeiten, sofern seine Arbeit bei anderen Aufträgen nicht darunter leiden würde.

Die Funktionen erforderten zahlreiche Schaltungen, um die Rechenarten und die Steuerung des Druckers zu implementieren. Die damalige Vorgehensweise war es, die Funktion in eine direkte Schaltung umzusetzen. Drückte der Anwender also auf die „=“-Taste, so löste er damit Schaltvorgänge aus, die dazu führten, dass ein Logikbaustein die Rechnung durchführte. Eine Schaltung konnte dividieren, eine andere addieren, weitere Schaltungen speicherten die Eingaben, gaben die Zahl auf dem Anzeigenfeld und auf dem Drucker aus.

23. Abbildung: Der Intel 4004 Prozessor

Ted Hoff hatte eine Idee, wie er viele Schaltungen einsparen konnte. Er wollte die komplexe Aufgabe, mehrstellige Zahlen zu addieren, multiplizieren und dividieren, in einfachere Aufgaben zerlegen, die dann in einem Speicher abgelegt und nacheinander ausgeführt werden. Die Anzahl der benötigten IC konnte so von acht bis zwölf auf vier reduziert werden. Dies wurde mit dem Auftraggeber im Oktober 1969 abgesprochen.

Hoff wurde aber bald in andere Projekte abgezogen. Er heuerte Stan Mazor von Fairchild an, der ab September 1969 an dem Design arbeitete. Der Kundenauftrag hatte nur eine geringe Priorität. Mazor war praktisch alleine dafür verantwortlich. Nun klopfte Frederico Faggin an Intels Türen. Auch Faggin war auch bei Fairchild Ingenieur gewesen. Dort musste er sehen, wie Fairchild eine Entwicklung nach der anderen verschlief und immer mehr Angestellte zu Intel wechselten. Erst 1970 konnte Faggin seinen Arbeitsplatz wechseln. Vorher war dies für einen Einwanderer aus Italien aus rechtlichen Gründen mit seinem Aufenthaltsvisum nicht möglich. Als er zu Intel kam, sollte er die Entwicklung für Busicomm leiten. Am nächsten Tag war Besuch aus Japan angekündigt und es gab keinen Fortschritt zu vermelden. Der angereiste Masatoshi Shima bemerkt, dass es noch nichts gab, noch nicht einmal die Schaltpläne waren ausgearbeitet worden. Er konnte von Faggin jedoch überzeugt werden, dass er sich persönlich darum kümmern würde, dass der Chip rechtzeitig fertig wurde. Nun entwickelte Faggin zusammen mit Stan Mazor und Masatoshi Shima, der für sechs Monate vor Ort blieb, die vier Chips zur Serienreife. Im April 1970 wurde mit der Arbeit begonnen. Die ersten Prototypen in Silizium entstanden im Januar 1971.

Der komplette Entwurf für die Nippon Calculation Machine Corporation, bestand aus einem ROM (Intel 4001) von 2.048 Bit Größe, einem RAM (Intel 4002) mit einer Speicherkapazität von 320 Bit, einem I/O Baustein (Intel 4003) mit einem 4-Bit-Schieberegister und dem eigentlichen Prozessor Intel 4004.

Inzwischen war aber die Konkurrenz stärker geworden. In Japan kam man zu dem Schluss, dass sich die Busicom Maschine nicht rentierte, wenn sie Intel 100.000 Dollar für die Schaltung zahlten. Da Intel im Zeitverzug war, bestand die Firma auf einer Rückzahlung eines Teilbetrags. Noyce machte einen Gegenvorschlag: Intel war bereit 55.000 Dollar zu zahlen, wenn man die Rechte an dem Entwurf behielt und die Chips selbst verkaufen dürfte. Die Nippon Calculation Machine Corporation willigte unter der Bedingung ein, dass man keine Chips an andere Rechenmaschinenhersteller verkaufte. Wenig später ging sie bankrott, ohne ein Produkt auf Basis des 4004 hergestellt zu haben.

Was war nun aber an dem ersten Mikroprozessor 4004 so besonders? Im Prinzip funktionierte er wie ein großer Computer, nur war die gesamte Intelligenz auf einem Chip vereinigt. Die große Leistung bestand darin, sich von dem konkreten Problem der Busicomm Maschine zu verabschieden und dies abstrakter zu sehen. Der Intel 4004 war kein Chip für eine Rechenmaschine. Er war ein Chip, der mit einem Programm so tun konnte, als wäre er eine Rechenmaschine, oder er konnte eine Verkehrsampel steuern. Durch einfaches Auswechseln des Programms konnte man den Chip in verschiedenen Bereichen einsetzen.

Das war im Prinzip nichts Neues: Eine CPU enthielten schließlich schon Großrechner. Auch sie wurden durch ein Programm gesteuert. Nur waren diese CPUs sehr viel leistungsfähiger und bestanden nicht aus einem Chip, sondern einigen Hundert, die jeweils Teilaufgaben wahrnahmen. Obwohl der 4004 ein sehr einfacher Prozessor war, enthielt er immerhin über doppelt so viele Transistoren wie die Speicherbausteine von Intel. Er war also ein durchaus komplexer Chip.

Wie sich später herausstellte, war auch hier Texas Instruments Intel einige Monate zuvorgekommen. Gary Boone und Michael Cochran hatten den Mikroprozessor bei Texas Instruments entwickelt und patentiert. Etwas später folgte auch das Patent für den Computer auf einem Chip. Auch der am 17.9.1971 patentierte TMS 1802NC war in dem Bestreben entstanden, eine Rechenmaschine auf einem IC zu implementieren. Er wurde als „Calculator on a Chip“ patentiert. Bei Ti wurde die Tragweite der Erfindung zuerst nicht erkannt. Es gelang Texas Instruments dann aber besser als Intel, dies in ein Produkt umzusetzen. Mit dem TMS 1000 Mikroprozessor eroberte die Firma den Markt für Taschenrechner und brachte viele Firmen in Finanznöte, darunter MITS und Commodore.

Intel bleibt aber die Ehre, zuerst ein kommerzielles Produkt vorzuweisen. Der Intel 4004 wurde im November 1971 angekündigt. Er wurde jedoch nicht zum Kassenschlager. Der Grund war, dass der 4-Bit-Chip insgesamt zu wenig Leistung hatte. Daran änderte auch sein 1972 veröffentlichter Nachfolger 4040 wenig.

Der Grund war der Systempreis. Es reichte zum Aufbau eines Computers ja nicht, alleine den Prozessor zu haben. Benötigt wurde auch Speicher, es wurden Bausteine benötigt, um Papierstreifenleser und Drucker als Ausgabegeräte anzuschließen und eine Tastatur. Ein System kostete dann aber dann schon eine vierstellige Summe. Auf der anderen Seite bemerkte selbst Ted Hoff in einem Interview, dass man für 100 Dollar einen Prozessor aus einzelnen Bausteinen zusammenstellen konnte, der zehn bis hundertmal schneller als der 4004 war. Der 4004 kostete in größeren Stückzahlen 20 bis 30 Dollar. Um 70 Dollar zu sparen, hätte man bei einem Computer also auf 90 bis 99 Prozent der Leistung verzichten müssen. So war klar, dass der 4004 nicht für Rechner geeignet war. Er wurde vor allem in Steuerungen eingesetzt.

Warum Intel die Produktion nicht einstellte, obgleich man vom 4004 nur etwa 100.000 Exemplare verkaufte, hatte andere Gründe. Jeder Mikroprozessor war auf mindestens ein halbes Dutzend anderer Intel Bausteine angewiesen. Er belebte so das Geschäft in anderen Bereichen. Die Kunden, die den 4004 kauften, waren nicht die großen der Computerindustrie – für diese war der Chip schlichtweg zu wenig leistungsfähig. Anstatt dem „Who is Who“ der Computerbranche kauften viele kleine Unternehmen den Chip, für die wohl eher galt: „Who's that?“. Aber diese kleinen Firmen, die Steuerungen für Ampeln oder Geldzähler entwickelten, wuchsen und wurden größer und benötigten vielleicht bei ihrem nächsten Projekt einen leistungsfähigeren Prozessor. Und vorgeprägt durch den 4004, würden sie diesen bei Intel kaufen.

Der erste 8-Bit-Mikroprozessor Intel 8008 war erneut eine Auftragsarbeit, diesmal im Auftrag der Firma CTC. Sie benötigte einen Mikroprozessor für das Datapoint 2200 Terminal, ein Eingabegerät bestehend aus einer Tastatur und einem Bildschirm, verbunden mit einem Großrechner über eine Datenleitung. Der Prozessor musste nicht viel leisten, eigentlich nur die Eingaben der Tastatur entgegennehmen, ablegen und über die Datenleitung zum Großrechner schicken. Zusätzlich sollte das Terminal noch die Eingabe und Antworten des Großrechners auf dem Bildschirm darstellen und zwischenspeichern. Dafür reichte eine geringe Rechenleistung. Jedoch musste der Chip nun Zeichen verarbeiten und mit 4 Bit für maximal 16

Tasten wie beim Intel 4004 kam der Prozessor nicht aus. Den Auftrag bekam Intel, noch während am 4004-Prozessor entwickelt wurde.

Intel nahm das Design des Intel 4004 und erweiterte es einfach auf 8 Bit. Der 8008-Prozessor wies einen entscheidenden Nachteil auf: Er besaß nur 18 Anschlüsse. So wurden Datenbus, Adressbus und Steuerbus über dieselben Pins übertragen und man brauchte sehr viele Zusatzbausteine um die Signale wieder zu entwirren. Die Firma CTC war mit dem Design nicht zufrieden. Da Intel zudem im Zeitverzug war, löste CTC den Vertrag vor der Fertigstellung. Beim Datapoint 2200 Terminal bestand die CPU daher aus etwa 70 einzelnen Bausteinen. Auch der 8008 wurde kein kommerzieller Erfolg.

Faggin wollte nach dem 4004 schnellstmöglich einen neuen, leistungsfähigeren, Chip entwickeln. Jedoch sah man beim Intel Management keine große Zukunft für diese Bauteilserie. Die bisherigen Mikroprozessoren waren nur mäßig erfolgreich gewesen und das meiste Geld verdiente Intel mit EPROM und DRAM. Neun Monate musste Faggin warten, bis er einen neuen Chip entwerfen durfte. Er plante ursprünglich, die Produktionsmasken des 8008 in der neuen NMOS-Technologie einzusetzen, welche die Geschwindigkeit verdoppelt hätte. Zugleich ermöglichte eine neue Gehäuseform mehr Anschlusspins. So konnte er die Pins für Daten- Adress- und Steuerbus trennen. Sehr bald erkannte er aber die Unzulänglichkeiten des 8008-Designs. Faggin ging daran, einen komplett neuen Mikroprozessor, mit neuem Befehlssatz zu schaffen. Dies war der 8080, der 1974 erschien. Kurz drauf verließ Faggin Intel und gründete seine eigene Firma Zilog. Ihr 1976 vorgestellter, zum 8080 kompatibler, Z80-Prozessor verdrängte rasch den 8080 vom Markt.

Auf dem 8080 basierten die ersten Mikrocomputer. Allerdings brachte Motorola nur wenige Monate später den 6800-Prozessor heraus, der in vielem einfacher als der 8080 war. Sowohl in der Programmierung wie auch dem Einsatz. Der 8080 brauchte drei Versorgungsspannungen, der 6800 nur eine. Für den 8080 war ein zusätzlicher Baustein, der Buscontroller 8228 nötig, der den Datenbus vom Speicher und Peripheriebausteinen abkoppelte. Der 6800 benötigte keinen Buscontroller. Allerdings hatte Intel eine bessere Produktpalette um den Prozessor und der Vertrieb war besser, sodass man trotz des technisch unterlegenen Bausteins kommerziell erfolgreich war. 1976 folgte das verbesserte Nachfolgemodell 8085, der sehr lange produziert wurde. Er wurde vor allem ein Controller genutzt. 1997 landete die Raumsonde Pathfinder auf dem Mars. Den schuhkartongroßen Rover Sojourner steuerte ein Intel 8085.

Obgleich der 8080 bis zu zehnmal schneller als sein Vorgänger war, sah man bei Intel nicht die Nutzungsmöglichkeiten, die der Chip eröffnete. Wie seine Vorgänger sollte er in Steuerungen verschiedenster Art eingesetzt werden. Als Ingenieure vorschlugen, nicht nur ein Entwicklungskit zu fertigen, sondern einen kompletten Computer, meinte man beim Management, es gäbe dafür keinen Markt. Moore fragte sie: Wofür braucht eine Privatperson einen Computer? Der einzige Verwendungszweck, der einfiel, war das Sortieren von Kochrezepten. Intel sah es als Aufgabe Halbleiterbauteile herzustellen und keine Computer. Ähnliche Ansichten gab es auch bei den anderen Herstellern von integrierten Schaltungen.

Als Gary Kildall Intel eine erste Version seines Betriebssystems CP/M zum Kauf anbot, schlug Intel dieses aus demselben Grunde aus. Wenige Jahre später lief es auf fast jedem Computer mit einem 8080-Prozessor. Mike Markkula, Manager für den Verkauf von DRAM Bausteinen, quittierte frustriert über diese Ignoranz den Job und suchte nach einer Firma, die innovativer war – und fand sie in Apple.

Obwohl sich also Intel nicht vorstellen konnte, dass jemand einen „persönlichen Computer“ benötigen könnte, wurden die Mikroprozessoren beworben und der Preis sehr hoch angesetzt: Anfangs kostete jeder neue Prozessor, als er auf den Markt kam, 360 Dollar – in Anlehnung an das IBM-System/360, dem meistverkauften Großcomputer.

Trotzdem landeten die meisten Mikroprozessoren die Intel produzierte, nicht in Computern, sondern in Steuerungen. Es erwogen zu dieser Zeit Firmen erstmals Mikroprozessoren in Produkte einzuführen, die bisher keinerlei Elektronik enthielten. So vergab Ford an Intel den Entwicklungsauftrag für eine Lambda Sonde. Der Prozessor hatte nur eine einfache Aufgabe: er musste nur laufend einen Sensor abzufragen, der den Sauerstoffgehalt des Verbrennungsgases maß und abhängig davon die Ventile zum Motor zu öffnen oder zu schließen.

Für die Umgebung in einem Kraftfahrzeug waren die bisherigen Prozessoren aber nicht geeignet. Obgleich das System nur wenig RAM und ROM brauchte, musste Intel ein System aus einigen Chips zusammenstellen. Alle Bausteine saßen auf einer Platine und das System war so teurer und empfindlicher als nötig. Bei den ersten Tests versagte die Steuerung – Hitze und elektrostatische Aufladung führten zum Ausfall.

Intel führte daher 1976 den 8748 ein. Einen Prozessor mit EPROM, einem kleinen RAM, Peripheriebausteinen und I/O Bausteinen auf einem Chip. Es war der erste Mikrocontroller, ein komplettes System auf einem Chip, ausgelegt für Steuerungsaufgaben. Diesem folgte sehr bald die verbesserte Version 8048. Er hat anders als der 8748 kein EPROM auf dem Chip. Das verbilligte die Herstellung, da dieses in einer anderen Technologie gefertigt werden musste.

Noch erfolgreicher war der 1980 eingeführte 8051. Zusammen mit seinem CMOS Nachfolger 80C51, der 1983 erschien, wurde er zu einem der populärsten Mikrocontroller. Er wird (wenn auch nicht mehr von Intel) bis heute produziert. Allerdings schätzte Intel auch hier den Markt falsch ein. Der 8096, der 1984 erschien, war ein 16-Bit-Mikrocontroller. Mit 120.000 Transistoren war er viermal komplexer als der 8086-Prozessor. Die Nachfrage nach solcher Rechenleistung gab es aber nicht. Den meisten Kunden reichte ein 80C51 vollkommen aus. Im Jahre 1988 folgte mit dem Intel 80960 ein 32-Bit-Mikrocontroller. Er wurde wieder ein Erfolg.

Obgleich der Mikrocontrollermarkt viel größer als der von Mikroprozessoren ist, (1988 wurden weltweit 486 Millionen Mikrocontroller, aber nur 89 Millionen Mikroprozessoren verkauft) war hier nicht soviel zu verdienen wie bei den Prozessoren. Die Abnehmer waren preisbewusster, kauften große Stückzahlen und drückten so die Preise. Weiterhin werden bis heute vor allem die einfachen 8-Bit-Bausteine nachgefragt, die eine geringe Verdienstspanne aufweisen. Intel stieg daher seit Anfang der neunziger Jahre stufenweise aus diesem Segment aus.

Die Zwischenlösung

Im Jahre 1976, als mit dem Z80 und 6502 zwei neue Prozessoren erschienen, und der Nachfolger des 8080, der 8085 sich nicht richtig durchsetzen konnte, erkannte Intels Management, das sie vom Vorreiter ins Mittelfeld abgerutscht waren. Intel war bisher mit jedem Prozessor zuerst auf dem Markt. Aber jeder Prozessor hatte Macken, welche den Einsatz in der Praxis erschwerten und nun gab es Konkurrenz, welche unkomplizierte Produkte hatte.

So ging Intel an das Design eines Superchips, der intern unter der Bezeichnung „8800" lief. Gegenüber dem 8080 war er ein großer Sprung. Er arbeitete mit 32 Bit, verfügte erstmals über Mechanismen Fehler zu erkennen. Er kannte mehrere Datentypen und hatte einige objektorientierte Ansätze. Aber er war so komplex, dass es Jahre dauern würde, ihn zu entwickeln. Intel erkannte das Problem, das sich nun auftat: Zilog und Motorola entwickelten schon 16-Bit-Prozessoren. Texas Instruments und National Semiconductor hatten solche Chips vorgestellt. Würde man erst in einigen Jahren einen Prozessor auf den Markt bringen, so hätte man bis dahin Kunden an andere Firmen verloren.

Es galt, recht schnell eine Zwischenlösung zu entwickeln, um die Kunden weiter an Intel zu binden. Stephen P. Morse, verantwortlich für das Design, überlegte, wie man aus dem 8080 einen 16-Bit-Prozessor machen konnte. Innerhalb von zehn Wochen fand er einen Weg. Ein wichtiger Punkt war die Abwärtskompatibilität. Der 8086 hatte zwar neue Befehle, wie für die Multiplikation, Blockbearbeitung und den indexsequenziellen Adressierungsmodus. Die anderen Befehle und Register waren jedoch vergleichbar zu denen im 8080. Ein einfaches Übersetzungsprogramm konnte den Quellcode eines 8080 in den für den 8086 umschreiben. Allerdings waren die Register dadurch auch nur 16 Bit breit. Als Folge konnte der 8086 nur 64 KiB am Stück adressieren – nicht mehr als der 8080.

Damit der Prozessor trotzdem mehr Speicher ansprechen konnte, hängten die Entwickler an die Adresse durch ein Segmentregister weitere vier Bit an. So konnte der

Prozessor 1.024 KiB RAM adressieren, jedoch nur in drei Segmenten von jeweils 64 KiB, die über den Adressraum verschoben wurden.

Der Intel 8086 erschien im Mai 1978, etwa ein Jahr vor dem Motorola 68000. Er wurde in nur zwei Jahren mit vier Ingenieuren und zwölf anderen Mitarbeitern erstellt. Wieder war Intel schneller als Motorola, wenn auch diesmal nicht der Erste. National Semiconductor hatten 1975 den PACE und Texas Instruments 1976 den TMS 9900-Prozessor vorgestellt.

Im Jahre 1979 ging es Intel nicht so gut. Zum einen gab es Qualitätsprobleme bei der Produktion. Es gab ganze Ladungen von Entwicklungssystemen die mit dem Vermerk „DOA" (**D**eath **o**n **A**rrival) zurückkamen. Bei einer Kontrolle zeigte sich, dass 60% aller produzierten Systeme defekt waren und 91% einen Dauerlauf von einer Woche unter erschwerten Bedingungen („Burn in Test") nicht überstanden.

Intels Produkte waren bisher zwar die Ersten gewesen, jedoch oftmals umständlich im Einsatz gewesen. Sobald andere Firmen den Vorsprung aufholten, schwand der Marktanteil von Intel. Das fiel nicht auf, solange man immer als Erster eine neue Generation auf den Markt brachte. Sobald aber die Konkurrenz zeitgleich auftrat, hatte der Kunde die Auswahl.

Dazu kam, dass Grove den Außendienst anwies, sich nur Mühe zu geben, wenn ein großer Auftrag heraussprang. Bei kritischen Aufträgen war bisher Noyce eingeflogen und er verstand es, persönlich den Kunden zu überzeugen. Doch 1979 hatte sich Noyce aus der Firma zurückgezogen.

Nun bekam Intel den Gegenwind zu spüren. Die Kunden wollten keinen 8086. Sie sagten der 68000 wäre schneller, einfacher zu programmieren und zu handhaben. Nun rächte sich die hochnäsige Art in der Intel bisher ihre Produkte nach dem Prinzip „Vogel friss oder stirb" vertrieben hatte. Als die Zentrale ihre Außendienstmitarbeiter nach der Meinung über den 8086 fragte, erntete Sie nur Gelächter.

Es galt, Intel wieder an die Spitze zu bringen. Als Hauptkonkurrent galt Motorola. In einer Krisensitzung wurde im Mai 1979 ein Konzept erarbeitet und dann über 100

Außendienstmitarbeitern als „Operation Crush“ präsentiert. Ziel war es Motorola *„platt zu machen*“. Dazu konzentrierte man sich auf die Stärken von Intel. Der 8086 war nicht so leistungsfähig wie der 68000. Daher sollte der Blick auf die Systemebene gerichtet werden. Folgende Punkte sollten die Außendienstmitarbeiter ihren Kunden vermitteln:

- Der 8086 konnte Software des 8080 (nach einem Konvertierungslauf) ausführen und der 8800 war als Nachfolger angekündigt. Das garantierte einen Schutz der Investitionen in den 8086. Der Motorola 68000 war dagegen völlig neu und nicht kompatibel zum 6800. Ein Nachfolger war (damals) noch nicht geplant.

- Als Weiteres fügte sich der 8086 in ein System von Zusatzbausteinen von Intel ein. Motorola stellte bisher nur den Prozessor her. Die Peripheriebausteine waren erst in der Planung. Für ein System musste ein Hersteller also mehr Arbeit für das Design investieren.

- Als Drittes war der Außendienst von Intel besser. Motorola war damals noch vor allem Hersteller von Elektronik. Viele Außendienstmitarbeiter konnten die Vorteile des 68000 gar nicht an den Kunden weitergeben, weil sie selbst zu wenig Ahnung von diesem neuen Teilbereich hatten.

- Als Kernpunkt sollten Außendienstmitarbeiter die Kunden nach Konzepten fragen, die sie mit dem 8086 verwirklichen könnten und diese sammeln. Als Belohnung gab es 86 Intel Aktien und einen Tahitiurlaub für den Gewinner. Ende 1980 konnte Intel so mehr als 1.000 Konzepte vorweisen. Das war das Hauptziel der Operation Crush. Damals waren beide Prozessoren noch neu. Ein potenzieller Interessent musste nicht nur den Prozessor kaufen, sondern das ganze System selbst entwerfen und die Software entwickeln. Für den Interessenten war nicht nur die Leistung des Prozessors wichtig, sondern auch wie einfach der Systemaufbau war. Wenn Intel über 1.000 Konzepte innerhalb eines Jahres vorweisen konnte, (darunter so extravagante wie die Bestimmung der Fruchtbarkeit durch einen 8086 im B.H.), so schien es, als wäre dieser Prozessor weit verbreitet und vielleicht konnte man von einem der Konzepte Teile übernehmen und so Entwicklungsarbeit sparen.

- Das Zweite war ein Katalog mit 100 Ankündigungen für neue Produkte, welche die Botschaft vermittelten „Wenn Du bei Intel bleibst, dann kannst Du deine Erzeugnisse laufend verbessern und dies bei Kompatibilität zu bisherigen Produkten“. Nur: Keines der Produkte befand sich in der Entwicklung, die meisten noch nicht einmal auf dem Papier. So gab es das Projekt eines Zusatzchips für den 8086. Dieser sollte den 8086 in Fließkommaberechnungen, wo der 68000 erheblich schneller war, unterstützen, sodass er mit diesem Coprozessor fünfmal schneller als ein 68000 war. Auch hier war die Botschaft: Wenn Du beim 8086 bleibst, kannst Du bald diesen Wunderchip einsetzen und deine Anwendungen sind auf einen Schlag dreißigmal schneller. Lieferbar war der Wunderchip aber erst im Jahre 1983 als 8087 Koprozessor. Er war zehnmal teurer als ein 8086 und wurde nur selten eingesetzt.

Operation Crush war ein voller Erfolg. Die Kunden blieben bei Intel und Ende 1980 war Motorolas Marktanteil auf 15% gesunken. Es zeigte aber auch, wie sich nun die Firmenpolitik änderte. Nach dem Ausscheiden von Noyce wurde Grove Firmenchef. Seine Device zielte darauf, Intel zum Marktführer zu machen – wenn dies nicht mit Produkten möglich war, dann eben mit Prozessen oder jedem anderen legalen Mittel.

Abbildung 24: Der Intel 8088

IBM hatte bisher Intel weitgehend ignoriert. Als einziger Computerhersteller stellte IBM alle Chips selbst her, auch wenn die Produktion so teurer war. Als IBM aber den Markt der Mikrocomputer betreten wollte, kam es an den Chipproduzenten nicht vorbei. Ein PC, nur mit IBM Bauteilen gefertigt, wäre zu teuer gewesen. Warum IBM Intel wählte, ist bis heute nicht ganz geklärt. Es spielten sicher eine Reihe von Faktoren eine Rolle. Zum einen hatte die Operation Crush Intel zum Marktführer gemacht. Es war sicher besser, vom Marktführer einen Prozessor zu kaufen, als von Motorola mit ihrem nun geringen Marktanteil. Dazu kam, dass IBM schon mit dem IBM System/23 DataMaster einen Computer auf Basis des 8085 auf den Markt gebracht hatte.

IBM stellte aber Forderungen. IBM wollte nicht abhängig von einem Produzenten sein. Ein Produzent hätte den Preis des Chips diktieren können. AMD sollte Zweitproduzent werden. Die Firma war ein Jahr nach Intel gegründet worden. AMD hatte zahlreiche eigene Produkte entwickelt, war aber auch Zweitproduzent. Grove vergab ungern Lizenzen. Nach Groves Ansicht waren Zweitproduzenten Schmarotzer, die reich damit wurden, dass Sie Intels Chips kopierten. AMD hatte schon eine Lizenz für den 8086-Prozessor erhalten, als Intel dringend den AMD2900 Bitslice Prozessor brauchte, um Zilog Paroli zu bieten. Firmenchef Jerry Sanders roch den Braten und handelte ein für AMD günstiges Abkommen aus, das nicht nur die Rechte an dem 8086 beinhaltete. Er bekam ein Technologieaustauschprogramm über zehn Jahre. Als der IBM PC im August 1981 auf den Markt kam, machte dies nicht nur die 8-Bit-Computer zu Auslaufmodellen, sondern auch Intel zum Marktführer.

Problem Speicher

Intel erfand zwar das DRAM, doch andere US Firmen waren schneller bei der Weiterentwicklung. Schon bei der 4-KBit-Generation hatten AMD und MOSTEK Intel überholt. In den folgenden Jahren nahmen die Umsätze der DRAM Sparte zu, doch die Gewinne wurden immer kleiner. Sie erreichten 1978 ein Maximum von 41 Millionen Dollar, um danach abzufallen. 1979 hatte Intel bei den 16 Kbit Speicherbausteinen nur noch einen Marktanteil von 5 Prozent.

Die eigentliche Bedrohung kam aus Japan. 1979 stellte Fujitsu als Erster das 64-KBit-RAM vor. Das war ein Schock. Intel war noch mindestens zwei Jahre von der Serienreife ihres Chips entfernt. Als dieser 1982 erschien, waren die Preise schon soweit gefallen, dass damit kaum noch Gewinn gemacht wurde. Einige Monate, nachdem Intel ihren 64-KBit-Chip auf dem Markt brachte, erschien aber von Hitachi schon das 256-KBit-RAM auf den Markt.

Japanische Hersteller hatten mehrere Vorteile auf ihrer Seite. Zum einen optimierten sie von Anfang an den gesamten Produktionsprozess. Dies endete nicht am Firmengelände, sondern umfasste auch Lieferanten und Subunternehmer. Die Belegschaft verließ selten ihren Arbeitgeber, während Intel nie sicher sein konnte, ob ein Arbeiter nicht zur Konkurrenz abwanderte, weil er dort einen Dollar mehr pro Stunde verdiente (was bei Intels Löhnen, knapp über dem gesetzlichen Mindestlohn, nicht selten vorkam). So verfügten die Beschäftigten über mehr Erfahrung. Intel hatte z.B. 1979 große Probleme mit ihren Chips. Etwa die Hälfte war defekt. Nach der Untersuchung der Fertigung beschuldigte man den Lieferanten der Siliziumscheiben: Monsanto. Dieser konnte nichts feststellen und nur die Wafer, die zu Intel geliefert wurden, schienen die Probleme zu machen. Nun heuerte Monsanto einen Privatdetektiv an, der den Transport von Monsanto zu Intel überwachte. Als die Lieferung bei Intel ankam, fotografierte er Intels Lageristen, wie er die luftdicht verschlossenen Verpackungen, im Freien auf einem dreckigen Tisch öffnete und nachzählte, ob die Anzahl der Scheiben auch mit denen in den Lieferpapieren übereinstimmte. Bei Chips, die in einer absolut staubfreien Umgebung gefertigt werden müssen, da ein Staubkorn schon den Ausfall von Transistoren und Leitungen bewirkt, war so nicht verwunderlich, dass die Hälfte der Chips defekt war.

Die japanischen Arbeiter waren zudem besser disziplinierbar. So gab es in japanischen Fabriken z.B. ein Verbot von Make-up in Reinräumen und es wurde angeordnet, dass alle Angestellten gemeinsam zur Toilettenpause den Raum verließen (und damit weniger kontaminierte Außenluft durch das Öffnen der Türen eindringen konnte). Derartige Maßnahmen erhöhten die Reinheit der Luft und damit die Ausbeute.

Vor allem aber wollten die Japaner das Geschäft beherrschen und unterboten laufend die US-Preise. Die drei führenden japanischen Chiphersteller waren NEC, Hitachi und Fujitsu. Dies waren Großkonzerne, bei der die Chipherstellung nur ein Zweig des Unternehmens war. Wenn man dort keinen Gewinn machte, dann kam er woanders her. Intel und andere Chiphersteller wie MOSTEK und Texas Instruments bewogen das US-Justizministerium eine Anti-Dumping Verordnung zu erlassen. Damit wurden 1989 die Preise stabilisiert, doch an der teuren Intel Produktion änderte dies nichts. Gordon Moore sah die DRAM als wichtig für die Technologie an. Ein DRAM Chip ist relativ einfach aufgebaut. Wenn Intel eine neue Herstellungstechnologie entwickelte, dann wurde sie zuerst bei den RAM-Chips eingeführt, um sie danach auf Mikroprozessoren oder andere Bausteine zu übertragen. Ed Gelbach, Marketing Chef, sah die Speicherbausteine als wichtig für das Sortiment und befürchtete, Kunden zu verlieren, wenn Intel kein DRAM mehr herstellte. Doch seit 1984 machte die DRAM-Sparte Verluste und Moore und Grove fassten schweren Herzens den Entschluss, die Produktion einzustellen. Es dauerte noch bis 1986, bis Intel dies umgesetzt hatte. Danach existierte die Sparte, die Intel groß gemacht hatte, nicht mehr.

Auf dem Weg zum Monopol

Intel lebte in Folge vor allem von den Verkäufen des 8086. Allerdings gab es neben AMD noch etwa zehn weitere Lizenznehmer für die Produktion. Lizenzen gab es, als der Chip neu war, um die Marktposition zu stärken. Lizenzen gab es auch, um nach IBMs Wahl die rapide angestiegene Nachfrage decken zu können. Schließlich kamen sehr bald Nachbauten des IBM-PC auf den Markt und auch diese benötigten den Prozessor. Groves Politik war es, den Gewinn zu maximieren und keine Lizenzen mehr zu vergeben. Bei den 1982 erschienen Nachfolgern, 80186 und 80286, gab es schon bedeutend weniger Lizenzen. AMD musste einer Lizenzzahlung pro Prozessor zustimmen, um noch Lizenznehmer zu werden. Dies bedeutete bei den im Lauf der Zeit sinkenden Preisen einen immer höheren Anteil am Gesamtpreis. AMD setzte auf das früher abgeschlossene Lizenzabkommen mit einer Laufzeit von 10 Jahren. Sanders hoffte, dass Intel im Gegenzug AMD Bausteine wie Festplattencontroller und Grafikcontroller in Lizenz fertigen würde. Doch Grove und Moore verfolgten einen knallharten Kurs: Erstens AMD in Sicherheit wiegen, dass es auch in Zukunft alle neuen Chips in Lizenz fertigen dürfte (was Intel ab dem 80386 einstellte) und zweitens keine AMD-Produkte zu übernehmen.

Intel wollte das Monopol für ihre Architektur. Es gab nur ein Problem: Jeder konnte einen Chip öffnen, die Schichten Stück für Stück abtragen, abfotografieren und daraus eigene Masken produzieren. Es gelang Intel die Patentierung von Herstellungsmasken und Microcode (der auf dem Prozessor implementierte Code). Damit konnte Intel nach 1984 gegen verschiedene Nachbauten vorgehen. Zum

Präzedenzfall wurde der japanische Chiphersteller NEC. NEC hatte die Prozessoren V20 (zum 8088 kompatibel) und V30 (zum 8086 kompatibel) entwickelt. Diese waren nicht kopiert worden, sondern NECs Ingenieure hatten den Microcode selbst entworfen. Er hatte nichts mit Intels Code zu tun. Dadurch waren die Chips sogar schneller als die Originale. Intel kündigte an, keinen Computerhersteller mehr zu beliefern, der die Prozessoren von NEC nutzte. Daraufhin verklagte NEC Intel wegen Wettbewerbsverstößen. Der Prozess lief darauf hinaus, ob diese Aktion von Intel legitim war. Eine mögliche Auslegung der Gesetze würde dies zulassen, wenn die NECs Chips Intels geistiges Eigentum verletzten und daher der Lieferboykott eine erlaubte Maßnahme gegen die Verbreitung von Plagiaten ist.

Das Verfahren musste nun klären: Hatte NEC den Microcode von Intel übernommen oder nicht? Nach dem Prozessbeginn 1984 lief das Verfahren schlecht für NEC, obwohl der Code nicht übernommen war. Doch dies war schwer zu beweisen. Intel konnte auf Ähnlichkeiten zu ihrem Microcode verweisen.

Die Anwaltskanzlei, die NEC vertrat, hatte nun eine Idee. Wenn NEC den Prozess verlor, dann dürfte sie ihren eigenen Microcode nicht mehr verwenden. Sie dürfte aber einen neuen, „sauberen" Microcode verwenden. „Sauber" hieß, der Code musste ohne Kenntnis des Intel Codes hergestellt werden. Sie beauftragten zwei Ingenieure mit dieser Aufgabe. Einer untersuchte Intels Code und extrahierte die Spezifikationen. Diese wurden an die Kanzlei übergeben und diese gab sie einem anderen Programmierer, der daraus neuen Microcode erstellte. Alle Rückfragen wurden ebenfalls über die Anwälte abgewickelt und von diesen gefiltert. So hatte NEC nun eine Möglichkeit, die Prozessoren rechtlich einwandfrei herzustellen. Erstaunlicherweise wurde der Code nie eingesetzt, er diente nur als Beweismittel. Der „saubere" Code war dem Intel Code noch ähnlicher, als von NEC. Dies liegt in der Natur der Sache: Wenn ein Problem genau spezifiziert ist, dann kommen unterschiedliche Personen oft zu denselben Lösungen. Ganz einfach deswegen, weil es nur wenige Lösungen gibt. Intel konnte dagegen nicht beweisen, dass der Code gestohlen war, und verlor den Prozess.

Damit gab es für AMD und andere Hersteller einen Weg, legal einen Intel Prozessor nachzubauen. Intel hatte nun noch eine Chance: die Zeit. Bisher war die Entwicklung relativ langsam verlaufen. Zwischen 8080, 8086, 80286 und 80386 lagen jeweils vier Jahre. Nun beschleunigte Intel die Entwicklung, um möglichst viel in der Anfangszeit zu verdienen, wenn der Prozessor noch von keinem nachgebaut werden konnte. Auf Dauer war dies für die Nachbauten ruinös, denn die höchsten Gewinne gab es bei Einführung eines neuen Chips. Da der Nachbau erst später auf dem Markt erschien, waren die Gewinne niemals so hoch wie bei Intel.

1987 prozessierte AMD gegen Intel, weil Sie keine Lizenz für die Fertigung des 80386 erhielten. Die Zehnjahresfrist war schließlich noch nicht abgelaufen. Auch hier verlor Intel den Prozess 1990, doch rechtsgültig wurde das Urteil erst 1992. Auch wenn klar war, dass Intel Prozesse verlor, machte dies nichts aus. Es ging nicht darum Prozesse zu gewinnen, sondern Konkurrenten vom Markt abzuhalten, und wenn Prozesse Jahre dauerten, so war dies ein effizientes Mittel.

Ein Problem beim 80386 war die Softwareseite. Er war anders als die Vorgänger ein 32-Bit-Prozessor, der aber die alten 16-Bit-Programme noch ausführen konnte. Der 80386 verfügte über neue Befehle und einen neuen Arbeitsmodus, in dem 4 GByte Speicher angesprochen werden konnten – am Stück und nicht wie beim 8086, in Segmenten. Doch dafür mussten die Programme neu geschrieben werden. Intel bot allen größeren Firmen Hilfe bei der Portierung von Software auf den neuen Prozessor an. Damit sollte das Kaufinteresse geschürt werden, denn ohne neue Software war der Prozessor einfach nur schneller als sein Vorgänger 80286, der vielen Anwendern vollauf genügte. Ausgerechnet Microsoft wies die Hilfe ab. Wann immer Intel einen Verbesserungsvorschlag hatte, wurde er abgeblockt. Microsoft machte aber Intel noch in anderer Beziehung Probleme: Ihr Betriebssystem Windows war zum damaligen Zeitpunkt mehr ein Scherz als ein ernsthaftes Programm. Weder wurde es gekauft, noch unterstützte es den 80386.

Intel schürte die Nachfrage mit einer Kampagne. Sie führten 1989 eine Version des 80386 ein, welche nur einen 16-Bit-Bus hatte. Dieser Chip konnte 32-Bit-Software verarbeiten, war aber nicht schneller als ein 80286. Unter dem Motto *„3 ist mehr als 2“* konnte die Kampagne Kunden jedoch überzeugen, dass der 80386SX ein besserer Prozessor war, auch wenn sie keine schnelleren Rechner hatten.

Diese Werbekampagne war ein Wendepunkt im Unternehmen. Bisher sah sich Intel als Lieferant für Computerhersteller. Nun wandte sich Intel erstmals an den Endverbraucher. Der Endverbraucher sollte nach Rechnern mit Prozessoren des Typs 386SX nachfragen und damit den Absatz ankurbeln. Im Prinzip sollte der Konsument seine Kaufentscheidung davon abhängig machen, welcher Prozessor in seinem Computer steckte. Diese Rechnung ging auf und ebnete den Weg zur *„Intel Inside"* Kampagne, die 1991 begann.

Im Jahre 1990 hatte AMD nach eineinhalbjähriger Entwicklungsarbeit endlich seinen Am386-Prozessor hergestellt. AMD hatte sich zuerst auf das 1982 ausgehandelte Lizenzabkommen verlassen und später darauf, dass Intel nach dem 1987 begonnen Prozess AMD wieder als Zweitproduzent einsetzen würde. So hatte AMD erst spät mit der Produktion eines eigenen Prozessors begonnen. Der Am386 war durch Reverse Engineering entstanden, patentrechtlich also „sauber". Dagegen konnte Intel nichts machen. Doch Intel wehrte sich gegen die Verwendung der Ziffer „386" in der Bezeichnung. Der Rechtsstreit ging jedoch verloren. Die Richter befanden, dass die Zahl „386" für eine Architektur stand. Sie war daher oft Bestandteil von Computerbezeichnungen („Compaq 386"). Als Folge beschloss Intel, dass zukünftige Prozessoren einen markenrechtlich geschützten Namen erhalten sollten. Für den 486 war dies zu spät, doch die nächste Generation erhielt die Bezeichnung „Pentium".

Bedrohung RISC

Mitte der achtziger Jahre kam eine Idee zu den Chipherstellern. Bei einem komplexen Mikroprozessor, wie dem 80386, nutzte die Software nur einen Teil der Befehle häufig und viele überhaupt nicht. Dies entsprach der 80:20 Regel, die man auch in anderen Bereichen kennt. 80% des Codes verwenden nur 20% der verfügbaren Befehle.

Dies ist eine Folge der Erstellung von Code durch Compiler. Sie übersetzen automatisiert Hochsprachen in Maschinensprache. Anders als beim händischen

Programmieren in Assembler geschieht dies nach einer Vorschrift, die exotische Befehle, die nur in bestimmten Situationen Sinn machen, ignoriert.

Vor allem die Stanford-Universität sah dies als Gelegenheit, einen Prozessor zu designen, der viel weniger Befehle hat, dadurch aber einfacher aufgebaut war. Er sollte auch von einem Uni-Institut entwickelt werden können, weil er technisch nicht so aufwendig ist.

Es entstand MIPS als Spin-off der Forschung von Stanford. SUN übernahm Ergebnisse der Stanford University in ihren SPARC-Prozessoren. Die neuen Prozessoren verfolgen den RISC-Ansatz: **R**educed **I**nstruction **S**et **C**omputer. Sie setzten nur wenige Befehle ein, die sehr schnell ausgeführt wurden. Damit erwuchs Intel eine neue Konkurrenz. Mehr noch, Microsoft entwickelte ein neues Betriebssystem namens Windows NT, welches nicht nur auf Intels x86-Reihe, sondern auch auf den neuen Prozessoren laufen würde. Zudem betonten einige Experten von Microsoft, dass RISC auch für die Softwareentwicklung Vorteile bringe. Ein Compiler muss einen kleineren Befehlssatz unterstützen, damit ist er einfacher zu erstellen und erzeugt effizienteren Code.

Intel erkannte die Vorteile von RISC. 1989 erschien ein eigener RISC-Prozessor, der Intel 860. Er wurde wegen der hohen Geschwindigkeit bei Fließkommaoperationen als „Cray on a Chip“ beworben. Doch er erwies sich als schwierig zu programmieren und erreichte zumeist nur einen Bruchteil der Leistung, typisch 10 anstatt 80 MFLOPs. Er wurde kein kommerzieller Erfolg und Mitte der Neunziger Jahre eingestellt.

Zugleich war die x86-Architektur an einem Scheidepunkt angekommen: Viele Befehle wurden beim 80486 in einem Taktzyklus ausgeführt. Weitere Geschwindigkeitssteigerungen erforderten nun Architekturänderungen.

Intel löste das Dilemma, indem sie beim Pentium zuerst die Funktionseinheiten für Ganzzahlbefehle verdoppelten. Der Pentium verkaufte sich anfangs schleppend, denn er war, wenn der Code nicht umgestellt wurde, damit er beide Einheiten auslastete nur um 60% schneller als ein 486-Prozessor. Den gab es aber mit 100 MHz zu kaufen, während der Pentium mit 60 MHz debütierte. Ein Pentiumsystem war so nicht schneller als hochgetakteter 486, aber doppelt so teuer. Intel reagierte darauf, indem sie schnell den Takt von 60 auf 233 MHz steigerten.

Beim Nachfolger Pentium Pro hatte man den internen Aufbau komplett überarbeitet: Die Befehle wurden nun zuerst in zahlreiche einfachere RISC Operationen zerlegt, genannt MicroOps. Diese wurden nun mehreren Rechenwerken zugeführt, die über erheblich mehr Register (interne Speicherplätze) verfügten, als nach außen hin sichtbar waren. Es waren intern RISC Einheiten, die zusammen nach außen hin einen x86-Prozessor nachbildeten. Anstatt einen RISC-Prozessor neu auf den Markt zu bringen, hatte Intel die alten CISC-Befehle mit einer neuen RISC-Architektur verheiratet. Das wurde auch in der Folge beibehalten.

Wie sich zeigte, war die Befürchtung unberechtigt: Keiner der neuen Prozessoren erreichte einen hohen Marktanteil bei den PCs. Nur der PowerPC wurde von Apple für den Macintosh gewählt. Die RISC-Prozessoren von MIPS, Sun und anderen Herstellern fanden Verwendung in Spielkonsolen, Servern und Steuerungen, gefährdeten aber nicht Intels Kerngeschäft.

Prozesse

Ein Weg das Monopol zu wahren, waren und sind für Intel Prozesse. Schon als Anfang der siebziger Jahre der erste Anwalt eingestellt wurde, bekam er als Vorgabe, pro Quartal ein neues Verfahren zu eröffnen. Ende der achtziger Jahre, Anfang der Neunziger, verklagte Intel alles und jeden. Alleine AMD, Intels größten Gegner, kosteten die Prozesse 40 Millionen Dollar an Gerichts- und Anwaltskosten pro Jahr. Intel verklagte nicht nur Konkurrenten, sondern auch Mitarbeiter, wenn sich diese selbstständig machen wollten. So wollte die Firma schon im Keim die Entstehung einer Konkurrenz verhindern. Dabei wurde getrickst und gefälscht, wo es nur ging. Als ein Intel Mitarbeiter sich selbstständig machte und die Firma ULSI gründete, um einen Nachbau des 387-Coprozessors zu entwerfen, bekam Intel über Mitarbeiter des Sicherheitsdienstes, die Bekannte bei der Polizei hatten, Einsicht in die Akten und konnte den Prozess (den sie nicht gewinnen konnten) solange verschleppen bis ULSI mit ihrem 387 kaum Gewinn machte, weil die Preise für Co-prozessoren gefallen waren.

Als AMD für ihren Am286 den Microcode des 286 übernahmen (wozu Sie nach einem Vertrag von 1977 berechtigt waren) prozessierte Intel gegen AMD, weil in den alten Dokumenten von „Microcomputer" die Rede war. Dieser Begriff war 1977 synonym mit dem für Microcode, aber Ende der achtziger Jahre verstand jeder darunter einen kompletten Computer. So verlor AMD in der ersten Instanz. Als dann Intel wegen der Verhandlung der Lizenzforderung die Prozessunterlagen an AMD schickte, stellte ein Mitarbeiter bei AMD fest, dass es ein Dokument zweimal gab. Einmal mit neuerem Datum und gekürztem Text und einmal älteren Datums mit einer Passsage, in der der Begriff vorkam: Intel hatte die Beweismittel gefälscht. Damit konnte AMD das Urteil anfechten und gewann.

Noch findiger war Intel, als man das Patent '338 aus der Schublade herauszog. Dieses hatte Intel an AMD lizenziert. Patentiert war die Verwendung eines Mikro-prozessors in einem Computersystem und die Anbindung an den Speicher. Nun kamen die Rechtsanwälte auf eine völlig neue Auslegung. Zwar dürfte AMD die Technologie nutzen, die durch '338 abgedeckt war und die allen Prozessoren zu-grunde liegt. Doch wie sah es bei den Kunden von AMD aus? Sie hatten keine Lizenz für '338. Man bot allen Computerherstellern eine kostenlose Lizenz von '338 an, sodass diese nach wie vor Intel Prozessoren in ihre Rechner einbauen konnten. Doch die Industrie roch den Braten: Wer eine Lizenz annahm, erkannte den An-spruch von '338 an und dürfte keine AMD-Prozessoren mehr verwenden. Die Industrie mauerte.

In dem sich anschließenden Prozess waren zwei Dinge von Bedeutung. Zum einen gab es im Patentrecht eine Ausnahme, wonach wenn ein Teil für sich alleine keinen Nutzen hat, sondern nur im Zusammenspiel mit einem anderen Teil funktioniert, der Hersteller des Gesamtwerks keine Lizenz des Patentinhabers braucht. Nun arbeiten Mikroprozessoren aber nur in Computern und für sich alleine sind sie wertlos. Zum Zweiten machte Intel einen Fehler: Die kostenlose Überlassung einer '338 Lizenz war eine verbotene Handlung nach den Antitrustgesetzen. Denn sie verknüpfte ein gewünschtes Produkt das der Kunde haben wollte (die kostenlose

Lizenz) mit dem Verkauf eines kostenpflichtigen Produktes, dass der Kunde eventuell nicht wollte (den Intel Prozessoren). So musste Intel den Prozess verlieren. Bis vor wenigen Jahren prozessierten mit kurzen Unterbrechungen AMD und Intel gegeneinander.

Anfang der neunziger Jahre dominierte Intel den Mikroprozessormarkt. Die vielen Konkurrenten, die es noch bei der 80286er Generation gab, waren verschwunden. Nur AMD hielt sich. Ihr Am386 Prozessor lag 1992/93 sehr gut im Rennen, denn er war mit höheren Taktfrequenz verfügbar als Intels Prozessoren. Nun wiederholte man das Spiel, das man beim 386 getrieben hatte. Die Produktion schaltete bei 486-Prozessoren die Fließkommaeinheit ab und verkaufte diese zu niedrigerem Preis als „486SX“. Dazu gab es eine Marketingkampagne im Stil „4 ist mehr als 3“.

Ziel für die nächste Generation war es, gar keine Konkurrenz aufkommen zu lassen. Dies geschah zum einen mit der „Intel inside“ Kampagne, in der Intel sich direkt an den Endnutzer wandte, obgleich die Verbraucher ja keine Prozessoren, sondern ganze Rechner kauften. Der Verbraucher sollte im Geschäft nach Rechnern mit den neusten Intel Prozessoren fragen und so den Absatz steigern. Die Kampagne war ein voller Erfolg: So konnte „Intel inside“ zum Beispiel die Zeit, bis ein neuer Prozessor mehr als 50% Marktanteil am x86-Gesamtmarkt erreicht hatte, von 5,5 Jahren beim 386er über 4,5 Jahre beim 486er auf nur ein Jahr beim Pentium senken. Dies war nur der Beginn einer verstärkten Bewerbung der Prozessoren. Besonders perfide war die Kampagne zur Einführung des Pentium II: Sie suggerierte, man benötige einen Pentium II Prozessor mit neuen Befehlen, um Videos aus dem Internet anzeigen zu können.

Das zweite waren Investitionen in Bereiche, welche den Umsatz von Prozessoren ankurbelten. 1993 begann Intel Chipsätze zu produzieren. Wenn Intel zum Start einer neuen Generation auch den dazugehörigen Chipsatz bereitstellte, den Hersteller von Motherboards nutzen konnten, so war beim Start alles verfügbar, was ein Computerhersteller benötigte, um einen Computer auf Basis des neuen Prozessors herzustellen. Später produzierte Intel die kompletten Motherboards. Da Intel die höchsten Gewinne mit den neuesten Prozessoren machte, erhöhte die Verkürzung der Zeit, bis diese sich Markt durchsetzten, die Gewinne.

Dagegen hatte AMD Probleme mit ihrem K5 und K6, die nicht rechtzeitig fertig wurden und langsamer als geplant waren.

Eine weitere Strategie war es, Software zu entwickeln oder in Softwaretechnologien zu investieren. Intel entwickelte ein System für Telefon- und Videokonferenzen und verschenkte es – es brauchte weitere Rechenleistung und kurbelte damit indirekt den Absatz der Prozessoren an.

Zu diesen Taktiken gehörte auch der 1993 erfundene Overdriveprozessor. Dies war ein 486er mit intern verdoppelter Taktfrequenz. Er konnte einfach gegen einen bestehenden 486 ausgetauscht werden. Auch dabei war es die Intention, einen Benutzer zum sofortigen Kauf eines Computers zu bewegen, anstatt dass er einige Monate wartet. Stattdessen sollte er später den Prozessor auswechseln, um mehr Leistung zu bekommen – und Intels Kasse doppelt klingeln lassen.

Das Jahr 1994/95 war geprägt von zwei Rückschlägen, die Intel hinnehmen musste. Das Erste war der Pentium-Fließkommabug. Ein Professor für Mathematik erkannte, dass der Pentium-Prozessor bei bestimmten Zahlen falsch dividierte. Er meldete dies dem Intel Kundendienst, der ihn jedoch abbürstete. Intel war der Fehler bekannt und man hatte ihn stillschweigend in der Produktion korrigiert. Doch über 2 Millionen Chips waren fehlerhaft ausgeliefert worden. Der Professor publizierte den Bug in der Newsgroup „comp.sys.intel". Innerhalb von einer Woche gab es Hunderte von Benutzern, die feststellten, dass ihr Pentium falsch rechnete.

Als die Medien von der Sache Wind bekamen, wurde es richtig ernst. Vor allem weil Grove und der Intel Vorstand sich weigerten, einfach so den Prozessor zu ersetzen. Stattdessen sollte ein Benutzer den Nachweis erbringen, dass er einer Benutzergruppe angehörte, welche von dem Bug besonders betroffen war. Ein normaler Benutzer, der nur Texte abfasste oder spielte, wäre von dem Bug nur selten betroffen und wenn, wäre er ohne Belang. Das stieß auf starke Kritik, denn es zeigte die Arroganz von Intel. Bei jedem anderen Produkt hätte es eine Umtauschaktion gegeben, egal ob ein Kunde von dem Defekt betroffen war oder nicht. Intel maß sich an, zu entscheiden, ob ein Kunde betroffen war, und würde nur dann ersetzen.

Nach einigen Wochen nahm das öffentliche Interesse ab, vor allem da die meisten Computerhersteller zu Intel hielten. Schließlich waren sie darauf angewiesen, dass Intel Ihnen Informationen gab und Chips verkaufte, die Firma hatte ein Monopol. Doch IBM scherte aus der Front aus und verurteilte das Geschäftsgebaren.

Das löste eine Lawine aus, denn nun sprangen auch andere PC-Hersteller ab und die Medien griffen das Thema erneut auf. Intel war in der Bredouille und zog nach einer Krisensitzung die Notbremse. Man garantierte jedem den Austausch eines defekten Pentium Prozessors und setzte dafür 475 Millionen Dollar, etwa einen Quartalsgewinn, als Kosten an.

Intel lernte hinzu und publiziert seitdem Listen mit bekannten Bugs. Die meisten werden in der Produktion beseitigt, bevor es zur Auslieferung kommt. Andere können durch den Computerhersteller durch ein angepasstes BIOS korrigiert werden. Als am 17.1.2011 erneut ein Fehler in schon ausgelieferten Chipsätzen entdeckt wurde, stoppte Intel sofort die Produktion und unterrichtete die Öffentlichkeit. Gleichzeitig wurden Rücklagen in Höhe von 1 Milliarde Dollar für Schadensersatzforderungen und neue Chipsätze ausgewiesen.

Die zweite Pleite 1994/95 war der Pentium Pro. Er war als Nachfolger des Pentium gedacht. Intel nahm an, dass die alten Befehle des 8086 kaum noch in Software verwendet werden würden. Die meisten Anwendungen sollten nun die Befehle des 80386 einsetzen, im Fachjargon „32-Bit-Anwendung“ genannt. Unix, Windows NT und OS/2 waren reine 32-Bit-Betriebssysteme und das kommende Windows 95 sollte es nach Microsofts Aussagen auch sein. Als aber Windows 95 erschien, erlebten die Käufer von Rechnern mit dem Pentium Pro eine Überraschung. Ihr teurer Pentium Pro war langsamer als ein niedrig getakteter, preiswerter Pentium. Microsoft hatte zwar die Oberfläche verändert, doch unter der neuen Oberfläche arbeiteten noch die alten Treiber von Windows 3.1.

Der Pentium Pro verkaufte sich so nur bei einem kleinen Benutzerkreis von High-End Nutzern, die sowieso nicht Windows 95, sondern andere Betriebssysteme einsetzten, gut. Zudem erwies er sich als technologische Sackgasse. Neu war, dass neben dem Prozessor ein großer schneller Zwischenspeicher (Cache) auf dem Chip untergebracht war. Der Cache vergrößerte die Chipfläche enorm und die Ausbeute an fehlerfreien Chips sank. Zudem konnte die Fertigung die Taktfrequenz nur langsam steigern, weil der Cache nicht in dem Maße schneller gemacht werden konnte, wie der Prozessor.

Ein neuer Konkurrent

Beim Pentium hatte Intel keine Konkurrenz zu fürchten. Bis AMD ihren K5 herausbrachte, gab es schon den Pentium II. Intel hatte vom Fehler des Pentium Pro gelernt und Prozessor und Cache in einzelnen Chips untergebracht und zusammen auf eine Platine gelötet. Als der leistungsfähigere K6 von AMD erschien, etablierte Intel eine Billigversion namens Celeron. Bei ihm hatte die Produktion den Cache zuerst weggelassen und bei späteren Versionen den Cache langsamer und kleiner gemacht. Für den K5 und K6 blieb nur eine Nische im Markt, auch weil sie langsamer als der Pentium II waren.

Als Mitte der neunziger Jahre die altehrwürdige Firma DEC von Compaq übernommen wurde, prallten Firmenkulturen aufeinander. DEC hatte in der Vergangenheit immer wieder innovative Produkte auf den Markt gebracht und den Minicomputer erfunden. Doch die Firma hatte den PC-Boom völlig verschlafen. Ihr neuestes Produkt war der Alpha-Prozessor, dreimal schneller als der Pentium Pro bei weniger Transistoren – ein reinrassiger RISC-Chip, aber eben nicht zum Pentium kompatibel und daher zwar bei Workstations und Supercomputern erfolgreich, aber nicht auf dem PC-Markt. Die Firmenkultur von Compaq gängelte die DEC Entwickler. Die Hardwareriege wechselte zu AMD und bekam den Auftrag einen Chip zu bauen, der intern ein RISC-Prozessor war, aber kompatibel zum Pentium war. AMD hatte einen Weg gefunden, Intel Paroli zu bieten. Sie bauten nun nicht mehr Intels Prozessoren nach, sondern entwickelten eigene Prozessoren mit einer eigenen Architektur, welche aber befehlskompatibel war.

Das Resultat war der Athlon-Prozessor. Es war der erste Prozessor von AMD, der Intels Flagschiff an Rechenleistung überflügelte. Zum ersten Mal konnte AMD im High End Markt mitspielen, wo die Verdienstspannen besonders hoch sind. AMD gewann mit dem Athlon wieder Marktanteile zurück. Intels Antwort war im Jahre

2000 der Pentium 4. Gegenüber den Pentium II+III, welche eine evolutionäre Weiterentwicklung des Pentium Pro waren, hatte man eine neue Architektur geschaffen, die vor allem auf hohe Taktfrequenzen ausgelegt war. Innerhalb von zwei Jahren stieg die Taktfrequenz von 1,4 auf 3,8 GHz. In einigen Jahren werde es Pentium 4 mit 7 bis 9 GHz Taktfrequenz geben, hieß es bei Vorführungen. Doch dann konnte man den Takt kaum noch steigern. Das Problem war der Leckstrom, den es bei jedem Mikroprozessor gibt. Dieser Anteil steigt exponentiell mit der Taktfrequenz an. Schließlich erreichte die Wärmeabgabe eines Prozessors 135 Watt und damit die Grenze, die handelsübliche Kühlsysteme aufnehmen konnten.

AMD brachte es fertig, dieselbe Leistung mit geringerer Taktfrequenz zu erreichen. Ein mit 1,75 GHz getakteter Athlon war so schnell wie ein Pentium 4 mit 3 GHz. Intern nutzte der Athlon mehr Rechenwerke, die parallel arbeiteten. So konnte er mehrere Befehle zeitgleich abarbeiten. Die hohe Taktfrequenz des Pentium 4 lies dies nicht zu.

Zudem erweiterte AMD die Architektur auf 64 Bit bei voller Kompatibilität zu dem 32-Bit-Modus. Intel hatte einen eigenen 64-Bit-Prozessor namens Itanium entwickelt, doch er war teuer, hatte einen eigenen Befehlssatz und wurde nur bei Servern eingesetzt. Microsoft leistete Intel Schützenhilfe, indem sie sich mit einem 64-Bit-Windows XP viel Zeit ließen. Eine Windows XP Version für den Itanium stand dagegen schon bei Markteinführung zur Verfügung.

Obwohl AMD seine Prozessoren nicht so gut mit Chipsätzen und Motherboards versorgen konnte, gelang mit dem 64-Bit-Athlon der Einstieg in den Servermarkt. Auf dem Konsumermarkt erreichte der Athlon einen Marktanteil von 30%.

Ende der neunziger Jahre hatten AMD und Intel ihre Streitigkeiten begraben, es bedurfte dazu wohl dem Ausscheiden von Grove bei Intel und Sanders bei AMD. Nun gab es wieder ein Technologieaustauschabkommen und Intel durfte die 64-Bit-Erweiterung von AMD nutzen. Im Gegenzug konnte AMD die neue Fließkommaeinheit SSE3 in seinen Prozessoren einsetzen.

Intel konnte seit 2006 mit einer neuen Generation von Prozessoren, welche auf dem Design eines Prozessors für Notebooks basiert, AMD wieder Marktanteile abnehmen. Die Mehrkernprozessoren von Intel sind seitdem stromsparender und leistungsfähiger als die von AMD.

Nachdem in den achtziger Jahren viele ursprüngliche Geschäftsfelder von Intel verkauft wurden, wie die DRAM und EPROM Produktion, erschloss die Firma seit der zweiten Hälfte der neunziger Jahre neue Geschäftsfelder. Intel hat zum einen das Geschäft mit Embeddedprozessoren neu entdeckt und die ARM-Architektur lizenziert. Auch wurden Firmen aufgekauft, die Software für diese Systeme entwickeln, wie Windriver.

Intel investierte in die Technologie von Flash-RAM, welche heute in jedem Handy, aber auch in mobilen Datenspeichern, wie SD-Karten und USB-Sticks stecken.

Vor allem aber expandierte die Firma in PC-Technologie. 1993 wurde Intel Chipsatz Hersteller. Die Chipsätze haben einen sehr guten Ruf, gelten als zuverlässig und sind lange lieferbar, sind jedoch relativ teuer.

Zusammen mit anderen Unternehmen erarbeitet Intel seitdem die Standards für Bussysteme. Die Gruppe, welche den PCI-Bus weiterentwickelt, umfasst derzeit rund 800 Mitglieder. Die Zusammenarbeit mit anderen Firmen garantierte, dass dieser Bus wie auch weitere Nachfolgesysteme (AGP, PEG) rasch von Herstellern übernommen wurde und sich als Standard etablierte. Intel veröffentlicht in regelmäßigen Intervallen Berichte, wie der PC in wenigen Jahren aussehen wird, bzw., welche Technologien die Firma als obsolet ansieht. Sie hat damit heute die Rolle als Schrittmacher bei der Weiterentwicklung der PC-Technologie eingenommen.

Andere Versuche, weitere PC-Komponenten zu fertigen, waren nicht von Erfolg gekrönt. So erwog die Firma zeitweise einen Festplattenhersteller aufzukaufen, verzichtete jedoch darauf. Intel fertigt heute nur **S**olid **S**tates **D**iscs (SSD). Das sind Laufwerke, die anstatt einer Festplatte eingebaut werden können, aber aus vielen Flash-ROM Bausteinen mit einer Steuerung bestehen. Sie haben einen exzellenten Ruf, sind sehr schnell, allerdings auch hochpreisig.

Als Intel ankündigte, auch Grafikkarten zu fertigen, befürchteten viele, dass hier Intel so dominant sein würde, wie bei den Prozessoren. Intel brachte zwar eine Reihe von Grafikkarten heraus, jedoch war deren Leistung nur niedrig und keine Gefahr für die Produkte von NVIDIA und ATI. Der Zukauf dieser Technologiesparte wurde benötigt, um einen Grafikkern in den Chipsatz zu integrieren. Damit benötigt ein typischer Office-PC, auf dem keine Spiele laufen, keine eigene Grafikkarte mehr.

Als 2007 durch spezielle Software die Grafikprozessoren von NVIDIA und ATI auch Rechenaufgaben des PCs, wie das Umkodieren von Videoformaten oder die Verschlüsselung von Daten übernehmen konnten und dabei deutlich schneller als die CPU waren, kündigte Intel einen Prozessor namens Larrabee an, der sehr viele einfache Recheneinheiten (wie ein Grafikprozessor) beinhaltet und sowohl CPU, wie Grafikkarte ersetzen sollte. Doch schon zwei Jahre später stellte Intel die Entwicklung ein. Stattdessen integrierte man die am häufigsten benötigten Beschleunigungsfunktionen von Grafikkarten, wie die Videodekodierung, in die Chipsätze. Als Nachfolger von Larrabee entstand 2011 der Xeon Phi, der aus 50 Pentium-Kernen besteht. Intel hat die x86-Palette stark ausgedehnt, das geht von einem 486-Kern für die Arduino Plattform (Quark) mit 0,4 GFLOPs bis zum Xeon E5-2699 mit 18 Kernen und Hyperthreading mit einer Spitzenleistung von 662 GFLOPS – eine Spannweite um mehr als den Faktor 1000. Über 100 Prozessorvarianten der x86 Linie sind verfügbar

Heute ist Intel wieder Marktführer. Bedrohlich ist für die Firma heute, dass der Umsatz von PCs allgemein stagniert, während das Geschäft mit internetfähigen Nicht-PC Geräten wie Webpads, Smartphones etc. floriert. In diesem Markt konnte Intel bisher nicht Fuß fassen. Hier dominieren Prozessoren der Prozessorschmiede ARM. ARM produziert nicht selbst, sondern entwickelt nur die Technologie. Danach wird diese lizenziert. In den meisten mobilen Geräten stecken heute ARM-Prozessoren. Sie haben vor allem einen Vorteil: Sie sind sehr stromsparend. So gibt es ARM-Prozessoren mit zwei Kernen: Einem schnellen, leistungsfähigen und einem langsamen, Strom sparenden. Nur wenn man die Leistung wirklich benötigt (z.B. bei einem Spiel) wird der Erstere aktiv. Hier muss Intel noch nachbessern, bis sie mit ARM mithalten können.

Jack Tramiel

Der Einfluss von Jack Tramiel, (13.12.1928 – 8.4.2012), auf die Computerbranche ist wohl am besten mit seinem Credo zu charakterisieren: „*Geschäft ist wie Krieg*“. So war er es auch der den Preiskrieg von 1983 begann – und gewann. Jack Tramiel mag keinen Widerspruch. Sein bekanntester Satz zu Ingenieuren, die ihm erklären wollen, dass etwas nicht geht, ist: „*Do it*“ – Mach's! Er ist bekannt dafür, das Maximale aus den Leuten herauszuholen und trennt sich rasch von allen, die seinen Maßstäben nicht genügen. Bei Vertragspartnern versucht er sie soweit herunterzuhandeln, wie es geht. So dehnt er Zahlungsfristen und Abnahmemengen bis zum Maximum aus, auch um den Lieferanten noch stärker zu binden.

Jack Tramiel gehört noch zur Vorkriegsgeneration. Geboren als Idek Tramielski in Lodz wurde er als Jude nach Auschwitz verschleppt, kam jedoch 1944 als Zwangsarbeiter nach Deutschland. So überlebte er den Krieg, heiratete danach und ging 1947 in die USA. Die Überfahrt zahlte ihm eine jüdische Organisation, da er kein Geld besaß. Dort trat er in die US-Armee ein und hatte erneut Glück, denn er wurde nicht zum Koreakrieg abberufen. Da er kein Englisch sprach und keine Ausbildung hatte, wollte er beides in der Armee zu lernen, was ihm auch gelang. Er konnte in der Army eine Schule von IBM für Bürotechnik besuchen und bekam so eine Ausbildung als Mechaniker.

Abbildung 25: Jack Tramiel

Nach drei Jahren und sieben Monaten verließ Tramiel die US-Army. Tramiel arbeitete nun in einem Reparaturbetrieb, wo er Schreibmaschinen reparierte. Doch das Geld reichte hinten und vorne nicht, so musste er nachts noch Taxi fahren, um die Familie zu ernähren. Seine Frau fängt nun auch noch an zu arbeiten, damit sie das Kapital zusammenbekommen, um sich selbstständig zu machen.

Tramiel will sich mit dem Reparieren von Schreibmaschinen selbstständig machen. Er kauft 200 gebrauchte Schreibmaschinen von den Vereinten Nationen, überholt sie und verkauft sie erneut. Das bringt ein Startkapital von 10.000 Dollar. Nun nutzt er aus, dass die Regierung für ihn als Armeeangehörigen bürgt, und leiht sich 25.000 Dollar von der Bank. Er kauft eine kleine Firma namens Singer Schreibmaschinen in der Bronx in New York auf und fängt an, Schreibmaschinen zu reparieren. Besser verläuft aber der Verkauf von neuen, importierten Schreibmaschinen aus Europa der Firmen Adler, Olympia oder Everest.

Doch der erhoffte Durchbruch bleibt aus. Es gibt zu viel Konkurrenz in New York. So beschließt er, nach Toronto umzuziehen, wo seine Frau viele Verwandte hat, die ihm helfen könnten, ein neues Geschäft aufzubauen. Sein Partner, der in New York bleiben will, zahlt ihn aus und die Familie zieht nach Kanada um.

1955 beginnt er in Toronto neu. Später übernimmt er die Vertretung für die italienische Marke Everest. Er lernt Erik Markus kennen, ebenfalls ein jüdischer Flüchtling, den es in die Neue Welt verschlagen hat. Er bringt Tramiel nun die Kniffe des Geschäftslebens bei: *„Er war mein Vorbild. Er brachte mir bei, wie man ein wirklicher Geschäftsmann wird; er hat mir in jeder Beziehung ungeheuer geholfen.*“. Markus verschaffte Tramiel durch seine Kontakte eine Lizenz für den Nachbau tschechischer Schreibmaschinen. Vorher hatte sich Tramiel um eine solche bei anderen Herstellern in den USA und Kanada, aber auch in Europa bemüht, aber keine bekommen. Die Lizenz ist notwendig, um an öffentliche Aufträge zu kommen. Denn die kanadische Regierung kauft nur von kanadischen Unternehmen – auch wenn diese nur in Lizenz fertigen, aber nicht von Importeuren derselben Maschinen. So baut er aus importierten Einzelteilen der tschechischen Marke „Consol“ neue Schreibmaschinen zusammen.

Er leiht sich 176.000 Dollar von der Handelskette Sears & Robuck, welche die Schreibmaschinen abnehmen und weiterverkaufen. So gründet er 1958 die Firma Commodore International Limited. Den Namen für die Firma übernimmt er von einem Opel Commodore. Er sucht nach einem Namen, der einen hohen militärischen Rang verkörpert. Andere Bezeichnungen, wie „General“ oder „Admiral“ waren schon vergeben. Mit dem Kredit stellt er 50 Leute ein. Das Geschäft wird so erfolgreich, dass er die Nachfrage kaum decken kann. Er leiht sich von dem Finanzmakler C. Powell Morgan Geld, um weiter zu expandieren. Der Vater eines Freundes, Willy Feiler, fertigt in Berlin Addiermaschinen. 1960/61 übernimmt Tramiel die Generalvertretung für Feiler in den USA und Kanada und schon 1962 übernimmt er das Unternehmen. Commodore hat nun schon 2.000 Angestellte, die meisten davon in Berlin. Um den Aufkauf zu finanzieren, geht er kurz darauf an die Börse. Die Firma ändert ihren Namen in „Commodore Business Machines“ (CBM).

CBM stellt mechanische Addiermaschinen her und bekommt schon bald Probleme, weil die Japaner den Markt mit billigen Addiermaschinen überfluten. Schon jetzt ist seine Art Geschäfte zu machen auffällig: Es gibt Untersuchungen der kanadischen Finanzbehörde. Er und sein Partner C. Morgan stehen im Verdacht, gegen „*alle eingeführten Geschäftsmethoden*“ verstoßen zu haben. Bei Morgan gelingt eine Anklage, bei Tramiel nicht. Morgan wird wegen *„raffgierigen und prinzipienlosen Finanzmanipulationen“* verurteilt. Morgans Firma Atlantik geht in Konkurs. Damit fehlt der Kapitalgeber. 1965 benötigt er mehr Kapital und verkauft 17% der Anteile an einen Finanzinvestor für 400.000 Dollar.

Er geht nach Japan, um zu sehen, wie er die Maschinen billiger anbieten könnte. Dort entdeckt er die Möglichkeiten der integrierten Schaltung. CBM fertigt nun elektronische anstatt elektromechanische Rechner – die sich zu einem Preis von 450 Dollar pro Stück sehr gut verkaufen. Commodores Rechner basiert auf integrierten Schaltungen von Texas Instruments. Commodore war der erste Anbieter eines elektronischen Tischrechners auf dem amerikanischen Markt und anfangs macht CBM viel Profit. CBM eröffnet eigene Läden mit der Bezeichnung „Mr. Calculator“.

Doch wie MITS wird auch CBM der Eintritt von Texas Instruments in den Markt zum Verhängnis. Der Preis für einen Tischrechner sinkt innerhalb von einem Jahr von 100 auf 12 Dollar und der Gewinn bricht ein. 1975 macht CBM bei einem Umsatz von 60 Millionen einen Verlust von 5 Millionen Dollar.

Tramiel beschließt, um weiter konkurrenzfähig zu bleiben, die Hersteller der Bauteile aufzukaufen, um so mit Texas Instruments konkurrieren zu können. 1976 schafft es CBM, obwohl selbst in Finanznöten, einige kleinere Elektronikfirmen aufzukaufen. Tramiels Finanzinvestor Gould gibt ihm dafür erneut 3 Millionen Dollar. Unter den Firmen ist auch MOS Technologies – der Hersteller des 6502-Prozessors. MOS wird für 800.000 Dollar übernommen. Dazu kamen Frontier, Hersteller von CMOS Schaltungen und MDSA, ein Hersteller von LCD-Anzeigen.

Er sagte später: „*Von da an wusste ich, der einzige Weg, im Geschäft zu bleiben, war, es komplett zu kontrollieren.*“. Allerdings ändern die Aufkäufe nichts an der Situation bei den Tischrechnern. Denn Texas Instruments senkt die Preise weiter, selbst wenn sie Verluste machen. TI kann diese Verluste durch andere Geschäftsfelder kompensieren. CBM kann das nicht. Tramiel sucht nach einem neuen Produkt und entdeckt es in Mikrocomputern. Der Legende nach soll er einmal auf dem Gang mit Chuck Peddle zusammengetroffen sein, der von den Tischrechnern gar nichts hielt und ihm vorschlug, einen Mikrocomputer zu bauen. Tramiel soll nur erwidert haben „*Build it*“. Allerdings probiert er zuerst, eine Firma zu übernehmen, die schon ein Produkt in der Entwicklung hat. Erst dann bekommt Peddle seine Chance.

Tramiel versucht daher zuerst im Oktober 1976, eine kleine Firma namens Apple Computer zu kaufen. Sie hatte gerade einen Einplatinencomputer namens „Apple I“ veröffentlicht. Tramiel – knallharter Geschäftsmann – pokert aber zu hoch und so kommt es nicht zum Abschluss. Nach Peddle soll es sich nur um 25.000 bis 50.000 Dollar gehandelt haben, weswegen er mit Jobs nicht handelseinig geworden ist. Die Forderung von Jobs soll bei 100.000 Dollar in bar und Geräten von Commodore im Wert von 37.000 Dollar gelegen haben.

So entwickelte Peddle den PET 2001. Aufbauend auf dem PET entstanden noch weitere Bürorechner, die im wesentlichen auf der PET Architektur aufbauten und sich vor allem in Deutschland gut verkauften. Deutschland wurde auch in Folge zum zweitwichtigsten Markt für Commodore. Ein Grund dürfte sein, das Commodore nach einer kurzen Hochpreisphase ab 1980 in Deutschland die Geräte günstig verkaufte, während bei Tandy, Apple und anderen US-Herstellern ein kräftiger Preisaufschlag von 25-30% über dem Wechselkurs üblich war. Später gab es in Braunschweig eine Endfertigung und eine Entwicklungsabteilung.

Da es in Deutschland schon seit 1976 ein Gerät mit der Abkürzung PET von Phillips gibt, erhalten die folgenden Modelle die Abkürzung „CBM". Der PET verkauft sich in den USA gut, allerdings nicht so gut wie der Apple II oder Tandys Rechner. Es gibt dafür einige Gründe. Der Apple war farbfähig, erweiterbar und handlicher. Das Gerät von Tandy war deutlich billiger. Vor allem die Gummitastatur schreckte wohl etliche Käufer ab. Bei der CBM 40XX Serie wurde dieser Mangel beseitigt. Die 80XX Serie konnte dann auch 80 Zeichen pro Zeile darstellen – die Voraussetzung für einen professionellen Einsatz. Erst im Mai 1980 erschienen Diskettenlaufwerke. Es waren 22 kg schwere Monster im 8-Zoll-Format mit eigenen Prozessoren, die zwar dreimal so viel Daten wie die von Apple speicherten, aber auch teurer waren.

Doch Tramiel ist, anders als Peddle, nicht an Bürocomputern interessiert, sondern an dem viel größeren Markt der Hobbyisten, Konsumenten und Videospielern. Tramiel erteilt so schon 1979 den Auftrag, eine 64-K-Maschine zu entwickeln, die in Richtung des Apple II ging. Also mit Farbgrafik anstatt Textdarstellung in Monochrom, kleineren Floppylaufwerken und Fernseheranschluss anstatt eingebautem Monitor. Doch dies war nicht so einfach. Alleine die RAM-Chips für 64 KiB hätten 1979 den Computer für Konsumenten unerschwinglich gemacht. Schon seit 1978 gibt es aber einen Vorläufer des Videochips. Auf einem Chip waren alle Funktionen untergebracht, um Farbgrafik auf einem Fernseher darzustellen. Nachdem MOS zwei Jahre lang erfolglos versucht, diesen Videoprozessor zu vermarkten und ihn unter anderem Atari für ihre Spielkonsolen anbietet, schlägt Bill Seiler vor, einen Heimcomputer rund um den Chip zu bauen, aber eben mit weniger RAM und deutlich billiger als die 64K-Maschine.

Tramiel ist zuerst von diesem Niedrigpreisansatz nicht überzeugt. Was Tramiel doch noch zum Bau des VIC-20 (in Deutschland wegen der doppeldeutigen Aussprache VC-20 genannt) bewog, war ein Besuch in England, wo er 1980 Clive Sinclair wiedertraf. Er kannte ihn schon, da auch Sinclair Taschenrechner produzierte. Sinclair war nun im Computergeschäft und der ZX-80 war gerade auf den Markt gekommen. Er verkaufte sich dank des niedrigen Preises von 100 Pfund in England hervorragend. Nun sah Tramiel doch einen Markt für den Billigcomputer sah.

Es kam zu einer heftigen Auseinandersetzung mit seinen Ingenieuren, vor allem Chuck Peddle. Gerade noch wollte Tramiel einen „Apple Killer“. Nun sah er die neue Geschäftsrichtung im Billigcomputermarkt, also Heimcomputer anstatt Rechner für die Büros. Noch im Januar hatte er den Entwurf von Bill Seiler abgelehnt. Chuck Peddle war brüskiert. Für ihn zählte technische Eleganz und nun sollte Commodore einen Computer bauen, der weniger konnte war, als die drei Jahre alte CBM Serie.

Am nächsten Morgen hatte ein leitender Angestellter eine Idee – warum schafft man nicht eine eigene Abteilung für Heimcomputer und eine für Bürocomputer? Diese Idee gefiel auch Peddle und so hatte Commodore nun zwei Computerabteilungen. Es gab Diskussionen über den Aufbau des Computers, aber alle Vorschläge wurden von Tramiel abgelehnt. Die Ingenieure teilten nicht seine Vision und so machte er es klar: *„Die Japaner kommen und so werden wir Japaner werden“*. Er rechnete damit, dass die japanischen Großunternehmen diesen Markt genauso bearbeiten werden, wie andere Märkte (so z.B. bei den Kameras und HiFi-Geräten) – preislich alle unterbieten, bis alle Konkurrenten verschwunden sind.

Wie der Computer technisch aufgebaut war, war ihm völlig egal. Er musste nur billig sein, und zwar so billig, dass er damit die (von ihm erwarteten Billigcomputer) unterbieten konnte. Ironie der Geschichte: Erst 1984 tauchten die ersten Heim-computer von japanischen Unternehmen in Europa und den USA auf. Diese Rechner nach dem MSX-Standard waren deutlich teurer als der C64 von Commodore und erreichten keinen großen Marktanteil.

Damit der Rechner zum Kampfpreis produziert werden konnte, wurde der VIC-20 (der Name leitet sich vom **V**ideo **I**nterface **C**hip VIC ab, die Zahl 20 wurde nur wegen der angenehmen Aussprache gewählt) nur aus Bauteilen des eigenen Hersteller MOS hergestellt und gespart, soweit es möglich war. Die „krumme“ Bestückung mit 5 KiB RAM (nicht 4 oder 8 KiB) ergab sich z.B. daraus, dass bei Produktionsbeginn MOS auf größeren Mengen von 1 kbit RAM-Bausteinen sitzt, die keinen Abnehmer finden. So ist das RAM gemischt aus 4 kbit und 1 kbit Bausteinen aufgebaut.

Der VIC-20 wurde ein kommerzieller Erfolg. Er wurde anfangs für 299 Dollar angeboten. Er war der erste Computer, der 1 Million mal verkauft wurde. Insgesamt 2,5 Millionen wurden bis zum Produktionsende 1985 gefertigt.

1981 geht Tramiel nun erneut den „Apple Killer" an. Allerdings mit neuer Zielsetzung. Nach dem Erfolg des VC-20 soll es ein Heimcomputer werden. Zwar sind die 64-kbit-RAM-Bausteine immer noch recht teuer, aber er rechnet bis zur Markteinführung mit sinkenden Preisen. Damit das Gerät nicht den teuren Rechnern der CBM-Serie Konkurrenz macht, wird die Leistung beschnitten.

So wird der Rechner nur 40 Zeichen pro Zeile darstellen und kann nur an einen Fernseher angeschlossen werden. Das BASIC der CBM-Serie wird fast unverändert übernommen, obwohl dieser Rechner nun Grafikfähigkeiten hat. Das schafft später einen Markt für BASIC Erweiterungen auf einem Einschubmodul. Das Floppydisklaufwerk ist sehr langsam. Dafür sind die Produktionskosten niedrig: Die Fertigung kostet nur 135 Dollar. Verkauft wird der Rechner für 595 Dollar.

Trotz der Mängel verkauft sich der C64 sehr gut – weil er der preisgünstigste Rechner seiner Klasse ist. Bei Produkteinführung im Oktober 1982 kostet er in Deutschland noch 1.395 DM, ein Jahr später sind es nur noch 700 DM. Es beginnt ein Preiskrieg. Zahlreiche Firmen ziehen sich aus dem ruinösen Preiswettbewerb zurück, so Atari, Dragon Computer und Texas Instruments. Da Commodore gleichzeitig Hersteller der Chips ist, kann keiner ihre Preise unterbieten. Vor allem gegen Texas Instruments ist der Preiskampf gerichtet. Jack Tramiel hat nicht vergessen, wie Texas Instruments vor einigen Jahren CBM an den Rand des Ruins brachte. Nachdem die Firma 1983 über 100 Millionen Dollar Verlust beim Vertrieb ihres Heimcomputers Ti 99/4a macht, stellt sie dessen Produktion ein und zieht sich aus dem Markt zurück.

Doch Tramiel ist nicht allmächtig. Obwohl CBM eine Aktiengesellschaft ist, führt er sie wie sein Privatunternehmen. Die ersten Probleme gibt es, als er seine Söhne in die Geschäftsleitung aufnehmen will. Es rebelliert der Vorstand, auch weil dieser Preiskrieg nicht spurlos an der Firma vorbei ging. Tramiel muss am 15.1.1984 seinen Hut nehmen. Die genauen Ursachen wurden nie genannt. Es gab wohl eine Auseinandersetzung über den Kurs der Firma. Commodore hatte gerade einen Umsatz von 1 Milliarde Dollar erreicht und Tramiel wollte CBM innerhalb kurzer Zeit auf 10 Milliarden Umsatz hochtreiben. Dieser aggressive Expansionskurs gefiel Irvin Gould, dem Hauptaktionär von Commodore, nicht. Die Initiative zum Rausschmiss ging von Gould aus, der 1975 den Ruin der Firma verhindert hatte und dem 20% der Aktien gehörten.

Was Tramiel dann tat, hatte wohl keiner vermutet: Er verkaufte seine Commodore Aktien im Kurswert von 100 Millionen Dollar und übernahm am 3.7.1984 Atari von Warner Bros. Eben eine jener Firmen, die er gerade durch seine Preispolitik ruiniert hatte.

Commodore bleibt auch ohne Tramiel erfolgreich. Sie veröffentlichten kurz nach dem Atari ST den Amiga, ebenfalls mit dem 68000-Prozessor und grafischer Oberfläche. Dazu kamen einige, vor allem in Deutschland sehr erfolgreiche IBM-kompatible PCs. Schlechter lief die Nachfolge der C64 Linie. Weder der deutlich leistungsfähigere C128 noch die Nachfolger des VC20 (C16, C116, Plus/4) konnten an den Erfolg des C64 anknüpfen. Weiterhin erfolgreich war nur der Kassenschlager C64. Er wurde von 1982 bis 1993 nahezu unverändert produziert und ist der bestverkaufteste Computer seiner Ära.

Bei Atari folgten zuerst einige verbesserte 8-Bit-Ataris. Die einzigen Änderungen, verglichen mit den früheren Modellen, waren Einsparungen in der Produktion (billigere Tastatur und zum Atari ST kompatible Gehäuse) und etwas mehr Speicher. Es gelang, mit dem Atari 800 XL, sogar den C64 im Preis zu unterbieten, nicht bei den Verkaufszahlen.

Bei Atari feuerte er 3.400 der 5.300 Mitarbeiter. Der Rest sollte einen Computer konstruieren, der nun mit Apples Macintosh konkurrieren sollte, getreu dem Motto *„Computer for the masses not for the Classes“* und *„Power without price“*. Der erste Satz bezieht sich auf die Dominanz von Apple im US-Bildungssystem und der Zweite auf den niedrigen Preis der Rechner von Tramiel. Auf die Frage eines Journalisten, an wen er den Rechner verkaufen will – also ob er sich an Hobbyisten oder Geschäftsleute wendet, antwortet er *„an jeden“*.

Es gibt aber auch Probleme. Nach negativen Erfahrungen mit Tramiel weigern sich ehemalige Lieferanten, Bauteile zu liefern. Vor allem ROM-Bausteine werden knapp. Tramiel verklagt darauf einige Firmen.

Er versucht auch die Amiga Corporation zu kaufen, die den Amiga Computer in den Grundzügen entwickelt hatten, aber in finanziellen Schwierigkeiten streckt. Tramiel bietet 0,98 Dollar pro Aktie. Irwin Gould, der davon Wind bekommt, bietet kurz vor Ablauf der Bietfrist 4,25 Dollar pro Aktie und bekommt den Zuschlag. (Was Commodore in kurzfristige Finanznöte brachte, da man sich damit etwas verhoben hatte). Nun war das Konzept des Amigas in den Händen von Commodore, also müssen seine Ingenieure was anderes konstruieren: Und zwar, wie könnte es anders sein, was Billigeres.

Das wird der Atari 520 ST: Ein Rechner mit derselben CPU wie der Macintosh, mehr Speicher (512 KiB) und ebenfalls einem 3,5-Zoll-Floppydisklaufwerk. Es gibt zwei Monitore, einen Farbmonitor und einen Monochrommonitor. Ursprünglich wollte Tramiel einen Computer, den man an den Fernseher anschließen kann, um die Produktionskosten weiter zu senken. Doch seine Ingenieure rieten ihm ab: Bei der beschränkten Auflösung des Fernsehers ist eine grafische Oberfläche nicht sinnvoll. Trotzdem wurde Platz für einen TV-Modulator auf der Platine ausgespart und ab 1986 wurde dieser standardmäßig integriert.

Ein Atari ST kostet mit Diskettenlaufwerk nur ein Drittel eines Mac und weniger als ein PC Kompatibler. ST ist die Abkürzung für „**S**ixteen-**T**hirty-two“: Der 68000-Prozessor ist ein 16/32-Bit-Prozessor. Intern arbeitet er mit 32 Bit, doch hat er nur 16 Datenleitungen zum Speicher.

Der Atari ST hat eine hervorragende Darstellung auf dem Monochrommonitor. Der Atari hätte damit erfolgreich sein können als Büro- und Heimcomputer. Doch Tramiel hat wieder einmal den PC zu schnell entwickelt. Eine Computerzeitschrift bezeichnet ihn als den *„fehlerhaftesten Computer, der je auf den Markt kam“*. Eine andere führt unter dem Titel *„das Chaos hat Methode“* eine Reihe von abschreckenden Fallbeispielen auf, wo Anwender mangels Druckertreiber das Programmieren in Assembler lernten und mangels Bemaßungen in grafischen Anwendungen den Monitor mit Millimeterpapier versahen und Fotos machten.

Schon die Auslieferung verzögerte sich um sechs Monate. Zwei angekündigte Modelle, der Atari ST 130 und 260 kommen nicht auf den Markt, weil der Speicher zu klein ist. Einige Atari ST 260 wurden ausgeliefert. Doch waren sie mit 512 KiB Speicher ausgestattet, weil die ersten Rechner noch so viele Fehler im Betriebssystem haben, dass dieses von Diskette geladen wird, wo es leichter korrigiert werden kann. Dafür fehlt bei diesen Rechnern das Betriebssystem-ROM und sie benötigen mehr RAM für das Betriebssystem.

Das Betriebssystem enthält nun nicht nur einen BASIC-Interpreter, sondern Atari will auch hier dem Macintosh Konkurrenz machen. Es muss also eine grafische Benutzeroberfläche her. Doch für Atari war es unmöglich, in der kurzen Zeit selbst eine zu entwickeln. Es wurde zuerst untersucht, ob Windows auf der ST portiert werden könnte, schließlich war dessen Auslieferung für März 1984 angekündigt. Gespräche bei Microsoft ergaben aber, dass es noch nicht fertiggestellt war. Digital Research arbeitete jedoch an GEM, das fast fertig war. Eine Portierung wurde zusammen mit Programmierern von Atari angegangen. GEM war jedoch nur die Oberfläche. Es fehlte noch das eigentliche Betriebssystem. Dafür war CP/M 68K die logische Wahl. Allerdings war CP/M 68K schon einige Jahre alt und unterstützte z.B. keine Unterverzeichnisse. DRI arbeitete jedoch an einem neuen Dateisystem für GEM, GEMDOS. So wurde beschlossen, GEMDOS und CP/M 68K zu einem neuen Betriebssystem TOS zu verbinden.

Es zwingen Herstellungsprobleme zu kostenintensiven Serviceaktionen. Die Geräte werden überhastet ausgeliefert. Schließlich liegen zwischen Aufkauf von Atari und Auslieferung der ersten Atari ST nur ein Jahr. Sowohl an der Lisa, wie auch dem Macintosh, wurde fünf Jahre lang entwickelt. Auch die Amiga Corporation arbeitete seit zwei Jahren an dem Amiga, bevor sie von Commodore übernommen wurde. So ist das Betriebssystem erst nach einigen Monaten soweit fertig, das die Rechner es im ROM enthalten. Trotzdem müssen im ersten Jahr reihenweise ROM-Bausteine und Grafikprozessoren ausgetauscht werden. Das kostete dem ST den professionellen Markt, denn hier finden sich nur wenige Firmen die Anwendungen schreiben. Durch den anfänglichen schlechten Ruf ist auch die Akzeptanz der Maschine bei Geschäftskunden schlecht. Zwei Jahre nach Einführung zeigt ein Review der verfügbaren Software durch die Zeitschrift ct' immer noch große Defizite. Es gibt Programmiersprachen, Spiele und Grafikprogramme, aber es fehlen die typischen Geschäftsanwendungen. Am Anfang müssen sogar konvertierte CP/M-Anwendungen wie dBase die Lücke füllen. Diese fehlende Akzeptanz im Businessmarkt bleibt auch in Folge bestehen. Dazu trägt auch bei, dass eine schon bei Vorstellung des Rechners angekündigte Festplatte erst Ende 1986 lieferbar ist.

Doch bei Privatkunden ist der ST ein beliebter Heimcomputer. Es erscheinen weitere Versionen mit bis zu 4 MB RAM und in das Tastaturgehäuse eingebauten Floppy-Disk-Laufwerken. Später auch der Mega STE mit einem herkömmlichen Gehäuse für Festplatte, Elektronik und Floppydisklaufwerk und separater Tastatur.

Nach und nach erweitert Tramiel die Produktpalette um einen Lowcost-Laserdrucker für den ST – ebenfalls zu einem Bruchteil des Preises eines normalen Laserdruckers. Atari hat die gesamte Elektronik weggelassen und überlässt dem ST die Aufarbeitung der Druckdaten (zehn Jahre später wird dasselbe Prinzip als „Windows Printing System“ neu erfunden). Es folgt ein CD-ROM Laufwerk, ebenfalls für einen vergleichsweise geringen Preis. Dazu kommt eine Spielekonsole und ein PDA mit dem 8088-Prozessor. Atari dominiert den europäischen Markt – die meisten Computer werden in Deutschland und England verkauft, während der Amiga sich besser in den USA verkauft.

Doch langfristig steigt der Marktanteil von PC-Kompatiblen und der von Atari sinkt. Nun rächt sich, dass Tramiel sich nur auf den Heimanwender konzentrierte und den professionellen Markt vernachlässigte. Ab 1988 sinken die Verkaufszahlen. Erst spät wurde die Modellreihe modernisiert. Die beiden Nachfolgemodelle Atari TT und Atari Falcon 030 können nicht an den Erfolg der ST-Reihe anknüpfen. Sie erscheinen erst 1990 und 1992, sechs bzw. acht Jahre nach Einführung der ST-Serie.

Der Atari TT setzt den 68030-Prozessor ein, ist aber nicht kompatibel zu den schon entwickelten Spezialschaltkreisen des Atari ST für Grafik und Sound. Der Takt von 32 MHz muss für das Ansprechen der Bauteile des Atari ST auf 16 MHz reduziert werden, was den Rechner ausbremst. Mit Festplatte kostete der Rechner 3.000 Dollar und war so recht teuer.

Der Falcon 030 sollte nach den Erfahrungen mit dem Atari TT erneut kompatibel zum Atari ST sein. Der 68030-Prozessor ist an den 16-Bit-Datenbus der ST-Serie angebunden und nur mit 16 MHz getaktet, während der TT030 schon 32 MHz erreichte. Ein zusätzlicher Signalprozessor mit der dreifachen Leistung der CPU soll dies ausgleichen, doch nutzt ihn bestehende Software nicht. So ist der Falcon 030 ein Rechner, der teurer als die Atari ST Serie ist, aber nur wenig nutzbare Mehrleistung bietet. Dazu kommt als hausinterne Konkurrenz der Atari STE mit 68000-Prozessor, ebenfalls mit 16 MHz.

Erst 1987 erscheint von Atari ein zum IBM PC kompatibler Computer. Der Verkaufserfolg dieser Reihe bleibt aus und schon 1991 wird die Produktion dieser Serie wieder eingestellt.

Auch die Rückkehr in den Spielkonsolenmarkt, den Atari in den Siebzigern und frühen Achtziger dominierte, mit der Jaguar Konsole, scheitert 1993. Es werden nur etwa 250.000 Geräte verkauft. Atari hat viel in die Entwicklung investiert, und macht nun Verluste. Tramiel verkauft den Spielkonsolenbereich von Atari für 90 Millionen Dollar an Sega, doch das rettet die Firma nicht mehr.

1995 zieht sich Atari vom Computermarkt zurück und 1996 verkauft Tramiel Atari an den Festplattenhersteller JTS. Seitdem geniest er den Ruhestand und verwaltet sein erwirtschaftetes Geld. Er gibt keine Interviews mehr zu seiner Zeit als Geschäftsmann, ist jedoch aktiv bei Treffen von Holocaust-Überlebenden und beteiligt sich an Stiftungen. Am Ostersonntag 2012 stirbt Tramiel im Kreise seiner Familie.

Fast zeitgleich ging auch Commodore in Konkurs und auch Apple geriet in wirtschaftliche Schwierigkeiten – der Markt bestrafte alle Firmen, die keine PC-Kompatiblen herstellten.

Chuck Peddle

Chuck Peddle ist ein Mann, den nur wenige kennen, obwohl er Computergeschichte schrieb. Ohne ihn gäbe es weder Apple noch hätte Commodore jemals Computer hergestellt. Chuck Peddle (eigentlich Piddle) wurde 1937 geboren und machte 1960 seinen Abschluss als Ingenieur. Nur in seinem letzten Jahr am College hatte er dabei Kontakt mit der Theorie der Informationstechnik, die ihn jedoch sofort faszinierte.

Seine erste Tätigkeit war bei General Electric, wo er an den ersten Time-Sharing Systemen arbeitete und ein System zur elektronischen Bezahlung entwickelte. 1970 beschloss GE, sich nicht mehr weiter im Computergeschäft zu engagieren und übergab Peddle und sieben weiteren Angestellten die Rechte an ihren Erfindungen. Sie machten sich selbstständig und entwickelten auf Basis dieser Erfindungen einige Konzepte, hatten aber nicht das Geld sie zu patentieren, was sie nach Peddles Ansicht reich gemacht hätte. Als er dann noch beschloss, die Ex-Frau eines Partners zu heiraten, gab es weitere Probleme, die dazu führten, dass sie die Firma auflösten.

1972 suchte er nach einer neuen Stelle. Er bekam zwei Angebote: Eines von Texas Instruments, die zwar leistungsfähige Computer entwickelten, wo er aber nur an einem System zur Kontrolle des Luftverkehrs mitarbeiten sollte, und von Motorola, wo Tom Bennett noch Ingenieure suchte, die das Design des ersten Mikroprozessors von Motorola, des 6800 fertigstellten. Er ent-

Abbildung 26: Juck Peddle, etwa 1988

schloss sich für Letzteres, *„weil am Low-End mein Herz hängt"*, wie er später in einem Interview sagte.

Beim 6800 war er zwar an der Entwicklung beteiligt, doch nur in der Endphase, der grundlegende Aufbau stand schon fest. Er wollte einen Mikroprozessor entwickeln, der kostengünstig war. Doch bei Motorola herrschte derselbe Geist wie bei Intel: *„Das sind vollwertige kleine Computer, die verkaufen wir nicht so billig"* sagte ihm ein Vorgesetzter auf die Frage, warum der Preis so hoch sei. Motorola verkaufte den 6800 anfangs für 300 Dollar. Chuck Peddle fragt bei Motorolas Kunden nach, was sie für einen Mikroprozessor ausgeben würden und es kristallisiert sich ein maximaler Preis von 25 Dollar heraus. Bei diesem Preis würde die Nachfrage drastisch ansteigen. Doch warum sollte Motorola einen Prozessor für 25 Dollar verkaufen, wenn die Kunden auch 300 zahlen? Dass der Markt viel größer wäre, leuchtete außer Peddle niemanden ein.

1974 verließ er zusammen mit sechs anderen Entwicklern Motorola und heuerte bei MOS Technology an. MOS war ein kleiner Halbleiterhersteller, der seit Ende der sechziger Jahre verschiedene integrierte Schaltungen fertigte. Darunter sind RAM-Bausteine, Schieberegister, Lizenzfertigungen von Designs von Texas Instruments und zahlreiche Bausteine für Taschenrechner. Einer der wichtigsten Kunden ist Commodore, Tramiels Firma.

Sie entwickeln einen Prozessor, der sich an den 6800 anlehnt, aber keine Kopie ist. Denn um das „25 Dollar Ziel" zu erreichen, muss der Prozessor deutlich billiger zu produzieren sein. Der Erstling war der MCS6501. Der Prozessor ist deutlich einfacher als der MC6800 aufgebaut:

	MCS6501	**MC6800**
Befehle	56	72
Transistoren:	5.000	6.800
Register:	2 × 8 Bit 2 × 8 Bit Indexregister	2 × 8 Bit 1 × 16 Bit Indexregister

Es wurde auf zahlreiche Adressierungsarten verzichtet und es gab nur 8 Bit breite Indexregister. Dadurch war das Verarbeiten von Arrays schwieriger und die ersten, direkt adressierbaren, 256 Bytes des Arbeitsspeichers erhielten eine Sonderstellung. Die Reduktion der Transistorenzahl nannte Peddle später in einem Interview als den wichtigsten Punkt, um das Preisziel von 25 Dollar zu erreichen. Zu dieser Zeit betrug die Produktionsausbeute bei Prozessoren nur rund 30%. Wenn nun die Transistorenzahl sank, so sank auch die Größe der Chipfläche und der Prozentsatz der fehlerfreien Chips stieg an.

Der 6501 wurde in Anzeigen angekündigt, wobei betont wurde, dass er pinkompatibel zum 6800 war. Das bedeutete, er passte in die Sockel eines 6800 Prozessors. Die Zielsetzung war, dass MOS Technology so keine eigenen Peripheriebausteine entwickeln musste und Kunden einfach einen teuren 6800 durch einen preiswerten 6501 ersetzen konnten.

Kaum war er auf dem Markt, flatterte MOS ein Schreiben von Motorolas Anwälten ins Haus. Gegen die Ähnlichkeiten zum 6800 konnte Motorola nichts unternehmen, jedoch wehrte sich die Firma dagegen, dass der 6501 auch noch pinkompatibel war. So wurde der 6502 entwickelt. Er war nun nicht mehr pinkompatibel und beinhaltete zudem den Taktgenerator, der beim 6501 noch ein externer Baustein war. Er wurde im September 1975 als Nachfolger des 6501 angekündigt und dessen Produktion eingestellt. Die gerichtliche Auseinandersetzung mit Motorola dauerte noch einige Jahre an und endete mit einer Zahlung von 200.000 $ an Motorola.

Beim Vermarkten ging es darum, einen Coup zu landen, um den neuen Prozessor bekannt zu machen. Chuck Peddle nahm an, dass die im September 1975 in San Francisco stattfindende WESCON-Messe (**W**estern **E**lectronics **S**how and **Con**vention) das wichtigste Ereignis der jungen Mikrocomputerbranche sein würde (was sich bewahrheiten sollte). Jeder der Computer produziert oder sich dafür interessiert, würde dort sein. (Was ebenfalls so kam). Also beschloss er, dort nicht nur mit einem Messestand präsent zu sein, sondern die Prozessoren direkt zu verkaufen. Jeder sollte sehen, dass MOS schon liefern konnte. Damit dies wirklich jeder wusste, platzierte er eine ganzseitige Anzeige in der Fachzeitschrift Byte und kündigte auch den Preis an: 20 Dollar für einen Prozessor!

Er schrieb zwei Handbücher für den 6501 und 6502, um eine Dokumentation verfügbar zu haben und gab sie zum Kopieren. Es gab allerdings ein Problem: Im Messebereich durfte er nichts verkaufen. Also mietete er sich in einer Suite im nahen McArthurs Hotel ein und baute dort einen Stand auf. Auf ihm waren zwei Glasgefäße aufgestellt: eines gefüllt mit den 6501-Chips, ein Zweites mit den neuen 6502. Was die Käufer jedoch nicht wussten: Nur die Hälfte der Chips funktionierten. *„Die Chips oben waren getestet und die unten waren defekt, das wussten wir, aber es ging darum mit zwei vollen Gefäßen zu demonstrieren, dass wir liefern konnten*“. Die neue Konkurrenz wurde sofort von den anderen Herstellern bemerkt: Noch am selben Tag senkte Intel den Preis für den 8080-Prozessor von 179 auf 70 Dollar.

Peddle entwarf nun zwei Trainer, um Käufer des 6502 in die Programmierung zu schulen: TIM-1 (**T**erminal **I**nput **M**onitor) und KIM-1 (**K**eyboard **I**nput **M**onitor). Besonders das KIM-1, das für 145 Dollar verkauft wurde, erfreute sich großer Beliebtheit als Mikroprozessortrainer. Von ihm wurden bis 1981 über 10.000 Stück verkauft.

Im November 1975 übernahm Commodore durch Aktienaustausch MOS. MOS bekam 9,4% der Commodore Aktien. Damals war Commodore 60 Millionen Dollar an der Börse wert. Primärer Grund für MOS auf die Übernahme einzugehen, war der Zugang zu Kapital, das Tramiel von seinem Investor Gould bekommen hatte.

Für MOS bedeutet die Übernahme einen Wechsel in der Ausrichtung: Commodore schränkte das Forschungsbudget ein und MOS entwickelte nun fast ausschließlich Zubehörbausteine für Commodores Rechner. Die Mikroprozessorentwicklung wurde fast komplett eingestellt. Es erscheinen nur noch verbesserte Versionen des 6502. Viele Ingenieure, wie Bill Mensch, der zahlreiche Patente betreffend der Architektur des 6502 hielt, verließen nun die Firma. Sie wechselten zu anderen Halbleiterherstellern und produzierten dort leistungsfähigere Exemplare, die dann von anderen Herstellern den MOS-Chips vorgezogen wurden. Bill Mensch entwickelt zum Beispiel später bei WDC den 65816, der im Apple II GS eingesetzt wurde.

Chuck war aber auch klar, dass wenn er einen Computer an die Massen bringen wollte, er mehr als einen Platinencomputer entwerfen musste. Dabei hatte er *„nicht in einer Million Jahre“* daran geglaubt, dass jemand den 6502 mit seinem zusammengestrichenen Befehlssatz für einen Computer nutzen würde. Peddle dachte an den Einsatz in Terminals oder für Steuerungsaufgaben. Doch hörte er bald von Unternehmen, die das versuchten, so meldete sich Steve Jobs bei ihm, als er Chips für den Apple I benötigte. Dies brachte ihn auf die Idee, selbst einen Computer auf Basis des 6502 zu entwickeln.

Der Computer soll in BASIC programmiert werden können. Er überzeugte Jack Tramiel, dass man einen solchen Computer für 500 Dollar verkaufen könnte, und CBM sicher 10.000 Stück los brächte. Tramiel war nicht überzeugt, dass seine Ingenieure ein solches Produkt vom Reißbrett weg bauen könnten. Er versucht zuerst, Apple zu kaufen. Stephen Wozniak hatte zu diesem Zeitpunkt ein Grobkonzept des Apple II fertiggestellt. Peddle hielt beim gemeinsamen Besuch nichts davon und war überzeugt, in wenigen Wochen einen besseren Computer konstruieren zu können. Wozniak meint später, Peddle hätte vom Apple-II Konzept vieles verwendet. Dies kann aber angesichts der völlig unterschiedlichen Geräte ausgeschlossen werden.

Tramiel verspricht Peddle eine Prämie von 1 Dollar pro verkauften Gerät, wenn er das Design möglichst schnell fertigstellt. Das Geld wird Peddle aber nie erhalten. In vieles muss sich auch Peddle erst einarbeiten. So hatte er keine Erfahrung mit dem Bau von Monitoren. Peddle las er Adam Osbornes Buch *„How to build your own TV“*. Basierend darauf entstand der Monitor. Als der Prototyp dann zum ersten Mal eingeschaltet wurde, stand das Bild auf dem Kopf – aber er funktionierte.

Da es Probleme mit der Ansteuerung von Kassettenrekordern bei anderen Computern und beim KIM-1 gab, beschloss er, den Kassettenrekorder fest einzubauen. Er schrieb auch die Routinen zur Ansteuerung. Die Verwendung eines Modells reduzierte die Komplexität, da nun dessen Eigenschaften genau bekannt waren. Er schloss ein Oszilloskop am Eingang des Kassettenrekorders an, um die Signale direkt zu überprüfen und versah den Code mit zahlreichen Routinen zur

Fehlererkennung. Leider dokumentiert er die Arbeit nicht, sehr zum Leidwesen späterer Entwickler derselben Routinen beim VC-20 und C64.

Das Motherboard wird beim Prototyp in ein Holzgehäuse eingebaut. So entstand der PET in sehr kurzer Zeit, lediglich sechs Wochen soll Peddle mit einigen Ingenieuren für die Entwicklung des Rechners gebraucht haben. Ursprünglich dachte Tramiel daran, Den Rechner an Tandy zu verkaufen. Durch die unnachgiebige Verhandlungsführung von Tramiel kam es aber zu keiner Einigung. So entwickelt auch Tandy einen eigenen Rechner.

Peddle benötigt noch ein BASIC. Dieses will er nicht selbst schreiben und so wendet er sich an die einzige Firma, die zu diesem Zeitpunkt BASIC vertreibt: Microsoft. Bill Gates glaubt nicht an den Erfolg von Commodore. Er beauftragt Rick Wyland, einen der jüngsten Mitarbeiter von Microsoft, den Interpreter zu schreiben. Dank Gates Desinteresse kann Peddle sehr günstige Konditionen aushandeln. Commodore darf Microsoft-BASIC bei jedem zukünftigen Rechner verwenden, der auf einem 6502-Prozessor basiert. Dabei fliest nur eine einmalige Lizenzzahlung, alle folgenden Verwendungen sind lizenzfrei. Selbst auf den Namen verzichtet Microsoft, so meldet sich der Interpreter als „Commodore BASIC“. Einzige Bedingung: zukünftige, von Commodore weiterentwickelte Versionen, müssen Microsoft zur Kenntnisnahme vorlegt werden. Bis zur letzten Version, beim Commodore C128 werden sechs Versionen erscheinen.

Schon im Januar 1977 wird der PET 2001 angekündigt. Ein Prototyp wird auf der West Coast Computer Faire im April zusammen mit dem Apple II und TRS-80 präsentiert. Commodore kann aber vier bzw. sechs Monate früher als die Konkurrenten ausliefern. Der Rechner liegt preislich zwischen dem Tandy TRS-80 und Apple. Den Namen hat er nach Peddles Aussage vom „Pet rock“ – ein Stein wurde damals als „Haustier“ verkauft und das mit großem Erfolg. Er war beeindruckt von der Marketingkampagne, die einen Stein für 25 Dollar verkauft. Er nahm an, dass ein freundlicher Name für den Computer den Verkauf ankurbeln würde. PET sollte offiziell die Abkürzung für „**P**ersonal **E**lectronic **T**ransactor” sein. Für die Ingenieure, die Peddle in Rekordzeit zur Konstruktion des Rechners antrieb, stand die Abkürzung aber für „Peddles Ego Trip“.

Der PET hatte Vor- und Nachteile. Als erster Computer verfügte er über einen eingebauten Monitor. Er war jedoch mit 9 Zoll Diagonale recht klein. So stellte er nicht mehr Zeichen dar als ein Fernseher (es war auch eigentlich kein echter Monitor, sondern ein Fernseher). Grafik war nicht möglich, aber anders als beim Apple, wurden Kleinbuchstaben dargestellt. Der PET hatte einen integrierten Kassettenrekorder als Datenspeicher.

Das Gerät sieht sehr seltsam aus. Das Gehäuse ist für den Monitor zu groß. Es kann mit einem Metallbügel aufgeklappt werden. Die Tastatur, ohne horizontalem Versatz der Tasten und mit einfachen Tasten aus Gummi, macht nicht nur einen billigen Eindruck, sie war auch schlecht zu bedienen. Es gab keinen richtigen Druckpunkt für eine sensorische Rückmeldung und einige Tasten waren zu klein, wie die Leer- und Entertaste. Den Punkt (.) gab es nur auf dem Zehnerblock. Sie bekam sehr bald die Bezeichnung „Mickey-Mouse Tastatur".

Das Gerät, und die Nachfolgemodelle, die sich vor allem an Geschäftsleute wenden, (mit mehr Speicher, größeren Monitoren und später auch Floppy-Disk-Laufwerken) erreichten in den USA nicht die Popularität des Apple II oder Tandy. Aber Commodore ist in einem voraus: Sie können viel schneller liefern und sie expandieren schneller nach Europa. Apple machte erst 1979 den Sprung über den Teich.

Allerdings dauerte es rund drei Jahre, bis Commodore die Hauptkritikpunkte am PET gelöst hatte: 1980 erschien das CBM 4032 System, dass nun über mehr Arbeitsspeicher (32 KiB), eine ordentliche Tastatur und Floppy-Disk-Laufwerke verfügte. Die CBM 80XX Serie, die 80 anstatt 40 Zeichen pro Zeile darstellen konnte, folgte kurz darauf. Die einfacher erweiterbare Architektur des Apple II hatte sich aber bis dahin durchgesetzt, da schon 1978 Floppy-Disk-Laufwerke für den Apple verkauft wurden und der Rechner auf 48 KiB erweiterbar war. Das war beim PET 2001 nicht möglich. Commodore musste sowohl für die 80-Zeichen-Fähigkeit wie auch mehr Arbeitsspeicher und den Anschluss von Diskettenlaufwerken neue Modelle auf den Markt bringen.

Schon vorher verließ Chuck Peddle Commodore und ging 1978 für knapp ein halbes Jahr zu Apple. Er war dort Chefingenieur, doch aus dem kleinen chaotischen Haufen war nun eine Firma mit festen Organisationen geworden. Er fühlte sich dort nicht wohl und wechselte wieder zurück zu Commodore. Etwas später verließ er Commodore erneut, um ein kleines Forschungs- und Entwicklungslabor zu leiten, kam aber auch hier nach kurzer Zeit wieder zurück.

Kurz darauf kontaktierte ihn Atari, die den 6502 Prozssor für ihre neuen Rechner Atari 400 und 800 haben wollten. MOS soll die Chips für 12 Dollar pro Stück verkaufen. Das was kein Problem, da die internen Produktionskosten inzwischen auf 4 Dollar gesunken waren. Atari hatte jedoch angesichts Tramiels schlechtem Ruf die Besorgnis, Commodore könnte das Design der Rechner klauen. So traf Peddle mit MOS-Ingenieuren auf einer einsamen Landstraße auf die Vertreter von Atari, die zuerst eine Verschwiegenheitserklärung vorlegten. Der Abschluss kam zustande und Tramiel wurde über den Auftrag nicht informiert.

Nachdem Peddle sah, dass Commodore mit den CBM-Rechnern nicht gegen Apple ankam, versuchte sich Peddle ab 1979 an einer neuen Maschine. Der „Apple Killer" sollte wesentlich preiswerter als der Apple II sein und über 64 KiB RAM verfügen. Doch die Entwicklung zog sich hin. Es sah nicht aus, als könnte man die Maschine relativ rasch fertigstellen.

Etwa um 1980 kam es zum Bruch Peddles mit Tramiel. Tramiel redete offen darüber, Commodore in verschiedene Abteilungen aufzuteilen. Peddle wusste, das Tramiel den Endverbrauchermarkt im Visier hatte, während er selbst an Computern für Businessanwendungen interessiert war. So schlug Peddle vor, diese Abteilung zu leiten, was von Tramiel harsch abgewiesen wurde. Darauf hin verließ er Commodore endgültig.

Durch seine lange Betriebszugehörigkeit hatte er jedoch Anrecht auf Aktienanteile. Mit diesem Kapital und der Unterstützung von Chris Fish, einem Finanzier von Commodore, gründete er zusammen mit anderen Ingenieuren, die mit ihm Commodore verließen, eine neue Firma: Sirius Information Technology. Tramiel behauptete nun, Peddle hätte geistiges Eigentum von Commodore gestohlen und Peddle hätte die Aktienoptionen nicht verdient.

Sirius begann die Konstruktion eines Rechners im August 1980, er erschien zeitgleich mit dem IBM PC ein Jahr später. In Europa wurde das Gerät unter der Bezeichnung „Sirius 1“ verkauft, in den USA als „Victor 9000“.

Das Gerät ist ein MS-DOS Kompatibler. Sprich, der Rechner kann durch den 8088-Prozessor MS-DOS ausführen, das an den Rechner angepasst wurde. Mit dem Prozessor endet aber schon die Gemeinsamkeit zum IBM PC. In allen anderen Belangen ist dieses Gerät dem IBM-PC haushoch überlegen. Der Monitor stellt gestochen scharfe Grafik dar – mit 800 × 400 Punkten zwar nur monochrom, aber mit einer Auflösung, die bei anderen Computern erst zehn Jahre später erreicht wurde. Text kann in mehreren Auflösungen bis zu 132 × 50 Zeichen dargestellt werden. Auch die Diskettenlaufwerke fassen mehr Daten als beim IBM-PC: 600 KiB pro Stück, mit einer Option sogar 1,2 MByte. Wie bei Commodore hatte das Diskettenlaufwerk eine eigene CPU. Der Hauptspeicher betrug schon in der Basiskonfiguration 128 KiB, erweiterbar auf 896 KiB. Das Gerät hatte eine ergonomische Tastatur und gewann Preise für das Design und die Ergonomie. Verfügbar war von Anfang an eine 10,6 MB große Festplatte. Da Microsoft keinen Code für die Unterstützung der Festplatte schreiben wollte, tat dies Sirius. Sie gaben ihn Microsoft. Er wurde in MS-DOS 1.2 eingebaut.

27. Abbildung: Sirius Victor 9000

Der Sirius 1 war in jeder Hinsicht ein professioneller Rechner, der bei gleichwertiger Ausstattung sogar noch preiswerter als ein IBM-PC war. Zuerst verkaufte sich das Gerät auch sehr gut, bis IBM den PC-XT herausbrachte. Der PC-XT beseitigte die Mängel des IBM

PC. Er hatte mehr Speicher, eine Festplatte konnte nachgerüstet werden. Zeitgleich erschienen die ersten IBM-PC Nachbauten. Nun gab es nicht einen Konkurrenten, sondern viele. Wie andere, „nur“ MS-DOS kompatible, Rechner verlor 1983 Sirius massiv Marktanteile und ging schon 1984 bankrott.

Peddle beschäftigte sich weiter mit Konzepten, wie man einen Computer preiswert machen könnte, auch um ein kleines Entwicklungsteam zusammenzuhalten. Seiner Meinung nach waren nun nicht mehr die Chips, sondern die Festplatten der entscheidende Kostenfaktor. Sie waren Anfang der Achtziger Jahre fast genauso teuer wie der komplette Rechner. Die erste Festplatte für PCs, Seagate ST-506 kostete 1980 1.500 Dollar ohne Kontroller. Das war so teuer wie ein IBM PC in der Grundausstattung. Beim IBM drei Jahre später erschienen PC-XT verdoppelte die Festplatte fast den Preis des Rechners.

Er fragte bei verschiedenen Herstellern nach, ob sie nicht eine Festplatte für 50 Dollar produzieren könnten. Seagate meinte, dass dies möglich wäre, wollte dies aber nicht tun, um keinen Preiskampf anzuzetteln. Bei Jugi Tandom fiel die Idee auf fruchtbareren Boden. Tandom beschloss, nicht nur die Festplatte zu produzieren, sondern selbst einen PC zu bauen. Aufbauend auf den Erfahrungen mit dem Sirius wurde der zum IBM-AT kompatible Rechner Tandom 286 PAC gebaut. Peddle wurde Präsident von Tandoms PC-Sparte. Der 1987 erschienene Computer ist ein (fast) normaler IBM-AT Kompatibler. Nur hat er ein schickes Designgehäuse und eine Besonderheit: Die 30 MB große Festplatte war auswechselbar und wurde auch separat als Data-PAC verkauft. Der Disketten- und Festplattenhersteller Tandom war eine Reihe von Jahren als PC-Hersteller erfolgreich und erreichte 1991 einen Umsatz von 400 Millionen Dollar bei 1.100 Beschäftigten. Danach verschlechterte sich die Marktsituation und 1993 ging auch Tandom bankrott.

Im Jahre 2003 arbeitete Peddle bei Celetron, einem Hersteller von Netzgeräten und Zulieferer für Festplattenhersteller. Die Firma entstand aus der Fusion von Tandom Tochterfirmen nach deren Bankrott, danach ging er in den Ruhestand.

Sir Clive Sinclair

Sir Clive Marles Sinclair, geboren am 30.7.1940, ist in diesem illusteren Kreis der einzige Europäer und vielseitigste Erfinder. Schon sein Vater und Großvater waren Ingenieure. Schon als Jugendlicher tüftelte Sinclair und „erfand“ 1958, vor seinem Abitur, die Lochkarte und entwickelte ein Miniaturradio. Die Enttäuschung war groß, als er erfuhr, dass es die Lochkarte schon gab und für das Radio fand er keinen Käufer. So arbeitete er nach dem Abitur erst einmal als Autor für den technischen Verlag Bernard Babani. Er war sehr produktiv und veröffentlichte in drei Jahren zwischen Januar 1959 und April 1962 insgesamt 13 Bücher über Elektronik. Eines davon wurde bis 1970 weitere sechsmal aufgelegt.

Er registrierte schon 1961 mit 21 die Firma „Sinclair Radionics Ltd“. Der ursprüngliche vorgesehene Name „Sinclair Electronics“ war schon vergeben, und „Sinclair Radio“ klang nicht gut genug. Er scheiterte aber daran, genügend Kapital aufzutreiben, um in die Produktion einsteigen zu können. Er fand zwar einen Investor, der bereit war, für 3.000 Pfund 55% der Firma zu erwerben, es kam jedoch zu keinem Abschluss.

Abbildung 28: Sir Clive Sinclair

So arbeitete er weiter als Autor, diesmal bei United Trade Press als freier Mitarbeiter. Er nutzte die Zeit, sich weiterzubilden und schrieb über Transistoren und ihre Technologie. Sinclair nutzte die Verbindungen, die sich aus der Journalistentätigkeit ergaben, um bei 36 Firmen an über 1.000 verschiedene Teile heranzukommen. Er bestellte Proben oder Rückläufer für eigene Experimente. 1969 gab er die Autorentätigkeit endgültig auf und konzentrierte sich auf den Bau von Radiogeräten. Durch sein erworbenes Wissen gelang es ihm, ein Miniaturradio zu konstruieren, das mit einer Hörgerätebatterie arbeitete und dadurch deutlich kleiner als Konkurrenzprodukte war. Schließlich bekam er das Geld, das er brauchte, um den Geschäftsbetrieb aufzunehmen, vom National Enterprise Board, also der Regierung.

Dem ersten Radio folgen weitere Geräte, vorwiegend im Bereich Hi-Fi bis 1974. Einige Charakterzüge von Sinclair bemerkt man schon jetzt bei seinen Produkten: ungewöhnliche Ideen und Lösungen, der Hang zur Miniaturisierung sowie eine gewisse Sparsamkeit, die sich in einer radikalen Vereinfachung der Geräte ausdrückt.

1973 gründete er seine zweite Firma, die in der Folge einige Male ihren Namen wechselt, um schließlich 1977 bei „Science of Cambridge" anzukommen. Sinclair hatte nie eine Universität besucht, geschweige denn Cambridge, aber der Name klang gut. Science of Cambridge produzierte Elektronik. Der 1974 erschienene Taschenrechner „Executive" verkaufte sich dank stromsparenden Aufbaus und daher kleiner Batterien sehr gut. Der Verkaufsschlager wurde das digitale Multimeter DM1. Geräte dieser Art finanzierten zahlreiche Erfindungen, die sich als kommerzielle Fehlschläge entpuppten, wie die LCD-Uhr „Black Watch". Sie wies zahlreiche konstruktive Mängel auf (so war die Genauigkeit von der Umgebungstemperatur abhängig und die Batterien waren schon nach wenigen Tagen entladen).

Sinclairs erster Rechner ist 1978 das Mikrocomputerkit MK 14. Dies ist ein Einplatinencomputer mit 256 Byte RAM und einer 7-Segment-Anzeige. Er verkauft sich in England 15.000 bis 50.000-mal. Er basiert auf dem selten eingesetzten Prozessor SC/MP von National Semiconductor. Was das Kit so erfolgreich machte, war der niedrige Preis von 39,95 Pfund. Es ähnelt anderen Mikroprozessor-Lernkits dieser Periode, wie dem KIM-1 von MOS.

Sinclairs nächster Computer sollte ein vollwertiger Heimcomputer sein, wie der Tandy TRS-80, nur viel preiswerter. Er sollte weniger als 100 Pfund (199,95 Dollar) kosten. Das klang noch fantastischer, als den Altair für 397 Dollar anzubieten. Es schien unmöglich – aber Sinclairs Hang zur Sparsamkeit schaffte es. Der bisher billigste Computer war der Tandy TRS-80, der ohne Fernseher 399 Dollar kostete.

ZX80 und ZX81

Der erste Versuch diesen Computer zu bauen ist der New Brain. Er entwickelte ihn zusammen mit Chris Curry. Früh in der Entwicklung wurde klar, dass der Computer nicht für 100 Pfund vermarktet werden konnte. Er war dazu zu leistungsfähig, hatte zu viele Features und Speicher. Sinclair überließ das New Brain Projekt Curry. Er konzentrierte sich darauf, einen noch einfacheren Computer zu konstruieren und alles wegzulassen, was zusätzliche Kosten verursacht.

Der Sinclair ZX80 wird im Januar 1980 vorgestellt und kostete nur 99 Pfund. (69 Pfund, wenn man ihn selbst zusammenbaute). Um ihn so billig wie möglich zu machen, hat der ZX-80 nur einen TV-Ausgang in Schwarz-Weiß. Damit kann man Videospeicher einsparen, denn es gibt keine Farbe. Das ROM ist nur 4 KiB groß und enthält ein Integer-BASIC. Fließkommaberechnungen sind nicht möglich. Das RAM ist nur 1 KiB groß und dient zugleich als Bildschirmspeicher. Es ist kein Videoprozessor vorhanden, so erfolgt kein Bildaufbau, wenn die CPU rechnet. Als Tastatur hat der ZX80 eine einfache Folientastatur. Das Gerät verkaufte sich wie nichts. Käufer mussten, wie beim Altair, teilweise Monate auf ein Exemplar warten. Warum, trotz dieser eingeschränkten Möglichkeiten? Nun es gab in dieser Preisklasse keine Konkurrenz. Ein ZX-80 kostete weniger als die Hälfte des VC-20, der etwas später erschien. In einem Jahr wurden 50.000 ZX-80 verkauft.

Abbildung 29: ZX80 (links) und ZX81 (rechts)

1981 erschien das verbesserte Nachfolgemodell ZX-81. Auch dieser wurde zum Verkaufsschlager. Das ROM ist nun auf 8 KiB angewachsen und beherrscht auch Fließkommaarithmetik. Das ROM gab es schon als Upgradeoption für den ZX80. Die wesentlichen Änderungen findet man unter dem Gehäusedeckel: der ZX80 beinhaltete noch viele handelsübliche TTL-Bausteine. Deren Funktionen wurden nun in einem eigens für den ZX81 entworfenem Chip, einem Gate Array, untergebracht. Viele Dinge erbte der ZX81 vom ZX80. So das nur 1 KiB große RAM, die Folientastatur und den fehlenden Videoprozessor, weshalb der Rechner bei der Bildschirmausgabe Programme mit nur einem Viertel der normalen Geschwindigkeit ausführt. Auch wird ein Ausgang des Gate Arrays zum Speichern auf Kassette und zur Bildschirmausgabe benutzt, weshalb beim Laden und Speichern der Bildschirminhalt zerstört wird.

Die Meinungen über den Rechner waren in der Fachpresse daher geteilt, auch weil zahlreiche ZX81 schnell ausfielen. Britische Händler rechneten mit einem Ausschuss von einem Drittel, während Sinclair selbst nur von 2,4% der zusammengebauten und 13% der Bausätze sprach. Was aber immer noch ein hoher Prozentsatz war.

Durch das Gate Array ist der ZX-81, der gerade noch aus vier Chips besteht, mit 69 Pfund noch billiger als der ZX-80. Das Gate Array machte ihn billiger, sollte aber auch den Nachbau des Rechners erschweren. Er besaß nun einen Erweiterungssteckplatz, für den es Speichererweiterungsmodule mit bis zu 64 KiB Speicherkapazität gab. Sie saßen aber nicht richtig. Viele Benutzer fixierten sie dann mit Tesafilm oder Kaugummi, da sonst das Risiko bestand, dass sie im Betrieb abfielen und einen Reset auslösten.

Die nächste Idee von Sinclair ist ein Drucker für den ZX81. Drucker waren damals teuer, meistens teurer als die Computer selbst. Um für den ZX-81 einen Drucker für 49 Pfund zu bauen, konstruierte er einen Thermodrucker mit nur zwei Nadeln, die im Kreis rotierten. Das dabei erzeugte Schriftbild ist so schlecht, das es manchmal unleserlich ist. Gespeichert wurden die Daten, wie beim ZX-80, auf einen Kassettenrekorder.

Der Sinclair ZX81 wurde trotz seiner zahlreichen Mängel ein großer Erfolg. Es wurden über 1,5 Millionen Stück verkauft, davon wurden 70% exportiert. In den USA wurde er von Timex in Lizenz produziert und in Brasilien erschien ein nicht autorisierter Nachbau namens „TK 85". Sinclair betrieb eine Marketingkampagne, die sich an „the man on the street" wendete. Der ZX81 sollte ein Rechner für jedermann sein, für Familien, nicht nur für Computerfreaks. So wurde er als einfach, bedienungsfreundlich und erschwinglich beworben. Die Anzeigen erscheinen nicht nur in Computermagazinen, sondern auch in Zeitschriften wie Popular Mechanics, New Scientific und anderen, die sich an ein technisch oder wissenschaftlich vorgebildetes und interessiertes Publikum richteten.

Sinclair Spectrum und QI

1982 erscheint dann der Sinclair Spectrum. Der Spectrum wurde zuerst unter der Bezeichnung ZX82 entwickelt, die Umbenennung erfolgte, um die Farbgrafikfähigkeiten klar zu machen.

Abbildung 30: ZX Spectrum 48K Version

Trotzdem konnte der Spectrum seine Verwandtschaft zum ZX81 nicht verleugnen. Die Tastatur hatte nun Tasten mit dem Feeling von Radiergummis. Keine richtige Verbesserung, zumal die unzuverlässige Mechanik erhalten blieb. Auch die Farbgrafik wurde seltsam gehandhabt. Zwar hatte der Rechner nominell 256 × 192 einzeln ansprechbare Bildpunkte. Es gab aber pro Pixel nur ein Bit für „An“ oder „Aus“. Die Farbinformationen teilten sich jeweils 8 × 8 Pixels. Das erzeugte Artefakte.

Das Gehäuse war sehr klein, was die Bedienung der Tastatur nicht gerade vereinfachte. Um Produktionskosten zu sparen, waren bei der ersten Serie der 48-KiB-Version (es gab noch eine 16-KiB-Version und später eine 128-KiB-Version) acht 64 kbit Chips verbaut worden, die als defekt ausgesondert wurden, weil nur die Hälfte des Speichers nutzbar war.

Sinclair bot für den Spectrum auch keine Floppy an, sondern propagierte eine andere Lösung: Microdrives. Das sind kleine Magnetbänder, die sehr schnell bewegt werden und so mit 4 Sekunden mittlerer Zugriffszeit einen (für Magnetbänder) sehr schnellen Zugriff bieten. Leider ist das immer noch langsamer als ein Diskettenlaufwerk und die Bänder waren teuer und fehleranfällig.

Der Rechner war, wie seine Vorgänger, auf den Benutzer ausgerichtet, für den der Preis das wichtigste Verkaufsargument war. Der dadurch entstandene Preisunterschied zu Rechnern wie dem C64 sank aber im Laufe der Zeit, sodass die Verkäufe zurückgingen. Als kosmetische Korrektur erschien etwas später der Spectrum 48+ mit einer besseren Tastatur. Allerdings mündeten die Kontakte immer noch auf die Folientastatur mit ihrer begrenzten Haltbarkeit und fehlendem Druckpunkt.

Abbildung 31: Sinclair QL

Als Spanien eine Steuer auf alle Rechner, mit weniger als 64 KiB RAM erließ, welche die spanische Sprache nicht unterstützten, kam Ende 1985 zuerst nur in Spanien, ab Anfang 1986 auch in England, ein auf 128 KiB aufgerüstete Spectrum 128 auf den Markt.

Nachdem Sinclair Research an Amstrad verkauft wurde, erschienen weitere Versionen des Spectrums, bei dem die Elektronikplatine in das Gehäuse der Amstradrechner eingebaut wurde. Bisher externe Erweiterungen wurden integriert. Amstrad baute den Rechner noch bis 1992. Insgesamt 5 Millionen Stück sollen verkauft worden sein.

Für die Verkaufserfolge der ZX-81 und Spectrum Rechner und die dadurch ins Königreich gespülten Devisen wurde Clive Sinclair geadelt. 1983 wurde er in den Ritterstand erhoben und darf sich seitdem Sir Clive Sinclair nennen.

Sinclairs letzter Rechner ist der QL – **Q**uantum **L**eap (Quantensprung). Mit seinem 68008-Prozessor konkurrierte er mit dem Amiga und Atari ST. Der QL war der allererste Heimcomputer mit einem MC-68K Prozessor. Er wurde im Januar 1984 angekündigt. Doch die Entwicklung verzögerte sich. Größere Stückzahlen konnte Sinclair erst im September 1984 liefern, so interpretierte die britische Presse das Kürzel QL als „quite late". Der geplante Verkaufspreis von 499 Dollar war auch nicht zu halten.

Schlimmer noch: Die ersten Rechner waren defekt, selbst Rechner die Computerzeitschriften zum Test erreichten. Es gibt selbst in Serienexemplaren Flickschusterei, wie zusätzliche, Huckepack eingelötete ROMs, weil die Software nicht in das vorgesehene ROM hineinpasste oder quer über das Motherboard gezogene Drahtbrücken.

Neben den Verzögerungen machte Sinclair zwei entscheidende Fehler: Er zielte wieder auf den Heimanwender als Käufer und er setzte wieder auf die Microdrives als Massenspeicher anstatt auf Disketten. Deren Zuverlässigkeit, Lebensdauer und vor Kapazität können aber mit Disketten nicht konkurrieren. 128 KiB speichert ein Microdrive, 720 KiB eine im PC-Bereich übliche Diskette, die nur einen Bruchteil eines Bandes kostet.

Der Rechner war nun mit einem Verkaufspreis von 570 Dollar in einem Preissegment angesiedelt, in der Diskettenlaufwerke zum Standard gehörten. Er fand daher kaum Anklang bei Anwendern, die einen Bürocomputer suchten, obwohl Sinclair ein Paket aus Textverarbeitung, Datenbank, Tabellenkalkulation und Präsentationsgrafik im ROM mit auslieferte.

Es fehlte aber eine grafische Benutzeroberfläche, wie sie Macintosh, Amiga und Atari aufweisen. Das QDOS des QL beinhaltete einen BASIC-Interpreter. Normal für einen Heimcomputer, aber nicht bei einem professionellen Gerät dieser Preisklasse, obwohl er sehr viele Möglichkeiten hatte, die andere Interpreter nicht boten. Ebenso gab es keine Maus. Weitere technische Spielereien, wie die Möglichkeit QL's miteinander zu vernetzen, konnten über so profane Dinge wie einen fehlenden Druckeranschluss in der Grundversion nicht hinwegtrösten. Der QL verkaufte sich in zwei Jahren nur 150.000-mal. Auf ihm lernte Linus Torwald das Programmieren. Er wird wenige Jahre später Linux (allerdings auf einem PC mit dem 80386 Prozessor) entwickeln.

Der 2.000 DM teure Rechner wurde zum Flop und brachte Sinclairs Firma in Bedrängnis. 1984 machte Sinclair Research einen Umsatz von 77 Millionen Pfund, davon 14 Millionen Gewinn. 1985 waren es zwar 102 Millionen Pfund Umsatz, aber 18 Millionen Pfund Verlust. Sinclair Research brauchte 10 bis 15 Millionen Pfund, um weiter operativ zu bleiben. 1986 musste Sinclair seine Firma für 5 Millionen Pfund an Amstrad verkaufen und gründete eine neue. Diese durfte aber nicht mehr „Sinclair“ im Namen führen, da der Markenname mitverkauft wurde. Unter

Amstrad konnte Sinclair Research nicht mehr an die alten Erfolge anknüpfen. Der QL wurde eingestellt. Die Spectrum Reihe erhielt neue Modelle, welche die schlimmsten Nachteile (die Gummitastatur und das fehlende Diskettenlaufwerk) beseitigten. Doch sind die Rechner mittlerweile veraltet und haben in den Modellen von Amstrad besser ausgestattete, hausinterne Konkurrenz.

Von Clive Sinclair erschien ein „Notebook" unter der Bezeichnung „Cambridge Z88". Das Z88 ist ein Gerät mit einem kleinen LCD Bildschirm und einem integrierten Paket aus Anwendungen. Als es 1988 erschien, war sein Z80-Prozessor schon veraltet und es konnte sich auf dem Markt nicht durchsetzen. Seitdem hat Sinclair weitere Erfindungen gemacht: ein Elektroauto C5, das sich aber nicht gut verkaufte, eine Ultraleichtfahrrad, einen Zusatzmotor für ein Fahrrad und ein Miniradio. Die neuesten Erfindungen sind das zusammenklappbare Citybike A-1, das nach eigenen Aussagen recht gut läuft und das X-1 Electric Vehicle. Dies ist ein Liegerad mit Elektromotor. Sinclair wäre sicher erfolgreicher gewesen, wenn seine Computer etwas konventioneller gewesen wären und er nicht an den falschen Stellen wie der Tastatur und einem Diskettenlaufwerk gespart hätte.

Abbildung 32: Osborne 1

Adam Osborne

Innerhalb dieses Buches nimmt Adam Osborne eine Sonderrolle ein. Er ist sicher keine Hauptfigur der PC-Geschichte, aber er ist sicher der erfolgreichste Quereinsteiger in diesem Geschäft.

Adam Osborne (geboren am 6.3.1939 in Thailand, gestorben am 8.3.2003 in Indien) war Journalist und Autor von Computerbüchern. Von Geburt Brite schloss er sein Studium in den USA in Delaware ab. Nach Studium und Promotion arbeitete er zuerst als Chemieingenieur für Shell.

Danach war er seit Anfang der siebziger Jahre als technischer Autor bei Intel beschäftigt. Er schrieb die Dokumentationen zu den Intel-Mikroprozessoren und deren Entwicklungssystemen. Sein Buch „An Introduction to Microcomputers", eigentlich eine Einführung in die Programmierung von Intels 8080-Prozessor, kauften viele der frühen Computerfreaks. Es war ein Standardwerk.

Abbildung 33: Adam Osborne

Schon 1972 gründete er einen eigenen Verlag: Osborne & Associates. Er publizierte nicht nur eigene Bücher, sondern auch die anderer Autoren. Es sind einfach zu lesende Bücher über Computertechnik und Elektronik. Schon 1977 führte der Verlag 40 Titel in seinem Programm. Eines davon war so gut, das IMSAI jedem Computer eines beilegte. Sein Buch „40 BASIC Computer Games" verkaufte sich als erstes Fachbuch für Computer über eine halbe Million mal. 1979 verkaufte Osborne seinen Verlag an McGraw-Hill. Er wurde als Osborne/ McGraw-Hill weiter geführt.

Was nun tun? Osborne kannte sich in Computern aus. Er war regelmäßig bei den Treffen des Homebrew Computerclubs anwesend. Er schreibt in den ersten Computerzeitschriften Reviews über neu erschienene Hardware und war zu dieser Zeit bei der Zeitschrift Infoworld mit einer regelmäßigen Kolumne aktiv. Nichts läge also näher, als weiter zu schreiben.

Doch er hat die Idee für einen eigenen Computer. Die Idee nahm Gestalt an, als er Lee Felsenstein trifft. Lee Felsenstein kannte er vom Homebrew Computer Club. Er war beteiligt beim Design des SOL von Processor Technologies. Osborne schildert Felsenstein seinen Traum von einem tragbaren Computer – nicht zum ersten Mal. Er hatte die Idee schon anderen Fachleuten, inklusive Bill Gates vorgetragen. Jeder sagte ungefähr das gleiche: „*Technisch machbar ist es vielleicht, aber wozu soll das gut sein?*“. Anders als bisherige Gesprächspartner ist Felsenstein aber bereit, ihm bei der Konstruktion zu helfen.

Osborne kam auf die Idee, einen Computer anzubieten, den es so auf dem Markt nicht gab. Das gelang ihm auch. Es ist der erste „portable“ Computer. Was benötigt ein Journalist? Er braucht einen Computer, der mobil ist, und er muss auf ihm schreiben können, wie auf einem Bürocomputer. Osborne gründete seine eigene Firma, die **O**sborne **C**omputer **C**orporation (OCC).

Nun schreiben wir das Jahr 1980. Es gibt noch keine LCD-Bildschirme, die kleinen 3,5 Zoll Diskettenlaufwerke sind auch noch nicht erfunden. Das Ganze wird also auch für Felsenstein eine schwierige Aufgabe. Was feststeht, ist die Gehäusegröße. Der PC muss unter einen Flugzeugsitz passen. Danach muss sich alles richten. Osborne macht nur eine Vorgabe, dass er bezahlbar sein musste und „adäquat zum Arbeiten“ sein muss. Eingesetzt wurde daher „State of the Art“ und nicht unbedingt das Neueste auf dem Markt. Robustheit ist wichtig und dies führt eher zur Verwendung von erprobten, als neuen Komponenten. Der 12 kg schwere Computer war als Koffer konstruiert und der Deckel des Koffers diente als Tastatur. Es gab sogar praktische Ablagefächer für Disketten.

Der Bildschirm sollte mindestens 40 Zeichen darstellen können, das würde es erlauben, eine Textzeile in zwei Bildschirmzeilen darzustellen. Felsenstein hatte vorher die Hardware für eine Videodisplaykarte fertiggestellt, die 64 Zeichen pro Zeile darstellte, und wollte diese einsetzen. Doch dies konnte der kleine Bildschirm nicht darstellen. Nach Diskussionen einigte er sich mit Osborne auf einen Kompromiss: Der Bildschirm würde 52 Zeichen darstellen. Er war sehr klein, und hatte nur eine Diagonale von 5 Zoll. Felsenstein schuf jedoch ein Feature, welches die Bedienung vereinfachte. Der sichtbare Bereich war ein Fenster, das verschoben werden konnte, so war der Bildschirminhalt größer als der angezeigte Bereich. Die Größe des Bildschirms war beschränkt, weil in dem Gehäuse auch noch Platz für zwei Diskettenlaufwerke bleiben musste. Felsenstein entschied sich gegen halbhohe Diskettenlaufwerke mit hoher Datendichte, weil er befürchtete, sie wären zu empfindlich und würden Stöße nicht so gut überstehen. So wurden normal hohe Laufwerke mit einfacher Dichte eingebaut.

Während die Z80A CPU und der Speicherausbau von 65 KiB Standard waren, war die Schnittstellenausstattung für die damalige Zeit vorbildlich: eine parallele, eine serielle und eine Schnittstelle mit dem IEE488 Bus waren auf der Vorderseite angebracht, was den Anschluss von Druckern und Modems vereinfachte.

Was aber den Computer einmalig machte, war die „Komplettausstattung". Osborne nutzte seine Kontakte und verhandelte mit alten Bekannten bei Softwarehäusern um günstige Preise für die Software zu bekommen. Er bot Rubinstein von MicroPro (Hersteller des Textverarbeitungsprogramms WordStar), Gordon Eubanks (Programmierer von CBASIC), Gary Kildall (CP/M) und Bill Gates (MBASIC) Aktienanteile an der OCC als Austausch für einen niedrigen Softwarepreis an. Nur Gary Kildall lehnte ab, weil er keinen Kunden bevorzugen wollte. Rubinstein beteiligte sich sogar mit 20.000 Dollar an der Firma, Bill Gates lehnte einen Posten im Vorstand ab, nahm die Aktienoption aber wahr. MicroPro erhielt 75.000 Aktienanteile im Wert von 130.000 Dollar, aber nur 4,60 Dollar pro Kopie, also ein Bruchteil des regulären Listenpreises.

Was noch fehlte, war ein Tabellenkalkulationsprogramm. Verhandlungen mit Personal Software über einen niedrigen Preis für VisiCalc scheiterten, so beauftragte er Richard Frank eine eigene Tabellenkalkulation zu entwickeln. Dabei entstand

SuperCalc, das sogar noch besser als VisiCalc war und zirkuläre Referenzen auflösen konnte, ein Feature, welches erst zehn Jahre später erneut in Excel auftauchte.

Damit wurde der Osborne 1 Computer mit einem Bündel an Anwendungen ausgeliefert:

- WordStar, der damals populärsten Textverarbeitung.
- SuperCalc als Tabellenkalkulationsprogramm.
- Microsoft Basic, als die am meisten verbreitete BASIC-Version.
- CBASIC, mit der Fähigkeit zur genaueren BCD-Arithmetik.
- CP/M 2.2 als Betriebssystem.

Einzeln gekauft hatte diese Software einen Wert von 1.500 Dollar. So bekam Adam Osborne auch oft die Bemerkung zu hören, er verkaufe Software und lege noch einen Computer obendrauf, denn zusammen kostete das nur 1.795 Dollar. Die Softwarepakete variierten im Laufe der Zeit, so gab es später auch dBase oder Lagerverwaltungs- und Buchhaltungssoftware von Peachtree im Bundle mit dem Computer. Der Computer war auch ohne die Software günstig. So kosteten die meisten Computer mit zwei Diskettenlaufwerken ohne Monitor schon mehr als ein Osborne.

Der im April 1981 vorgestellte Rechner verkauft sich gut, im ersten Jahr machte Osborne eine Million Dollar Umsatz, im Zweiten schon 68,8 Millionen Dollar. Es werden bis zu 10.000 Osborne 1 pro Monat verkauft.

Im Jahre 1985 wurde ein „Dr. Osborne-Kit“ auch zu einem der ersten Hardwareprojekte der damals noch jungen Computerzeitschrift ct'. Auch hier erfreute sich die Hauptplatine mit der Komplettsoftware einer großen Popularität. Viele schmissen die Platine in den Müll und nutzten nur die Software.

1982 erschien zwar auch der zum IBM PC kompatible Compaq Portable, doch war er doppelt so teuer wie ein Osborne 1. Eine stärkere Bedrohung war der CP/M Rechner Kaypro Pro II, der praktisch dieselbe Hardwareausstattung hatte, ebenfalls mit einem Softwarepaket ausgeliefert wurde, aber einen größeren 9 Zoll Monitor eingebaut hatte.

Osborne machte einen großen Fehler und kündigte schon 1982 das Nachfolgemodell „Osborne Executive“ an. Die Folge war, dass die Firma nun Bestellungen für einen Rechner bekam, der noch nicht produktionsreif war, während der Umsatz des Osborne 1 einbrach. Seitdem heißt ein derartiges Vorgehen in der Branche (das Ankündigen noch nicht lieferbarer Hardware) „osborn a product“. Als 1983 dann der Osborne Executive erschien, verfügt er zwar über doppelt so viel Speicher und Diskettenlaufwerke mit höherer Speicherkapazität, aber er hatte nur einen 7-Zoll-Monitor. Dieser ist also kleiner als der des Kaypro Pro. Gerade der kleine Monitor war aber die größte Einschränkung bei der Arbeit. Zudem war der Osborne Executive mit einem Preis von 2.495 Dollar teurer als ein Osborne 1 oder Kaypro Pro (1.795 Dollar)

Nach Angaben von ehemaligen Mitarbeitern war aber nicht die frühzeitige Ankündigung des Executive, sondern andere Managemententscheidungen verantwortlich für die Misere der Firma. Adam Osborne war überfordert. Innerhalb eines Jahres hatte er die Verantwortung für eine Firma, die von Null auf 100 Millionen Dollar Umsatz gewachsen war. So wurde die Produktion auf den Executive umgestellt, wodurch Bauteile für den Osborne 1 knapp wurden und eingehende Bestellungen nicht bedient werden konnten. Das vergrößerte die Finanznöte. Osborne verpasste zudem den Einstieg in die Produktion von zum IBM-PC kompatiblen Rechnern.

Es folgt 1984 der Osborne Vixen. Dies war eine nicht besonders glückliche Namenswahl. „Vixen“ war auch als Name für den VIC-20 gedacht, aber aufgrund der Aussprache im Deutschen von Commodore verworfen worden. Der Vixen kann nicht an die alten Erfolge anknüpfen. Nur wenige Rechner werden verkauft. Inzwischen dominieren IBM kompatible Computer auch bei tragbaren Rechnern.

Noch im selben Jahr geht die Osborne Computer Corporation in Konkurs. Als eines Tages die Arbeiter in der Werkhalle ankommen, sind Sicherheitsleute vor Ort, um die verbliebenen Computer und Einzelteile vor Plünderung zu schützen. Schließlich haben die Angestellten seit Wochen keinen Lohn bekommen. Allerdings darf jeder noch seine persönlichen Dinge holen. Jeder Arbeiter verlässt das Werk mit einem Koffer – niemand hatte dem Wachpersonal gesagt, dass OCC Rechner in Kofferform produzierte ...

Adam Osborne besinnt sich auf seine ursprüngliche Profession und verlegt wieder: in seiner neuen Firma „Paperback Software International Ltd". Er schreibt auch ein Buch über seine Firma „Hypergrowth: the rise and fall of Osborne Computer Corporation". Paperback Software soll vor allem günstige Computersoftware produzieren. Software sollte nach Osbornes Meinung weniger als 20 Dollar kosten und so publiziert der Verlag vor allem Softwaretitel. Seine Firma wird als Folge 1987 wegen Copyrightverstößen von Lotus verklagt. Sie vermuten in der von Paperback publizierten Tabellenkalkulation VP Planner einen Klone von Lotus 1-2-3. 1990 befindet ein Gericht Paperback schuldig, das Interface und das Aussehen des bekannten Softwaretitels kopiert zu haben.

Im gleichen Jahr verließ Osborne die Firma und betätigte sich in Indien als Venture Kapitalgeber für Computersoftware. Seit 1992 litt er unter einer Hirnleistungsstörung, die sich durch kleinere Hirnschläge langsam verschlimmerte. Er starb schließlich an deren Folgen am 18.3.2003.

34. Abbildung: Osborne Executive

Bill Loewe und Philip Estridge

Als sich Ende der siebziger Jahre der Mikrocomputermarkt entwickelte, erregte dies die Aufmerksamkeit von IBM. Man hatte in der Führungsetage den PC-Markt total unterschätzt. Man konnte sich nicht vorstellen, dass Käufer mit solch kleinen Maschinen arbeiten konnte. Doch die Kunden belehrten IBM eines besseren. Immer häufiger berichteten Mitarbeiter des Servicepersonals, das diese neuen Rechner sich bei ihren Kunden befänden, um Dinge zu machen, die zu unwichtig für den Großcomputer waren oder um einfach unabhängig zu sein.

Es musste ein eigener PC her – primär nicht, um Geld zu verdienen, sondern wegen des Images: PCs waren „hipp“ und Großrechner galten als Relikte einer vergangenen Zeit. Selbst bei treuen Kunden verlor IBM an Akzeptanz, weil sie dieses Segment vollständig ignorierten. Dabei expandierte der Markt und würde in wenigen Jahren, so interne Prognosen, einen Umfang von 1 Milliarde Dollar erreichen. Umgekehrt war der Marktanteil bei den Großrechnern, IBMs Kerngeschäft, rückläufig. Hatte Mitte der sechziger Jahre IBM noch 60% Marktanteil, so lag er nun nur noch bei 40%.

Abbildung 35: Philip Estridge

IBM hatte schon mehrere Versuche unternommen, im „Entry Systems“ Segment, wie IBM die „preisgünstigen“ Rechner selbst nannte, präsent zu sein. Der Erste war 1975 das System 5100 – ein 23 kg schwerer Rechner mit einem Bandlaufwerk als Massenspeicher und APL und BASIC als Programmiersprachen. Er erschien zeitgleich mit dem Altair, war deutlich leistungsfähiger und verfügte zwischen 16 und 64 KiB Speicher. Er war aber auch teurer und kostete je nach Ausbaustufe zwischen 8.975 und 19.975 Dollar. Damit lag diese, aus IBM-Bauteilen aufgebaute,

Maschine preislich im Marktsegment der Minicomputer. Er war als Werkzeug für Wissenschaftler und Ingenieure ausgelegt.

Zudem zeigte die Entwicklungszeit des Modells 5100 von zwei Jahren, dass IBMs Innovationszyklen in dem sich schnell veränderten Markt der Mikrocomputer zu langsam waren: In zwei Jahren stieg MITS auf und wurde nach Umsatzeinbrüchen verkauft. Zwei Jahre lagen zwischen dem Altair 8800 und dem Apple II.

Es folgten weitere Versuche von IBM, Mikrocomputer zu bauen. So das „Modell 5120“ im Jahre 1978 und einen Monat vor Einführung des IBM PC das „System/23 Datamaster“. Alle diese Systeme basierten auf IBM-Technologie und Software, auch wenn Letzteres schon einen Intel 8085-Prozessor einsetzte. Auch wenn diese Geräte sehr leistungsfähig waren, so hatte das System 5120 z.B. die Möglichkeit vier Floppy-Disk-Laufwerke mit jeweils 1.200 KiB Speicherkapazität anzuschließen – der IBM PC verfügte über nur zwei Laufwerke mit je 160 KiB Speicher – so waren sie auch sehr teuer. Der typische Preis für eine Basiskonfiguration betrug um die 10.000 Dollar. So verwundert es nicht, das Apple kurz nach Markteinführung des IBM PC eine Anzeige schaltete, mit dem Titel *„Welcome IBM – seriously“*. Apple und andere Hersteller glaubten, dass auch der neue PC zu teuer wäre, um eine ernsthafte Konkurrenz zu sein. Apples Angestellten kauften einen IBM PC, nahmen ihn auseinander und lachten sich nach Aussage von Andy Herzfeld „kaputt“, weil die Grafik nicht mit dem schon vier Jahre alten Apple II mithalten konnte und das Betriebssystem „ein Witz war“.

Frank Cary, damaliger CEO von IBM, wandte sich 1980 an die Abteilungsleiter und holte Vorschläge für einen eigenen PC ein. Er meinte, um einen PC zu konstruieren, braucht IBM 300 Leute und vier Jahre. IBM war schon damals eine große, eingefahrene Firma mit nicht geradem schlankem Personalstand und langen Entscheidungswegen. Bill Loewe, hatte im Vorfeld bei Atari sogar das Angebot eingeholt, ob sie nicht einen Computer für IBM bauen könnten – um das Management zu provozieren. Wenn schon Atari einen Kleincomputer bauen kann, wie groß musste die Schmach dann sein, wenn es IBM nicht hinbekommt?

Die Herausforderung für IBM war, dass ein Mikrocomputer nicht einfach ein kleiner Großrechner war, eine einfache Ausgabe dessen, was man schon produzierte. Das Problem war, dass der Markt ein komplett anderer ist. Großrechner sind ein Investitionsgut. IBM stellte sie nicht einfach her. Die Firma baute sie auf und nahm sie in Betrieb. Sie vermietete Rechner mit Zubehör, die Software und bei den teureren Exemplaren gehörte auch ein Techniker für die Reparaturen und Wartung zum Mietpreis. Betriebssystem und Software wurden lizenziert und laufend durch neue Versionen ersetzt. Durch diese Vermietung nahm IBM genauso viel ein, wie durch den Verkauf. Großrechner wurden in kleiner Stückzahl gefertigt und in Handarbeit montiert. Es gab enorm hohe Verdienstspannen von 60 bis 70% des Verkaufspreises.

Bei Mikrocomputern handelt es sich um ein Massenprodukt, hergestellt in großen Stückzahlen. Zum Einsatz kommen Bausteine, die von wenigen Halbleiterherstellern gefertigt werden. Auch Vertrieb und Service unterscheiden sich. Ein Käufer kommt in einen Laden, nimmt den PC mit und bringt ihn zurück zum Laden, wenn er ein Problem hat. Software wird gekauft und Schulungen für das Gerät gibt es keine.

Kurzum: IBM und Apple verbindet genauso viel wie Ferrari und VW – beide mögen Autos herstellen, nur unterscheiden sich Fertigungsprozesse und Käufer der Wagen doch beträchtlich.

Es kam im Juli 1980 zu einer Krisensitzung der Abteilungen. Bill Loewe, von der Abteilung „Einstiegssysteme“ in Bocca Raton (Florida) meinte, er könnte einen PC in einem Jahr bauen. Er bekam von Frank Cary die Chance, in 14 Tagen sein Konzept vorzustellen.

Sehr bald kristallisierte sich in Loews Überlegungen eines heraus: Ein eigener PC war nur schnell zu entwickeln und preiswert zu bauen, wenn Loewe keine IBM Teile nahm, sondern sich, wie andere Hersteller auch, bei der Halbleiterindustrie bediente. Auch mit der Software für so kleine Rechner hatte IBM keine Erfahrung und so wandte sich Loewe an Microsoft und Digital Research – mit den bekannten Folgen.

Die Vorstellung des Konzeptes – keine IBM-Technologie, keine IBM-Software und kein IBM-Service war riskant. Mehr als die Hälfte der Zeit entfiel bei der Präsentation nur darauf, den Vorstand mit den Vorteilen vertraut zu machen, ohne überhaupt die Details zu diskutieren. Es war revolutionär für IBM, denn es war eigentlich ein Produkt, bei dem nur IBM draufstand, das aber jeder andere Hersteller auch hätte entwickeln können. Auch der Service, der bisher bei IBM üblich war, musste entfallen. Der Computer würde einfach verkauft werden – kein Techniker kommt zum Aufstellen oder für die Reparatur.

Das Konzept konnte den Vorstandsvorsitzenden Frank Cary überzeugen. Die Leitung des Teams übernahm nun der Direktor von Bocca Raton, Phillip Donald „Don“ Estridge. Er gilt als der eigentliche Vater des IBM-PC. Er kannte die Vorteile der Mikrocomputer schon: Estridge programmierte zuhause auf einem Apple II. Loewe wurde Leiter der Softwareentwicklung. Er würde später die OS/2 Entwicklung leiten. Gleichzeitig konsultierte er Größen der Mikrocomputerbranche wie Bill Gates oder Gary Kildall. Estridge stellt ein Team von zwölf Spezialisten zusammen, welche das Konzept verfeinerten. Seine Basisbestandteile sind schließlich im August 1980:

- Einsatz von Bausteinen von Zulieferern (Vendors).
- Nur ein einziges Modell.
- Offene Architektur.
- Verkauf über den allgemeinen Handel.

Alle Punkte waren für IBM mehr oder weniger radikal. So gab es bei IBM im Normalfall nicht nur ein Modell, sondern eine Familie. Deren Mitglieder waren softwarekompatibel, unterschieden sich jedoch in Rechenleistung und Ausstattung. IBM war bekannt für den Service – man konnte sich darauf verlassen, dass ein Techniker bei Problemen rasch zur Stelle war. Vor allem waren die Systeme „geschlossen“, das heißt, sie verwendeten nur Chips von IBM. Es gab nur wenige

Informationen über den Aufbau und die Funktionsweise um das Nachbauen oder das Anbieten von Zubehör durch andere Hersteller zu erschweren.

Einige Dinge der Konzeption änderten sich noch, so war ursprünglich vorgesehen, 8“ Laufwerke einzusetzen, die zwar mehr Daten speichern konnten aber teurer und größer als die schon verbreiteteren 5,25“ Laufwerke waren.

Don Estridge meinte, IBM könnte in drei Jahren etwa 250.000 PCs verkaufen. Das hielten die anderen Abteilungsleiter für eine viel zu optimistische Schätzung. Bisher hatte sich kein Rechner von IBM mehr als 25.000-mal in fünf Jahren verkauft. Er lag jedoch zu niedrig. Nach drei Jahren war die Millionengrenze erreicht.

Obgleich man Phillip Estridge bei IBM „Hackermethoden“ unterstellte, weil er so ungewöhnliche Wege ging, war er doch ein Geschäftsmann. Er achtete darauf, dass der neue IBM PC zwar konkurrenzfähig war, aber keine Bedrohung für IBMs andere Rechner. Man wollte Apple und nicht sich selbst Konkurrenz machen. Deutlich wird dies an der Architektur.

1980, als der IBM PC entwickelt wurde, waren Rechner mit den Prozessoren Z80 und 6502 der Stand der Technik. Zwar gab es seit zwei Jahren die ersten 16-Bit-Prozessoren, doch eingesetzt wurden sie noch selten. Estridge entschied sich gegen 8 Bit. Damit wäre IBM als Konkurrent in ein Gebiet eingetreten, in dem andere schon dominierten, die Gefahr wäre gegeben, dass der Vergleich gegen IBM ausging.

Es musste also ein PC her, der auf einem 16-Bit-Prozessor basiert. Das erlaubte es auch, damit zu werben, dass er leistungsfähiger als die etablierten Rechner sei. IBM evaluierte verschiedene Prozessoren, holte aber auch externe Meinungen ein. Untersucht wurden der TMS 9900 von Texas Instruments, der Intel 8086 und der Motorola 68000.

Der 68000 war das jüngste und leistungsfähigste Design. Er wurde bald ausgeschlossen, offiziell, weil es zahlreiche Kinderkrankheiten gab. Diese sind allerdings normal bei der Einführung neuer Prozessoren. Gravierender war, dass der 68000 so leistungsfähig war, dass ein Rechner mit diesem Prozessor eine

Konkurrenz zu den Minicomputern von IBM gewesen wäre. Der Prozessor wurde daher auch in den ersten Workstations von Apollo, Sun und Silicon Graphics eingesetzt, welche den klassischen Minicomputern Konkurrenz machten.

Der TMS 9900 war in einigen Aspekten dem Intel 8086 unterlegen. Er konnte nur 64 KiB Speicher adressieren und war etwas langsamer. Er war aber unkomplizierter zu programmieren und eine schnellere Version, der TMS 9995, war angekündigt. Er unterlag nur knapp dem späteren Sieger.

Die Wahl fiel schließlich auf den Intel 8086. Um die Produktionskosten zu senken, wählte IBM aber nicht den 8086, sondern den 8088. Dies war ein 8086 mit einem auf 8 Bit halbierten Datenbus. Programme des 8086 würden auch auf dem 8088 laufen. Doch war er, da er alle Daten über 8 anstatt 16 Leitungen holen musste, rund 40% langsamer. Für die Produktion gab es den Vorteil, dass die Bausteine, die benötigt wurden, um die Peripherie anzuschließen, die Adressen zu decodieren oder Signale zu verstärken, aus der 8-Bit-Linie von Intel verwendet werden konnten. Diese Linie war seit fünf Jahren in Produktion und die Bausteine dafür kosteten nur einen Bruchteil der neuen 16-Bit-Bausteine. Diese waren zudem noch recht neu und es gab noch wenige Erfahrungen mit ihnen.

Zuletzt war noch die Frage der Taktfrequenz. Der 8086 war schon als 8-MHz-Version verfügbar, der etwas jüngere 8088 nur als 5-MHz-Version. Auch dadurch sank die Performance nochmals ab. Gewählt wurde schließlich eine Taktfrequenz von 4,77 MHz, da der Prozessor ein ungewöhnliches Taktsignal benötigte, bei dem ein Taktimpuls $^2/_3$ der Zeit lang Strom führte und $^1/_3$ der Zeit keinen Strom (anstatt wie bei anderen Prozessoren jeweils 50% der Zeit Strom und kein Strom). Dieses Signal wurde durch einen Baustein aus einer dreimal höheren Frequenz erzeugt. Da der PC auch an ein Fernsehgerät anschließbar sein sollte, erzeugte man die Frequenz für NTSC (US-Norm für das Fernsehen) aus derselben Frequenz. Diese lag bei 3.579545 MHz. So würde eine gemeinsame Frequenz von $4 \times 3.579545 = 3 \times 4{,}77$ MHz = 14,32 MHz ausreichen, um beide Taktfrequenzen zu erzeugen. Das war 5% langsamer als ein Systemtakt von 5 MHz, sparte aber 50 Cent für einen zweiten Oszillatorkristall ein.

Die im nachhinein wichtigste Entscheidung war die für einen Systembus. Es gab damals PCs, die nur über Schnittstellen erweiterbar waren (wie der C64 oder Sinclair Spectrum) und Geräte mit Steckplätzen, die Karten aufnehmen konnten. Sowohl der Altair wie auch der Apple II verfügten über die diese Architektur und waren dadurch erfolgreich. Er wurde später als ISA-Bus (**I**ndustry **S**tandard **A**rchitecture) zum Standard. Estridge kannte durch seinen Apple II die Vor- und Nachteile der „offenen Architektur“. Für Estridge war der wichtigste Vorteil, dass die Abteilung in der kurzen Zeit gar nicht alle nötigen Zubehörkarten würde konstruieren können. Diese Lücke sollten Dritthersteller füllen. Der Nachteil ist natürlich, dass IBM damit einen Teil des Kuchens an diese Dritthersteller abgab und den Rechner gut dokumentieren musste.

Gleichzeitig brauchte IBM Software. Wie es zu MS-DOS kam, wurde schon erzählt. Microsoft lieferte zusätzlich BASIC-A, sowie die Programmiersprachen COBOL, FORTRAN und Assembler. Zum Marktstart gab es von Microsoft noch das Spiel Adventure. Diese Programme kamen von Microsoft. Dazu kamen von Peachtree Buchhaltungs- und Lagerverwaltungssoftware, von Visicorp eine Adaption des populären Tabellenkalkulationsprogramms VisiCalc sowie die Textverarbeitung EasyWriter von John Draper, die sich als umständlich in der Bedienung und als Flop entpuppte.

Warum Microsoft bevorzugt wurde, ist bis heute nicht veröffentlicht worden. Don Estridge sprach einmal mit John Opel über Microsoft und bekam die Antwort *„Ist das nicht die Firma des Sohns von Mary Gates?“*. Mary Gates, Mutter von Bill Gates und John Opel, neuer CEO von IBM, kannten sich von den Sitzungen der Wohltätigkeitsorganisation United Way. Bill Gates hatte also schon einen guten Leumund beim Chef von IBM. Dazu kam, dass Bill Gates sich den Auftrag nicht entgehen lassen wollte. Dagegen war für Kildall IBM nur ein weiterer Kunde. Sicherlich bevorzugte IBM angesichts der knappen Zeitfrist die Firma, die sich voll ins Zeug legte.

Auf der anderen Seite zeigt die Episode auch, dass IBM keine Ahnung hatte, wer die Vertragspartner und ihre Kompetenzen waren. Anfangs hielten sie ja noch Microsoft für den Hersteller von CP/M, weil sie CP/M mit ihrer Softcard vertrieben. Erst durch einen Brief von Kildall bemerkten Sie, dass das Betriebssystem kopiert war, was auch leicht durch Vergleich der API mit einem CP/M Handbuch möglich gewesen wäre. Zuletzt war es sehr riskant, eine Firma mit der Programmierung eines Betriebssystems zu beauftragen, die damit noch keine Erfahrung hatte. Das alles zeugt nicht von Kompetenz und Kenntnis über den Markt, in den sie eintreten wollten. Mit dieser Entscheidung für Microsoft sorgte IBM für den Aufstieg von Microsoft zu seiner heutigen Größe.

Im ersten Monat wurde morgens über neue Ideen und Konstruktionsdetails beraten und nachmittags Entscheidungen über diese getroffen. Es gab die Konsultationen mit möglichen externen Zulieferern für die Hard- und Software. Danach folgten im September/Oktober das Design der Hardware und Verträge mit den externen Zulieferern. Ziel war es, bis Ende 1980 einen Prototypen zu konstruieren und bis Ende April 1981 das Serienmodell. Dann übernahm die Gruppe, welche das Projekt „Chess" in die Serienfertigung überführen sollte. Diese Terminvorgaben konnten eingehalten werden. Schon im November erhielt Microsoft einen Prototypen. Die ersten PCs liefen im Juli vom Band, die Auslieferung erfolgte im Oktober 1981. Es gelang, das ganze Vorhaben geheim zu halten, nur am 8.6.1981 veröffentlichte die Zeitschrift Infoworld einige Daten des PC, wie den Prozessortyp. Bei den Firmen, die einen Prototyp erhielten, bestand IBM auf hohen Sicherheitsstandards. Microsoft durfte ihn nur in einem fensterlosen Raum aufstellen. Es durfte nur jeweils eine Person den Raum betreten und IBM schickte Schlosser zur Installation von Sicherheitsschlössern an der Tür. Als schließlich auch noch eine Videoüberwachungsanlage installiert werden sollte, lehnte Bill Gates dies ab.

Das für 1.600 Dollar verkaufte Grundsystem des IBM-PC bestand aus der Zentraleinheit mit lediglich 16 KiB Speicher und einem Keyboard. Das im ROM gespeicherte BASIC konnte Programme nur auf einem Kassettenrekorder speichern. Es fehlte ein Monitor. Ein Monitor mit einer Diagonale von 11,5 Zoll, eine Speichererweiterung auf 64 KiB, der Diskettenkontroller und ein Diskettenlaufwerk erhöhten den Preis für eine Version, mit der man arbeiten konnte, auf 3004 Dollar. Ein Farbmonitor, ein zweites Diskettenlaufwerk und ein Drucker trieben den Systempreis auf 4.500 Dollar hoch. In Deutschland kosteten die ersten IBM PCs mit zwei Diskettenlaufwerken und Monochrommonitor 11.700 DM, der doppelte Preis eines ähnlich ausgestatteten Apple II. Die meisten PCs wurden mit einem oder zwei Diskettenlaufwerken verkauft.

Der IBM PC verkaufte sich nach Vorstellung am 12.8.1981 gut. Es dauerte aber Jahre, bis er Marktführer wurde. Die erste Konfiguration unterschied sich noch zu wenig von eingeführten Rechnern. Der Speicher war zu klein, nur mittels Zusatzkarten konnte er auf ein Maximum von 256 KiB erweitert werden. Zudem wurde er zuerst nur in den USA angeboten. Es dauerte bis Anfang 1983, bis er weltweit vermarktet wurde. 1981 wurden 13.533 Computer verkauft, sie generierten einen Umsatz von 40 bis 50 Millionen Dollar. Das entsprach einem Marktanteil von 1,9%. Apple hatte 17%, Tandy 20%. Die ersten beiden Jahre profitierten die Mitbewerber sogar vom IBM PC, denn er hatte nun die Mikrocomputer salonfähig gemacht. Nun interessierten sich Leute für diese Geräte, die sie vorher nicht beachtet hatten und sie kauften diesen nicht nur von IBM.

Der Durchbruch kam im März 1983 mit dem verbesserten IBM PC XT. Er beseitigte die Kritikpunkte, die es am IBM PC gab. So hatte er ein leistungsfähigeres Netzteil, dass nun auch eine Festplatte mit Strom versorgen konnte und die Hauptplatine nahm 256 KiB Speicher auf. Auch erhielt er ein neues und fehlerbereinigtes Betriebssystem. MS DOS 2.0 war nun nicht mehr nur eine Kopie von CP/M 86, sondern entwickelte sich weiter. Es unterstützte Unterverzeichnisse und die Beschränkung der Codegröße für Programme auf 64 KiB fiel weg. Eine Werbekampagne mit einem Schauspieler, der Charlie Chaplins Rolle des „Tramp“ verkörperte, war sehr erfolgreich: Ihre Botschaft war: Der IBM-PC ist der Computer für jedermann: leicht zu bedienen ohne technische Vorkenntnisse. Bis Ende 1982 wurden 150.000 bis 180.000 PCs verkauft – die zehnfache Menge des Vorjahres. Der Marktanteil stieg auf 18,8%. 1984 wurden schon 500.000 – 550.000 Rechner verkauft.

1984 folgte der IBM AT mit 80286-Prozessor und 30 MByte Festplatte. Auch wenn der Rechner erneut ein kommerzieller Erfolg war, so kratzte er am Image von IBM. Zum einen hatte man den IBM AT deutlich früher erwartet: Der 80286-Prozessor war seit zwei Jahren verfügbar. Zum Zweiten fiel ein Drittel der Festplatten nach weniger als einem Jahr aus. Es war eine Kombination eines Herstellungsfehlers mit einem Bug in der neuen MS-DOS Version 3. Die Begrenzungen von DOS waren nun auch spürbar: Der Rechner konnte auf 4 MByte RAM aufgerüstet werden. DOS nutzte aber nur 640 KiB.

Der Erfolg dieser Rechner war der Verdienst von Philip Estridge. Er widerstand 1984 Abwerbungsversuchen von Apple, die ihn für den Posten des Präsidenten haben wollten. Selbst Steve Jobs Überredungskünste waren erfolglos. So übernahm Sculley diesen Job. In der IBM-Hierarchie stieg Don Estridge schnell nach oben und wurde im März 1985 Vizepräsident von IBM und Chef der Fertigung. Seine, erst mit dem IBM PC gegründete Abteilung, war in nicht ganz fünf Jahren von 12 auf 9.500 Angestellte angewachsen. Ende 1984 hatte IBM Mikrocomputer im Werte von 4 Milliarden Dollar verkauft und einen Marktanteil von 63%. Damit war der Zenit erreicht.

Abbildung 36: IBM PC (Model 5150)

Am 2.8.1985 starben Don Estridge und seine Frau beim Absturz der Maschine L-1011 der Delta Air Lines bei der Landung auf dem Dallas Airport. Je nach Version sollen Seitenwinde oder der Ausfall der Computeranlage der Fluglotsen die Ursache gewesen sein.

Die Klones

IBM machte es anderen Firmen leicht, den Computer zu kopieren. Durch die Verwendung von Standardbausteinen war es möglich, die Hardware leicht nachzubauen. Weiterhin hatte IBM den Fehler begangen, von Microsoft das Betriebssystem und die Programmiersprachen zu lizenzieren. Das war kostengünstig (für die gesamte Entwicklung von PC-DOS sollen nur rund 80.000 Dollar an Lizenzgebühren geflossen sein). Dadurch behielt Microsoft aber die Rechte an den Programmiersprachen und erwarb die für das Betriebssystem und konnte beides an andere Hardwarehersteller lizenzieren. Das machte Bill Gates zum reichsten Mann auf diesem Planeten.

Die ersten Konkurrenten, die erschienen, waren keine Nachbauten, sondern MS-DOS kompatible Maschinen. Darunter verstand man Rechner, welche den 8086/88-Prozessor verwendeten, aber eine andere interne Architektur aufwiesen, z.B. andere Diskettenformate einsetzten oder den Bildschirm anders verwalteten. Da MS-DOS den gleichen Aufbau wie CP/M hatte, also Hardwareebene und API trennte, konnte es auch auf anderen Rechnern mit dem 8086/8 laufen, wenn das BIOS angepasst wurde. Viele dieser Maschinen waren bessere Rechner als die von IBM – sie setzten den 8086 oder 80186-Prozessor ein und waren schneller. Andere hatten einen höher auflösenden Bildschirm oder speicherten mehr Daten auf einer Diskette. Trotzdem war keiner wirklich erfolgreich.

Denn der IBM-PC hatte bald einen normativen Charakter. Zum einen verkaufte er sich besser als alle anderen Computer mit dem x86-Prozessor und war der Standard. Zum Zweiten gab es in vielen Firmen ein geflügeltes Word: „Es wurde noch niemand dafür entlassen, dass er IBM gekauft hat“. IBM hatte einen so guten Ruf in der Geschäftswelt, dass viele Interessenten überhaupt nicht den Kauf eines MS-DOS kompatiblen Computers erwogen. Der Todesstoß für die nur auf DOS-Ebene kompatiblen Rechner kam aber durch die Langsamkeit des IBM-PC. Dadurch, dass ein langsamer Prozessor gewählt wurde, programmierten viele Softwareentwickler an MS-DOS vorbei und schrieben Programme, welche direkt auf die Hardware zugriff. Derartige Programme liefen dann nur noch auf dem IBM-PC. So konnte man Text auf dem Bildschirm ausgeben, indem man die MS-DOS Funktion 9 aufrief, welche dann pro Buchstaben jeweils eine BIOS-Funktion zum Schreiben eines Zeichen aufrief – oder man schrieb direkt in den Bildschirmspeicher, der beim IBM PC bei Adresse 655.360 anfing. Letzteres war schneller und wurde bald gängige Praxis.

Es dauerte fast zwei Jahre, bis die ersten Nachbauten erschienen. Dass ein Computer kopiert wird, ist nicht ungewöhnlich. Es war bei den Großrechnern von IBM üblich und auch Altair und Apple II wurden kopiert.

Das Problem für die Nachbauten war das BIOS des IBM-PC. In diesem kleinen ROM-Baustein steckte der einzige Teil der Software, den IBM selbst programmiert hatte. Es waren das Startprogramm für das Betriebssystem und die elementaren Routinen, um die Hardware des Computers anzusprechen. Hätte eine Firma diesen Baustein einfach kopiert, so wäre sehr bald ein Brief von IBMs Rechtsabteilung ins Haus geflattert. Dies kam trotzdem vor: Viele Firmen, die genauso schnell entstanden, wie sie wieder verschwanden, bevor man ihnen habhaft werden konnte, boten in Fernost kopierte BIOS-Chips an. Für US-Anbieter musste ein umständlicher, aber rechtlich unanfechtbarer, Weg beschritten werden. Compaq, der erste Hersteller eines Clones, erstellte daher ein eigenes, kompatibles BIOS.

Dies geschieht in zwei Schritten. Eine Gruppe untersuchte das IBM BIOS. Dies geschah über die Analyse des Verhaltens bzw. durch die Art wie MS-DOS das BIOS aufrief. Daraus konnte abgeleitet werden, welche Routinen es enthielt, wie diese angesprungen wurden und welche Daten dabei übergeben wurden. Diese Gruppe schrieb die Ergebnisse als Spezifikationen auf. Sie durfte keine Dokumentation benutzen oder sich den Quelltext ansehen, da beides geistiges Eigentum von IBM war.

Eine zweite Gruppe programmierte ein zweites BIOS auf Basis dieser Spezifikationen. Was herauskam, war ein neues BIOS, das nicht auf IBMs Code basierte und damit rechtlich unanfechtbar war. 1 Million Dollar kostete Compaq diese Vorgehensweise – eine Menge Geld für wenig Code. 15 Programmierer waren mit der Aufgabe beschäftigt. Nachdem Compaq damit erfolgreich war, kam kurze Zeit später die Firma Phoenix Technologies auf die Idee, dies als Dienstleistung anzubieten.

Jede Firma konnte nun einen „jungfräulich programmierten“ BIOS-Chip kaufen – für 25 Dollar pro Stück.

Compaq baute nicht nur einen Klon. Die Firma erschloss einen neuen Markt, da der Compaq ein portabler Computer war. Der Monitor war in ein Koffergehäuse eingebaut worden. Der Compaq Portable war um 800 Dollar preiswerter, als ein ähnlich ausgestatteter IBM-PC. Trotzdem machte Compaq Gewinne: Compaq hatte als kleine Firma noch kein so großes Management wie IBM mitzufinanzieren und vor allem behandelte sie alle Händler gleich: Bei IBM bekam der eigene Großkundenvertrieb 36% des Verkaufspreises als Marge und andere Händler nur 33%. Sie hatten auch keine Chance an Großkunden PCs zu vertreiben, weil diese schon vom Großkundenvertrieb von IBM beliefert wurden.

Der Compaq Portable verkaufte sich hervorragend: Compaq konnte im ersten Jahr 53.000 Computer absetzen und machte einen Umsatz von 111 Millionen Dollar im ersten Unternehmensjahr – ein neuer US-Rekord.

Weitere Unternehmen folgten. Zum einen schon bekannte Hersteller von größeren Rechnern wie Wang, DEC, Zenit, NCR. Zum anderen folgten Nachbauten anderer Mikrocomputerhersteller wie Commodore, Tandy, Triumph-Adler, Olivetti und schließlich noch namenlose Hersteller, die ihre Computer aus Bauteilen zusammenstellten. Fast alle waren preiswerter als das Original. Im Laufe der Zeit wurden viele Rechner leistungsfähiger, um sich von anderen Clones abzusetzen, verfügten über eine bessere Grafikkarte, mehr Speicher oder waren schneller.

Das Management von IBM war lange Zeit der Meinung, die Nachbauten wären kein großes Problem: Man würde durch die Marktmacht Bauteile in größeren Stückzahlen und daher billiger einkaufen und wäre so preiswerter. Was sie vergaßen, war das der Standard eine Nachfrage generierte, die neue Unternehmen auf den Plan rief. Sehr bald gab es ein halbes Dutzend Hersteller von Floppy-Disk-Laufwerken, die sich im Preis laufend unterboten. Bei den Prozessoren hatte IBM durch die Forderung, eine zweite Quelle verfügbar zu haben, sogar selbst für Konkurrenz gesorgt. Nicht nur AMD fertigte den 8086 in Lizenz, auch Siemens, Harris, National Semiconductor und einige andere mehr. Bald waren von taiwanischen Firmen zahllose No-Name Produkte jeder Art zu haben: vom Gehäuse über Grafikkarten zu Diskettenlaufwerken. Es begann der Preiskrieg, der bis heute anhält, weil so viele Produzenten die Preise drücken.

Viele der kleineren Hersteller konnten sich dieser Marktsituation besser als IBM anpassen. Heute steckte ein Floppydisklaufwerk von Teac im Rechner, morgen eines von Sony, weil es billiger war und übermorgen vielleicht eines von Shugart. IBM war zu träge, um dem so schnell zu folgen und daher immer teurer. 1985 erzielte IBM einen Rekordumsatz, aber die Gewinne sanken. Die Preise für IBM-Kompatible Rechner sanken alle sechs Monate um 30%. In einem Markt mit Dutzenden von Anbietern desselben Produktes, wird der Wettbewerb vor allem über den Preis ausgetragen. Das war IBM nicht gewohnt. Bei Großrechner blieb der Preis konstant oder sank nur leicht, das Modell wurde nach einigen Jahren durch ein neues ersetzt. In einem Markt mit sinkenden Preisen muss man so schnell wie möglich verkaufen. Lager bedeuten Verluste, denn die PCs werfen mit jedem Tag im Lager weniger Gewinn ab.

Mehr Probleme als Compaq und Co. machte IBM aber die Firma Chips & Technologies. Das kleine Startup-Unternehmen hatte eine Marktlücke gefunden und erfand ein Produkt, auf das jeder nur wartete: den Chipsatz. Während man die meisten Bestandteile eines IBM-PC fertig kaufen konnte, war dies mit dem Motherboard schwer. Es musste von jedem Hersteller selbst konstruiert werden. Es waren auf der Platine des IBM-AT außer dem Prozessor und Speicher 63 Chips verbaut. Diese Chips banden die Busslots an den Prozessorbus an. Sie trennten Adressen- und Datenleitungen zwischen ROM, RAM und Bus auf, verstärkten elektrische Ströme, kommunizierten mit der Tastatur, dem Bildschirm und anderen Peripheriegeräten. Im Fachjargon nannte man dies ein „TTL-Grab“, da viele Bausteine aus der TTL-Familie 74xxx stammten. Das machte den Nachbau aufwendig. Eine Firma die einen Rechner über längere Zeit produziert, versucht daher diese vielen Bausteine durch einige wenige zu ersetzen, welche Funktionen zusammenfassen. So sank bei Apple die Anzahl der Chips bei jeder Version des Apple II. Für einen Klonehersteller lohnt sich dies nur, wenn er bereit ist, viel Geld für die Konstruktion eines solchen Bausteins zu investieren, er also mit einer hohen Stückzahl rechnet, um die Kosten wieder hereinzubekommen.

Chips & Technologies bot dies als Dienstleistung an: genauer gesagt, sie produzierten fünf Chips, welche die 63 des Motherboards eines IBM-AT ersetzten. Sie kosteten nur 72,40 Dollar. Nun produzierten zahlreiche Firmen kompatible Hauptplatinen, die noch dazu, weil nur wenige Chips benötigt wurden, preiswerter als IBMs eigene Platinen waren. Das Zeitalter der PC-Schrauber begann. Nun konnte nicht nur eine Computerfirma einen PC-kompatiblen bauen – das konnte nun jeder. Alle Bauteile waren auf dem freien Markt erhältlich. Es begann die Zeit der „No-Name“ Kompatiblen.

Ab 1987 steigen die Verkäufe von IBM-Kompatiblen PCs rapide an. Sie verdoppelten sie sich zwischen 1987 und 1988 und stiegen 1989 um weitere 50% an. Gleichzeitig sank der Marktanteil von IBM und damit auch die Möglichkeiten der Firma, die Weiterentwicklung der PC-Plattform aktiv zu beeinflussen.

Abbildung 37: IBM AT (1984)

IBM verliert den Anschluss

IBM machte in der Folge bei den Produkten einige Fehlentscheidungen. Die Erste war der IBM PC-Jr – das Jr stand für „Junior". Der IBM-PC war ein Bürocomputer. Der IBM PC Jr war als Heimcomputer gedacht. IBM wollte nun auch noch den Heimcomputermarkt erobern. Es war eine preiswerte Version des IBM PC.

Der Rechner wurde nach dem Erfolg des IBM-PC mit großen Vorschusslorbeeren bedacht, konnte aber bei Weitem nicht an dessen Erfolg anknüpfen. In ein kleineres Gehäuse passte nur ein Diskettenlaufwerk hinein, was für die Zielgruppe aber keine Einschränkung war – die meisten Heimcomputer verfügten nur über ein Diskettenlaufwerk. Schon eher eine Einschränkung war der nur auf 128 KiB ausbaubare Speicher. Die Tastatur mit nur 62 Tasten aus Gummi wurde als billig empfunden und diese erste drahtlose Tastatur war zudem unzuverlässig. Alle Erweiterungsbuchsen waren ubiquitär, sodass keine IBM PC Peripherie angeschlossen werden konnte. Vor allem benötigte man neben dem PC-Jr noch einen Monitor, da der Rechner nicht an ein Fernsehgerät angeschlossen werden konnte. Zusammen mit dem hohen Preis von 1.269 Dollar führte dies dazu, dass er sich schlecht verkaufte. Vorgestellt im März 1984, wurde seine Produktion schon ein Jahr später wieder eingestellt.

Der Nachfolger des IBM PC, der IBM AT erschien erst 1984. Geplant war diese nächste Generation 18 Monate nach dem IBM PC, doch bekam ihn IBM nicht früher fertiggestellt. IBM hatte den IBM PC in einem Jahr fertiggestellt, doch nun war die PC-Division angewachsen. Je mehr Leute an einem Projekt arbeiten, desto länger dauert es, es fertigzustellen. Der AT hatte dann auch noch technische Probleme. So war der Prozessor anfangs nur mit 6, anstatt 8 MHz getaktet und die verbauten Festplatten wiesen eine hohe Ausfallrate auf. Als dies korrigiert war, erschienen aber schon die Nachbauten. Compaq präsentierte sechs Monate später den Compaq 286.

Als 1985 der 80386-Prozessor erschien, war von IBM noch kein Rechner mit diesem Prozessor geplant. Diesmal wartete Compaq nicht. Compaq baute den Deskpro 386. Technisch gesehen war der Deskpro 386, genauso wie der AT ein Nachfolger des IBM-PC. Compaq machte nicht mehr, als die Hauptplatine auszutauschen.

Zusätzlich hatte Compaq zwei Steckplätze angepasst, da der 80386-Prozessor mehr Signalleitungen bereitstellte. Das war alles. Der Compaq Deskpro 386 war nichts anderes, als ein schneller IBM AT. Doch ein psychologischer Umbruch hatte stattgefunden: Compaq galt nun als Technologieführer. Erst sieben Monate später erschien von IBM ein Computer mit dem 386-Prozessor.

1985 sank der Marktanteil von IBM. Er betrug nur noch 53%. Im Vorjahr lag er noch bei 63%. Zwar stiegen die Verkaufszahlen weiter an, so wurden 1,4 Millionen PCs verkauft, doch die Gewinnspanne sank. Um den Absatz anzukurbeln, gab es ein Prämienprogramm für Händler – je mehr Computer sie kauften, desto billiger waren diese. Das führte dazu, dass Händler sich auf Vorrat eindeckten und die PCs dann an andere Händler verkauften, die nicht in den Genuss dieser Rabatte kamen. Das System musste zusammenbrechen, weil die Händler sich nicht mehr nach der Nachfrage orientierten. So begann Michael Dell seine Karriere – er kaufte PCs von klammen IBM Händlern unter deren Einkaufspreis und verkaufte sie selbst weiter. Im ersten Monat machte er so 30.000 Dollar Gewinn und gründete danach seine eigene Firma – Dell.

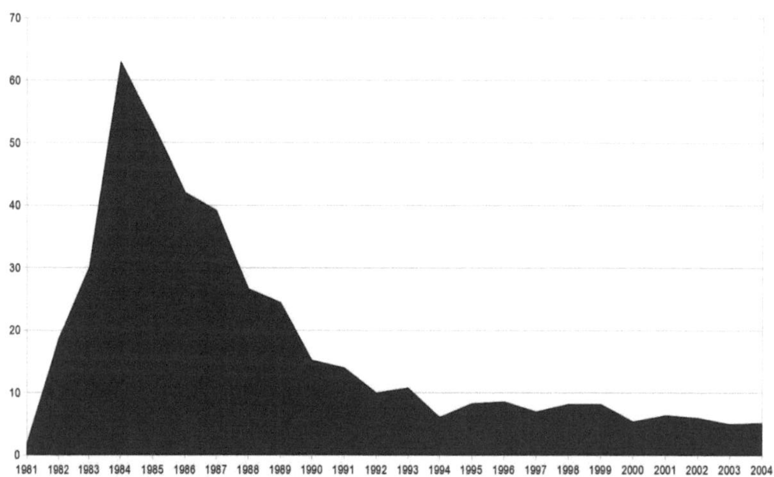

Abbildung 38: IBMs Marktanteil, vom Autor aus Verkaufszahlen rekonstruiert.

Eigene Standards

Der ursprüngliche IBM-PC wurde in weniger als einem Jahr entworfen. Wie bei vielen anderen „Schnellschüssen“ war seiner Architektur ein langes Leben vergönnt. Chef der PC-Division war nach dem Tod von Estridge nun Bill Loewe. Von ihm stammte das Konzept des IBM PC, aber während dessen Entwicklung wurde er ab-berufen und hatte seitdem nichts mehr mit diesem Geschäftsfeld zu tun. Schon beim IBM AT waren die Einschränkungen des bisherigen Standards sichtbar und IBM ging daran, diese zu beseitigen. Es gab zwei wesentliche Probleme. Das Erste war DOS.

DOS wurde für den 8086-Prozessor entworfen. Dieser Prozessor hatte einen Adressbereich von 1 Mbyte. DOS nutzte davon 640 KiB für Anwendungsprogramme und der darüber liegende Bereich war für Erweiterungskarten reserviert. In diesem Bereich lag z. B. der Speicher von Grafikkarten, Netzwerkkarten und das BIOS.

Doch der 80286-Prozessor konnte 16 MByte Speicher adressieren. Der 1985 erschienen 80386-Prozessor sogar 4.096 MByte. Die Speicherbegrenzung von DOS bewirkte, das Programme nur einen Teil des Speichers nutzen konnten. Es musste also ein neues Betriebssystem her.

Eine weitere Begrenzung war, das DOS nur ein Programm zur gleichen Zeit ausführen konnte. Die schnelleren Prozessoren würden es aber erlauben mehrere Programme parallel auszuführen, zwischen denen der Benutzer wechseln könnte. Auch diese Einschränkung sollte das nächste Betriebssystem abschaffen.

IBM wollte ein neues Betriebssystem, eines das auch im Leistungsvermögen vergleichbar mit dem auf größeren Rechnern ist. Doch alleine konnte dies IBM nicht stemmen. So begann eine erneute Zusammenarbeit mit Microsoft, diesmal programmierten beide Firmen an dem Betriebssystem.

Schon am Anfang gab es Probleme wegen der Rechte. Ein Grund für IBM selbst die Software zu erstellen, war auch, dass damit die Rechte bei IBM lagen. Microsoft kündigte dagegen schon bei Entwicklungsbeginn an, es lizenzieren zu wollen.

Schließlich einigten sich beide Firmen auf einen Kompromiss: Eine Basisversion des OS/2 (**O**peration **S**ystem **2**) genannten Betriebssystems würde auch von Microsoft vertrieben werden. Eine leistungsfähigere Version wäre nur von IBM zu erhalten.

OS/2 sollte auf dem 80286-Prozessor basieren. Das Problem: Der 80286 war bei Entwicklungsbeginn schon drei Jahre alt, der 80386 war von Intel angekündigt worden. Erfolglos versuchte Gates Loewe zu überzeugen, gleich auf dessen Codebasis zu wechseln. Doch weil von IBM erst in zwei Jahren ein PC mit dem 80386-Prozessor erscheinen würde, kam es zu der Fehlentscheidung, OS/2 auf der Codebasis des 80286 zu entwickeln. Erst im April 1990 erschien die Version 2.0, welche auch den 80386 unterstützte.

1985 begann die Zusammenarbeit, 1987 erschien die erste Version. OS/2 war stabiler als DOS. Aber es war noch ohne grafische Oberfläche. Diese erschien Ende 1988. Microsoft und IBM, priesen OS/2 als das Betriebssystem der Zukunft. Auch die Fachpresse war derselben Meinung. Selbst Microsoft sprach zu dieser Zeit von Windows nur als „Zwischenlösung", bis eine grafische Version von OS/2 fertiggestellt war.

Allerdings war OS/2 inkompatibel zu DOS. Windows war dagegen ein Aufsatz auf DOS – damit liefen auch die alten DOS Anwendungen unter Windows. Bei OS/2 musste sich ein Käufer gegen DOS entscheiden. Zudem fehlten die Treiber für viele existierende Peripheriegeräte, vor allem, wenn diese nicht von IBM stammten. OS/2 verkaufte sich daher schlecht.

Als 1990 Windows 3.0 zu einem kommerziellen Erfolg wurde, beendete Microsoft die Allianz. OS/2 war Windows in zahlreichen Belangen überlegen. So war es stabiler und bot echtes Multitasking (während bei Windows 3.0 ein Programm selbst entscheiden konnte, wie viel Rechenzeit es abgab, bekam es bei OS/2 Rechenzeit zugewiesen und wurde bei Erreichen des Kontingents gestoppt, damit auch andere Anwendungen zum Zuge kamen). Aber OS/2 benötigte viel Speicher und einen schnellen Prozessor, sodass es eigentlich nur auf den aktuellsten PCs flüssig lief. Darüber hinaus gab es nur wenige Anwendungen für OS/2, sodass die letzten Versionen Windowsprogramme in einer Emulation ausführten. Erst als es zu spät war, senkte IBM 1994 den Endverkaufspreis seiner neuesten Version 3.0 „Warp“ und einige Hersteller lieferten es mit ihren Computern aus. Doch zu dieser Zeit war schon Windows so weit verbreitet, dass sich OS/2 nicht mehr durchsetzen konnte.

Schließlich stellte IBM die Entwicklung 1996 ein. OS/2 war ein sehr stabiles Betriebssystem. OS/2 wurde aufgrund dieser Vorteile lange Zeit in Banken und Versicherungen sowie in kleinen Betrieben, aber nur wenigen Privatanwendern eingesetzt.

Das zweite Problem betraf die Hardware. Der Bus des IBM-PC war schnell entworfen worden, auf Basis des schon existierenden Bussystems des IBM Datamasters. Der Bus begrenzte die Leistung des Rechners. So war die Datenübertragungsrate niedrig. Inzwischen gab es Festplatten, die eine höhere Datenrate als der Bus aufwiesen und auch Grafikkarten wurden von dem Bus ausgebremst. Weiterhin belegte jeder Steckplatz mindestens einen Interrupt. Davon gab es aber nicht viele und das machte das Aufrüsten mit mehreren Karten aufwendig und fehlerträchtig.

Mit einem 1987 eingeführten neuen Bussystem, dem Microchannel, sollten diese Probleme gelöst werden. Der Microchannel war dem alten Bus, nun ISA (**I**ndustrial **S**tandard **A**rchitecture) genannt, deutlich überlegen. Er übertrug dank eines höheren Bustaktes und mehr Datenleitungen etwa die zehnfache Datenmenge. Karten konnten ohne die CPU auf den Speicher zugreifen, wodurch das System von Datenzugriffen entlastet wurde. Das Problem, das es nur wenige freie Interruptleitungen für bis zu acht Karten gab, wurde dadurch gelöst, dass Interrupts nun gemeinsam genutzt konnten. Der MCA-Bus (**Mi**cro**c**hannel **A**rchitecture) hätte durch seinen überlegenen technischen Aufbau den ISA-Bus ablösen können. Doch er war durch zahlreiche Patente geschützt. Auf dem Markt konnte sich das System genauso wenig durchsetzen wie OS/2. Es gab nur wenige Erweiterungskarten, die recht teuer waren, weil jeder Hersteller eine Lizenz für eine hohe Gebühr bei IBM erwerben musste.

So passierte das gleiche wie beim S100 Bus – er wurde IBM aus der Hand genommen. Unter der Führung von Compaq einigten sich neun Hersteller von Klones über einen neuen Standard, genannt EISA (**E**xtended **ISA**), der die Möglichkeiten des 386-Prozessors unterstützte. Als Intel in das Chipsatzgeschäft einstieg, schuf Intel auch einen neuen Bus: den PCI-Bus. Nur hatte Intel aus IBMs Versagen gelernt und die entsprechenden Spezifikationen wurden offengelegt, sodass dieser Bus sich auch auf Boards anderer Chipsatzhersteller wiederfand.

Die 1987 groß angekündigte Abkehr von den beiden Standards – sowohl beim Betriebssystem wie auch beim Bus, mit Einführung der PS/2 Serie (**P**ersonal **S**ystem/**2**) war nicht der erwartete Erfolg. Es gelang vor allem nicht, andere Hersteller zur Übernahme der neuen Standards zu bewegen. Nur die neuen Standards für Grafik (VGA), Maus und Tastaturanschlüsse (PS/2 Stecker) und 1,44-MB-Diskettenlaufwerke setzten sich durch, vielleicht auch, weil diese nicht patentrechtlich geschützt waren.

Anfang der neunziger Jahre war IBMs Marktanteil soweit abgesunken, dass IBM nur einer von mehreren größeren Herstellern war. Schlussendlich war das eingetreten, was das Management anfangs befürchtet hatte – die Firma war zu träge und die Entwicklungswege dauerten zu lange, um in diesem Markt langfristig dominierend zu sein.

Bei zig Herstellern, welche die gleiche Hardware einsetzten, fand der Kampf auf dem Markt über zwei Faktoren statt: zum einen den Preis, der bei IBM immer höher als bei der Konkurrenz war und zum Zweiten in dem möglichst schnellen Einsatz der neuesten Technik. Das bedeutet, sobald schnellere Versionen von Prozessoren, neue Speicherchips oder größere Festplatten verfügbar sind, gibt es Hersteller, welche diese einsetzten. Ihr Rechner ist für kurze Zeit der schnellste oder am besten ausgestattete. Dafür kann man höhere Preise verlangen – bis die nächste Innovation kommt oder die Konkurrenz nachzieht.

Am 1.5.2005 verkaufte IBM seine PC-Sparte für 1,75 Milliarden Dollar an den chinesischen Hersteller Lenovo. Zu diesem Zeitpunkt hatte IBM nur noch einen Marktanteil von 6%. Am 23.1.2014 folgte die x86-Serversparte von IBM.

Seymour Cray

Wenn man von Supercomputern spricht, dann fällt meist der Name eines Mannes: Seymour Cray (28.9.1925 – 5.10.1996). Obwohl die von ihm geschaffenen Supercomputer zeitlich in dem Rahmen dieses Buches fallen, unterscheiden sich die Maschinen und ihre Architektur enorm von den Rechnern wie dem Apple, Macintosh oder IBM PC. Schon die erste Cray 1 hatte eine Leistung von 160 MFLOPS, der zeitgleich erschienene Altair 8800 hatte gerade mal ein Hunderttausendstel der Rechenleistung einer Cray 1. Alle verkauften Altairs zusammen, hätten nicht ausgereicht, eine Cray zu überflügeln. Die Rechner von Seymour Cray waren nicht nur schnell, sie waren auch schön und hatten eine relativ einfache Architektur. Lange Zeit galt das geflügelte Wort: „Ein Supercomputer ist eine Cray". Ebenso hatte die Firma in diesem kleinen Marktsegment (von der Cray 1 wurden gerade mal 81 Stück in acht Jahren verkauft) in etwa die Rolle die IBM bei den Großcomputern hatte – sie dominierte den Markt.

39. Abbildung: Seymour Cray

So wie Seymour Cray in seiner Biografie von den anderen Pionieren des PC abwich, so weicht auch dieser Artikel von den anderen ab. Denn es gibt keine spannende Hintergrundstory und auch über die Privatperson Seymour Cray ist wenig bekannt. Vielmehr konzentriere ich mich mehr auf die Rechner, auch weil Crays Erfindungen wie Pipeline, Vektoroperationen oder RISC heute in jedem PC stecken.

Der Begriff des Supercomputers tauchte erst mit der Cray 1 auf, doch es gab sie schon immer: Ein Supercomputer ist schlicht und einfach einer der schnellsten Rechner der Welt. Seit Anfang der Neunziger Jahre wird die Top 500 Liste geführt, die alle drei Monate aktualisiert wird. In ihr sind die zu diesem Zeitpunkt weltweit schnellsten 500 Rechner und ihre Eigenschaften aufgeführt. Jeder Computer in dieser Liste ist ein Supercomputer. Die Mitgliedschaft ist natürlich nicht von Dauer, nach etwa 20 Jahren kann ein gewöhnlicher PC in etwa das gleiche, wie die aktuelle Nummer 1 der Top 500. Ein im Jahr 2014 neu gekaufter PC hat also die gleiche Rechenleistung wie der schnellste Supercomputer von 1994 (und kostet dabei nur ein 50.000-stel).

Die ersten Computer, die es gab, waren per Definition daher Supercomputer, denn sie waren nicht nur die einzigen Computer, die es gab, sondern auch die schnellsten. Sinnvoll anzuwenden ist der Begriff erst, als es ab Mitte der Fünfziger Jahre mehrere Hersteller von Computern gab. Die ersten Supercomputer, die man also solche bezeichnet, waren die Computer der Serie 700 von IBM. Sie war speziell für wissenschaftliche Einsatzzwecke konzipiert worden. Auch dies ist ein Merkmal eines Supercomputers: Auf ihm laufen in der Regel naturwissenschaftliche Simulationen, sowohl für die Forschung wie z.B. die Simulation einer Supernovaexplosion, wie auch das Militär, wie die Optimierung einer Atombombe, für den Nutzen der Allgemeinheit wie Klimamodelle / Wettervorhersagen oder wirtschaftlich wichtige Berechnungen wie Crashsimulationen oder die Überprüfung ob neu synthetisierte Stoffe in biologische Moleküle passen und ein Medikament sein könnten. Der Bedarf an solchen Rechnern ist gering. Von der 700-er Serie verkaufte IBM z.B. nur 123 Stück zwischen 1955 und 1960.

Vor allem das US-Militär hatte schon immer einen großen Bedarf an schnellen Rechnern und vergab Aufträge für Spezialrechner mit hoher Rechenleistung. So wurden Prototypen aller Cray Rechner zuerst in den beiden Atomschmieden Los Alamos und dem Livcrmore Laboratorium aufgestellt.

1964 tritt Seymour Cray erstmals auf das Parkett des Supercomputing. Er fing nach seinem Studium 1951 bei der Firma Engineering Research Associates (ERA) an. ERA fertigte Maschinen zur Entschlüsselung von Codes, arbeitete aber auch grundlegenden Computertechniken, die sie dann an andere Firmen verkauften. Cray wurde zu einem der Experten bei ERA und war für den ERA 1103 mitverantwortlich.

Die ERA 1103 wird als einer der ersten kommerziell erfolgreichen wissenschaftlichen Rechner angesehen. Sie wurde für Remington Rand entwickelt. Remington Rand vertrieb den Rechner als „UNIVAC 1103“ ab 1953, ERA wurde dann von Remington Rand übernommen, später von Sperry. Seymour Cray hatte den Posten des Leiters der Abteilung für „Scientific Computing“.

Diese Abteilung wurde 1957 aufgelöst. Viele dort Beschäftigte verließen daraufhin Sperry und gründeten eine eigene Firma, CDC (**C**ontrol **D**ata **C**orporation). Seymour Cray wollte auch zu CDC wechseln, dürfte aber zuerst nicht, weil er in das Projekt Naval Tactical Data System, eingebunden war und der Firmenchef von CDC, William Norris die Beziehungen sowohl zu Sperry, wie auch der Navy (damals ein bedeutender Abnehmer von Computern) nicht gefährden wollte. Im Frühjahr 1958 war das Navy-Projekt beendet und Cray konnte zu CDC wechseln.

Bei CDC war sein erster Rechner die CDC 1604, die 1960 erschien. Sie basierte auf der Architektur der ERA 1103, war jedoch vollständig aus Transistoren und Ringkernspeichern aufgebaut, während die ERA 1103 noch ein Röhrenrechner mit Verzögerungsspeicher war. Der Computer bekam einen besonderen Einsatzzweck: Er berechnete in den Minuteman ICBM Silos vor dem Start die Flugbahn der Raketen, basierend auf dem Wetter und anderen Umgebungseinflüssen. Diese Daten wurden vor dem Start in den weniger leistungsfähigen Bordcomputer der ICBM übertragen. Es wurden bis 1960 rund 50 dieser Rechner verkauft.

CDC plante dann als Nachfolgesystem, die 3000-er Serie, die anders als die CDC 1604 für "Geschäftsanwendungen" gedacht war. Damit waren Rechner gemeint, die nicht unbedingt schnell waren, aber preiswert. Cray wollte aber schon damals den schnellsten Rechner der Welt bauen. Nachdem er sein Soll an dem neuen Rechner mit grundlegende Designarbeiten geleistet hatte, bekam er die Erlaubnis diesen Rechner zu konstruieren. Das Resultat war die CDC 6600, die etwa zehnmal schneller als die CDC 3600 war.

Die CDC 6600

Schon als der Rechner 1963 angekündigt wurde, wurde IBM auf CDC aufmerksam. Am 28.8.1963 verschickte IBM-Chef T.J. Watson das "Janitor Memo" an die Führungsriege von IBM. Er könne es nicht verstehen, wie eine kleine Firma mit 34 Angestellten „including the Janitor“ (inklusive des Hausmeisters / der Putzfrau) einen Compter entwickeln könne, der IBMs Führungsanspruch angreife. Die CDC 6600 war dreimal schneller als die IBM 7030 „Stretch“ (vorher schnellster Rechner

MEMORANDUM

August 28, 1963

Memorandum To: Messrs. A. L. Williams
T. V. Learson
H. W. Miller, Jr.
E. R. Piore
O. M. Scott
M. B. Smith
A. K. Watson

Last week CDC had a press conference during which they officially announced their 6600 system. I understand that in the laboratory developing this system there are only 34 people, "including the janitor." Of these, 14 are engineers and 4 are programmers, and only one person has a Ph. D., a relatively junior programmer. To the outsider, the laboratory appeared to be cost conscious, hard working and highly motivated.

Contrasting this modest effort with our own vast development activities, I fail to understand why we have lost our industry leadership position by letting someone else offer the world's most powerful computer. At Jenny Lake, I think top priority should be given to a discussion as to what we are doing wrong and how we should go about changing it immediately.

TJW, Jr:jmc T. J. Watson, Jr.

cc: Mr. W. B. McWhirter

40. Abbildung: Das "Janitor Memo"

der Welt) und kostete in etwa gleich viel. IBM kündigte als Gegenpart die IBM 360/91 mit „überlegener Performance“ an, konnte diese aber nicht bis 1969 liefern. Trotzdem schadete dies CDC, da potenzielle Kunden nun auf die IBM 360/91 warteten. Als die IBM 360/91 erschien, gab es von CDC schon das Nachfolgemodell CDC 7600. Daraufhin klagte CDC 1969 gegen IBM und bekam im Rahmen einer außergerichtlichen Einigung 600 Millionen Dollar zugesprochen. Die Höhe der Summe war enorm, den im selben Jahr hatte CDC einen Umsatz (nicht Gewinn) von 1,6 Milliarden Dollar. Damit konnte die Firma Verluste in anderen Projekten, wie der damals gerade begonnenen CDC 8600 Entwicklung auffangen.

Die CDC 6600 erreichte die hohe Geschwindigkeit durch nicht weniger als zehn funktionelle Einheiten in der CPU. Das bedeutete, dass mehrere (unterschiedliche) Befehle gleichzeitig ausgeführt werden konnten. Zwei Einheiten waren zweimal vorhanden, sodass es acht verschiedene gab. Sie waren noch sehr spezialisiert. So gab es nicht eine Recheneinheit für alle Rechenoperationen, sondern eine Additionseinheit, eine Multiplikationseinheit und eine Divisionseinheit. Zusammen mit dem Prefetch (vorausschauenden Lesen) und einem Instruktionsbuffer konnten so mehrere Befehle gleichzeitig ausgeführt werden. Damit dies reibungslos ging, gab es eine eigene Einheit, das Scoreboard. Sie sollte Abhängigkeiten erkennen. Eine Abhängigkeit ergibt sich, wenn aufeinanderfolgende Befehle dieselben Register oder Funktionseinheiten nutzen. Dann kann es zu Problemen können. Ein einfacher Fall wäre folgende Befehlssequenz.

X3 = X1 • X2

X5 = X3 + X4

X1 bis X5 sind Fließkommaregister der CDC 6600. Der zweite Befehl nutzt das Register X3 als Operand (Eingabewert). Dessen Inhalt wird im Befehl vorher erst errechnet. Da der zweite Befehl die Additionseinheit nutzt, der Erste aber die Multiplikationseinheit, sollten eigentlich beide parallel arbeiten können. Das Problem ist, das die CPU bei jedem Takt einen Befehl holt und wenn sie kann, ausführt. Doch die Multiplikation dauert 10 Takte, wäre also im nächsten Takt noch gar nicht abgeschlossen gewesen. Die Addition wäre, wenn man diesen Fall nicht beachtet, also mit einem falschen Wert erfolgt.

Das ist eine einfache Abhängigkeit (eine direkte Abhängigkeit oder eine Abhängigkeit erster Ordnung). Es gibt auch deutlich komplexere Abhängigkeiten. Das Scoreboard setzte nun Flags, die anzeigten ob ein Register oder eine Funktionseinheit durch eine Operation benutzt wurde oder nicht und hielt so Befehle an, die warten mussten. Was die CPU der CDC 6600 noch nicht konnte, war andere Befehle stattdessen vorzuziehen.

Die Nutzung mehrerer Funktionseinheiten nennt man „superskalar". Je nach Anzahl der Einheiten spricht man dann von einem zweifach oder n-fach skalaren Rechner. Sie ist heute Standard, selbst bei Chips, die nicht für Server oder Supercomputer gedacht sind. Intel führte Superkalarität in die x86-Linie mit dem Pentiumprozessor ein. Sie war bei der CDC 6600 revolutionär. Es gab zwar schon vorher mehrere Einheiten, die parallel arbeiten konnten, doch beschränkte sich dies auf verschiedene Stufen der Befehlsabarbeitung, die sich nicht ins Gehege kommen konnten wie Laden, Decodieren, Ausführen, Ergebnisse schreiben. Heute ist sie bei Prozessoren Standard. Aktuelle Intel-Prozessoren der Haswell-Architektur haben z.B. vier Integerrecheneinheiten und drei Fließkommarecheneinheiten, sind also siebenfach superskalar.

Intern verwendete die CDC 6600 drei Registersätze mit je 8 Registern: Zuerst einen Satz für Adressen. Nur über diese Register konnte man auf den Speicher zugreifen. Der zweite Satz waren Ganzzahlregister, mit denen universelle Ganzzahlberechnungen möglich waren. Sie waren wie die Adressregister 18 Bit breit. Größer waren die Fließkommaregister, die aber auch ganze Zahlen aufnehmen konnten. Sie waren 60 Bit breit und konnten so Zahlen mit bis zu 15 Stellen bearbeiten. Fließkommazahlen bestehen aus zwei Teilen: dem Exponenten (der Zehnerpotenz) und der Mantisse, dem Wert ohne Dezimalpunkt. Damit kann man mit beliebig großen und kleinen Werten rechnen, ohne an Genauigkeit zu verlieren. So könnte man die Zahlen 4711000 und 0,00356 auch so schreiben:

Wert: 4711, Mantisse 3

Wert 356, Mantisse -6

Schon an den Registern und die Auslegung der Rechenwerke für Fließkommaberechnungen sieht man, dass die CDC 6600 vor allem für wissenschaftliche Berechnungen gebaut wurde. Für Geschäftsanwendungen waren Fließkommazahlen mit dieser Genauigkeit nicht nötig. Da man dort mit Beträgen hantierte, reichte dort Festkommaarithmetrik. Mit 11 Stellen, davon zwei Nachkommastellen kann man z. B. alle Beträge zwischen -999.999,999,99 und 999.999.999,99 Dollar mit ganzen Zahlen verarbeiten.

Neu waren Monitore mit Kathodenröhren an der Bedienkonsole. Sie konnten auch Grafik wiedergeben, nutzten aber Vektorgrafik, welche den Elektronenstrahl der Grafik folgend über die Bildfläche lenkte, anstatt wie beim Fernsehen und später üblichen Monitoren zeilenweise von oben links nach unten rechts das Bild Punkt für Punkt viele Male pro Sekunde neu aufzubauen. Durch eine nachleuchtende Schicht blieb das Bild dann eine Weile sichtbar. Der Vorteil war, dass man viel weniger Speicherplatz brauchte. Für eine Zeichnung mit 100 Punkten 200 Werte, für einen Buchstaben im Durchschnitt 5. Dagegen hat ein Bild mit der Auflösung eines Fernsehers 350.000 Punkte. Vorher gab es bei Computern eine Bedienkonsole mit zahllosen Statusleuchten. Wer einmal die Originalserie von Star Trek (in Deutschland „Raumschiff Enterprise“) gesehen hat, kennt diese Anzeigen: Auch dort blinkt und leuchtet es, denn man nahm existierende Computer wie das IBM-System 360 als Vorbild für die Szenengestaltung.

Die CDC 6600 löste ein Problem, das den vorher schnellsten Rechner, die IBM Stretch davon abhielt, ihr Designziel von 4 MIPS zu erreichen: Das waren die Interrupts, die den Prozessor unterbrachen. Jedes Mal, wenn ein Ein-/Ausgabegerät Daten abrief oder lieferte, musste das Programm unterbrochen werden, Register gesichert und beim Wiederaufnehmen geladen werden. Dies verschlang Zeit. Cray löste dies, indem an die CDC 6600 zehn kleine Rechner angeschlossen waren, die ein Zehntel der Geschwindigkeit der CPU hatten und direkt auf den Speicher zugreifen konnten. Sie übernahmen alle I/O Transfers und übertrugen die Daten in den CPU-Speicher. Die CPU bekam nur noch einen Interrupt, wenn ein Programm ausgeführt werden musste, um die Daten, die schon im Speicher lagen, auszuwerten. Einige grundlegende Teile der Architektur behielt Cray auch bei seinen folgenden Rechnern bei, wie mehrere funktionale Einheiten oder drei Registersätze von je 8 Registern.

Was die CDC 6600 von den bisherigen Supercomputern unterschied, war der kommerzielle Erfolg. Die CDC 6600 war mit 8,86 Millionen Dollar in der Basisausführung (mit mehr Speicher 10 Millionen Dollar, später kamen langsamere aber preiswerte Versionen, die es ab 6 Millionen Dollar gab, hinzu) teurer als die IBM Stretch. Trotzdem wurden mindestens 82 Stück verkauft. Die vorherigen Supercomputer hatten dagegen verkaufte Stückzahlen im einstelligen Bereich und wurden von großen Firmen mit hohem Kapitalaufwand entwickelt. Die CDC 6600 wurde über 14 Jahre lang produziert.

Bei der CDC 6600 zeigten sich auch schon Probleme, die später die Entwicklung der Rechner erschwerten. Das eine war, dass bei dem Takt von 10 MHz die Signallaufzeit eine Rolle spielte. Die CDC 6600 wurde in Kreuzform aufgebaut, damit die Wege relativ kurz waren. Trotzdem belegte sie mit ihren Schränken eine Fläche von 69 m². Auf den langen Leitungen gab es Störungen: Es kam zu Oszillatoren, Rauschen, Übersprechen auf andere Leitungen. Bei den hohen Frequenzen wirkten die Leitungen wie Antennen. Sie mussten aufwendig isoliert werden.

Die Abwärme der 400.000 Transistoren musste abgeführt werden. Mit der Luftkühlung, die man bisher einsetzte, war dies nicht möglich, so wurde jedes Modul durch Freon gekühlt, ein Fluorkohlenwasserstoff, der auch in Kühlschränken eingesetzt wurde. Durch einen Kompressor an der Außenseite jedes der vier Schränke wurde das Freon verflüssigt und gab die Wärme an einen Sekundärkreislauf ab, das flüssige Freon verdampfte beim Durchlaufen der Module und nahm dabei die Wärme auf. Die CDC 6600 verbrauchte 150 kW Strom, der größte Teil davon wurde wieder als Wärme abgegeben. Die Freonkühlung wurde erstmals bei einem Computer eingesetzt.

Dieser Rechner, der in seiner Architektur ein Meilenstein in der Computergeschichte war, machte Seymour Cray mit einem Schlag bekannt. Es wurde sogar ein Buch über ihn geschrieben: Design of a Computer – CDC 6600.

Die CDC 7600 und 8600

1969 folgte die CDC 7600. Sie basierte auf der CDC 6600, setzte jedoch einige Verbesserungen um. Der Offensichtlichste war, dass sie nun nicht mehr aus 400.000 einzelnen Transistoren, sondern integrierten Schaltungen bestand. Sie erlaubten es den Rechner dichter zu packen und den Takt von 100 ns auf 287,5 ns zu senken – alleine dadurch war der Rechner fast viermal schneller. Auch die CDC 7600 hatte wie die CDC 6600 mehrere funktionelle Einheiten, diesmal acht. Die wichtigste Verbesserung war eine Instruktionspipeline. Sie erlaubte die parallele Ausführung mehrerer Befehle, ohne dass ein Befehl auf den anderen warten musste. Bei der CDC 6600 konnten zwar Befehle parallel von verschiedenen Einheiten ausgeführt werden, aber ein neuer Befehl konnte nur gestartet werden, wenn der alte fertig war. So hielten Befehle mit vielen Taktzyklen wie Sprünge, Multiplikationen oder Divisionen die Ausführung auf. In der Realität erreichte die CDC 6600 so anstatt der theoretischen Spitzenleistung von 3 nur etwa 1 MIPS.

Die Pipeline war nicht neu. IBM hatte sie schon beim System 360 eingesetzt. Bei einer Pipeline wird pro Takt mit der Ausführung eines Befehls begonnen. Da jeder Befehl mehrere Takte zum Ausführen braucht, kann man so die Ausführung so beschleunigen. Typischerweise durchläuft jeder Befehl folgende Schritte:

- Befehlswort aus dem Speicher holen.
- Befehl decodieren, d.h. feststellen, was eigentlich gemacht werden muss.
- (Weitere Daten holen, die zum Befehl gehören wie z.B. Adressen, Konstanten)
- Befehl ausführen.
- (Ergebnisse zurückschreiben).

Die Schritte in Klammern kommen nicht bei jedem Befehl vor. Wenn ein Befehl nur mit internen Registern arbeitet, entfallen sie. Bei den meisten Prozessoren braucht man für jeden dieser Schritte mindestens einen Takt, so brauchen die schnellsten

Befehle drei Takte. Bei der Pipeline holt das Ein-/Ausgabesystem bei jedem Takt ein Befehlswort, der Decoder decodiert bei jedem Takt ein Befehlswort, die Ausführung kann dann je nach Komplexheit in einem Takt oder mehreren erledigt sein. Schnell ausführbar sind meist logische Befehle, Vergleiche sowie Register-zu-Register Bewegungen von Daten. Sehr lange dauern Fließkommaberechnungen vor allem die Multiplikation und Division (sie werden in Schiebe-, Additions- und Subtraktionsoperationen aufgeteilt, die mehrmals wiederholt werden).

Der Befehlssatz der CDC 6600/7600 war für eine Pipeline besonders gut geeignet, weil die CDC 6600 ein RISC-Rechner war. Das bedeutete, der Befehlssatz hatte nur wenige Instruktionen (62 Stück) und alle Befehle waren genau 15 Bits lang und hatten ein festes Format. So stand der Befehl selbst z.B. in den ersten 6 Bits eines Befehlswortes. Das erleichtert den Einsatz einer Pipeline, denn so kann die CPU einfach vorausschauend die nächsten 15 Bits aus dem Speicher holen, da jeder Befehl 15 Bits lang ist. Ebenso kann der Befehlsdecoder in einem Zyklus anhand der ersten 6 Bits den Befehl feststellen, auch weil alle Operanden an festen Positionen standen (bei Register-Register Operationen standen Zielregister, Quellregister 1 und Quellregister 2 zum Beispiel in den jeweils folgenden drei Bits.). Bei CISC-Architekturen, die damals verbreiteter waren, war das Decodieren aufwendiger. Bei CISC-Architekturen sind die Befehle unterschiedlich lang. Sie sind daher meist byteorientiert, laden also pro Taktzyklus nur ein Byte. Das gilt auch für die Intel x86-Architektur bei der ein Befehl ein Byte oder bis zu 16 beinhalten kann. Bei vielen CISC-Befehlen muss man daher mehrmals auf den Speicher zugreifen, weil nach dem ersten Byte noch nicht der genaue Befehl feststeht. Auch das Decodieren der komplexen Befehle dauert länger.

Trotzdem bedeutete die Einführung einer Pipeline auch Anpassungen. So musste gewährleistet sein, dass die einzelnen Subeinheiten pro Taktzyklus jeweils von einem definierten Zustand in den nächsten übergingen bzw. frei waren für die nächste Stufe der Pipeline.

Bei der CDC 7600 musste ein Befehl nur warten, wenn die Einheit gerade beschäftigt war oder es eine Abhängigkeit gab. Die Pipeline brachte eine Geschwindigkeitssteigerung um den Faktor 3. Den Rest lieferte der höhere Takt.

Zusammen war der Rechner rund zehn- bis zwölfmal schneller als das Vorgängermodell. So war die CDC von 1969 bis 1975 der schnellste Rechner der Welt. Sechs Jahre waren schon damals eine lange Zeit. Damit festigten sich der Ruf von Cray als Konstrukteur und die Bedeutung von CDC als Hersteller von schnellen Rechnern.

Die CDC 7600 konnte trotzdem nicht an den Verkaufserfolg der CDC 6600 anknüpfen. Das lag zum einen an der mangelnden Zuverlässigkeit – eine CDC 7600 fiel mehrmals pro Tag aus, was für CDC nicht nur kostspielig, sondern auch imageschädigend war. Das Zweite war die Speicherarchitektur. Der Speicher bestand, wie bei der CDC 6600, aus Ringkernspeichern. Schnelle Ringkernspeicher waren aber sehr teuer. Technologisch bedingt konnte das Magnetfeld, mit dem die Eisenringe magnetisiert werden nicht beliebig schnell wechseln. Trotz der Anordnung in Bänken, die bewirkten, dass man nacheinander auf verschiedene Module zugriff und so jedes Modul nicht bei jedem Taktzyklus Daten liefern musste, war dies nicht ausreichend. Wenn es Sprünge im Programm gab, oder Daten von verschiedenen, nicht aufeinanderfolgenden Adressen gelesen wurden, musste die CPU auf den Speicher warten. Der Ringkernspeicher konnte in der Geschwindigkeit kaum gesteigert werden.

So hatte die Firma den Speicher der CDC 6600 von 128 KWorten auf einen kleineren schnellen Primärspeicher von 64 KWorten Größe und einem langsamen Sekundärspeicher mit 500 KWorten Größe aufgeteilt. Im Ersteren lief ein Teil des aktuellen Programms, im anderen befanden sich weitere Programme, Routinen und Datenpuffer. Auf den kleinen Speicher konnte nach 10 Takten erneut zugegriffen werden, auf den größeren Sekundärspeicher nur alle 64 Takte. Die Programmierung der CDC 7600 war durch zwei separate Speicher unnötig kompliziert. Als zweites Manko war der schnelle Speicher auch noch kleiner als beim Vorgängermodell, sodass man bestehende Programme umschreiben musste, wenn man die Geschwindigkeit voll ausnutzen wollte.

Seymour Cray war nicht stark an der CDC 7600 beteiligt. Nur einen Computer zu verbessern, erschien ihm nicht herausfordernd genug. Cray war an dem Speicheraufbau beteiligt und erarbeitete grundsätzliche Designentscheidungen. Die CDC

7600 war Maschinencode kompatibel zur CDC 6600 und im Binärcode vorhandene Programme konnten übernommen werden.

Schon bevor die CDC 7600 erschien, wandte sich Seymour Cray dem nächsten Rechner zu, der CDC 8600. Sie sollte eine neue Architektur einführen, viel schneller und kompakter sein. Bei der CDC 8600 war Seymour Cray mit einem Problem konfrontiert, das sich aus der Geschwindigkeitssteigerung ergab. Bei einem Computer müssen alle Chips im Takt sein. Das bedeutet, ein Signal muss auch den letzten Chip während der Zykluszeit erreichen. Egal wie weit der Weg dorthin ist und sie viele Schaltungen vorher passiert werden. Die CDC 8600 sollte eine Zykluszeit von 8 ns aufweisen – mehr als dreimal schneller als die CDC 7600. Damit dies ging, musste der Rechner viel kleiner werden. Ein Mockup war nun nicht mehr so

41. Abbildung: Mockup einer CDC-8600 bei einer Pressepräsentation

groß wie 11 Kleiderschränke (so groß war die CDC 7600), sondern hatte die Abmessungen eines größeren Schreibtischs. Das machte extrem dicht gepackte Module nötig. Das Problem war: als man die CDC 8600 entwickelte waren integrierte Schaltungen nicht schnell genug, um die Zykluszeit von 8 ns zu ermöglichen. Ein Transistor bzw. eine Ebene in einer integrierten Schaltung musste innerhalb von 0,75 ns schalten. Das machte es nötig, erneut diskrete (einzelne) Transistoren zu verwenden. Doch war die CDC 8600 erheblich komplexer als eine CDC 6600. Das ergab einige Probleme:

- Jedes Modul aus 18 Platinen bestand aus 30.000 einzelnen Elementen. Jedes einzelne Element konnte ausfallen. Das versprach eine niedrige Zuverlässigkeit.
- Dabei war die Reparatur aufwendig, da Seymour Cray, um die Leitungswege zu verkürzen, die Platinen querverbunden hatte. Das Ersetzen eines defekten Transistors dauerte 2 Stunden.
- Jeder Transistor war größer als ein Element einer integrierten Schaltung und damit stieg der Stromverbrauch stark an. Ein Modul gab in CDC 8600 eine Abwärme von 3 kW ab. Das ist die Heizleistung eines Heizlüfters oder einer großen Herdplatte. Diese Energie wurde auf der Fläche eines DIN-A5 Buchs abgegeben.

Es gelang nicht eine Kühlung zu entwickeln, die mit dieser Wärmeabgabe zurechtkam. Nach einigen Jahren hatte Seymour Cray eine Lösung, aber sie hätte ein komplettes Umkonstruieren des Rechners erfordert. Als er dies 1972 nach vier Jahren Entwicklungszeit CDC Chef William Norris mitteilt, stellt dieser ihn vor die Wahl, das Design so zu vollenden, wie es ist, oder das Projekt einzustellen. CDC könne sich einen Neuanfang finanziell nicht leisten. Später stellte die Firma aufgrund der Probleme das Projekt ganz ein und der nächste Supercomputer war die von einem anderen Team entwickelte Cyber Star. Cray verlies CDC, machte sich selbstständig, und gründete 1972 seine eigene Firma Cray Research. Das Geld bekam er durch den Gang an die Börse. Eine halbe Million Anteile waren es anfangs. Auch William Norris investierte in Cray Research. CDC selbst konnte nicht mehr an die früheren Erfolge anknüpfen. Die nachfolgenden Supercomputer waren langsamer als Crays neue Rechner und die Versuche sich zu diversitieren scheiterten.

Die Cray 1

Nach nur vier Jahren erscheint die Cray 1. Der Rechner war nicht nur revolutionär. Er war auch schön. Die vorherigen Rechner waren Kästen, miteinander in Kreuzform oder Würfelform verbunden. Die Cray 1 war nicht nur kompakter, er war auch ästhetisch. Er bestand aus zwei Kreisringsegmenten, die wenn man sie von oben ansieht, dem Buchstaben „C" entsprachen. Im äußeren Kreisring, der mit Polstern überzogen war, steckte die Kühlung. Im Inneren der Rechner. Bezug und Lackierung der Säule konnten frei gewählt werden. Das Innere konnte von (schlanken) Technikern für Montagearbeiten betreten werden. Der Kreisring bestand aus 24 Säulen, in denen CPU und Speicher steckten – die Cray 1 war genau gekommen kein vollständiger Computer, sondern würde bei einem heutigen Rechner dem Prozessor und den Speicherbausteinen entsprechen. Man brauchte einen Minicomputer um den Rechner hochzufahren und mit ihm zu kommunizieren. Dazu kamen Wechselplattenlaufwerke, um die Daten zu speichern.

42. Abbildung: Seymour Cray neben einer Cray 1

Die meisten Firmen setzten Großrechner nur dazu ein, die Daten entgegenzunehmen und auszuwerten.

In dem Rechner setzte Seymour Cray die Lektionen um, die er bei dem Fiasko der CDC 8600 gelernt hatte. Der Rechner war nicht so dicht gepackt, hatte eine langsamere Zykluszeit (12,5 zu 8 ns) und verwandte niedrig integrierte Schaltungen. Pro Chip wurden nur 7 Gatter untergebracht. Auch der Speicher bestand aus integrierten Schaltungen, in der schnellen Bipolar- Technologie. Er hatte nur noch die vierfache Zykluszeit der CPU, während es bei der CDC

7600 die bis zu 64-fache gewesen war. Die Platinen kamen so mit einer normalen Kühlung aus. Dadurch war keine komplexe Modulbauweise nötig.

Geschwindigkeit erreichte die Cray 1 nicht durch neue Schaltungen, sondern eine Erweiterung der Architektur: die Vektorarchitektur. Es gab 8 Vektorregister. Dabei fasste jedes Vektorregister wiederum 64 Fließkommazahlen. Ein Befehl berechnete nun aus 64 Werten eines Registers mit 64 Werten eines zweiten Registers 64 Ergebnisse. Dabei wurde pro Takt eine Rechnung angestoßen und nach einer gewissen Vorlaufzeit ein Ergebnis pro Takt geliefert. So konnte die Berechnung eines Arrays enorm beschleunigt werden. Eine Addition dauerte bei einem Einzelwert 6 Takte, bei einem Vektorbefehl nur beim ersten Wert 6 Takte, bei jedem folgenden nur einen Takt. Cray Research lieferte einen Compiler für FORTAN, die Standardsprache für naturwissenschaftliche Probleme, der in Schleifen sich wiederholende Berechnungen erkannte und dann automatisch Vektoroperationen nutzte. Da die Cray 1 pro Funktionseinheit eine eigene Pipeline hatte, war es auch möglich Befehle zu verketten und parallel eine Multiplikation und eine Addition durchzuführen. Die Berechnung:

D[i] = A[i] * B[i] + C[i]

konnte so trotz zweier Rechenoperationen mit 1 Takt pro Rechnung durchgeführt werden. Die Cray 1 erreichte so bei 80 MHz maximal 160 MFLOPS (Millionen Fließkommaoperationen pro Sekunde). Das war fünfmal schneller als eine CDC 7600. Die Klammern [] zeigen an, dass es nicht eine Rechnung ist, sondern die Variablen Felder sind und mit einem Index I man nacheinander auf die einzelnen Werte der Felder zugreift.

Bei einzelnen Werten (Skalaren) war die Cray 1 dagegen nur unwesentlich schneller als die CDC 7600, dies lag an der schnelleren Schaltzeit. Das Prinzip der Vektoroperationen hat Cray nicht erfunden. Die Cyber Star und TI ASC haben es vorher implementiert. Die Cray 1 führte die Vektoroperationen aber innerhalb des Prozessors in eigenen Registern aus, auch wenn dafür sehr viele Chips benötigt wurden, um die vielen Werte zu speichern. Sowohl die Cyber Star wie Ti ASC führten sie im Speicher aus, wobei in beiden Fällen langsamer MOSFET-Speicher eingesetzt wurde. Als Folge hatten Vektoroperationen bei diesen beiden Rechnern eine lange Anlaufzeit und nur viele Vektoroperationen brachten einen deutlichen Geschwindigkeitsvorteil.

Der Nachteil der Vektorarchitektur ist, dass diese hohe Geschwindigkeit nur erreichbar ist, wenn die Aufgabe es zulässt. Schon, wenn man nicht in einer Zeile gleichzeitig eine Addition und Multiplikation hat, also nicht gleichzeitig zwei unterschiedliche Einheiten der CPU nutzen kann, sinkt sie auf die Hälfte, wenn man gar keine Vektoroperationen nutzen kann, so sinkt sie weiter auf ein Zwölftel. Das bedeutet, dass es bei Vektorrechnern „die Geschwindigkeit" nicht gibt. Sie ist stark abhängig von der Problemstellung. Die Cray 1 erreicht bei Chaining eine Spitzenperformance von 160 MFLOPs. Das ist ihre theoretische Höchstgeschwindigkeit. Programme, die hoch vektorisiert sind, wie der LINPACK-Benchmark, erreichen zwischen 100 bis maximal 130 MFLOPS. Untersuchungen beim NCSA (**N**ational **C**enter for **S**upercomputing **A**pplications) bei einem der Nachfolgemodelle, der Cray Y-MP, zeigten große Schwankungen. Die langsamsten Programme erreichten 10 MFLOPS, die schnellsten 220. Theoretisch sollte der Rechner 333 MFLOPs erreichen. Der Durchschnitt lag bei 70 MFLOPS.

Die erste Cray 1 wurde 1976 für den Testbetrieb ans Livermore Laboratorium geliefert. Das lohnte sich, denn zwar war die Cray 1 erheblich zuverlässiger als die CDC 7600, fiel aber im Test häufiger aus, als gewünscht. Das Problem konnte dann beim Speicher eingekreist und bei den Serienexemplaren eliminiert werden. Die Cray 1 wurde zum Verkaufserfolg. Unter den Kunden waren erstmals Firmen, die den Rechner kommerziell nutzen. Die ersten Anwendungen gab es in der Automobilindustrie (für die Simulation von Crashtests) und der Ölindustrie (für die Auswertung von Seismogrammen zur Suche nach Erdöl). Die Cray 1 wurde bis 1984 gebaut, 81 Rechner wurden verkauft. Die Wirtschaftlichkeitskalkulation ging von 12 Exemplaren aus, um die Entwicklungskosten durch Verkäufe abzudecken.

Das Vektorprinzip wurde in der Folge von weiteren Maschinen übernommen. IBM stellte Vektorprozessoren vor, mit denen das Spitzenmodell, die IBM 3090 Serie, ausgerüstet werden konnte. In Japan fertigten, gefördert durch die Regierung, gleich drei Firmen Anfang der achtziger Jahre Vektorrechner: Fujitsu den VP-200, Hitachi den S-810 und NEC den schnellsten der Reihe, den SX-2.

NEC konnte schließlich Cray Research vom Spitzenplatz der schnellsten Computer verdrängen, aber NEC hatte nicht den Markterfolg von Cray Research. „Cray“ wurde in diesem Marktsegment synonym mit dem Begriff Supercomputer und die Firma hatte den Ruf, den IBM bei den Großrechnern hatte. Man machte nichts falsch, wenn man eine Cray kaufte. Zudem kamen die meisten Kunden aus den USA, viele Käufer waren nationale Institutionen wie ein Rechenzentrum oder eine Forschungseinrichtung und diese kauften nur Rechner von US-Unternehmen. Als das NCAR den Kauf einer NEC SX erwog, gab es eine förmliche Beschwerde, man sollte die eigene Computerindustrie fördern und es kam nicht zum Kauf.

NEC fertigt als einzige Firma bis heute Rechner auf Basis von Vektorprozessoren. Ihr Earth Simulator war von 2002 bis 2004 zwei Jahre lang der schnellste Rechner der Welt. Derzeit schafft das aktuelle Modell NEC SX-ACE 256 GFLOPS pro Prozessor – beeindruckend und mehr als tausendmal schneller als eine Cray 1. Allerdings erreicht die halbe Leistung eines Vektorprozessors heute ein Xeon E5-2590 Mikroprozessor – allerdings mit acht Kernen. Inzwischen hat auch Intel Vektoroperationen in seine Prozessoren aufgenommen. 2014 können die Fließkommaeinheiten in den Xeon Prozessoren vier Zahlen gleichzeitig bearbeiten und wie eine Cray gleichzeitig eine Addition und eine Multiplikation durchführen.

Es entstanden noch zwei verbesserte Modelle der Cray 1, zuerst 1979 die Cray 1S. In ihr wurde ein Problem behoben: Die Cray 1 selbst war eigentlich nur eine CPU mit Speicher. Sie konnte mit der Außenwelt nur mit 12 Hochgeschwindigkeitsleitungen kommunizieren. Übermittelte nun ein Großrechner Daten, so drehte die CPU Däumchen, bis alle Daten angekommen waren, analog, wenn die Cray Ergebnisse auf einem Massenspeicher abspeichern wollte. Die Cray 1S hatte nun eigene Prozessoren mit lokalem Speicher für Ein-/Ausgabeoperationen. Sie entlasteten die CPU, die so mehr Zeit für die Programme hatte.

Die Cray 1M hatte dagegen Speicher aus MOSFET-Bausteinen, sprich normalem RAM, wie er damals auch in den ersten PC steckte. Dieser war höher integriert und billiger als die schnellen Speicher auf Basis der Bipolar-Technologie. Die Cray 1M hatte einen viermal größeren Speicher und war trotzdem billiger als eine Cray 1.

Die Cray 2

Schon bald nach der Cray 1 machte sich Seymour Cray an das Design der Cray 2. 1980 gab er die Firmenleitung ab, um sich ganz dieser Maschine zu widmen. Doch anders als die schnelle Entwicklung der Cray 1, die weniger als vier Jahre nach der Firmengründung erschien, zog sich die Entwicklung hin. Diesmal gab es keinen Trick, um die Ausführung weiter zu beschleunigen. Mehr Geschwindigkeit erreichte Cray nur durch schnellere Schaltungen, da er die Architektur kaum änderte. Schließlich musste er vier Prozessoren einsetzen um das gewünschte Ziel – zehnfache Cray 1 Geschwindigkeit zu erreichen. Die Cray 2 erscheint 1985, neun Jahre nach dem Erstling.

Es holen ihn bei der Entwicklung die alten Probleme der CDC 8600 ein – die Cray 2 wird eine Zykluszeit von 4,1 ns aufweisen, halb so viel wie die CDC 8600, ein Drittel des Cray 1 Wertes. Entsprechend musste der schon kompakte Rechner noch kleiner werden. Der gesamte Rechner war schließlich nur noch 109 cm hoch und hatte einen Durchmesser von 135 cm – nicht größer als ein Minicomputer vom Typ VAX 11/780, aber etwa 4000-mal schneller.

Damit dies ging und die auf diesem kleinen Volumen enorm hohe Energieabgabe von 180 kW (60% mehr als eine Cray 1, ausreichend um rund 1.500 m² Wohnfläche zu heizen) abgeführt wurde, erfand Cray die Technik des Immersion Coolings: Der gesamte Rechner wurde mit Kühlmittel geflutet, das unten gekühlt eingespeist und oben erwärmt abgezogen wurde. Ein separates Kühlsystem gab die Wärme dann an eine Wasserkühlung ab, deren Abwärme der Rechenzentrumsbetreiber abführen musste. Für Montagearbeiten konnte das Kühlmittel in ein Reservoir abgepumpt werden. Der Vorteil dieser Methode war, dass es kaum Temperaturunterschiede gab, die Stress für Schaltungen bedeuten und mitverantwortlich für Ausfälle waren. Zu dieser Zeit experimentierte man mit vielen Methoden, die Rechner zu kühlen. Crays alte Firma CDC versuchte bei der ETA10 sogar eine Kühlung mit flüssigem Stickstoff. Das als "Fluorinert" bezeichnete Gemisch, vollfluoriertes Pentan oder Hexan hatte elektrisch isolierende Eigenschaften. Es wurde ursprünglich von 3M als

Kunstblut entwickelt, das heißt, es sollte, wenn jemand viel Blut verloren hat, zumindest das Volumen ersetzen und musste so völlig inert sein.

Auch die Platinen mussten zusammenrücken. Die Cray 1 bestand noch aus 1662 Platinen, die an einem Ende Anschlüsse für Drähte für die Signalleitungen hatten. Bei der Cray 2 waren die Chips dagegen dreidimensional zwischen den Platinen gebunden und acht Platinen bildeten ein Modul aus maximal 8 × 8 × 20 Chips. Das reduzierte die Wege zwischen den Bausteinen, war aber bedeutend aufwendiger in der Herstellung.

Erstmals setzte Cray auch MOSFET Speicher ein, sogar das langsame DRAM, das damals mit 256 KBit Kapazität verfügbar war. Es war erheblich höher integriert als das schnellere SRAM. Die Cray 2 hatte einen für die damalige Zeit gigantischen Speicher von 256 MWorten (256-mal mehr als eine Cray 1, entsprechend 2 GByte). Warum Seymour Cray einen so großen Speicher einsetzte und auf DRAM anstatt SRAM setzte, ist nicht bekannt. Zwar waren viele Kunden mit dem Speicherausbau der Cray 1 unzufrieden, weshalb es bei der Cray X-MP einen Zusatzspeicher in einem eigenen Kreissegment gab. Er war jedoch nicht in den Adressraum eingebunden und diente als RAM-Floppy, um schnell auf Daten zugreifen zu können, die man sonst von der Festplatte lud. In jedem Falle waren 256 MWorte enorm viel. Es gab zwar Kunden, die diesen Speicher wirklich brauchten, so die NASA, die damit erstmals die Luftströmungen um ein Space Shuttle wirklichkeitsgetreu simulieren konnten, doch das war die Ausnahme.

Der vergleichsweise langsame DRAM-Speicher, (etwa zehnmal langsamer als der Speicher der Cray 1) führte dazu, dass der Prozessor nacheinander auf 32 Speicherbänke zugriff. Klappte das, was bei linearer Ablage der Daten der Fall ist, so war die Cray 2 sehr schnell – sie erreichte 1952 MFLOPS mit vier Prozessoren. Doch meistens war das nicht gegeben und selbst in Programmen, die auf der Cray 1 fast die theoretische Spitzengeschwindigkeit erreichte, kamen nur auf 1000 MFLOPS.

Um die vier Prozessoren zu koordinieren, hatte Cray einen eigenen Vordergrundprozessor eingeführt, der auch die Speicherzugriffe synchronisierte, damit es keine Konflikte gab und die Ein-/Ausgabeoperationen durchführte. Jeder Hintergrundprozessor arbeitete dagegen nach der Architektur der Cray 1. Um die Abhängigkeit vom Speicher zu reduzieren, hatte jeder Hintergrundprozessor einen lokalen Speicher von 16 KWorten Größe. Anders als der in anderen Computern vorhandene Cache wurde dieser jedoch nicht automatisch mit Daten vom Speicher gefüllt, sondern dies geschah mit eigenen Befehlen. Zudem hatte Seymour Cray einen Flaschenhals der Cray 1 beibehalten: Diese konnte bei einer Vektoroperation Daten mit einer Geschwindigkeit von 320 MWorten/s verarbeiten. Der Speicher konnte auch Befehle mit dieser Datenrate liefern, aber Daten lieferte er nur mit 80 MWorten/s.

Als die Cray 2 erschien, hatte sie schon firmeninterne Konkurrenz. Da sich die Entwicklung der Cray 2 hinzog, beschloss die Firmenleitung eine verbesserte Cray 1 auf den Markt zu bringen, denn auch andere Firmen kündeten Vektorrechner an. Steve Chen bekam die Aufgabe, einen Cray 1 Nachfolger zu entwerfen. Im Prinzip nutzte er nur die inzwischen höhere Integrationsdichte aus. Anstatt 7 Gatter pasten nun 16 auf einen Chip und auch die RAM-Bausteine konnten nun 4 KBit anstatt 1 KBit speichern. So passten 1982 die Chips für zwei Prozessoren auf die Module einer Cray 1. Es entstand die Cray X-MP – mit zwei Prozessoren und 9,5 ns Zykluszeit. (MP: Multiprocessor). 1986 waren durch Fortschritte in der Halbleitertechnik vier Prozessoren im selben Volumen möglich. Die Cray X-MP hatte nicht den großen Speicher der Cray 2. Als sie erschien waren es maximal 4 MWorte. Aber sie war deutlich günstiger und das ab 1986 verfügbare Vierprozessorsystem war in der Praxis nicht viel langsamer. Zudem hatte sich Chen auch dem Problem der zu geringen Speicherbandbreite angenommen und sie vervierfacht.

43. Abbildung: Cray 2 (links) mit Kühlung (rechts)

Technisch war eine Cray X-MP der Cray 2 unterlegen, auch in der Architektur. So gab es keinen Vordergrundprozessor, der Aufgaben an die vier Vektorprozessoren verteilte. Nur über einige gemeinsam genutzte Register und die Möglichkeit die Statusregister im Speicher abzulegen (von dort konnte sie ein anderer Prozessor sie holen und das Programm an dieser Stelle fortzusetzen) war eine Koordination möglich. Für die Nutzer spielte das keine Rolle, denn es gab immer Andrang auf einen Supercomputer. So lief einfach pro Prozessor ein anderes Programm und er konnte so vier Benutzer gleichzeitig bedienen. Die X-MP war zudem 100% kompatibel zur Cray 1. Eine Cray 2 konnte zwar die Programme der Cray 1 ausführen, aber wollte man ihre Vorteile nutzen, so musste man die Programme umschreiben. Dabei war eine Cray 2 fast doppelt so teuer wie eine Cray X-MP. Die Cray X-MP wurde zum Verkaufsschlager und es wurden fünfmal so viele X-MP wie Cray 2 verkauft. Auf ihr aufbauend bringt Cray Research noch weitere Rechner heraus, der Letzte erscheint erst 1995.

Die Cray 3

Seymour Cray selbst arbeitete schon länger an einer neuen Technologie für die Cray 3. Nun gab es das Problem, das Cray Research nicht zwei Linien von Supercomputern finanzieren konnte. Nachdem die Firma viel mehr Gewinn mit der graduell verbesserten Cray X-MP machte, trennte man sich im Einvernehmen. Cray gründete eine neue Firma, die **C**ray **C**omputer **C**orporation (CCC). Mitarbeiter, die bei ihm arbeiten wollten, konnten Cray Research verlassen. In einer offiziellen Verlautbarung hieß es, CCC konzentriere sich auf die Entwicklung neuer Technologien für zukünftige Architekturen, während Cray Research sich auf die Weiterentwicklung des derzeitigen Standards kümmere. Die CCC wäre nach dieser Sichtweise das ausgelagerte Forschungslabor von Cray Research. Cray Research zahlte 50 Millionen Dollar für die Anfangsinvestitionen an die CCC und sicherte eine Finanzierung über 100 Millionen Dollar für die nächsten zwei Jahre zu. Das war ein großer Brocken, berücksichtigt man, dass Cray Research 750 Millionen Dollar an Erlösen (nicht Gewinn) im selben Jahr hatten. Seymour Cray rekrutierte für die CCC viele junge Ingenieure, kurz vor dem Konkurs hatte CCC 380 Mitarbeiter.

Schon lange plante Seymour Cray den Übergang vom Silizium als Halbleiter auf Galliumarsenid. Geplant war die Technologie schon für die Cray 3, doch war sie damals noch nicht reif genug. Wie der Ausdruck Halbleiter schon verrät, sind die Materialien, weder Isolatoren noch echte Leiter wie die Metalle. Silizium wird bei der Herstellung von Chips dotiert, es werden also gezielt andere Elemente eingebracht, welche die Leitfähigkeit erhöhen. Dies sind meistens Elemente der dritten und fünften Hauptgruppe. Silizium gehört zur vierten Hauptgruppe. In das Kristallgitter von Silizium eingebaut, haben diese Fremdatome dann ein Elektron zu wenig oder zu viel. Diese beweglichen Elektronen bzw. der Elektronenmangel (man spricht dann von „Löchern") erhöhen die Leitfähigkeit.

Galliumarsenid ist dagegen eine Verbindung, die aus einem Element der dritten und fünften Hauptgruppe besteht. In ihr sind die Elektronen mobiler. Die Folge ist, dass Transistoren schneller schalten. Galliumarsenid ist daher das Material für rauscharme Hochfrequenzverstärker, die bei der Satellitenkommunikation mehrere Zigmilliarden Mal pro Sekunde schalten müssen sowie für Transistoren mit hoher Elektronenmobilität. Durch die optoelektronischen Eigenschaften werden Galliumarsenidbauteile auch bei der Wandlung von elektrischen Signalen in Lichtsignale bei der Übertragung in Glasfasernetzen genutzt.

Galliumarsenid verspricht die hohen Frequenzen, die Cray brauchte, um eine hohe Taktfrequenz für den nächsten Rechner, die Cray 3, zu erreichen. Die Gatter der Cray 3 hatten eine Durchlaufzeit (Verzögerung) von 0,15 ns. Je kleiner sie ist, desto höher ist der Takt. Lange Zeit war aber die Technologie noch nicht so weit, um aus Galliumarsenid Halbleiterschaltungen und nicht nur einzelne Transistoren zu fertigen. In den achtziger Jahren sieht Seymour Cray die Zeit der Galliumarsenidtechnologie gekommen und entwirft die Cray 3 auf Basis von Galliumarsenidschaltungen.

Leider hat außer der Geschwindigkeit Galliumarsenid auch die gleichen Nachteile wie die bisher genutzte ECL-Technologie. Es ist mit dem Material nur schwer möglich isolierende Bereiche zu erzeugen, wie sie jeder Chip braucht. Auch ist es nicht möglich, einen p-Kanal-Feldeffekttransistor mit Galliumarsenid zu entwerfen. Auf der Kombination von p- und n-Kanalfeldefekttransistoren beruht die CMOS Technologie, die Anfang der achtziger Jahre zuerst bei den kleinen Rechnern eingesetzt wurde. Anfang der Neunziger verdrängte sie bei den Großcomputern die

ECL-Technologie: Sie ist enorm stromsparend. Ein CMOS-Gatter braucht nur Strom, wenn es schaltet. Ändert sich sein Zustand nicht, so verbraucht das Gatter kaum Strom. Dagegen brauchten andere Gatter immer Strom, egal ob ein Transistor schaltete oder nicht. Bei der ECL-Technologie war es sogar besonders viel, weil die Transistoren immer im Sättigungsbetrieb waren.

Mit CMOS Bauelementen konnte ein Computer dichter gepackt werden und kam ohne die aufwendige Flüssigkühlung aus. Mikroprozessoren in CMOS Technologie erreichten, als die Cray 3 erscheint, schon die Leistung der Cray 1, aber sie verbrauchten weniger als 10 Watt Strom, waren also bezogen auf die Energie rund zehntausendmal effizienter.

Galliumarsenid erlaubte nur eine niedrige Integrationsdichte. Für die Cray 3 brauchte Seymour Cray für die CPU daher genauso viele Chips wie für die Vorgängerrechner, und die Cray 3 erzeugte noch mehr Abwärme, wurde also erneut immersionsgekühlt.

Da die Zykluszeit erneut halbiert wurde, musste der Rechner noch kleiner werden – die Cray 3 war ein achteckiger Schrank von 127 cm Höhe und 107 cm Durchmesser. Die CPU belegte den kleinsten Teil dieses Platzes, sie nahm nur die obersten 20 cm ein. Um vor allem die Wege zwischen den Chips zu reduzieren, wurde noch mehr auf dreidimensionale Verdrahtung gesetzt: Wie bei der Cray 2 verwandte man dreidimensionale Module, bei denen die Platinen auch in der Höhe verdrahtet waren. Ein Modul war 10,2 cm breit und lang und 0,7 cm hoch. Es enthielt bis zu 1.024 Chips. 336 Module gab es im Rechner. Ein Modul mit 7 mm Höhe enthielt 9 Platinen, die mit bis zu 14.000 Drähten durch die Platinen verbunden waren. Das war nur mit eigens angefertigten Robotern möglich. Ob man ein Modul reparieren konnte, darf bezweifelt werden. Mehr Platz brauchte die Kühlung: Für sie waren zwei Schränke nötig. Der Rechner brauchte noch mehr Strom als seine Vorgänger: 360 kW (Cray 1: 127 kW, Cray 2: 180 kW) und der Großteil musste als Abwärme abgeführt werden.

Die Architektur der Cray 2 wurde übernommen. Ein Vordergrundprozessor koordinierte bis zu 16 Hintergrundprozessoren. Der Speicher war in acht Oktanten mit jeweils 64 Bänken angeordnet, bestand diesmal aus schnellen SRAM. Um die Vorgabe von Seymour Cray – jeder neue Rechner sollte zehnmal schneller als das Vorgängermodell werden – zu erreichen, musste er erneut die Zahl der Prozessoren auf 16 erhöhen.

Schon während der Entwicklung musste man die Designziele reduzieren. Der geplante Taktzyklus von 1 ns war nicht erreichbar und auch die Auslieferung verzögerte sich. Ursprünglich sollte die Cray 3 im Dezember 1991 erscheinen, ausgeliefert wurde das erste Exemplar im Mai 1993.

Dazu kam, dass die Marktsituation sich verschlechterte. 1980 wuchs der Supercomputermarkt um 50% pro Jahr, 1988 waren es nur noch 10%. Die Gründe waren vielfältig. So begannen Firmen Anfang der Achtziger Jahre erstmals Supercomputer einzusetzen und sorgten so für eine größere Nachfrage. Vor allem aber sorgte das Ende des Kalten Kriegs für einen Abschwung. Der mit Abstand größte Kunde war das US-Militär. Das Star-Wars Programm SDI, bei dem man mit Supercomputern konstruierte Waffensysteme im Weltraum stationierte, war auch im Abflauen.

In dieser Zeit einen neuen Supercomputer auf den Markt zu bringen, der nicht wie das zeitgleich von Cray Research erschienene Modell Cray C90 auf der eingeführten Cray 1 Architektur beruhte, war riskant. CCC fand nur zwei Kunden für die Cray 3. Davon sprang das Lawrence Livermore Laboratorium ab, als sich die Auslieferung verzögerte. Die einzige fertiggestellte Cray 3 wurde dann an das NCAR (**N**ational **C**enter for **A**tmospheric **R**esearch) ausgeliefert. Der Rechner hatte 4 Prozessoren und 128 GWorte Speicher.

Die Hardware hatte einen Fehler in der Berechnung von Quadratwurzeln und einer der Prozessoren fiel immer wieder aus. Beide Probleme wurden gelöst. Das NCAR bezahlte die Maschine nicht, bis sie abgestellt waren. Dabei war der Rechner zu 95% der Zeit verfügbar und wurde zu 85% der Zeit auch genutzt. Das NCAR erwartete ein Angebot für die Cray 4 und war bereit einen Rechner abzunehmen. Ohne weiteren Kunden ging CCC im März 1995 in Konkurs, als die Bank einen Kredit von 20 Millionen Dollar nicht mehr bewilligte. Bis dahin hatte das NCAR den Rechner noch nicht bezahlt. Gebaut waren Teile von sieben Exemplaren, davon zwei bis drei fertige Rechner, der ausgelieferte hatte die Seriennummer 5. Seymour Cray hatte 200 Millionen Dollar in die Entwicklung gesteckt, aber keine Kunden für den Rechner. Dazu kam, dass er der Einzige war, der Galliumarsenid einsetzte. Obwohl die Chips klein waren (weniger als 15 mm² Fläche, Prozessoren haben 100-300 mm² Fläche) und niedrig integriert, musste CCC alleine 27 Millionen Dollar für den Aufbau einer Fertigung der Chips investieren. Kurz nach der Cray 3 erschien von Cray Research die Cray C90 – mit fast derselben Zykluszeit von 2,2 ns, aber der eingeführten ECL-Technologie.

Zu dieser Zeit arbeitete Seymour Cray schon an der Cray 4. Auch sie basierte auf Galliumarsenidtechnologie, verwandte Gehäuse und Kühlung der Cray 3. Die Zykluszeit sollte 1 ns betragen und durch noch dichtere Packung sollten anstatt 16 bis zu 64 Prozessoren im Kabinett untergebracht werden. Die einzige Änderung, die es in der Architektur gab, das man den bei der Cray 2 eingeführten, lokalen Speicher, wieder abschaffte und zu dem Mechanismus der Cray 1 zurückkehrte die Schattenregister hatte, in denen die Ergebnisse landeten, wenn sie an den Speicher weitergeben sollten und somit die Rechenregister wieder freigaben.

Nach dem Konkurs der CCC hatte Seymour Cray die Zeichen der Zeit erkannt. Lange Zeit hatte er sich gegen massiv parallele Architekturen (MPP: **M**assive **P**arallel **P**rocessing) gewandt. Darunter versteht man, dass ein Rechner nicht wie bei den bisherigen Supercomputern aus einigen, sondern Hunderten bis Tausenden (heute: über 100.000) Prozessoren bestand. Es gab kurz vor der Cray 1 Entwicklung den ersten Versuch einer solchen Architektur, die ILLIAC IV, die 256 Prozessoren einsetzte und damit 1 GFLOPS erreichen sollte. Man hatte Probleme die Prozessoren zu koordinieren und erreichte in der Praxis nur 250 MFLOPS. Weiterhin gab es keine Unterstützung der vielen Prozessoren durch die Software. Am besten konnte man den Rechner ausnutzen, wenn jeder Prozessor ein eigenes Programm ausführte und unabhängig von anderen Prozessoren war. Das war z.B. bei der Berechnung von Flugbahnen von bis zu 288 ICBM der Fall.

Die ILLIAC IV war noch mit Spezialbausteinen gefertigt worden. In den Achtzigern verfolgten viele Firmen einen anderen Ansatz: Handelsübliche Mikroprozessoren wurden in großer Zahl (64 oder 128) kombiniert. Sie erreichten damals noch nicht die Geschwindigkeit eines Supercomputers, waren aber, weil sie in großen Stückzahlen gefertigt wurden, viel billiger als diese. Der erste Versuch mit 64 × Intel 8086 Prozessoren erreichte nur die Geschwindigkeit einer VAX, eines Minicomputers, war aber zehnmal billiger als diese. Während aber die Spezialchips für Crays Rechner kaum noch in der Leistung gesteigert werden konnten, (in dem Zeitraum zwischen der Cray 1 und 3 also 1976 bis 1993 sank die Zykluszeit von 12,5 auf 2 ns also den Faktor 6) stieg die Taktfrequenz von Mikroprozessoren rapide an. 1976 lag sie bei 3 MHz, 1993 bei 150 MHz, stieg also um den Faktor 50. Anstatt 16 Bit verarbeiteten die Prozessoren nun 64 Bits auf einmal und hatten nun auch Schaltungen für die Berechnung von Fließkommazahlen integriert. Die frühen Mikroprozessoren, die man in den anderen hier besprochenen Rechner findet, mussten Fließkommaberechnungen mit einem Programm durchführen, was sehr langsam war.

Cray Research selbst hatte schon den Wechsel vollzogen und entwickelte einen Rechner auf der Basis des DEC Alpha 21064 Prozessors. Das erste Modell, Cray T3D, hatte 32 bis 2048 Prozessoren. Seymour Cray gründete eine neue Firma, SRC Computer. Er hatte einen Wechsel vollzogen, als er einmal gefragt wurde, warum er die MPP-Architektur ablehnte, sagte er *„Wenn sie ein Feld pflügen wollen, was nehmen sie – zwei starke Ochsen oder 1024 Hühner?“*. SRC Computer sollte sich auf die Probleme konzentrieren, die es beim gleichzeitigen Betrieb von vielen Prozessoren gab. Dazu gehörte die Kommunikation, die um so mehr Zeit verschlang, je mehr Prozessoren es gab. Weiterhin musste der Zugriff auf den gemeinsam genutzten Speicher abgestimmt werden. SRC sollte Entwicklungsarbeiten für diese Probleme als Dienstleistung anbieten, aber keinen Computer mehr konstruieren. Das eigentliche Problem seiner Rechner konnte Cray nicht lösen: es waren die Wege in den Rechnern. Die CPU bestand aus einigen Platinen mit etlichen Chips. Es gelang zwar die Schaltgeschwindigkeit der Gatter zu erhöhen, doch dafür spielte die Weglänge eine immer größere Rolle. Trotz dreidimensionaler Verbindung war es nicht mehr möglich, die Weglänge weiter zu reduzieren. Dagegen war in einem Mikroprozessor die gesamte CPU in einem Chip von etwa 10 mm Kantenlänge untergebracht – die Wege waren hier viel kürzer, der Takt konnte höher sein.

Bevor ein konkretes Projekt angegangen wurde, verunglückte Seymour Cray am 22.9.1996. Ein Fahrer wollte ihn überholen, streifte aber zuerst einen dritten Wagen und wurde dadurch auf Crays Jeep Cherokee umgelenkt und rammte ihn. Crays Wagen überschlug sich dreimal. Am 5.10.1996 starb Seymour Cray im Alter von 71 Jahren an den Folgen des Autounfalls.

Vom privaten Leben Seymour Crays ist wenig bekannt. Er vermied weitgehend Publizität und war auch bei der Arbeit kein Teamplayer. Mitarbeiter bei CDC berichteten, Cray kam immer mit einer fertigen Lösung, die er alleine ausgebreitet hatte und die meist auch perfekt war. Er fuhr gerne Ski und spielte Tennis. Eine Marotte, die er hatte, war, dass er Tunnel unter seinem Haus grub. Er machte den Besuch von Elfen bei der Arbeit in diesen Tunneln verantwortlich für seinen Erfolg *„Wenn ich im Tunnel grabe kommen oft die Elfen mit einer Lösung für mein Problem zu mir“*. Dahinter steckt wahrscheinlich auch ein Körnchen Wahrheit: Man weiß schon lange, dass Sport die Hemmung des Frontallappens im Gehirn abbaut. Als Folge steigt die Kreativität an und man kommt auf neue Ideen und andere Lösungsansätze.

Mit Seymour Cray endete auch die Ära der ästhetischen, kompakten Supercomputer. Supercomputer gibt es bis heute, doch sie bestehen heute aus Tausenden von Mikroprozessoren. Sie sind in Motherboards wie bei einem PC untergebracht, die dann wiederum in einem Rack, stecken. Hunderte von Racks bilden dann den eigentlichen Supercomputer. Eine Cray 3 belegte einige Quadratmeter Fläche, heutige Supercomputer füllen ganze Hallen und haben teilweise ein eigenes Kraftwerk zur Stromversorgung. Allerdings verteilt sich auch die Abwärme auf eine größere Fläche und so kommen sie anders als die hochgezüchteten Vektorrechner mit Luftkühlung aus. In den meisten stecken heute Intel Xeon Prozessoren, das ist die Serverlinie der x86/x64 Architektur mit bis zu 18 Kernen pro Chip. Doch selbst IBM, Fujitsu und Oracle, die letzten verbliebenen Hersteller von speziellen Prozessoren für Großrechner, stellen heute Mikroprozessoren auf Basis der CMOS Technologie her.

Cray Research gibt es immer noch. Die Firma fertigt bis heute Supercomputer. Ihre Kompetenz liegt nun nicht mehr im Entwickeln neuer Architekturen, sondern der Verbindung zahlreicher Prozessoren mit schnellen Datenverbindungen und einer schnellen Anbindung an den Speicher. Sie verwenden handelsübliche Prozessoren, z.B. von AMD für ihre Rechner. Cray Research hat in der aktuellen Top500 Liste (Juni 2014) einen Marktanteil von 10,2% bei den Systemen bzw. 18,2% bei der Rechenleistung. Zwischendurch fusionierte sie mit Silicon Graphics und wurde von der Tera Computer Corporation übernommen – die sich aber danach in Cray Inc. umbenannte.

Ergänzt wurden Supercomputer durch verteiltes Rechnen. Jeder kann seinen PC dafür zur Verfügung stellen. Ein Programm lädt Pakete zum Berechnen herunter und überträgt die Ergebnisse. Per Bildschirmschoner kann man sich ansehen, was gerade berechnet wird. Genutzt wird die Zeit, in der der Prozessor nichts zu tun hat, der Benutzer merkt also nichts davon. Durch die enorme Zahl der für diese Projekte zur Verfügung gestellten PCs erreicht man so eine Leistung, die einen Supercomputer ersetzen kann. BONIC (Berkeley Open Infrastructure for Network Computing), das verschiedene gemeinnützige und wissenschaftliche Projekte verwaltet und bei denen man sich schnell und einfach für die Projekte registrieren kann, die man selbst unterstützen möchte, (die Palette reicht von Grundlagenforschung wie der Suche nach Gravitationsquellen über Klimaforschung bis hin zur Suche nach Medikamenten für Krankheiten) hatte im September 2014 z. B. 442.000 Teilnehmer mit 573.000 Computern und einer Leistung von 7 Petaflops. (1 Petaflop = 1.000.000.000.000.000=10^{15} Rechnungen). Das ist die Leistung von über 440.000 Cray 1. Der im September 2014 schnellste Supercomputer, der Tianhe-2 in China, mit 3,12 Millionen Xeon-Kernen (260,000 Xeon E5-2692 Prozessoren mit jeweils 12 Kernen und 2,2 GHz Takt) hat eine praktisch nutzbare Leistung von 34 Pegaflops, verfügt über 1.024.000 Gigabyte Speicher und verbraucht 17,7 MW Strom.

Konkurrenz bekommen die Mikroprozessoren heute durch die Grafikprozessoren (GPU), diese haben Hunderte bis Tausende Recheneinheiten um Bilder wirklichkeitsgetreu zu berechnen. Trotz niedrigem Takt (unter 1 GHz) und vergleichsweise wenig Speicher (sie setzen teures, aber schnelles DDR5 RAM ein) ist durch die Zahl ihre theoretische Fließkommaleistung sehr hoch. Die vielen Recheneinheiten sind aber auch hoch spezialisiert und nicht leicht zu programmieren. Gelingt dies, so hat eine GPU die vielfache Leistung eines Mikroprozessors.

Die Hinzunahme von GPUs könnte die Leistung von Supercomputern weiter steigern, nachdem die Leistung von Mikroprozessoren nun nicht mehr so stark ansteigt, wie in den letzten Jahrzehnten gewohnt.

Zuletzt zu einer Frage, die sich wohl jeder gestellt hat: Inwieweit ist mein PC mit Crays Supercomputern vergleichbar? Nun über die Jahrzehnte hat sich herausgestellt, dass ein erschwinglicher PC so schnell ist, wie der schnellste Rechner der Welt vor 20 Jahren. Demzufolge müsste ein PC im Jahre 1985 so schnell sein wie eine CDC 6600 und ein 2014 neu gekaufter PC müsste schneller als die Cray 3 sein. Und in der Tat ist dem so, wenn man theoretische Spitzenleistung vergleicht:

Crays Rechner	Erschienen	MFLOPS	PC	erschienen	MFLOPS
CDC 6600	1965	1	80386 + 80387 40 MHz	1989	0,74
CDC 7600	1969	10	Pentium 60 MHz	1993	14,3
Cray 1	1976	160	Pentium II 333 MHz	1999	166
Cray 2	1985	1.942	Pentium 4 2.000 MHz	2001	2000
Cray 3	1993	16.000	iCore 5-4960 (4 Kerne, 3.500 MHz)	2014	121.600

Bei der Cray 3 habe ich den Wert meines aktuellen PC eingefügt, da es durch Architekturerweiterungen inzwischen sehr große Unterschiede in der Rechenleistung der Prozessoren auf dem Markt gibt. Ohne AVX sinkt die Leistung auf 15,2 GFLOPS. Rechner mit der Erweiterung AVX können pro Takt und Kern eine kombinierte Multiplikation und Addition bei vier Zahlen gleichzeitig durchführen. Sie ist in den iCore Prozessoren seit 2011 Bestandteil der Architektur. Ohne diese (z. B. in den Celeron-, Pentium- und Atom Prozessoren) oder ohne Softwareunterstützung sinkt die Performance auf ein Achtel ab (trotzdem sollte ein Vierkernprozessor mit einem Takt von 4 GHz die Geschwindigkeit einer Cray 3 erreichen).

Die letzten 20 Jahre

Der Fokus dieses Buches liegt auf der Frühzeit der PC Geschichte, den siebziger und achtziger Jahren. Was ist über die folgenden zwanzig Jahre zu sagen?

Nun aus Unternehmen, die von Pionieren gegründet wurden, sind Konzerne geworden. Computer sind von Werkzeugen im Büro zu einem Alltagsgegenstand geworden. Kurzum: Die PC-Industrie ist eine Industrie wie jede andere geworden. Vorbei ist die Zeit der Pioniere. Nun regieren Manager die Firmen und Innovationen sind zur Seltenheit geworden.

Im PC-Bereich regiert seit Anfang der Achtziger Jahre der „Industriestandard" – die IBM-PC-Architektur. Aber auch die anderen großen Hersteller entwickelten die Hardware kaum noch weiter. Das bedeutete auch, dass alles was davon abwich, sich erst einmal durchsetzen musste. IBM scheiterte mit OS/2 und MCA. Die Weiterentwicklung erfolgte nun durch die Hersteller der PC-Komponenten. Intel führte den PCI-Bus und weitere Bussysteme ein, weil der ISA Bus für die Datenraten von Festplatten und Grafikkarten nicht mehr ausreichte. Grafikkartenhersteller entwickelten eigene Chipsätze, welche eine höhere Auflösung als der VGA-Standard zuließen.

Dadurch, dass nun die Innovationen von den Herstellern der Bauteile kamen, verloren die klassischen Computerhersteller – IBM, Compaq, Hewlett-Packard – weiter Marktanteile. Der PC war nun ein Produkt geworden, das jeder zusammenbauen konnte. Handelsfirmen wie Dell wurden erfolgreich durch neue Vertriebskonzepte oder die Möglichkeit einen PC individuell zusammenzustellen.

Der PC wurde laufend leistungsfähiger, aber es etablierte sich kein neuer Standard. Inzwischen setzt selbst Apple PC-Hardware ein. Was einen Mac heute noch von einem PC unterscheidet, ist das Betriebssystem und das BIOS.

Damit änderten sich auch die Methoden, mit denen man Marktanteile sichert. Geschah dies früher über Entwicklungen, so sichert man heute durch Patente und Prozesse seine Vorherrschaft. CP/M übernahm die Bedienungsphilosophie von

TOPS, dem Betriebssystem der PDP-10. Umgekehrt übernahm IBM das Konzept des BIOS von CP/M, MS-DOS sogar die komplette API. Lotus 1-2-3 übernahm die Bedienung und die Nummerierung der Zellen von VisiCalc. Keiner der Erfinder klagte damals (Bei VisiCalc aber Softwarevertrieb). Seit Anfang der achtziger Jahre sind auch Elemente einer Software patentierbar. Als Folge gibt es Prozesse, um die Konkurrenz zu schwächen und im Hardwaresektor wird jedes Details patentiert. Und sei es nur eine T-förmige Unterteilung einer Druckerpatrone, damit die Konkurrenz sie nicht nachbauen kann. Angesichts von Preisen von über 2.000 Euro pro Liter Tinte sind heute die Drucker manchmal billiger als eine Ersatzpatrone.

Wie schwer es ist, an dem „Standard“ zu rütteln zeigt Linux – das Betriebssystem ist nun schon 20 Jahre alt. Es ist ausgereift, es gibt verschiedene Distributionen für die unterschiedlichsten Anwendungsfälle und kommerziellen Support. Doch obwohl man es umsonst erhalten kann, schafft es Linux nicht, Windows als Betriebssystem zu verdrängen, selbst wenn Microsoft mit Vista einen kommerziellen Misserfolg landet. Der Standard ist eben Windows. Es gibt unzählige Programme für jeden Zweck, fast jeder hat schon mal mit einem Windows-PC gearbeitet. Ein neuer Standard, auch wenn das Betriebssystem verschenkt wird, bedeutet, dass man vor allem auf diesen Erfahrungsschatz verzichten muss.

Es gab seitdem nur zwei Revolutionen in den letzten zwanzig Jahren. Die Erste war das Internet. Nun wurde der PC zu einem Kommunikationsmittel. Vorher war er Arbeitsgerät oder Spielzeug. Nun kauften sich auch Leute einen PC, die ihn nicht zum Arbeiten oder Spielen benötigten – um im Internet zu surfen, Mail zu verschicken, Videos anzuschauen oder Blogs zu schreiben. Kommunikation ist ein elementares menschliches Bedürfnis und so erreichte der PC einen ganz neuen Benutzerkreis und es gab einen weiteren PC-Boom.

Eine Zeit lang sah es so aus, als würde sich die PC-Revolution wiederholen. Viele Firmen sahen im Internet die Möglichkeit, Geld zu verdienen. Diesmal nicht mit Software oder Hardware, sondern mit Dienstleistungen. Doch die „Dot-Com“ Blase zerplatzte bald wieder. Firmen bekamen enorme Mengen an Risikokapital ohne Profite zu erwirtschaften. Anleger vertrauten Konzepten und Umsatzprognosen, die sich nie erfüllen sollten.

Nur wenige Firmen setzten sich durch. Amazon, weil der Versand unkompliziert und kostenlos war. Google, weil seine Suchergebnisse weitaus weniger durch SPAM beeinträchtigt waren, als bei vielen Konkurrenten und sie trotzdem einen Weg fanden, sich durch Werbung zu finanzieren. Facebook wurde erfolgreich, weil sie ein Produkt entwickelten, welches das Bedürfnis mit Freunden in Kontakt zu bleiben, auf das Internet übertrug.

Das Surfen im Internet ist inzwischen die Hauptanwendung des PC geworden. Wichtiger als das Betriebssystem selbst, ist der Zugang ins Internet, weshalb dem Browser eine Schlüsselstellung zukommt. Der erste Versuch, eine Hardwareplattform zu konstruieren, den „Netzcomputer“, der seine gesamte Software aus dem Internet bezieht, scheiterte noch Mitte der neunziger Jahre. Es gab zu wenige Breitbandverbindungen, damit dieses Konzept aufging. Das von Sun und Oracle gepriesene Konzept sollte den PC ersetzen: Ein kleiner, einfacher Rechner ohne Festplatte und ohne Betriebssystem, lädt sich aus dem Internet in Java geschriebene Anwendungen herunter und speichert auch alle Daten auf den Servern des Anbieters. Es war das Schreckgespenst, das Bill Gates vor Augen hatte, als er den Browserkrieg entfachte – ein Computer der kein Windows benötigt. Zum Glück für Gates waren die dafür benötigten schnellen Internetverbindungen erst nach der Jahrtausendwende verfügbar waren. Ebenso war ein Prozessor, der Java direkt ausführen konnte, um eine Ausführungsgeschwindigkeit zu erreichen, die vergleichbar mit gängigen PC-Anwendungen ist, der erst 2002 verfügbar. Bis dahin waren aber die Kosten eines neuen PC soweit gefallen, dass der Netzcomputer nicht mehr viel billiger als ein PC war.

Die zweite Revolution war der Siegeszug der mobilen Geräte. Mit dem iPad brachte Apple 2010 erstmals einen Computer heraus, der primär zum Surfen oder der Benutzung des Internets ausgelegt ist. Genauso kann man heute mit Smartphones surfen. Diese Geräte sind erfolgreich, obwohl sie nicht IBM-kompatibel sind: für die Benutzung des Internets zählt nicht, welches Betriebssystem man einsetzt, sondern nur das man den Zugang zum Internet hat – dazu braucht man nur einen Browser und ein Emailprogramm. Mehr noch: Diese geschlossenen Plattformen ermöglichen den Herstellern über den Kauf des Gerätes hinaus weitere Verdienstmöglichkeiten, wenn Sie einen „Appstore“, eine Plattform, in der man Minianwendungen gegen Bezahlung auf das Gerät herunterladen kann, betreiben.

Die „Cloud“, das Speichern auf Servern im Internet hat inzwischen den Netzcomputer ermöglicht – nur heißt er nicht mehr so. Ein Chromebook ist offline praktisch nutzlos. Ohne Internetanbindung funktioniert fast keine der Apps. Damit hat Google das erreicht, was Microsoft immer wollte – volle Kontrolle über den Benutzer und den Rechner. Durch das (meist unverschlüsselte) persönliche Dokumente so bei Google landen kann der Konzern diese auslesen und personalisierte Werbung einblenden – und damit verdient bisher Google am meisten Feld.

Ein weiterer Trend, den es schon immer gab, der aber erst durch das Internet populär wurde, ist freie Software. Schon immer verschenkten Programmierer ihre Programme. Die frühen Computerzeitschriften waren voller Programmlistings. Später gab es Kopierservices für Sammlungen von Freeware oder Shareware-programmen (Letztere fordern den Benutzer auf, bei Gefallen, eine Summe an den Autor zu überweisen. Im Gegenzug erhält man Updates, eine gedruckte Dokumentation oder es werden zusätzliche Programmfeatures freigeschaltet). Doch erst mit dem Internet gab es einen einfachen Weg, sowohl die Software zu verteilen, wie auch die Arbeit vieler Programmierer an größeren Projekten zu koordinieren.

Viele Firmen begannen auch Software, die sie nicht mehr pflegen wollten, oder die aus anderen Gründen nicht mehr verkauft werden sollte, als Open Source, also mit dem Quelltext zu veröffentlichen. So entstand aus StarOffice das freie OpenOffice. Aus der Datenbank Interbase entstand Firebird und aus dem Netscape Communicator wurde der Browser Firefox. Mit Linux entstand ein freies Betriebssystem, das bald alle anderen UNIX Versionen an Popularität übertraf. Dieser Konkurrenz haben wir es zu verdanken, dass heute ein Officepaket (auch von Microsoft) keine 1.500 DM mehr kostet – das verlangte man noch Anfang der Neunziger für MS-Office.

Ein weiterer Trend ist, dass Computer in die Unterhaltungselektronik wandern. Spezialisierte Computer mit einer speziellen Version von Linux oder Windows als

„Medienzentrale“ konnten sich bisher nicht durchsetzen. Vor allem, weil die Bedienung dieser Systeme auf die Benutzung von Tastatur und Maus ausgelegt ist. Erfolgreicher, weil für viele ausreichend, sind integrierte Anschlussmöglichkeiten für USB-Massenspeicher oder Netzwerkzugänge um Mediendateien von externen Speichermedien oder anderen Computern auf dem Fernseher abzuspielen. Inzwischen sind auch Fernseher internetfähig, wenn auch meistens begrenzt auf die wichtigsten Portale wie Youtube.

Heute ist der Computer allgegenwärtig. Er ist ein austauschbares Konsumgut geworden. Gerade deswegen verändert er sich aber nur noch evolutionär.

Immer wieder machen aber Altlasten Probleme. Der „PC-Standard“ bedingt auch, dass immer wieder alte Standards Probleme machen. So flog erst mit Windows 7 die Unterstützung für 16-Bit-Code (DOS und Windows bis zur Version 3.11) aus dem Betriebssystem.

Bei Festplatten gibt es, seit 1986 die ersten Platten mit mehr als 30 Mbyte Kapazität erschienen, regelmäßig Probleme. Begrenzungen im BIOS, des Festplattenkontrollers oder des Betriebssystems begrenzten die nutzbare Kapazität. Das Erste war eine Limitation des damaligen DOS auf maximal 32 MByte pro Partition. Weitere Probleme folgten bei 512 MByte, 2, 8, 32 und 128 GByte. Die bisher letzte Einschränkung ist, dass der bisher zum Booten verwendete Code keine größeren Festplatten als 2 Terabyte unterstützt. Zwar gibt es seit Jahren mit UEFI eine alternative Lösung, aber sie wurde erst Jahre nach dem Mac auch im PC eingesetzt.

So bleibt der PC auch in Zukunft ein Mischmasch von Altlasten und neuen Technologien.

Die Technik der frühen PCs

Das folgende Kapitel stellt einige der Computer vor, um die es sich in diesem Buch dreht. Abgeschlossen wird es durch eine Übersicht über die Intel Prozessoren der x86 Reihe und ihrer Vorgänger bis zum Pentium 4.

Der Altair 8800

Aus heutiger Sicht ist erstaunlich, welche Resonanz der erste Mikrocomputer auslöste. Der Altair 8800 war nach heutigen Maßstäben ein „taubstummes" Gerät, das überhaupt keine Ähnlichkeit mit heutigen PCs hat. Der Zusammenbau des Kits dauerte im günstigsten Fall etwa 40 Stunden, konnte aber bei Fehlern erheblich mehr Zeit beanspruchen. Trotzdem wurden die meisten Rechner als Kit verkauft. Sie waren so nicht nur schneller lieferbar, sondern der typische Käufer, ein Elektronikfreak, wollte auch seinen Computer selbst zusammenbauen.

Das originale Kit bestand aus einer Basisplatine mit dem Bussystem. Auf dieser Basisplatine waren nur Stecker vorhanden. MITS suchte nach billigen Steckern und verwendete Stecker mit 100 Kontakten, die als S-100 Bus zu einem Standard wurden. Benötigt und belegt waren nur 85 Signalleitungen.

Eine Basisplatine hatte vier Stecker. Bis zu vier dieser Basisplatinen konnten miteinander verbunden werden, dies geschah durch 100 Drähte, die von Hand verbunden werden mussten. Ein Käufer sagte dazu *„das machte man nur einmal. Bei der nächsten Erweiterung kaufte man gleich alle Basisplatinen und verband sie durchgehend mit Draht"*.

Die CPU saß auf einer der Steckkarten. Verwendet wurde der Intel 8080-Prozessor mit einer Taktfrequenz von 2 MHz und einem Taktzyklus von 2 Mikrosekunden. Er verarbeitete 350.000 Befehle pro Sekunde.

Eine zweite Platine nahm den Speicher auf. Die Seriengeräte besaßen eine 1-KiB-Speicherkarte mit statischem RAM (1.024 Bit pro Baustein), die teilbestückt mit 256

Byte war. Dazu kam eine Karte, um die Lichter an der Front anzusteuern und Eingaben der Kippschalter entgegenzunehmen.

Weitere Platinen, die von MITS produziert wurden, waren Karten mit 4 KiB dynamischen RAM, Interfacekarten für parallele und serielle Ausgabe (für verschiedene Standards wie Fernschreiber oder die RS-232 Schnittstelle), eine Karte zum Anschluss von Kassettenrekordern als Massenspeicher oder für Lochstreifenleser. Später gab es auch (teilweise von Fremdherstellern) Anschlüsse für 8" Diskettenlaufwerke, Magnetbandgeräte, Modems und den Fernseher.

Als Peripheriegeräte gab es von MITS zuerst einen Fernschreiber, dazu kam eine Tastatur für die Eingabe von Oktalzahlen.

Die Ein- und Ausgabe war in der Basisausstattung das Hauptproblem. Das Bedienkonzept hatte MITS von der Data General Nova übernommen: An der Front gab es Kippschalter, in denen binär die Daten in Maschinensprache eingegeben wurden. Waren die Schalter in der korrekten Position, so legte man einen Übergabeschalter um und das nächste Byte konnte eingegeben werden. Die Ausgabe bestand aus LEDs, die für jeweils ein Datenbit standen. Eine zweite Reihe gab die Adresse binär aus, dessen Datenbyte gerade gelesen wurde. In der Grundversion gab es keine weiteren Eingabe- oder Ausgabemöglichkeiten.

Das Design des Altair war sehr schnell fertiggestellt worden und mit zahlreichen Mängeln behaftet. So hatten Leitungen mit unterschiedlichen Spannungen zu geringe Abstände auf den Platinen und es kam zu Kurzschlüssen. Die in der Mikroelektronik üblichen Spannungen von 5V und 12V musste jede Karte aus den Spannungen des Netzteils, das 8V und 18V lieferte, ableiten. Der Bus war nicht reguliert. Eine Karte konnte zu viel Leistung aufnehmen und so das System zu Absturz bringen. Das Netzteil war unterdimensioniert und konnte nicht alle 16 Karten mit Strom versorgen. Die einzelnen Platinen für das Bussystem mussten von Hand miteinander verbunden werden. Dazu gab es zwei unidirektionale 8-Bit-Datenbusse, aber nur einen bidirektionalen 16-Bit-Adressbus. Das gab Probleme beim Ausbau des Rechners, da nun gewährleistet sein musste, dass sich unterschiedliche Karten nicht gleichzeitig angesprochen fühlten. Die CPU-Karte hatte zudem Pins im Abstand von 0,15 Zoll, während die Stecker ein Raster von 0,156 Zoll aufwiesen. Die elektromagnetische Abschirmung des Gerätes war mangelhaft – ein populäres Programm störte den Radioempfang bei 600 kHz so, dass der Beatles Song „The fool on the Hill“ zu hören war. Es gab zudem keine Aussparungen für Anschlüsse, sodass man den Deckel nicht mehr schließen konnte, wenn an einen Altair Geräte angeschlossen wurden, da dann Kabel nach außen führten.

Als mit dem IMSAI 8080 der erste Nachbau erschien, brachte MITS sehr schnell verbesserte Versionen des Altair 8800 (Altair 8800A bzw. B) heraus, die zahlreiche Mängel abstellten. Der 8800A hatte ein leistungsfähigeres Netzteil. Das Motherboard nahm nun 18 Karten auf, ohne das Erweiterungsplatinen gekauft werden mussten. Der 8800B hatte ein verbessertes Frontpanel und verwandte für den Taktgenerator und das Ansprechen von dynamischen RAM zusätzliche Bausteine von Intel. Beide setzten den verbesserten 8080A Prozessor mit einem Takt von 2,5 MHz ein.

Ed Roberts war bei Konstruktionsbeginn der Einzige in der Firma, der einen Abschluss als Ingenieur in Elektrotechnik oder Elektronik vorweisen konnte. Das erklärt, warum es so viele Fehler im Design gab – es fehlte die Manpower, um alles zu prüfen und zu testen.

Es zeigte sich, dass die 16 Anschlüsse für Speicherkarten durchaus für ein vollständiges System benötigt wurden. (Der Nachbau IMSAI 8080 hatte sogar 22 Steckplätze). Eine Speicherkarte nahm maximal 4 KiB auf. Sowohl der Diskettenkontroller, wie auch das TV-Interface „Dazzler“ bestanden aus je zwei Karten. Ein Nutzer, der eine Tastatur, einen Monitor, ein Diskettenlaufwerk und eine PROM-Karte anschloss (um nicht jedes Mal den Bootlader eintippen zu müssen) hatte noch acht Steckplätze für maximal 32 KiB RAM frei.

Ed Roberts vertrat die Meinung, dass seine Computer vor allem für „Business Applications“ gekauft würden. Doch wer den Computer tatsächlich soweit aufrüstete, dass dies möglich war, musste ein Vielfaches des Grundpreises investieren (etwa 2.000 Dollar) und zudem die Software in Altair-BASIC selbst schreiben – es gab noch keine Anwendungsprogramme. So war der Altair vor allem ein Gerät für Elektronikfreaks.

Altair 8800	
CPU	8080, später 8080A mit 2 / 2,5 MHz
RAM	0,25 KiB Standard, erweiterbar auf 64 KiB
ROM	0 KiB Standard, später 0,25 KiB Bootrom (Altair Turnkey)
Steckplätze:	4 Standard, erweiterbar auf 16, später 18
Anschlüsse:	Im Standard keine Per Erweiterungskarten: Fernschreiber ASR-33, RS-232 (seriell) Papierstreifenleser, Video (32 × 32 oder 64 × 64 Zeichen), 8" Diskettenlaufwerke (bis 16 Stück, je 300 KiB/Disk)
Preis:	397 $ (Kit), 695 $ (montiert)

Abbildung 44: Ein Altair 8800 mit Relaiskarten

Apple I+II

Der Apple I war immer noch kein echter Computer, wenn man es ganz genau nimmt, noch weniger als der Altair. Denn Apple verkaufte nur die Platine. Der Käufer musste diese um zwei Spannungswandler (obwohl ein Netzteil vorhanden war), einen Ein-/Ausschalter, ein Gehäuse und eine Tastatur, die an einen 16 poligen Stecker angeschlossen wurde, ergänzen.

Der Byte Shop verkaufte die Apple I in einem handgefertigten Holzgehäuse mit Tastatur. Diese Apple I sind die einzigen serienmäßig verkauften Computer in einem Holzgehäuse.

Der Zentralprozessor ist wie bei den folgenden Apple Rechnern der 6502. Er arbeitete nur mit 1,023 MHz. Doch der 6502 verarbeitet die Befehle anders als der 8080, sodass die CPU in etwa genauso schnell wie die 8080 des Altairs war. Da ein Teil der Zeit zum Auffrischen des Speichers benötigt wurde, betrug der effektive Takt nur 0,96 MHz.

Der Arbeitsspeicher des Apple I betrug anfangs 4 Kilobyte. Die verkauften Rechner wurden mit 8 Kilobyte geliefert, das war der maximal mögliche Ausbau des internen Speichers.

Ein Slot mit 44 Pins nahm eine Erweiterungskarte auf. Das Handbuch verweist auf die Möglichkeit so den Speicher auf maximal 64 Kilobyte (das Maximum, dass der 6502-Prozessor adressieren konnte) auszubauen. Die einzige Zusatzkarte, die erschien, war eine, mit der man einen Kassettenrekorder als Speichermedium anschließen konnte.

Die Systemsoftware bestand aus einem Monitorprogramm in den letzten 256 Byte des Adressraumes. Es wurde beim Start automatisch angesprungen, konnte Daten in den Arbeitsspeicher ablegen und ein Programm starten.

Während also die Systemsoftware durchaus niemanden vom Hocker reißen konnte, verfügte der Apple I über eine revolutionäre Neuerung: Er konnte die Daten auf einem Fernseher mit einem NTSC-Eingang ausgeben. Er zeigte 24 Zeilen mit je 40 Zeichen an. Grafik war nicht möglich, aber Texte wurden in einer 5 × 7 Punktmatrix dargestellt. Die Ausgabe war sehr langsam. Der Apple I konnte maximal 60 Zeichen/s auf dem Bildschirm ausgeben. Die langsame Ausgabe kam dadurch zustande, dass der Apple I eigentlich aus zwei Teilen bestand: dem CPU-Teil mit dem Speicher und einem Videoterminal. Der Benutzer musste mit einem Schalter signalisieren, dass er Daten aus dem Speicher ausgeben wollte. Es gab keinen Videospeicher für die Ausgabe, wie dies normalerweise üblich ist. Das Videoterminal war zugleich Speicher und Ausgabemedium.

Apple verkaufte auch Software. Der BASIC-Interpreter befand sich auf einer Kompaktkassette (wofür die 75 Dollar teure Erweiterungskarte zum Lesen-/Speichern auf handelsübliche Kassettenrekorder benötigt wurde), ebenso gab es einige Spiele (Black Jack, Lunar Lander) und einen Disassembler. Das BASIC belegte 4 Kilobyte des Speichers, ließ also noch 4 Kilobyte für Programme übrig.

Von den 200 hergestellten Computern wurden 175 verkauft. Aufgrund der kleinen Stückzahl ist ein Apple I heute ein wertvolles Sammlerobjekt. Der durchschnittliche Preis für einen Apple I lag in den letzten Jahren bei Versteigerungen bei 14.000 bis 16.000 Dollar. Es gab bei einer eBay-Auktion aber auch ein Gebot über 180.000 Dollar. Es ist jedoch nicht bekannt, ob diese Auktion auch zustande kam. Die folgende Vergleichstabelle der Apple Rechner enthält die Daten der jeweiligen Basismodelle der Serie.

Gerät	Apple I	Apple II	Apple III
Prozessor	6502, 1 MHz	6502, 1 MHz	6502A, 2 MHz
RAM:	4 Kilobyte / 8 Kilobyte	12 Kilobyte intern erweiterbar auf 48 Kilobyte. Mit Karte auf 64 Kilobyte	128 Kilobyte, erweiterbar auf 512 Kilobyte
ROM:	0,25 Kilobyte	12 Kilobyte	4 KiB
Floppy-Disks:	-	Extern 140 Kilobyte	Intern 140 Kilobyte
Textausgabe:	40 × 24 Zeichen	40 × 24 Zeichen	80 × 24 40 × 24 Zeichen
Grafikausgabe:	-	280 × 192 Pixel	560 × 192 Pixel 280 × 192 Pixel

Gerät	Apple I	Apple II	Apple III
Anschlüsse:	Tastatur	Kassettenrekorder Video/Monitor	Gameport Apple-Druckerport RS-232 Video/Monitor
Erweiterungsslots:	1	8	4
Produziert:	1976	1977 – 1993	1981 – 1984
Exemplare:	200	5 Millionen	65.000
Verkaufspreis:	666,66 $ (nur Platine)	1.295 $ (4 Kilobyte RAM)	3.995 $

Der Apple II hat bis heute einen legendären Ruf als Meisterstück der Ingenieurskunst. Wozniak brachte es fertig, die Anzahl der Bausteine im Vergleich zu anderen Rechnern stark zu reduzieren. Er war der erste Rechner, der ohne Zusatzkarte Farbgrafik auf einem Fernseher darstellen konnte und auch der Floppy-Disk-Kontroller verwandte für die damalige Zeit extrem wenige Bausteine.

Der Apple II bestand in der Grundausstattung aus einem Gehäuse mit dem Keyboard, in welchem sich die Systemplatine und die Erweiterungsslots befanden. Durch die Höhe des Gehäuses war die Tastatur, trotz Schräge deutlich über der Tischplatte angebracht.

Im Inneren gab es unter der abnehmbaren, oberen Platte hinten die acht Steckplätze. Verglichen mit dem Altair konnten nur sehr niedrige Steckkarten eingebaut werden. Doch Wozniak hatte den Rechner so konstruiert, dass diese nur wenige Chips benötigten, um angesprochen zu werden. Beim Altair wurde der gesamte Bus des Prozessors über den S-100 Bus übertragen und es gab keine Vereinbarung, wie Karten miteinander kooperieren sollten. Daher erforderten die Karten zahlreiche Bausteine, mit denen sie konfiguriert wurden, z.B. welchen Adressbereich sie benutzten und welche Datenleitungen.

Beim Apple II hatte Wozniak eine sehr einfache Möglichkeit gefunden, den Aufwand zu verringern. Jeder der acht Slots hatte im Adressraum des Prozessors einen Bereich von 256 Bytes für ein ROM. Das reichte aus, um Routinen unterzubringen, welche die Karte initialisieren und dann die Ausführung in ein größeres ROM abgeben. Zum Datenaustausch stand ein gemeinsamer 2 KiB großer Speicherbereich zur Verfügung.

Die acht Karten belegten so zusammen 4 KiB des Adressraums. Weitere 8 KiB belegte das BASIC das Wozniak geschrieben hatte. Es arbeitete nur mit ganzen Zahlen. Als später auf dem Apple II+ eine funktionell reduzierte Version des Extended Microsoft BASICs eingesetzt wurde, wurde es zu „Integer-BASIC" umbenannt. Dazu kamen ein Monitorprogramm und ein Disassembler in den letzten 4 KiB.

Da der 6502 als 8 Bit Prozessor maximal 64 KiB adressieren konnte, lies dies noch 48 KiB für den Hauptspeicher übrig. Es gab drei Bänke, die jeweils mit gleichen Chips bestückt sein mussten. Möglich war die Bestückung mit 4 kbit RAM Chips oder 16 kbit RAM Chips, sodass es folgende Konfigurationen gab:

RAM	Bankkonfiguration	Komplettrechner	Kitpreis
4 KiB	1 × 4 kbit	1.298 $	598 $
8 KiB	2 × 4 kbit	1.398 $	698 $
12 KiB	3 × 4 kbit	1.498 $	798 $
16 KiB	1 × 16 kbit	1.698 $	978 $
20 KiB	1 × 16 kbit +1 × 4 kbit	1.778 $	1.078 $
24 KiB	1 × 16 kbit + 2 × 4 kbit	1.878 $	1.178 $
32 KiB	2 × 16 kbit	2.158 $	1.458 $
36 KiB	2 × 16 kbit + 1 × 4 kbit	2.258 $	1.558 $
48 KiB	3 × 16 kbit	2.638 $	1.938 $

Wie schnell die Preise für Bausteine fielen, zeigte sich daran, dass zwei Jahre später der Apple II+ mit 48 KiB RAM für 1.095 Dollar angeboten wurde. Also nur 40% des Preises eines gleich ausgestatteten Apple II (und 200 Dollar billiger als dieser mit 4 KiB im Jahr 1977)

Anschlüsse gab es im Grundgerät nur zwei: einen Ausgang für einen Fernseher und einen für einen Kassettenrekorder. Der Kassettenrekorder war als Speichermedium gedacht (wie auch noch bei vielen Heimcomputern nach dem Apple II). Er übertrug Daten mit einer Geschwindigkeit von 1.000 Bit/s.

Der Apple II konnte auf einem Fernseher Farbe und Grafik darzustellen. In der Grundausstattung war nur der niedrig auflösende Grafikmodus nutzbar, der 40 × 48 Zeichen in acht von 15 Farben zeigte. Es gab BASIC-Befehle zur Programmierung der Grafik.

Der hochauflösende Grafikmodus zeigte 280 × 192 Pixels in vier Farben. Dies waren bei einem Farbfernseher schwarz, weiß, violett und grün. Da Wozniak einige Eigenheiten des NTSC-Systems zur Darstellung nutzte, konnten sie nicht frei gewählt werden. Für diesen Modus benötigte der Apple II einen Speicher von 8 KiB, während der niedrig auflösende Grafikmodus nur einen Speicher von 1 KiB erforderte. In der Realität störten sich auf einem Fernseher die Pixel gegenseitig, da Wozniak auf die vollständige Generation von NTSC Signalen verzichtet hatte, um Chips zu sparen, sodass praktisch nur 140 × 192 Pixel unterscheidbar waren.

Zum Anschluss an den Fernseher (bis zum Erscheinen des Apple II+ nur in den USA möglich) musste man einen TV-Modulator erwerben. Allerdings stellte der Apple II Zeichen nur in einer 5 × 7 Matrix dar. (Höhe × Breite). Damit konnte er keine Kleinbuchstaben darstellen. Wozniak entfernte sie aus dem Zeichensatz – der Apple zeigte nur 64 Zahlen, Sonderzeichen und Großbuchstaben auf dem Monitor an.

Wegen der wenigen Anschlüsse in der Grundausrüstung waren wie beim Altair die Slots wichtig zur Erweiterung des Rechners. Für drei Karten gab es Schlitze zum Anschluss von Peripherie in der Rückwand.

Wichtige Karten waren die 80-Zeichenkarte (zur Darstellung von 80 Zeichen/Zeile auf einem Monitor), eine Karte mit einem Druckeranschluss nach dem Centronics Standard, der Diskettencontroller und für den Anschluss eines Gamecontrollers.

Der Apple II hatte zahlreiche Nachfolger. 1979 folgte der Apple II+. Wie das „+“ andeutet, gab es vor allem Verbesserungen, aber keine revolutionäre Neuerung. Das Applesoft BASIC wurde nun von Microsoft gestellt und beinhaltete auch Fließkommaroutinen, war aber deutlich langsamer als Wozniaks Integer-BASIC. Steve Jobs hatte Wozniak gebeten, diese dazu zunehmen, aber er hatte kein Interesse daran. So wurde der Interpreter für 31.000 Dollar von Microsoft gekauft. Bill Gates passte die Speicherroutinen für das Kassetteninterface an. Der Apple II+ startete auch schneller. Die Grafikauflösung war dieselbe wie beim Apple II, aber nun waren 6 anstatt 4 Farben möglich. Das BASIC-ROM war nun 12 KiB anstatt 8 KiB groß und so entfielen Monitorprogramm und Disassembler. Für europäische Version (Apple II Europlus) wurde nun ein TV-Modulator nach dem PAL-Standard eingebaut.

Die wichtigste Änderung war, dass der Hauptspeicher nun 48 KiB in der Standardausführung betrug. (Varianten mit 16 und 32 KiB wurden auch produziert). Er konnte mit einer Karte auf 64 KiB erweitert werden. Die zusätzlichen 16 KiB waren nutzbar für Anwendungsprogramme, nicht jedoch für das BASIC, das einen Teil des Adressbereiches belegte.

1983 war der Apple II schon sechs Jahre auf dem Markt und verglichen mit 16-Bit-Rechnern technisch veraltet. Doch die Verzögerungen bei der Einführung des Macintosh und die Pleite mit dem Apple III führten zu einer Neuauflage des Apple II. Der Apple IIe war zum einen preiswerter zu fertigen – er enthielt nur noch 31 Chips (verglichen mit 120 bei einem gleichwertig ausgebauten Apple II). Zum Zweiten integrierte er die beiden am häufigsten gekauften Zusatzkarten: die 16-KiB-Erweiterungskarte und 80-Zeichenkarte, die es erlaubte 80 Zeichen pro Zeile auf einem Monitor darzustellen. Der Speicher von 64 KiB konnte mit einer Zusatzkarte auf 128 KiB erweitert werden. Erstmals konnte der Apple II auch Kleinbuchstaben darstellen. Der Apple IIe wurde weitgehend unverändert von Januar 1983 bis November 1993 gefertigt, er ist der am längsten jemals produzierte Mikrocomputer.

Der Apple IIc war eine „portable“ Version des Apple II. Portabel in dem Sinne, dass durch ein flaches Gehäuse der Computer selbst tragbar war und nur noch 3,4 kg wog. Zusatzkarten konnten keine eingebaut werden, der Rechner hatte jedoch 128 KiB Speicher, Anschlüsse für Drucker, Modems, Gamecontroller und konnte 80

Zeichen pro Zeile darstellen. Er wurde daher bei Apple IWM (**i**ntegrated **W**ozniak **M**achine) genannt. Ein Diskettenlaufwerk war an der rechten Seite eingebaut. Da der Rechner aber keinen eingebauten Monitor hatte, war er kein Ersatz für ein Notebook. Der Apple IIc wurde vom April 1984 bis August 1988 gebaut. Die letzte Version hatte einen 4 MHz schnellen Prozessor, der auch auf 1 MHz gedrosselt werden konnte, wenn alte Software mit dieser Geschwindigkeit nicht zurechtkam. Diese Version setzte auch die Laufwerke des Apple IIGS mit 800 KiB Kapazität ein und hatte einen auf 256 KiB vergrößerten Arbeitsspeicher. Die Anpassung der Routinen für den Diskettencontroller war eine große Herausforderung, da das 3,5" Laufwerk eine höhere Datenübertragungsrate hatte. Aus Kompatibilitätsgründen konnte Apple aber keinen integrierten Baustein als Diskettenkontroller einsetzen.

Zuletzt wurde noch der Apple IIGS herausgebracht. Es war ein vergeblicher Versuch, den alten Apple Standard mit einem Neuen zu verbinden. Er setzte den 65816-Prozessor ein, der mit 2,8 MHz lief. Der 65816 war ein 16-Bit-Prozessor, der 16 MByte Speicher adressieren konnte. Er konnte in einem Emulationsmodus den 6502-Prozessor nachbilden und dann die gesamte Software des Apple II ausführen. Dazu verfügte der Rechner auch über ein altes 5,25" Laufwerk, neben einem Zweiten nach dem 3,5" Standard.

Nun konnte der Rechner nun Grafiken mit 640 × 200 Pixeln in zwei oder 320 × 200 Pixeln in vier Farben darstellen und hatte 256 KiB RAM, erweiterbar auf bis zu 8 MByte. Verglichen mit den schon eingeführten Rechnern des IBM-Standards war der Apple IIGS jedoch in Geschwindigkeit und Grafikauflösung aktuellen Modellen unterlegen. Es gab nur wenig Software, die unter dem neuen 16-Bit-Modus lief. Der Apple IIGS wurde vom September 1986 bis Dezember 1992 gefertigt. 1,5 Millionen Exemplare wurden gebaut. Die Gesamtzahl aller Apple II beläuft sich auf etwa 5 bis 6 Millionen Stück. Dies sind, (berücksichtigt man die lange Produktionszeit) gar nicht so viele. Da die Apple II Rechner aber vergleichsweise hochpreisig verkauft wurden, generierten sie hohe Umsätze und sicherten der Firma das Überleben.

Das lange Leben des Apple II lag auch daran, dass es Apple sehr früh gelang, im Bildungsmarkt Fuß zu fassen. Über eine Generation hinweg wurden Schulen mit Apple II ausgerüstet. Dort wurden die Rechner nicht so schnell ausgetauscht wie bei Privatkäufern. 1988 waren 60% der installierten Rechner in US-Schulen Apple II. Wer in der Schule mit einem Apple II arbeitete, kaufte mit großer Wahrscheinlichkeit später auch einen Apple II. Dieses Phänomen machten sich auch andere Firmen zunutze, so resultierte die marktbeherrschende Rolle von Wordperfect unter DOS

45. Abbildung: Apple III

auf der Verbreitung in Schulen und Universitäten. Wer dort mit der Textverarbeitung arbeitete, tat dies auch später im Beruf oder Privatleben.

	Apple II	**Apple II+**	**Apple IIe**	**Apple IIc**	**Apple IIGS**
Prozessor:	6502, 1 MHz	6502, 1 MHz	6502, 1 MHz	65C02, 1 / 4 MHz	65C816, 1 / 2,8 MHz
Erschienen:	April 1977	Juni 1979	Januar 1983	April 1984	September 1986
RAM:	4-48 KiB	48 KiB	64 KiB	128 / 256 KiB	256 – 1.125 KiB
ROM:	12 KiB	12 KiB	16 KiB	16 / 32 KiB	128 – 256 KiB
Disks:	Extern: 140 KiB	Extern: 140 KiB	Extern: 140 KiB	Intern: 140 / 800 KiB Extern: 140 KiB	Extern: 800 KiB
Textauf-lösung:	40 × 24	40 × 24	80 × 24 40 × 24	80 × 24 40 × 24	80 × 24 40 × 24
Grafikauf-lösung:	280 × 192	280 × 192	560 × 192 280 × 192	560 × 192 280 × 192	560 × 192 280 × 192 640 × 200 320 × 200
Anschlüsse:	Kassetten-rekorder TV-Interface	Kassetten-rekorder TV-Interface Joystick	Kassetten-rekorder TV-Interface Joystick	TV, Monitor, Joystick 2 × seriell Disklaufwerk Audio	TV, Monitor, Joystick 2 × seriell Disklaufwerk Audio
Slots:	8	8	8	0	7+1
Preis:	1.295 $	1.195 $	1.270 $	1.295 $	999 $

Macintosh und Lisa

Obgleich die beiden Geräte sich äußerlich ähneln – beide haben Diskettenlaufwerk und Elektronik in das Monitorgehäuse integriert, sind sie doch grundverschieden.

Die Lisa bestand aus vier Boards und hatte eigene Mikroprozessoren um die CPU zu entlasten, welche sich um den Datentransfer von Festplatte, der Diskette und den seriellen Schnittstellen kümmern. Sie war erweiterbar, während beim Macintosh alles auf der Hauptplatine integriert war.

Der wichtigste Unterschied lag im Betriebssystem. Die Lisa hatte nur ein kleines ROM, welches das Betriebssystem von Diskette (später Festplatte) lud. Das OS der Lisa war zu echtem Multitasking fähig und wesentlich weiter entwickelt als das Mac OS. Beim Macintosh musste das gesamte Betriebssystem in ein sehr kleines ROM passen – es war nur 64 KiB groß. Das ist in etwa den Speicherumfang, denn auch MS-DOS belegte – nur war dieses nicht grafisch. Dies ging nur, indem in diesem lediglich die elementaren Routinen des Systems untergebracht wurden und weitere Teile von der Diskette geladen wurden. Doch hatte der Macintosh nur 128 KiB RAM. In diesen 128 KiB musste auch noch Platz für die Anwendungen bleiben. Daher konnte das Mac OS wesentlich weniger als das Betriebssystem der Lisa.

Vor allem aber war der Macintosh kaum erweiterbar. Neben den Anschlüssen für Schnittstellen war er nur um ein externes Floppylaufwerk zu ergänzen. Ohne dieses war der Computer nutzlos, da sonst Daten, Anwendungsprogramm und Betriebssystem auf jeder Diskette abgelegt werden mussten. Es fehlten auch Erweiterungssteckplätze. Über diese verfügte die Lisa genauso, wie über Anschlüsse für interne Festplatten.

Apple erkannte die Nachtteile des geschlossenen Konzepts. Zuerst folgte nach acht Monaten der „Fat-Mac“: Die Designer hatten schon eine Vergrößerung des Arbeitsspeichers auf 512 KiB vorgesehen. Später folgten Modelle mit zwei eingebauten Diskettenlaufwerken und externen SCSI-Anschlüssen für Festplatten. 1987 kam dann der Macintosh II, der Monitor und Gehäuse trennte und auch Erweiterungssteckplätze beinhaltete. Er war nun auch zu Farbgrafik fähig. Mit ihm kam der kommerzielle Durchbruch: Zusammen mit dem Laserdrucker von Apple wurde er für Grafik & Desktop-Publishing eingesetzt.

Gerät	Lisa	Macintosh
Produziert von:	1983-1985	1984-1985
Prozessor:	68000, 5 MHz	68000, 7,83 MHz
RAM:	1.024 KiB, erweiterbar auf 2.048 KiB	128 KiB, später 512 KiB
ROM:	16 KiB Bootroutinen, BIOS	64 KiB GUI
Diskettenlaufwerke:	2 × 860 KiB (5,25") später: 1 × 400 KiB (3,5") + 5 mb Festplatte	1 × 400 KiB (3,5")
Festplatte:	Optional: 10 mb	-
Monitor:	12" Monochrommonitor 720 × 364 Punkte	9" Monochrommonitor 512 × 342 Punkte
Anschlüsse:	2 × seriell, 1 × parallel 3 Erweiterungssteckplätze	2 × seriell, 1 × parallel externe Floppdisk
Verkaufte Exemplare:	100.000	140.000 im ersten Jahr
Einführungspreis:	9,995 $	2.495 $

46. Abbildung: Commodore PET 2001

PET 2001

Der PET 2001 von Commodore war der erste Mikrocomputer, der zusammen mit einem Monochrommonitor verkauft wurde. Ein Monitor lässt ein schärferes Bild als ein Fernseher zu, es entfällt der Tuner, der für Unschärfe sorgt und die Auflösung begrenzt. Allerdings war der Monitor in der ersten Version noch ein Schwarz-Weiß-Fernseher. Erst später wurde ein nachleuchtender Grünmonitor eingesetzt.

So konnte der PET 2001 trotz des kleinen (nur 9 Zoll großen Fernsehers) 40 Spalten darstellen. Spätere Modelle erhielten 12“ Monitore und konnten 80 Zeichen pro Zeile ausgeben.

Als Datenspeicher wurde ein handelsüblicher Kassettenrekorder eingebaut, der aber trotz der Bemühungen von Chuck Peddle bei der Konstruktion relativ unzuverlässig war. Damit war das Gerät der erste Komplettcomputer der Monitor und Massenspeicher beinhaltete.

Das Gehäuse konnte aufgeklappt werden, es gab aber nur einen User Port als interne Erweiterung und keine Steckplätze. Der Benutzer konnte den Speicher auf 8 KiB erweitern. Es gab dafür eine Reihe von leeren Sockeln. Die Tastatur aus Gummitasten galt als das größte Manko des Rechners. Sie hatte keinen Druckpunkt und gab dem Gerät ein schlechtes Image in der Richtung „billig und minderwertig“. Sie nützten sich auch schnell ab und reagierten dann kaum noch auf Tastendrücke.

Als Schnittstelle gab es einen seriellen IEC-Bus für den Anschluss eines Druckers. Das war damals schon ungewöhnlich, wurde aber bei allen folgenden Commodorerechnern beibehalten. Verbreiteter waren der parallele Bus nach Centronics und der Serielle nach dem RS232 Standard. Der PET konnte daher nur Drucker von Commodore ansteuern.

Der Speicher betrug 4 bzw. 8 KiB. Durch eine Erweiterungskarte, die an den Userport angeschlossen wurde, konnte man ihn auf 32 KiB erweitern.

Das ROM umfasste 14 KiB und konnte mit drei Erweiterungssockeln erweitert werden. In ihm befand sich der BASIC-Interpreter von Microsoft, (8 KiB), 2 KiB belegte der Bildschirmeditor. Je 1 KiB entfielen auf Diagnoseroutinen und ein Monitorprogramm. Das BASIC wurde zwar als „Extended BASIC“ bezeichnet, hatte aber einige Bugs und Einschränkungen.

Der Prozessor war wie beim Apple II ein 6502. Der Rechner hatte keine Grafikbefehle, sondern konnte nur Grafik mit Symbolen erstellen. (Blockgrafik). Töne wurden über die Zweckentfremdung des Ein-/Ausgabechips ausgegeben.

Es gab später ein Diskettenlaufwerk, das an den Userport angeschlossen werden konnte. Doch war dies beim PET 2001 nicht sinnvoll, da der Speicher dann auf 8 KiB begrenzt war.

Einige Eigenheiten blieben bei späteren Computern von Commodore erhalten. So der IEC-Port, der als Druckeranschluss genutzt wurde, die langsamen Diskettenlaufwerke mit eigenen 6502-Prozessor und das spartanische BASIC. Auf den PET folgte später die CBM Serie, die über mehr Arbeitsspeicher und einen größeren Monitor verfügte.

	PET 2001	**CBM 40XX**	**CBM 8XXX**
Prozessor	6502 1 MHz	6502 1 MHz	6502 1 MHz
RAM	4,8 KiB	8,16,32,64 KiB	8,16,32,64,96,128 KiB
ROM	14 KiB	14 KiB	16 KiB
Monitor:	9 Zoll Diagonale 40 × 25 Zeichen	9,12 Zoll Diagonale 40 × 25 Zeichen	12 Zoll Diagonale 80 × 25 Zeichen
Disketten- laufwerke:	-	500 KiB, 1000 KiB	500 KiB, 1000 KiB
Tastatur:	Gummi	Schreibmaschine	Schreibmaschine, teilweise abnehmbar

VC20 und C64

Direkter Vorgänger des C64 war der VC20. Er basierte auf dem Videodisplayprozessor VIC, der es nun ermöglichte, auf einem Fernseher den Inhalt eines Speicherbereiches darzustellen. Der VC20 war noch nicht grafikfähig. Er konnte nur „Blockgrafik" aus Zeichen erstellen. Diese konnten allerdings selbst definiert werden, während bei anderen Modellen, welche diese Technik einsetzen (Tandy, PET, ZX81) nur Zeichen aus dem Zeichensatz ausgewählt werden konnte. Die CPU 6502 wurde wie beim PET mit 1 MHz getaktet.

Der VIC war zugleich auch für die Soundausgabe zuständig, die mehrstimmig war. Das BASIC war das gleiche wie bei der CBM Serie und dem C64. Nach Tramiels Vorstellung sollte VIC-20, wie er außerhalb von Deutschland hieß, Videospielen Konkurrenz machen. Das zeigt sich in der technischen Auslegung des Rechners. So verfügte er über zwei Anschlüsse für Joysticks nach der Norm des Atari VCS 2600 Systems. Für Spiele war nicht so viel RAM wichtig, aber ein Steckplatz für Erweiterungsmodule. Die Darstellung auf dem Bildschirm war nicht für die Textdar-

47. Abbildung: Commodore VC 20

stellung ausgelegt. Da der VIC 22 Spalten × 23 Zeilen darstellte, waren die Pixels 40% zu breit, da damals Fernseher ein Seitenverhältnis von 4:3 aufwiesen. Auf der anderen Seite war der VIC fähig 16 KiB Speicher zu nutzen, also deutlich mehr als der Arbeitsspeicher des VC-20 betrug (dieser konnte allerdings auf 32 KiB erweitert werden, wodurch der Speicher des VIC von 1 KiB auf 4 KiB anstieg). Die Fähigkeiten des Videoprozessors wurden so im VC20 nicht vollständig ausgenutzt.

Der VC20 war der erste Computer, der sich über 1 Million mal verkaufte, noch vor dem Apple II, obwohl er drei Jahre später erschien. Er war auch der erste Rechner, der weniger als 100 Dollar kostete. Die Verkäufe sanken, als der C64 auf den Markt kam. 1984 gab es Nachfolger unter der Bezeichnung C16/C116. Sie konnten an den Erfolg nicht anknüpfen, weil zu dieser Zeit Computer mit so wenig Speicher schon obsolet waren und man für einige Mark mehr einen C64 sein Eigen nennen konnte.

Der C64 war der populärste Computer der achtziger Jahre. Der Rechner setzte den 6510-Prozessor ein. Er war ein 6502, mit einem zusätzlichen Ein-/Ausgabeport.

Verantwortlich für die Grafik- und Soundfähigkeiten des C64 waren aber zwei spezielle Bausteine von MOS: der VIC-II und der SID. Der VIC-II war der Nachfolger des VIC des VC20. Der VIC-II war ein Videodisplayprozessor, der sich um die komplette Generation des Videosignals für Farbfernseher kümmerte. Er konnte maximal eine Auflösung von 320 × 200 Pixel mit vier Farben darstellen und nutzte dazu 16 KiB des Arbeitsspeichers. Eine Besonderheit war die Fähigkeit „Sprites“ darzustellen. Das sind maximal 24 × 21 Pixel große Figuren, die autonom vom restlichen Bild bewegt werden können. Das erleichterte die Programmierung von Spielen.

Der SID war ein Baustein, der für die Erzeugung mehrstimmiger Töne verantwortlich war. Beide Bausteine hatten ein Alublech als Kühlung, das bei den Nachfolgeversionen eingespart wurde und zu Hitzeproblemen führte. Das BASIC unterstützte Grafik- und Soundfähigkeiten überhaupt nicht. Die Programmierung erfolgte durch direktes Ansprechen der Bausteine mittels der BASIC-Befehle Peek und Poke. Auf entsprechende Befehle wurde verzichtet, um einen ROM-Baustein in der Fertigung einzusparen. Viele kauften sich einen C64 nur zum Spielen, denn Spiele in

Maschinensprache konnten die Hardware voll ausnutzen. Bis heute erfreut sich das Gerät aufgrund der Grafik- und Soundfähigkeiten in der Demoszene großer Beliebtheit. Hier ist die Herausforderung Grafikdemos mit möglichst wenig Code zu programmieren. Da der C64 ein abgeschlossenes System ist, sind die Startbedingungen für alle gleich. Es ist aber auch die Herausforderung sehr groß, da die Hardware verglichen mit heute archaisch ist.

Das 20 KiB große ROM nahm den BASIC-Interpreter, der sich kaum von dem des PET unterschied, das Betriebssystem und den Bildschirmeditor auf. Von dem 64 KiB großen Arbeitsspeicher waren für BASIC noch 38 KiB verfügbar, da 16 KiB des Speichers dem Videoprozessor zugeordnet waren.

Der Computer verfügte über zahlreiche Anschlüsse für Joysticks, Drucker, Module, Kassettenrekorder, Erweiterungsbus, Fernseher, Monitor und einen Userport. Die Marktbedeutung des C64 zeigte sich darin, dass Druckerhersteller eigene Modelle für den C64 produzierten, welche an den IEC-Bus angeschlossen werden konnten.

Das Diskettenlaufwerk hatte wie beim PET einen eigenen Prozessor und war ein Computer für sich. Das war sehr ungewöhnlich, brachte dem Benutzer aber keinen Zusatznutzen: im Gegenteil. Die Implementierung der Steuerung war langsam und durch einen seriellen Bus war es das langsamste Diskettenlaufwerk, das es jemals gab.

Abbildung 48: Ein C64 mit Diskettenlaufwerk und externem Netzteil

Die zahlreichen Mängel des C64 kreierten eine Zubehörindustrie. Es gab alternative BASIC Versionen auf Modulen und Disketten, welche die Grafik- und Soundfähigkeiten unterstützten, Diskbeschleuniger-Software oder schnelle Diskettenlaufwerke von Fremdherstellern.

Warum sich der C64 so gut verkaufte, war sein Preis: Er erschien im Oktober 1982 für 1.495 DM. Ein Jahr später war der Preis auf nur 700 Mark gesunken. 1986 erschien der C64C mit einem ergonomischen Gehäuse. Daneben gab es den SX64, eine tragbare Version mit 5“ Monitor und Diskettenlaufwerk.

Weder die leistungsfähigeren Nachfolgemodelle Plus/4 (mit Anwendungen im ROM), C128 (mit 128 KiB Speicher, einem komfortableren BASIC und einer zusätzlichen Z80 CPU), noch Nachfolgemodelle des VC20 wie der C16 und C116 konnten an den Erfolg des C64 anknüpfen. Es zeigte sich die Kehrseite eines Standards – Änderungen und seien es auch gravierende Verbesserungen, werden eher als Nachteil angesehen, wenn die alte Software nicht mehr läuft. Darunter hatte vor allem das Plus/4 Gerät zu leiden, das 75% schneller war, über mehr nutzbaren Speicher und ein komfortables BASIC verfügte, aber inkompatibel zum C64 war. Der C128 erhielt daher eine Betriebsart, in der er zum C64 kompatibel war. Diese nutzte aber nur einen Teil der Möglichkeiten des Gerätes aus.

Gerät	VC20	C16/C116	Plus/4	C64	C128
Gebaut von:	1980-1985	1984-1986	1984-1986	1982-1992	1985 – 1989
RAM:	5 KiB – 32 KiB	16 KiB	64 KiB	64 KiB	128 KiB
ROM:	20 KiB	32 KiB	64 KiB	20 KiB	40 KiB
Prozessor:	6502, 1,02 MHz	7501, 1,76 MHz	7501, 1,76 MHz	6510, 1,02 MHz	8510, 2 MHz Z80, 4 MHz
Einführungspreis:	299 $	99 $	299 $	595 $	299 $
Verkaufte Exemplare	2,5 Millionen		0,4 Millionen	17 Millionen	4 Millionen
Basicversion:	2.0	3.5	4.0	2.0	7.0

Atari ST

Die erste Generation des Atari ST bestand wie die vorherigen Heimcomputer aus drei Teilen: einer Tastatur mit der Elektronik, einem Monitor und einem Diskettenlaufwerk. Alles wurde mit Kabeln verbunden, was das für diese Geräteklasse typische Kabelgewirr ergab. Das war schon damals nicht zeitgemäß. Bei einem Rechner, bei dem alle drei Teile zum Lieferumfang gehörten, (anders als beim C64, wo man alles separat kaufen musste) war dies nicht angebracht. Bei späteren Versionen wurde daher das Diskettenlaufwerk in das Gehäuse integriert.

Das Diskettenlaufwerk nutze das neuere 3,5 Zoll Format und speicherte 360 KiB pro Seite. Anfangs konnte nur eine Seite beschrieben werden, später war das beidseitige Beschreiben möglich.

Es gab den Rechner mit zwei Monitoren: Der Monochrommonitor mit 640 × 400 Punkten hatte ein sehr scharfes Bild durch eine hohe Bildwiederholfrequenz von 72 Hz. Ein Farbmonitor war auch verfügbar, er zeigte 640 × 200 Punkte in vier Farben an. 32 KiB des Hauptspeichers wurden dafür verwendet. Es gelang, den Zugriff des

Abbildung 49: Der Atari ST 1040STF mit Farbmonitor

für den Atari ST entwickelten Videoprozessors „Blitter“, in die Pausen des CPU-Zugriffs zu legen, damit bremste die Bildschirmausgabe den Rechner nicht aus.

An Anschlüssen gab es einen normalen Druckeranschluss, einen MIDI-Port und einen Erweiterungsbus, der jedoch nur einen Teil der Signale nach außen führte. Der MIDI-Port, der erstmals serienmäßig in einem Computer eingebaut war, sorgte dafür, dass der Rechner bei Musikschaffenden sehr populär war.

Als Betriebssystem diente eine erweiterte Version von CP/M 68K, von Atari TOS genannt. (The **O**perating **S**ystem oder **T**ramiel **O**perating **S**ystem). Die grafische Oberfläche war GEM, wobei die Atari Version deutlich mehr dem Macintosh ähnelte, als die PC-Version. Das Betriebssystem war in einem ROM von 192 KiB untergebracht.

Die Tastatur wurde als nur mittelmäßig angesehen. Vermisst wurden vor allem Cursortasten und die angeschrägten Funktionstasten waren nur für Linkshänder gut bedienbar. Es fehlte an einem deutlichen haptischen Feedback. Die Maus wurde unterhalb des Rechners angeschlossen. Der SCSI-Anschluss ermöglichte den Anschluss einer Festplatte, die Atari nach einem Jahr vorstellte. Anders als früher bei Commodore wurden fast ausschließlich verbreitete Anschlüsse eingesetzt.

50. Abbildung: Atari TT 030

Es gab eine Reihe von Nachfolgemodellen. Sie unterschieden sich im Speicher (bis 4 MByte), eingebautem oder externem Floppylaufwerk. Spätere

Modelle hatten bessere Grafikfähigkeiten und trennten Tastatur und Rechnergehäuse.

Verglichen mit dem ungefähr zeitgleich erschienenen Amiga war der Atari ST deutlich preiswerter, hatte bessere Soundfähigkeiten, aber eine niedrigere Grafikauflösung mit weniger Farben. Zudem war das Betriebssystem des Amiga leistungsfähiger. Beide Rechner fanden daher Einsatzgebiete, welche ihre Fähigkeiten voll ausnutzten. Der Atari ST wurde durch die MIDI-Schnittstelle zu einem Werkzeug für alle, die Musik am Computer erstellten oder verfremdeten. Die besseren Videofähigkeiten des Amiga führten zum Einsatz als Schnittcomputer oder zum Erzeugen von Effekten in Videos.

	Atari ST-Serie	**Atari TT030**	**Atari Falcon 030**
Prozessoren:	68000, 8 MHz, später 16 MHZ (STE) später mit optionalem 68881 Coprozessor	68030, 32 MHz	68030, 16 MHz 56001, 32 MHz
RAM:	512 KiB, 1, 2, 4 mb	2 – 12 mb	1, 4, 14 Mbyte
ROM:	192 KiB	512 KiB	512 KiB
Betriebssystem:	TOS 1.02 – 1.06	TOS 3.01 – 3.06	TOS 3.01 – 3.06
Massenspeicher:	Floppydisk, 360 oder 720 KiB, externe Festplatten 20 – 60 mb	Floppydisk, 720 oder 1.440 KiB	Floppydisk, 720 oder 1.440 KiB
Grafikauflösung:	640 × 200 4 Farben 320 × 200, 16 Farben	320 × 200 bis 640 × 480 Pixel, 2 – 262.144 Farben	320 × 200 bis 1.280 × 960 Pixel, 2, 16, 256 Farben
Schnittstellen:	Seriell, parallel 2 × Midi Monitor 2 × Maus / Joystick Cartridge Floppy SCSI	3 × Seriell, parallel 2 × Midi VGA Maus / Joystick Cartridge Floppy SCSI LAN VMEBus	2 × Seriell, parallel 2 × Midi VGA 2 × Maus 2 × Joystick Cartridge Floppy IDE SCSI-II

Osborne 1

Die technische Beschreibung des Osborne 1 ist die eines typischen CP/M 2.2 Rechners: Er verfügt über eine Z80 CPU, getaktet mit 4 MHz, wie sie in vielen anderen Rechnern steckte. Die beiden Floppylaufwerke speicherten pro Disk nur 91 KiB, da die Disketten nur einseitig und mit einfacher Dichte beschrieben wurden. Es gab als Aufrüstoption eine Elektronikplatine, welche eingebaut werden konnte, um auch die Rückseiten beschreiben zu können. Das Nachfolgemodell Osborne Executive hatte diese Fähigkeit standardmäßig eingebaut.

Das RAM betrug 64 KiB, das ROM nur 4 KiB. Im ROM befanden sich nur der Zeichensatz und eine Bootroutine, um CP/M von der Diskette zu laden. 8 KiB des Arbeitsspeichers wurden als Bildschirmspeicher und als Kopie des Font-ROM genutzt. Der eingebaute Bildschirm mit einer Diagonale von 5 Zoll zeigte 52 Zeichen pro Zeile und 24 Zeilen an. Dabei war der Bildschirminhalt nur ein Teil des Bildschirmspeichers, der mit dem Cursor verschoben werden konnte. Er betrug in der Breite 128 Zeichen. Trotzdem war der kleine Bildschirm das Hauptmanko des Rechners.

Was allerdings damals nicht selbstverständlich war, war die Ausstattung mit Schnittstellen. Der Osborne hatte nicht nur eine parallele Schnittstelle (entweder nach IEEE488 oder Centronics Standard), sondern auch eine serielle zum Anschluss eines Modems. Dies IEEE488 Schnittstelle war vor allem bei Hewlett-Packard weitverbreitet. Diese Ausstattung war luxuriöser als bei den meisten anderen Computern. Der Apple II und IBM-PC wurden als Basismodell sogar ohne Druckerschnittstelle ausgeliefert.

Die Tastatur mit 65 Tasten befand sich im Deckel des 52 × 32 × 22,5 cm großen Gehäuses. Der „portable“ Computer wog 10,7 kg. Er war eine typische Büromaschine: Beim Starten begrüßte einen kein BASIC-Interpreter, sondern es wurde CP/M von einem Diskettenlaufwerk geladen. Unter CP/M konnte der Anwender dann eines der mitgelieferten Anwendungsprogramme oder einen der beiden BASIC-Interpreter starten. Ein portabler Computer war damals ein Rechner, der „schleppbar“ war – aber nicht ein Rechner, der ohne Steckdose betrieben werden konnte. Der Osborne hatte keinen Akku, er wurde über ein Netzkabel mit Strom versorgt.

Das Nachfolgemodell Execute verwandte halbhohe Diskettenlaufwerke mit der doppelten Kapazität. So gab es mehr Platz im Gehäuse. Osborne verbaute trotzdem nur einen etwas größeren Monitor. Er konnte nun eine Zeile komplett darstellen, doch war die Bildschirmdiagonale immer noch zu klein. Daher war der neue, externe, Monitoranschluss eine wichtige Verbesserung.

Der Osborne Vixen, das letzte Gerät, war eine Mischung aus beiden Vorgängern. Um den Rechner billiger zu machen, hatte er wie der Osborne 1 nur 64 KiB Speicher, aber Diskettenlaufwerke mit hoher Kapazität und einen 7 Zoll Monitor. Von ihm wurden nur etwa 200 Stück verkauft.

	Osborne 1	**Osborne Executive**	**Osborne Vixen**
CPU	Z80A, 4 MHz	Z80A, 4 MHz	Z80A, 4 MHz
RAM:	64 KiB	124 KiB	64 KiB
ROM:	4 KiB	8 KiB	4 KiB
Diskettenlaufwerke:	2 × 91 KiB	2 × 183 KiB	2 × 400 KiB
Bildschirm:	5 Zoll Diagonale 52 × 24 Zeichen	7 Zoll Diagonale 80 × 32 Zeichen	7 Zoll Diagonale 80 × 24 Zeichen
Bildschirmspeicher:	128 × 32 Zeichen	128 × 32 Zeichen	128 × 32 Zeichen
Tastatur:	69 Tasten	69 Tasten	
Schnittstellen:	Seriell 300,1200 baud, parallel, IEEE 488	2 × Seriell, 50-9600 baud parallel oder IEE488 Video, Fernseher	Seriell, 50-9600 baud parallel oder IEE488 Video, Fernseher
Betriebssystem:	CP/M 2.2	CP/M 3.0	CP/M 2.2
Gewicht:	10,7 kg	13 kg	11 kg

Der IBM PC

Der IBM PC hatte den Aufbau von heutigen Desktop Computern: In einer Zentraleinheit befinden sich Elektronik und Laufwerke, Bildschirm und Tastatur sind davon unabhängig mit Kabeln angeschlossen.

Es gab zwar solche Rechner schon vorher. Doch die populärsten Rechner der damaligen Zeit vereinten entweder Tastatur und Elektronik in einem Gehäuse (Apple II) oder waren Geräte mit eingebautem Monitor (Commodore CBM Serie, Tandy TRS-80 Modell 4).

Der Rechner verfügte über zwei Einschübe für zwei Diskettenlaufwerke doppelter Höhe. Der Einbau einer Festplatte war nicht vorgesehen.

Das Motherboard verfügte über fünf Steckplätze für Erweiterungskarten. Die Abmessungen der Zentraleinheit erlaubte die Aufnahme sehr großer Karten. Der Bus wurde später als ISA Bus zum Industriestandard.

Die Diskettenlaufwerke speicherten 160 KiB pro Diskette. PC-DOS unterstützte in der ersten Version nur das Beschreiben einer Seite der Diskette, obwohl die Laufwerke auch die Rückseite beschrieben konnten. Die Version 1.1 lieferte dieses Feature nach.

Hauptprozessor war der Intel 8088 mit einer Taktfrequenz von 4,77 MHz. Der Hauptspeicher betrug nur 16 KiB bzw. 64 KiB. Es handelte sich um eine Hauptplatine, die entweder mit 16 kbit oder 64 kbit Chips bestückt wurde. Mit Zusatzkarten von 32 und 64 KiB Kapazität konnte er auf bis zu 256 KiB ausgebaut werden. Der nutzbare Maximalausbau war durch das Betriebssystem und die Systemarchitektur begrenzt. MS-DOS konnte bis zu 640 KiB Speicher nutzen, wobei von diesem noch das Betriebssystem abging. Oberhalb dieses Bereichs lag der Speicherbereich der Erweiterungskarten. So lag direkt an den DOS-Speicher angrenzend der Speicher für die Textdarstellung. Bei 732 KiB folgte der Speicher der Farbgrafikkarte und in den letzten 64 KiB waren das BIOS und BASIC untergebracht.

Wie bei anderen Computern mussten Schnittstellen nachgerüstet werden. Das Grundmodell verfügte nur über Anschlüsse für Monitor und Kassettenrekorder. Aus Zeitgründen wurden viele Details des Busses von dem IBM Datamaster übernommen. Doch dieser setzte einen 8085-Prozessor ein. Der Datenbus war daher auch nur 8-Bit breit, was bei dem 8088-Prozessor keine Einschränkung war. Es machte aber, als der IBM AT eingeführt wurde (mit einem 16-Bit-Datenbus) eine Erweiterung des Busses nötig.

Sehr gelobt wurde die Tastatur, bei der die Erfahrungen von IBM in einigen Jahrzehnten Computertechnik spürbar waren. Sie war mit einem 1,80 m langen Spiralkabel mit dem Rechner verbunden und ergonomisch – sie war flach und konnte frei bewegt werden. Die schwere und solide verarbeitete Tastatur hatte einen guten Anschlag und produzierte ein sattes Klickgeräusch. Das galt damals nicht als Belästigung am Arbeitsplatz, sondern als Qualitätsmerkmal. Sie hatte neben einem separaten Zehnerblock und Cursortasten auch 10 Funktionstasten, die von Anwendungen mit den wichtigsten Funktionen belegt werden konnten.

Das Grundmodell enthielt eine Karte zur Ansteuerung eines Monochrommonitors, der nur Text ausgeben konnte. Der Monitor mit 11,5 Zoll Diagonale leuchtete grün, war deutlich nachleuchtend und konnte maximal 25 Zeilen mit jeweils 80 Zeichen pro Zeile darstellen. Die einzelnen Buchstaben bestanden aus einer 9 × 14 Punktmatrix. Das ergab ein gefälliges und feines Schriftbild. Eine invertierte, blinkende Darstellung oder Unterstriche waren möglich.

Die Auslegung als Bürocomputer für vorwiegend textlastige Anwendungen zeigte sich darin, dass die Grafik und Soundfähigkeiten sehr beschränkt waren. Der eingebaute Lautsprecher konnte nur einstimmige reine Sinustöne ausgeben. Die Musikuntermalung bei Spielen war so eher eine Qual als eine Freude.

Die optionale Farbgrafikkarte hatte ebenfalls nur bescheidene Fähigkeiten. Die Auflösung betrug maximal 320 × 200 Punkte bei nur vier Farben oder 640 × 200 Punkte in monochrom. Damit konnte man den IBM-PC im niedrigen Farbmodus an einen Fernseher anschließen, jedoch wurde der entsprechende Modulator für das TV-Signal nur den US-Geräten beigelegt. Beide Karten konnten parallel betrieben werden, z.B. um die auf dem Monochrommonitor Daten einzugeben und eine Grafik aus diesen Daten auf dem Farbmonitor auszugeben. Text sah auf der Farbgrafikkarte nicht gut aus. Dafür war ihre Auflösung zu gering.

Das ROM war 40 KiB groß und umfasste das BIOS und ein „Kassettenbasic". Das BASIC von Microsoft konnte nur Daten auf einen Audiorekorder speichern und von dort einlesen. In der Grundkonfiguration war so der IBM PC etablierten 8-Bit-Rechnern weder in Geschwindigkeit, noch Ausstattung oder verfügbarem Arbeitsspeicher überlegen.

Erwarb man einen IBM-PC mit einem oder zwei optional verfügbaren 5,25 Zoll Diskettenlaufwerken, so konnte auch das Disk-BASIC eingesetzt werden, welches Disketten als Speichermedium nutzte. Das Disk-BASIC wurde aber zusätzlich zu PC-DOS in den Arbeitsspeicher geladen, daher benötigten Systeme mit Diskettenlaufwerken deutlich mehr Arbeitsspeicher. Der Diskettenkontroller belegte einen weiteren Speicherplatz.

Parallel wurde ein Matrixdrucker vorgestellt. Er wurde an eine Centronics Schnittstelle angeschlossen, für die man eine eigene Karte benötigte. Bei einem typischen System für den Büroeinsatz waren so vier von fünf Slots schon belegt: mit einer Speichererweiterung, dem Diskettencontroller, der Druckerschnittstelle und dem Monochrombildschirmadapter.

Sehr bald gab es von Drittanbietern deutlich leistungsfähigere Karten. Andere integrierten verschiedene Funktionen, wie z.B. Grafik und Schnittstellen. Die Firma Hercules bot z.B. eine populäre Karte an, die Text und Monochromgrafik mit einer Auflösung von 720 × 348 Punkten ermöglichte. Später war auch die Druckerschnittstelle mit integriert.

Später brachte IBM eine Erweiterungsbox heraus, die genauso groß wie das Originalgehäuse war und die zusätzliche Laufwerke aufnahm. Sie wurde meistens mit einer Festplatte und einem zusätzlichen Netzteil ausgerüstet, da das eingebaute Netzteil mit einer Leistung von 63 Watt dafür nicht ausreichte. Im Frühjahr 1983 folgte der IBM-XT (XT für e**x**tended **T**echnology). Er war eine überarbeitete Version des IBM PC. Das Motherboard konnte nun 256 bis 640 KiB Speicher aufnehmen und hatte acht Steckplätze. Die wichtigste Neuerung war, dass anstatt eines Diskettenlaufwerks eine 20-MB-Festplatte eingebaut werden konnte, da nun das Netzteil leistungsstärker war.

Im August 1984 folgte dann der IBM AT (**A**dvanced **T**echnology). Hauptunterschied zum XT war der Einsatz des 80286-Prozessors mit 6 MHz, dadurch war dieser Rechner etwa vier bis fünfmal schneller als ein IBM PC. Die neuen 1,2 MByte Diskettenlaufwerke in halber Bauhöhe erlaubten es, in das Gehäuse neben einer Festplatte zwei Diskettenlaufwerke einzubauen. Der IBM AT hatte einen Arbeitsspeicher von 256 bzw. 512 KiB, er konnte bis auf 1 MB ausgebaut werden. Doch DOS begrenzte den für Programme nutzbaren Speicher auf 640 KiB. Neu war auch die EGA-Farbgrafikkarte die nun 640 × 350 Punkte in 16 Farben darstellen konnte. Damit war auch die Karte für eine reine Textdarstellung überflüssig. Der neu eingeführte, erweiterte, Systembus (mit 16 Bit Adressbreite) war bis zur Einführung des PCI Busses der Standardbus auf allen IBM Kompatiblen.

Es gab daneben einige weniger erfolgreiche oder bekannte Produkte. So der PC Convertible und die Mischform zwischen AT und XT, der XT-286. Vor allem der PCJr entwickelte sich zu einem kompletten Flop. Er sollte mit den Heimcomputern konkurrieren. IBM hatte die Grafikfähigkeiten verbessert und dem Gerät einen Soundchip spendiert, der zumindest dreistimmige Töne abspielen konnte (der PC-Lautsprecher konnte maximal einen reinen Sinuston von sich geben) und es gab auch einen Anschluss an einen Fernseher. Wie bei anderen Heimcomputern gab es zwei Anschlüsse für ROM-Cartriges. Eines nahm z.B. den BASIC Interpreter auf, der nicht im ROM war (dafür das Betriebssystem PC-DOS 2.1). Das war es aber dann schon mit den Anleihen von anderen Heimcomputern. Verglichen mit dem IBM PC, war das Gerät kaum ausbaufähig. Der Speicher war auf maximal 128 KByte begrenzt. Karten für den ISA-Bus pasten nicht in das kleine Gehäuse und es gab nur ein Diskettenlaufwerk. Die drahtlose Tastatur wurde als billig empfunden. Ihr Anschlag war breiig und man hatte die Tasten nicht beschriftet, sondern das Gehäuse über den Tasten. Ihr IR-Sender hatte zudem Kommunikationsprobleme mit dem Empfänger. Später tauschte IBM 60.000 Tastaturen aus und führte ein neues Modell ein. Weiterhin war er auch auf Programmebene nur 75% kompatibel zum

IBM PC. In einem Jahr wurden nur 500.000 Geräte verkauft – kein Wunder sollte doch der Rechner mit 64 KByte RAM 669 Dollar kosten, mit einem Diskettenlaufwerk 1.269 Dollar. Das war der doppelte Preis eines C64, oder soviel, wie der zeitgleiche erschienene Apple IIC kostete – nur war dessen Nutzen mit 80 Zeichendarstellung, mehr Anschlüssen und hochauflösender Grafik deutlich größer.

1987 wandte sich IBM von ihrer bisherigen Architektur ab und verlor massiv Marktanteile. Es gelang noch neue Standards für Diskettenlaufwerke (1,44 MB pro Diskette im 3,5 Zoll Format) und Grafik (VGA-Standard mit 640 × 480 Bildpunkten) zu etablieren. Aber das neue MCA-Bussystem entpuppte sich als eine Sackgasse. Als die Firma wieder zur alten ISA-Architektur zurückkehrte, war es zu spät – andere Firmen hatten nun den Standard weiterentwickelt.

	IBM PC	**IBM PC XT**	**IBM PCjr**	**IBM PC AT**
Offizielle Bezeichnung:	IBM Personal Computer Modell 5150	IBM Personal Computer/XT Modell 5160	IBM Personal Computer/Junior Modell 4860	IBM Personal Computer/AT Modell 5170
Eingeführt:	August 1981	März 1983	März 1984	August 1984
Prozessor:	8088, 4,77 MHz	8088, 4,77 MHz	8088, 4,77 MHz	80286, 6 MHz
Hauptspeicher:	16 – 64 KiB	256 KiB	64, KiB	256 – 512 KiB
Erweiterbar per Karte:	256 KiB	640 KiB	128 KiB	3.072 KiB
ROM:	40 KiB	64 KiB	64 KiB	64 KiB
Textauflösung:	80 × 25	80 × 25	80 × 25, 40 × 25	80 × 25, 80 × 43
Grafikauflösung:	320 × 200, 4 Farben 640 × 200, monochrom	320 × 200, 4 Farben 640 × 200, monochrom	160 × 200, 16 Farben 320 × 200, 16 Farben 640 × 200, 4 Farben	320 × 200, 4 Farben 640 × 200, monochrom 640 × 350, 16 Farben
Tastatur:	83 Tasten	83 Tasten	62 Tasten	84 / 101 Tasten
Diskettenlaufwerke:	0-2 × 160 KiB	1-2 × 360 KiB	1 x 360 KiB	1-2 × 1.200 KiB
Festplatte	Keine	10 mb	Keine	20 mb
Preis:	1.575 – 4.575 $	8.000 $ (mit 10 mb HD, Farbmonitor)	669 $ (64 KiB),1.269 $ (128 KiB, Disk)	6.000 $ ohne HD 8.300 $ mit HD

ZX80, ZX81 und ZX Spectrum

Sinclairs erster Computer war der ZX80. Um einen Verkaufspreis von unter 100 Pfund zu realisieren, war der Computer sehr spartanisch ausgestattet. So betrug der Arbeitsspeicher nur 1 KiB. Da er zugleich den Bildschirminhalt aufnahm, wurde der Speicher dynamisch aufgeteilt: Je mehr Zeilen angezeigt wurden, desto kleiner war der verfügbare Speicher.

Das ROM war nur 4 KiB groß und umfasste ein minimales BASIC, das nur mit ganzen Zahlen rechnen konnte. Das Gerät hatte keinerlei Grafik- und Soundfähigkeiten. Die Befehle wurden nicht eingetippt, sondern wie bei Taschenrechnern über eine Tastenkombination von Funktionstaste und vierter Belegung der Folientastatur eingegeben. Letztere galt als das größte Manko des Rechners, da man auf den Bildschirm schauen musste, um festzustellen, ob ein Tastendruck auch etwas bewirkte. Sie war unzuverlässig und hemmte die Wärmeabgabe, was zum Hitzetod der Elektronik führen konnte.

Ohne Videoprozessor musste sich die Z80A CPU um den Bildschirmaufbau kümmern. Das hatte den Effekt, dass der Bildschirm leer blieb, wenn gerechnet wurde und nur bei Ein-/Ausgabebefehlen eine Anzeige erfolgte.

Es gab einen Erweiterungsbus, Anschlüsse für einen Kassettenrekorder als Datenspeicher und einen Druckeranschluss nach einem eigenen Standard. Das Besondere an diesem Rechner war der sensationell niedrige Preis von 99 Pfund, 199 Dollar oder 450 Mark. Noch billiger war er als Kit zum Zusammenbauen für 69 Pfund.

Das Nachfolgegerät ZX81 beseitigte einige der Kritikpunkte des ZX80. So waren nun mit Blockgrafikzeichen einfache Grafiken möglich. Das BASIC beherrschte Fließkommaberechnungen und hatte nun zwei Befehle, mit denen zwischen dem Anzeigemodus und Rechenmodus vom Programm umgeschaltet werden konnten. Im SLOW-Modus wurde das Programm nur mit einer effektiven Taktfrequenz von 0,82 MHz ausgeführt, also um den Faktor vier verlangsamt.

Die wesentlichste Änderung war aber der Ersatz der zahlreichen TTL-Bausteine durch einen für Sinclair von Ferranti erstellten Baustein, ein sogenanntes Gate-Array. Das machte den ZX81 trotz des doppelt so großen ROMs noch preiswerter in der Fertigung. Er kostet nur noch 69 Pfund.

Der ZX Spectrum wurde für eine Ausschreibung der BBC für einen Lehrcomputer konstruiert. Die Rechner sollten in britischen Schulen eingesetzt werden. Er unterlag aber dem Acorn A, wahrscheinlich wegen dessen besserer Tastatur. Der Spectrum hatte auch Farbgrafik. Wie beim ZX81 wurden die Befehle über einen Tastendruck eingegeben. Die Tastatur mit lediglich 40 Tasten (eine PC-Tastatur hat 104 Tasten!) bestand aus Gummitasten, wie bei einem Taschenrechner. Sie war in der Sensorik etwas besser als die Folientastatur des ZX81, aber mechanisch identisch.

Der Speicher für die Bildpunkte und die Farbe wurden getrennt, weshalb jeweils 8 × 8 Pixel dieselbe Farbe (je 8 Farbtöne für den Vorder- und Hintergrund) aufweisen. Das reduzierte den Speicherbedarf von 18 auf 7 KiB. Der Tongenerator war nur einstimmig, so war die Soundkulisse von Spielen eher bescheiden. Anders als beim Konkurrenten C64 gab es aber Befehle, um die Grafik in BASIC zu programmieren. Sinclair setzte auch diesmal ein eigenes Gate Array ein und verzichtete auf einen Videoprozessor.

Es gab für den Spectrum von Sinclair Research keine Diskettenlaufwerke, stattdessen miniaturisierte Bandlaufwerke, die Microdrives. Obwohl sie bedeutend schneller als Kassettenrekorder waren, schadeten sie der Akzeptanz, weil sie eine Insellösung waren. Ihre Zuverlässigkeit war gering und die Bänder wurden teuer verkauft, auch wenn das Laufwerk preiswerter als ein Diskettenlaufwerk war. Erst als Amstrad die Firma übernahm, wurde der Spectrum 3 mit eingebautem 3-Zoll-Diskettenlaufwerk produziert.

Der ZX Spectrum war, als er im April 1982 vorgestellt wurde, ein Preisbrecher. Als der Verkaufspreis des C64 gesenkt wurde, überholte er ihn aber bei den Verkäufen. Die 16 KiB Version wurde bald eingestellt. Vor allem in England, Frankreich und Spanien verkaufte sich der ZX Spectrum jedoch sehr gut.

Der 1984 erschiene Spectrum+ verwandte eine „normale“ Tastatur, die aber die Tastendrücke auf die Folientastatur weiterleitete. Ein neuer Soundchip erlaubte nun dreistimmige Melodien. Der Spectrum 128 hatte 128 KiB RAM. Dabei waren die zusätzlichen 80 KiB jedoch nur durch Programme in der Maschinensprache nutzbar, da das Betriebssystem unverändert übernommen wurde.

Nach dem Verkauf an Amstrad erschien der Spectrum 2. Bei ihm war die Platine in das Gehäuse des CPC 464 eingebaut worden, mit eingebautem Kassettenrekorder und echter Tastatur. Der Spectrum 3 hatte ein eingebautes 3“ Laufwerk mit 180 KiB Speicherkapazität. Beide Systeme verfügten über zwei Betriebssysteme, das eine kompatibel zu alter Software und ein neues, das 128 KiB Speicher und das Diskettenlaufwerk unterstützte.

	ZX80	**ZX81**	**Spectrum**
Erschienen:	1980	1981	1982
CPU:	Z80, 3,25 MHz	Z80, 3,25 MHz	Z80, 3,58 MHz
RAM:	1 KiB	1 KiB	16, 48, 128 KiB
ROM:	4 KiB	8 KiB	16 KiB
Textauflösung:	32 × 24	32 × 24	32 × 22
Grafikauflösung:	64 × 44 (Blockgrafik)	64 × 44 (Blockgrafik)	256 × 192 Pixel
Tastatur:	40 Tasten, Folie	40 Tasten, Folie	40 Tasten, Gummi
Einstandspreis:	498 DM / 99 £	398 DM / 69 £	498 DM / 125 £ 698 DM / 175 £
Stückzahl:	50.000	1,5 Millionen	5 Millionen

Crays Supercomputer

Von ganz anderem Kaliber als die bisher vorgestellten PCs und Heimcomputer sind die Rechner von Cray. Es sind Großrechner, genauer gesagt: Supercomputer. Ein solcher Rechner kostet ohne Massenspeicher, ohne Zugang (Terminal, Minicomputer) ab 6 Millionen Dollar aufwärts. Er ist also 1.000 bis 10.000-mal teurer als die hier vorgestellten Heimcomputer, aber auch entsprechend leistungsfähiger.

Die CDC 6600

Crays erster Supercomputer war die CDC 6600. Sie erschien 1964/5. Zu dieser Zeit gab es zwar schon integrierte Schaltungen, aber sie waren noch teuer und fassten

51. Abbildung: Eine CDC 6600 Installation. Vorne die Bedienkonsole, der Rechner sind die vier Schränke in Kreuz im Hintergrund. Hinten rechts ein Wechselplattenlaufwerk.

nur wenige Schaltelemente. Der Rechner wurde daher aus einzelnen Silizium-transistoren aufgebaut. Gegenüber den vorher eingesetzten Germaniumtransistoren waren Siliziumtransistoren unempfindlicher gegenüber Erhitzung und schalteten schneller. Die CDC 6600 bestand aus 400.000 Transistoren, die Zahl ist in etwa vergleichbar mit der des 80386-Prozessors 20 Jahre später.

Der Speicher bestand aus Ringkernspeichern, dem Standardspeicher der damaligen Zeit. Da die Information magnetisch gespeichert ist, ist dieser Speicher permanent. Auch nach dem Ausschalten bleibt sie erhalten. So konnte man den Computer starten, indem man in einem Panel mit Schaltern 12 Datenworte eingab, welche eine Datei vom angeschlossenen Massenspeicher las und startete. Mit dem Umlegen eines „Dead-Start“ Schalters startete dieses Bootprogramm.

Schon bei der CDC 6600 war der Speicher langsamer als der Rechner selbst. Physikalisch bestand der Computer aus 4 Schränken, die in Kreuzform aufgestellt waren. Der äußere Teil jedes Schranks enthielt die Kühlung, der innere Teil war in 4 „Seiten“ von jeweils 756 Module aufgeteilt. Eine Seite konnte für den einfachen Zugang herausgeklappt werden.. Jedes Modul war 7,6 × 7,6 cm groß und bestand aus zwei miteinander verbundenen Platinen, die in der Mitte von der Freonkühlung durchflossen wurden. Die Module waren leicht zugänglich und konnten so schnell ausgetauscht werden. Die Siliziumtransistoren führte nicht nur zu einem schnellen Rechner (sie schalteten in 5 ns), sondern erhöhte auch die Zuverlässigkeit: eine CDC 6600 hatte eine MTBF (**M**ean **T**ime **b**etween **F**ailures) von 2000 Stunden, das war damals ein sehr guter Wert. Die Freonkühlung war notwendig, um die Abwärme von rund 150 KW abzuführen.

Intern verwendete die CDC 6600 drei Registersätze mit jeweils 8 Registern: einen Satz für Adressen, einen für ganze Zahlen und einen für Fließkommazahlen. Nur über die Adressregister konnte man auf den Speicher zugreifen, wobei dies über Seiteneffekte gelöst wurde (schrieb man in ein Adressregister einen neuen Wert so wurde automatisch in ein anderes der Ganzzahl- oder Fließkommaregister der Wert aus dieser Adresse geladen). Das zweite waren Ganzzahlregister, mit denen universelle Ganzzahlberechnungen möglich waren. Sie waren wie die Adressregister 18 Bit breit. Viel größer waren die Fließkommaregister, die auch ganze Zahlen aufnehmen konnten. Sie waren 60 Bit breit und konnten Zahlen mit bis zu 15 Stellen bearbeiten.

Die Architektur war die eines RISC Computers, das bedeutet es gab nur wenige Befehle, alle Befehle waren gleich lang (15 Bit) und Adressoperationen gingen nur über die Register. Die Architektur war eine 60-Bit-Architektur.

Der Computer holte aus dem Speicher immer ein 60-Bit-Wort, dieses enthielt maximal vier Befehle von 15 Bit Breite, war eine Adresse Bestandteil eines Befehls so konnte dieser auch 30 Bit breit sein. Das Format war sehr einfach:

Kurzformat:

Symbol	F	m	i	j	k
Breite in Bits	3	3	3	3	3
Bedeutung	Funktionsklasse	Modus innerhalb der Funktionseinheit	Zielregister	Operand1-Register	Operand2-Register

Langformat:

Symbol	F	m	i	j	K
Breite in Bits	3	3	3	3	18
Bedeutung	Funktionsklasse	Modus innerhalb der Funktionseinheit	Zielregister	Operand1-Register	Konstante oder Adresse

Es gab acht Funktionseinheiten (eigentlich zehn, aber zwei waren doppelt vorhanden, damit die sehr häufigen Additions- und Inkrement-/Dekrementbefehle nicht die Programmausführung aufhielten). Für jede Klasse waren acht Operationen vorgesehen. Das erlaubte maximal 64 Befehle, die CDC 6600 nutzte davon 62 aus.

Die letzten Befehle wurden in einem 8 Worte fassenden Buffer gespeichert. Für kurze Schleifen war so ein schnellerer Sprung (5 anstatt 9 Takte) möglich. Der Speicher wurde wortweise adressiert und daher wird die Größe in Kiloworten (Kworte) angegeben. Die 128 KWorte entsprechen, da ein Wort 60 Bits hat, 960 Kilobyte.

Jede Funktionseinheit konnte pro Takt einen Befehl entgegennehmen, wenn sie nicht gerade noch mit der Ausführung beschäftigt war. Die meisten Befehle wurden in 3 oder 4 Takten abgearbeitet, am längsten brauchte eine Fließkommadivision mit 29 Takten. Die große Zahl der Einheiten täuscht ein bisschen über die wahre Leistung hinweg, denn sie waren sehr spezialisiert. So gab es eine Einheit nur für Shiftoperationen, eine für logische Verknüpfungen und eine für Additionen. In einem modernen Rechner würden diese Funktionen von einer ALU durchgeführt werden. Würde der Code alle Einheiten auslasten, was aber praktisch unmöglich ist, dann würde der Rechner 10 Millionen Instruktionen pro Sekunde abarbeiten. Im Schnitt erreichte man 3-5 MIPS. Bei den Fließkommaoperationen ist wegen der langen Dauer von Multiplikationen und Divisionen die Geschwindigkeit deutlich kleiner und liegt bei 1 MFLOPS.

Da der Ringkernspeicher zu langsam für die CPU war, war er in 32 Bänken angeordnet. Für den Zugriff verwendete Cray ein einfaches System, das er bei den folgenden Rechnern beibehielt: Von der 18 Bit langen Adresse enthielten die letzten 5 Bits die Bankadresse. Wurde eine Adresse hochgezählt, z.B. weil die Daten nacheinander im Speicher lagen, so griff die CPU nacheinander auf die 32 Bänke zu. Dieser „Interleaved“ Zugriff kann den langsamen Speicher kompensieren. Zwar ist der Speicher langsamer als die CPU, aber ein Zugriff kommt im Idealfall erst nach 32 Takten wieder vor. Beim Code lud die CPU auch vorausschauend die nächsten Befehle (**Prefetch**), bzw., da in ein Wort bis zu vier Befehle passten, musste man nicht für jeden Befehl auf den Speicher zugreifen.

Allerdings greift diese Optimierung nur, wenn der Zugriff wirklich linear ist. Bei Sprüngen im Programm oder Daten von verschiedenen Stellen konnte es vorkommen, dass die Bank noch keinen erneuten Lesezugriff erlaubte. Beim Code konnte der kleine Instruktionspuffer bei kurzen Sprüngen zurück im Code dieses Manko kompensieren.

Neu war, das Peripherie nicht direkt an den Rechner angeschlossen wurde. Alle verfügbaren Peripheriegeräte waren zu langsam für die CPU. So wurden Geräte über 10 Peripherieprozessoren angeschlossen. Sie nahmen die Daten der angeschlossenen Geräte auf, konnten untereinander kommunizieren und es gab keine feste Zuordnung von Peripherieprozessoren zu Ein-/Ausgabekanälen. Der Taktzyklus eines Peripherieprozessors war zehnmal länger als der der CPU. So hatte jeder einen kurzen Zeitschlitz, in der er auf den Speicher der CPU zugreifen konnte, bis der nächste dran war. Nach 10 CPU-Takten war er wieder dran. Hatte er einen Bereich des CPU-Speichers mit Daten gefüllt, konnte er über einen Maschinenbefehl die CPU unterrichten, die dann die Register sicherte und an eine vom Peripherieprozessor vorgegebene Adresse sprang. Das war eine einfache Form der Interruptbehandlung. Die Peripherieprozessoren entlasteten die CPU deutlich von Routinearbeiten.

Als Peripheriegerät gab es von CDC ein Plattenlaufwerk. Es war ein schrankgroßes Ungetüm. Zwei Motoren bewegten dort vier Plattenstapel, zwischen je zwei Plattenstapel saßen die Schreib-/Leseköpfe, die nur als Ganzes bewegt werden konnten (es war nicht möglich von einer Platte Spur 0 und von der anderen Spur 10 zu lesen). Bei 16 Platten mit 32 Oberflächen pro Stapel hatte das Gesamtsystem eine Speicherkapazität von 792 Millionen Bit, das entspricht 99 Megabyte – weniger als heute auf eine Speicherkarte passt.

Die CDC 6600 hatte eine Bedienkonsole, die erstmals Bildschirme einsetzte, wenn auch in einer gewöhnungsbedürftigen Weise. Die Bildschirme waren runde Kathodenröhren, wie sie in Radargeräten eingesetzt wurden. Wie diese leuchteten die Schirme einige Sekunden nach. Das erlaubte es, den Bildinhalt zu zeichnen: Der Elektronenstrahl wurde über den Bildschirm gelenkt, bis er den Inhalt gezeichnet hatte, dann fing er von vorne an. Diese Vorgehensweise ersparte einen eigenen Bildschirmspeicher, den man für die sonst verwendete Methode der zeilenweisen Abtastung braucht. Die Konsole hatte eine Tastatur und zwei dieser Bildschirme, auf einem konnte man Ergebnisse anzeigen, auf dem anderen Debugging Ausgaben.

Obwohl der Speicher für den Rechner adäquat war, gab es einen erweiterten Speicher, der in einem eigenen Schrank untergebracht war und für dessen Kontroller es einen freien Platz im Gehäuse gab. Boeing wünschte diesen Speicher. Er war allerdings nicht in den Adressraum eingebunden. Man könnte ihn eher mit einer RAM-Disk vergleichen. Der erweiterte Speicher wurde immer in 8 Worte langen Blöcken angesprochen. So konnte der erweiterte Speicher achtmal größer als der adressierbare Speicher sein ohne das man die Architektur ändern musste (sonst hätte man Adressregister mit 21 Bits anstatt 18 Bits Breite gebraucht). Auf dieses Konzept des Zusatzspeichers griff Cray Research bei der Cray X-MP erneut zu.

Die CDC 7600

Die CDC 7600 war im wesentlichen eine modernisierte Version der 6600. An ihr war Seymour Cray nicht so involviert wie am Vorgängermodell. Anstatt in vier breiten Schränken steckte der Rechner nun in 11 schmalen Schränken, die meist in einem Quadrat (3 pro Seite) angeordnet waren, wobei ein Schrank in einer Seite fehlte, sodass man von dieser Seite an die Innenseiten für Reparaturen herankam.

Die CDC 7600 verwandte dieselbe Architektur wie die CDC 6600, sie hatte auch dieselben Maschinenbefehle, sodass Anwendungsprogramme unverändert liefen. Lediglich die Betriebssystemsoftware musste angepasst werden, da das Ein-/Ausgabekonzept verändert wurde.

Mehr Geschwindigkeit bezog die CDC 7600 dadurch, dass sie aus niedrig integrierten Schaltkreisen aufgebaut war. Das ermöglichte es, die Zykluszeit von 100 auf 27,5 ns zu senken, was alleine die Geschwindigkeit um den Faktor 4 erhöhte.

52. Abbildung: Zwei CDC 7600 (jeweils die offenen Vierecke). Im Hintergrund Bandlaufwerke, im Vordergrund ein Lochkartenleser

Die wesentliche Verbesserung der Architektur war die Einführung einer Pipeline. Es zeigte sich bei der CDC 6600, das typische Anwendungen die einzelnen Funktionseinheiten nicht voll auslasteten. So erreichte der Rechner nur einen Bruchteil der Spitzengeschwindigkeit. Dadurch, dass jeder Funktionseinheit eine Befehlspipeline vorgeschaltet war, konnte jede Funktionseinheit pro Takt einen Befehl beginnen, wenn es keine Abhängigkeiten gab (also ein Befehl z.B. zur Ausführung Daten brauchte, die erst im Befehl vorher ermittelt wurden). Die Zahl der Einheiten wurde auf 9 reduziert und es entfielen einige, dafür kamen zwei neue hinzu: Eine war sehr spezialisiert. Sie konnte die Zahl der „1“ Bits in einem Befehlswort zählen und die Anzahl der führenden Nullen ermitteln. Diese Einheit kam durch Wunsch der NSA hinzu, die diese Funktion für das Entschlüsseln von Codes brauchte. Bis zum letzten Cray Supercomputer gibt es diese Einheit sowie Maschinenbefehle zum Zählen der Bits, obwohl Seymour Cray die Funktion als überflüssig ansah.

Es stieg der Durchsatz gegenüber der CDC 6600 von 3 auf 15 MIPS, Bei den Fließkommazahlen sogar von 1 auf 10 MFLOPS. Theoretisch hätte die CDC 7600 36,4 MIPS und MFLOPS als Peakperformance erreicht.

Die Peripherieprozessoren der CDC 6600 wurden übernommen und verbessert. Sie waren nun genauso schnell wie die CPU und konnten Daten abpuffern, anstatt jedes Datenwort sofort in den Hauptspeicher zu schreiben. Im SCM gab es für jeden Peripherieprozessor und für jeden der 15 Ein-/Ausgabekanäle Puffer von 16 (PPU) bzw. 128 Worten (Kanäle) Länge. War ein Puffer voll, so konnte ein Peripherieprozessor einen Interrupt auslösen und die CPU konnte die Daten verarbeiten.

Man hatte allerdings nur die Logik auf integrierte Schaltkreise umgestellt. Bei dem RAM hatte man den Schritt noch nicht vollzogen, wohl, weil 1969, als der Rechner erschien, man nur 64 Bit auf einem Chip unterbringen konnte, dagegen passten auf ein wenige Zentimeter großes Ringkernspeichermodul 4096 Bits.

Es gab nur ein Problem: Ringkernspeicher war sehr langsam, schneller Ringkernspeicher war sehr teuer. Man kam auf eine Lösung, die auf den ersten Blick ein guter Kompromiss ist: Der Speicher bestand aus einem kleinen, schnellen Kernspeicher (Small Core Memory, SCM) und einem größeren, langsamen Speicher (Large Core Memory, LCM). Der SCM war 64 KWorte groß, der LCM 500 KWorte. Die Idee war das sich im SCM der Betriebssystemmonitor und Sprungtabellen zu den eigentlichen Betriebssystemaufrufen im LCM befanden, sowie die Routinen und Daten des Programms, die häufig benötigt wurden. Der Großteil der Daten, die Ein-/Ausgabepuffer, das Betriebssystem und seltener benutzte Routinen waren im LCM und konnten, wenn benötigt, in den SCM transferiert werden. Da man die Architektur nichts geändert hatte, wurde der LCM immer in vielfachen von 8 Worten adressiert, da mit den 18 Bits der Adressregister nur 262.144 Adressen angesprochen werden konnten. Transferiert wurden immer 8 Worte, damit war der SCM eine schnellere und modernere Version des Zusatzspeichers der CDC 6600.

Von der Theorie her war dieser Ansatz sinnvoll. Er erinnert an die Caches moderner Prozessoren oder die Technik des Bankswitching bei den 8-Bit-Heimcomputern mit mehr als 64 KiB Speicher. In der Praxis bedeutete es, dass man die Programme umschreiben musste. Zudem war der SCM kleiner als der Hauptspeicher der CDC 6600.

Dies und eine mangelnde Zuverlässigkeit führten dazu, dass die CDC 7600 nicht an den kommerziellen Erfolg des Vorgängermodells anknüpfen konnte.

Die CDC 8600

Die CDC 8600 wurde niemals fertiggestellt, doch ihre Architektur ist in den Grundzügen dokumentiert und soll hier kurz wiedergegeben werden.

Das Designziel war die zehnfache CDC 7600 Performance. Seymour Cray strebte bei jedem Rechner mindestens die zehnfache Geschwindigkeit des Vorgängers an.

Äußerlich erinnert die CDC 8600 an spätere Cray Rechner. Anders als die Vorgängermodelle war es ein 16-Ecker, der von einem zweiten Ring umgeben wurde. In diesem äußeren Ring saß die Kühlung. Das sollte Seymour Cray bei der Cray 1 übernehmen, doch diese wurde größer als die CDC 8600. Ein bei einer Pressevorführung vorgestelltes Mockup ging einer danebenstehenden Frau gerade mal bis zur Taille (etwa 90 cm Höhe). Damit ist die CDC 8600 kleiner als eine Cray 2. Der Flächenbedarf dürfte durch die ausladende Kühlung aber genauso groß wie bei der Cray 1 gewesen sein.

Zum Verhängnis der Entwicklung wurde die Auslegung des Rechners. Um die Zykluszeit von 8 ns zu erreichen (mehr als dreimal schneller als eine CDC 7600) setzte man wieder Transistoren ein. Mit integrierten Schaltungen war die Schaltzeit nicht erreichbar. Die einzelnen Transistoren gaben aber zehnmal mehr Wärme als eine gleich komplexe integrierte Schaltung ab. Die abgegebene Wärme machte die Kühlung der CDC 8600 sehr aufwendig. Schlussendlich war sie der Grund für die Einstellung des Projektes.

Die CDC 8600 bestand wie ihre Vorgänger aus Modulen, nicht einzelnen Platinen. Ein Modul bestand aus achtzehn Platinen mit den Abmessungen 20,3 × 15,2 cm × 6,3 cm. Es gab wie später auch bei der Cray 2 und 3 Verbindungen in der Z-Ebene, also direkt zwischen Transistoren verschiedener Platinen. Dieses Modul von den Abmessungen eines kleinen Buches emittierte 3 kW Abwärme. Man versuchte die Wärmeabgabe zu lösen, indem man unter die Platinen eine Kupferschicht einbrachte, die die Abwärme aufnahm und zu einem massiven Kupferblock am Ende des Moduls leitete, der dann von Freon durchflossen wurde. Der Preis war ein komplexer Aufbau und ein enormes Gewicht – ein Modul wog schließlich 7 kg. Jeder der vier Prozessoren belegte 13 Module, der Speicher nahm 66 Module in Beschlag, die I/O Sektion brauchte nur 8 Module. Zusammen waren dies 126 Module mit 2.268 Platinen.

Um das Entwurfsziel der zehnfachen CDC 7600 Performance zu erreichen, reichte der höhere Takt nicht aus. So waren anders als bei der CDC 7600 vier Prozessoren vorgesehen, die sich einen gemeinsamen Speicher teilten. Er war nur 256 kWorte groß, also kleiner als der Speicher der CDC 7600 und viermal kleiner als bei der Cray 1. Der Speicher war in 64 Bänke aufgeteilt. Die große Zahl der Bänke ergab sich nicht nur aus der geringen Zykluszeit des Speichers. Da es vier Prozessoren gab, die jeweils Daten und Code von unterschiedlichen Stellen holten und die Ein-/Ausgabeeinheit unabhängig von ihnen auf den Speicher zugreifen konnten, rechnete man mit 10 bis 15 zeitgleich angesprochenen Bänken.

Jede Bank hatte 4 KWorte pro Modul. An jede Bank angeschlossen war eine Zugriffskontrolleinheit, die bei mehreren Zugriffen diese nacheinander abarbeitete und zwei Register, welche die aktuelle Adresse und das aktuell geschriebene Wort aufnahmen. Die Zugriffszeit betrug 9 Takte (70 ns), die Zykluszeit sogar 32 Takte (250 ns). Intern wurden pro Wort 72 Bits gespeichert: 4 Bits dienten der Fehlerkontrolle und wurden mit über den Bus übertragen. 4 Bits dienten als Reserve und sollten wohl defekte Speicherkerne ersetzen. 64 Bit waren das Speicherwort. Jede Bank konnte ein 64-Bit-Wort pro Takt transferieren.

Während ein Premilary Reference Manual von Ringkernspeichern spricht, geht die Beschreibung in einem Museum von Bipolar-SRAM mit 256 Bits pro Chip aus. Zumindest von der Zugriffszeit her würde dies eher zu den 70 ns passen, Ringkernspeicher mit dieser Zugriffszeit wäre extrem schnell. CDC wechselte wohl während der 5 Jahre dauernden Entwicklung beim Speicher auf integrierte Schaltungen.

Jeder Prozessor hatte je zwei Einheiten für die Addition und Division von Fließkommazahlen und sogar drei für die Multiplikationen. Es gab keine eigene Recheneinheit für Ganzzahloperationen, stattdessen bildete die ALU zusammen mit den Registern eine Einheit, die bei der Cray 1 in eigenen Platinen steckten. Die Buseinheit, die mit dem Speicher kommunizierte, hatte zwei Einheiten für die Adressoperationen und den Prefetch von Befehlen. Die erste Einheit für die Übertragung Adressen hatte einen 20-Bit-Adressbus und speicherte Adressen in drei Registern. Die Buseinheit für den Code hatte einen 64 Bit breiten Bus. Beide hatten einen 12 Worte langen Address- und Instruktionsstack. Der Letztere enthielt die neun letzten und zwei nächsten Befehlsworte (bezogen auf die aktuell abgearbeitete Adresse). Sprünge innerhalb des Stacks dauerten nur 7 anstatt 18 Zyklen, was sehr deutlich die Langsamkeit des Speichers zeigt.

Bei der Maschinensprache gab es eine Zäsur. Die CDC 6600/7600 und auch die Cray 1 waren Rechner mit RISC Befehlssatz. Dies war die CDC 8600 nicht in dem Maße. So gab es fünf Befehlsformate mit 4,6 oder 8 Bit für den Opcode. Bei der CDC 6600/7600 waren die Befehlsteile im Opcode dagegen immer 6 Bits lang, und bei der Cray waren es 7 Bits. Immerhin waren die Befehle mit den Datenteilen dann immer 16 oder 32 Bit breit. Befehle wurden immer in 64 Bit Happen geholt. Das machte es nötig, wenn in einem Wort nur noch 16 Bit übrig waren, aber eine 32-Bit-Anweisung als nächste kam, die 16 Bit mit einem „Pass“ Befehl aufzufüllen, der nichts tut, weil ein Befehl nicht in einem Wort beginnen und in einem anderen enden durfte.

Es gab 79 Befehle, die 1-32 Takte lang dauerten, auffällig an der Befehlsübersicht ist, dass vor allem Zugriffe auf den Speicher lange dauerten. So die indizierte Adressierung 15 Takte und Sprünge/Verzweigungen 18 Takte. Fließkommarechenoperationen gingen dagegen schnell, bis auf die Division waren sie in 8 Takten abgearbeitet. Es gab indizierte Adressoperationen, die bei anderen Rechnern von Cray fehlten. Es gab Instruktionen, die Operationen nur gekoppelt an Bedingungen durchführten, z.B. ein Shift, wenn die Zahl negativ war. Zwei Instruktionen starteten und beendeten einen Betriebssystemaufruf.

Vieles spricht dafür, dass Seymour Cray zumindest mit der Maschinensprache nicht beteiligt war, denn nicht nur die CISC-ähnlichen Befehle unterscheiden die CDC 8600 von ihren Vorgängern und Nachfolgern, es gab auch 16 allgemein nutzbare Register, während bei allen Rechnern von Cray es immer je 8 Register für Ganzzahlrechnungen, 8 für Adressoperationen und 8 für Fließkommaoperationen gab. Wie die Cray 1 hatte die CDC 8600 aber eine 64-Bit-Architektur. Dies kam durch die Umstellung von 6 auf 8 Bit „Bytes“ zustande. Die Rechner vorher verwendeten bei Zeichenketten nur 6 Bits, das lies z.B. keine Kleinbuchstaben zu. Inzwischen hatte die US-Regierung beschlossen, um den ASCII-Standard für Bytes durchzusetzen, keine Rechner mehr zu kaufen, die diesen nicht einsetzte, was auch dazu führte, dass sich die CDC 7600 nicht so gut verkaufte, wie von CDC gewünscht. Bis heute sind Fließkommazahlen in 64 Bit Größe das Standardformat bei Supercomputern. Heute werden Werte allerdings nach dem IEEE 754 Standard verarbeitet, den es damals noch nicht gab. Für die Adressierung wurden nur 20 Bits verwendet. Damit war der Speicher von 256 KWorten auf maximal 1 MWorte ausbaubar.

Die Ein-/Ausgabesektion war nicht neu entwickelt worden. Es gab 16 Kanäle, alle vollduplex (erlauben Transfers vom und zum Rechner) und jeder Kanal transferierte ein 64-Bit-Wort in 40 ns. An diese wurden die I/O Prozessoren der CDC 6600/7600 angeschlossen. An diese I/O-Einheiten dann wiederum Peripheriegeräte wie Wechselplatten. Dazu gab es eine Main Control Station, mit der der Rechner gestartet und überwacht werden konnte. Es konnte dazu ein Prozessor in den Monitor Mode versetzt werden. Dies wurde durch ein Flag im Prozessor signalisiert.

Es war nicht nur die Kühlung, wie immer berichtet wird, die zum Scheitern des Projektes führte. Es war einfach für die damalige Zeit zu ambitioniert. Die Zykluszeit von 8 ns wurde erst von der Cray 2 unterboten, das war im Jahr 1985, elf Jahre nachdem CDC die Entwicklung einstellte. Dazu kam der CISC-Befehlssatz, der bedeutete, dass man mehr Schaltungen braucht, um die CPU zu realisieren. Vor allem aber war die Verwendung von Transistoren an der Einstellung schuld. Ein an der Entwicklung Beteiligter bezeichnete die Verwendung einzelner Transistoren in dieser Menge als "Zuverlässigkeits-Albtraum". Die Verdrahtung durch die Platinen war extrem aufwendig und machte die Montage und Reparatur langwierig und teuer. Zudem führte erst die Verwendung der Transistoren zu dem Kühlproblem.

Auf der anderen Seite wirkt der Einsatz von Ringkernspeichern anachronistisch, auch weil ihre Zykluszeit mit 32 Takten indiskutabel lang war. Das war wahrscheinlich der Grund, warum man nach einigen Jahren der Entwicklung auf 256 Bit Bipolar-Flipflops als Schaltelemente wechselte. De Fakto bestand mehr als die Hälfte der Module nur aus Speicherbausteinen.

Die Cray 1

Die Cray 1 ist sicher einer optisch auffälligsten Computer. Großcomputer waren damals wie heute in der Regel schrankgroße, rechteckige Kästen, meistens mehrere. Auch die CDC 6600 und 7600 bestanden aus vier bzw. elf Schränken. Dagegen hätte die Cray 1 auch als futuristisches Sitzmöbel in dem Wartebereich eines Flughafens stehen können.

Man sollte sich von dem eleganten Äußeren nicht täuschen lassen. Bedingt durch die Kühlung mit Freon, ein Kühlblech aus Kupfer zwischen je zwei Platinen, einer Kältefalle aus mit Freon durchströmten Rohren aus Aluminium, dem Kühlmittel mit Reservoir und Kompressor zum Verflüssigen und Wärmeaustauscher an die Klimaanlage wog der Rechner mit einem Flächenbedarf von 5,3 m² über 5 t. Als das MPI für Astrophysik in Garching eine Cray 1 bekam, musste die Decke im Stockwerk darunter mit Stützen verstärkt werden.

Geschwindigkeit erreichte die Cray 1 durch ECL-Schaltungen. Gegenüber der CDC-8600 Rechner hatte Seymour Cray aber einen Gang zurückgeschaltet. So war das Volumen erheblich größer. Die Platinen noch nicht zu einem Modul zusammengefasst. Damit kam der Rechner mit einer einfacheren Kühlung aus.

Die interne Architektur erweiterte die der CDC 6600/7600. So gab es drei Sätze von je acht Registern:

- je acht Adressregistern von 24 Bit Breite (erlaubten anders als bei der CDC 6600 eine Erweiterung des Hauptspeichers auf 16 MWorte). Mit ihnen wurde der Speicher angesprochen.
- je acht Skalarregister: für Ganzzahl- und Fließkommazahlen von 64 Bit Breite.
- Je acht Vektorregister, die jeweils 64 Zahlen zu 64 Bit aufnahmen.

Die Vektorregister waren die wesentliche Neuerung, welche die Geschwindigkeit steigerte. Es gab mehrere Funktionseinheiten (zwei für Additionen und Multiplikationen der Adressregister, je drei für Ganzzahladditionen, -multiplikationen, Bitschiebeoperationen für Skalarregister und Vektorregister, drei Fließkommaeinheiten (Addition, Multiplikation, Division) wurden gemeinsam von Skalar- und Vektoroperationen benutzt. Für Skalaroperationen gab es dann noch die für die NSA wichtige Einheit zum Zählen von Bits.

Da jede Operation mehrere Takte brauchte, war die Spitzengeschwindigkeit bei skalaren Rechenoperationen 11 – 13 MFLOPS (6 bzw. 7 Takte pro Befehl). Die Vektorregister erlaubten es, die Spitzengeschwindigkeit auf 160 MFLops zu steigern. Jede Operation brauchte nach wie vor 6 Takte, aber jedes Vektorregister begann eine Operation bei jedem Takt. Nach einer Vorlaufzeit (zum Füllen der Register und dem Durchlauf der ersten Rechnung lieferte das Rechenwerk dann ein Ergebnis pro Takt. Um die Abhängigkeiten weiter zu reduzieren, gab es für die Skalarregister und Adressregister zwei Sätze von Schattenregistern, welche die Ergebnisse der Recheneinheiten aufnahmen, sodass diese weiter arbeiten konnten, wenn das Zielregister noch von einer vorherigen Operation belegt war.

Das erlaubte eine weitere Optimierung – das Verketten. Ein Register konnte, wenn es von der Adition freigegeben wurde, für die Multiplikation genutzt werden. So konnten in der Praxis diese beiden Einheiten parallel arbeiten und zwei Rechenoperationen pro Sekunde liefern (die Division war deutlich langsamer und Shiftoperationen waren selten).

Bei den naturwissenschaftlichen Simulationen es oft gegeben, dass beide Einheiten parallel genutzt wurden, sodass eine Cray 1 sehr schnell war, im Schnitt 4-5 mal schneller als eine CDC 7600, obgleich der Takt nur doppelt so hoch war. Instruktionen wurden langsamer als Fließkommaoperationen abgearbeitet, hier lag die Leistung bei nur 40 MIPS.

Es gab zwei Befehlsformate (16 und 32 Bits Länge). Befehle wurden immer in 64 Bit Worten gelesen. Ein Instruktionsstack von 128 Worten Länge nahm die letzten Befehle auf und erlaubte schnellere Verzweigungen.

Beim Speicher setzte Cray nun Halbleiterschaltungen ein. Er bestand aus 1 MWorten mit Fehlererkennung und Korrektur. Etwa ein Drittel der 240.000 Chips, aus denen die CPU bestand, waren Speicherbausteine. Der Speicher bestand aus SRAM-Bipolarchips, verwandt mit den ECL-Schaltungen der Logik, aber in höherer Dichte verfügbar und etwas langsamer. Immerhin betrug die Zugriffszeit 50 ns, nur viermal langsamer als die CPU. Wie bei den Vorgängermodellen wurde der Speicher in Bänken angeordnet.

Die CPU bestand aus sehr vielen Schaltungen. Die ECL-Technologie ermöglichte nur 7 Gatter pro Chip, das sind nicht mal 100 Transistorfunktionen. Insgesamt bestand der Rechner aus 1.662 Platinen, jede mit 96 Pins und einem Raster von 12 × 12 für die Chips. Nicht alle Sockel waren belegt, teilweise wurden Leitungen wie Mäander gelegt, damit die Signalwege eine definierte Länge hatten. Diese Problematik gab es auch bei der Verdrahtung. Jede Platine war an jedem Pin mit einem Twisted Pair Draht mit einer anderen verbunden. Die Länge war genau vorgegeben, damit alle Einheiten im Takt arbeiteten. Die bei so vielen Platinen und Pins nötigen Drähte sorgten für einen enormen Drahtverhau.

Die Cray 1 selbst war nur der bloße Rechner. Es gab dann noch eine Main Control Station, ein 16-Bit-Rechner von Data General, der dazu diente. die Cray 1 zu starten und zu Debuggen. Wechselplattenlaufwerke wurden an Ein-/Ausgabekanäle angeschlossen, die pro Takt ein 16-Bit-Wort transferieren konnte.

Die Cray 1 hatte Lehren aus den Vorgängern, aber auch von anderen Computern gezogen. So gab es schon Vektorrechner. Von Crays ehemaliger Firma z.B. die Cyber Star, ein Vektorrechner, der als Ersatz für die CDC 8600 entwickelt wurde. Sie war in praktischen Anwendungen sehr langsam, weil sie alle Daten vom Speicher holte und dort wieder ablegte. Nur nach einer sehr langen Vorlaufzeit erreichte sie ihre Spitzengeschwindigkeit. Die Cray verarbeitete dagegen die Ergebnisse in Registern und der Speicher war schnell, wenn auch nicht sehr groß. Die Architektur war auf FORTAN Schleifen für Berechnungen von Arrays abgestellt worden, so gab es auch ein Vektormaskregister, mit dem schnell geprüft werden konnte, ob ein Ergebnis 0 war. Das beschleunigte eine IF-Abfrage deutlich.

An der Cray 1 war wenig zu verbessern. Es gab kaum Schwächen. Eine war, das Cray anders als bei den Vorgängermodellen keine Ein-/Ausgabeprozessoren vorgesehen hatte. Das bedeutete, dass bei Transfers die CPU warten musste, bis der Massenspeicher die Daten liefern konnten. Das führte in der Praxis zu „Diskfarmen“: Viele Plattenlaufwerke, auf die parallel Daten geschrieben wurden. Selbst Großrechner konnten nicht die Daten so schnell liefern, wie eine Cray sie benötigte. Das hielt den Rechner von der eigentlichen Aufgabe ab. Die 1979 erschienene Cray 1S führte daher eigene I/O Prozessoren mit lokalem Speicher ein, welche die CPU entlasteten. Es gab bei der Cray 1S auch eine Speichererweiterung, die als RAM-Disc genutzt wurde. 1982 erschien die Cray 1M mit mehr Speicher, der dann MOSFET-Speicherbausteine einsetzte.

Die Cray 2

Viel kompakter als die Cray 1 war die Cray 2. Die Zykluszeit war von 12,5 auf 4,1 ns gedrückt worden. Dazu musste der ganze Rechner kleiner werden. Die Cray 2 war in jeder Dimension halb so groß wie eine Cray 1. Anstatt mit einem Schrank mit Sitzbank hatte man es mit einem schreibtischgroßen Rechner zu tun. Auch die Cray 2 hatte die Form eines „C“, war 114 cm breit und 134 cm hoch. Das kleine Volumen sollte nicht über das Gewicht hinwegtäuschen. Dadurch, dass der ganze Rechner mit Flüssigkeit gefüllt war, wog er 5,5 t.

Mit diesem kompakten Volumen war die alte Kühlmethode überfordert und es stellten sich die gleichen Probleme, die man bei der CDC 8600 hatte, ein. Doch mittlerweile gab es eine Lösung: Es gab Fluorcarbone, die waren so inert, dass man den Rechner darin „baden“ konnte. Weder oxidierten sie Metalle, noch leiteten sie den Strom. Anstatt also jede Platine zu kühlen, füllte man das ganze Rechnergehäuse mit Kühlmittel. Diese Technik wurde „Full inmersion cooling“ genannt. Frische Kühlflüssigkeit wurde unten eingepumpt, sie erwärmte sich, stieg nach oben und wurde oben abgepumpt. In einem externen Gerät übertrug das Fluorcarbon in einem Wärmetauscher die aufgenommene Energie auf eine Wasserkühlung. Weil man das Kühlmittel dabei herunterströmen sehen konnte, wurde das als „Wasserfall“ bezeichnet. Die praktischen Vorteile waren geringe Temperaturspitzen und Temperaturdifferenzen, die zu Alterungsdefekten führen konnten. Für eine Reparatur konnte die Kühlflüssigkeit in ein Reservoir umgepumpt werden. Danach konnte man das Gehäuse öffnen. Der Austausch einer Platine und das Hochfahren des Rechners dauerte so maximal 15 Minuten. 800 l Kühlflüssigkeit befanden sich im Kreislauf.

Die interne Architektur hatte Seymour Cray kaum geändert, nachdem sie sich bei der Cray 1 bewährt hatte. Die Adressierung wurde auf 32 Bit erweitert, das Befehlsformat konnte so nicht beibehalten werden. Aber es gab dieselben Register und Maschinenbefehle. Auch bei den Funktionseinheiten änderte sich wenig. Es wurden einige zusammengefasst.

Was neu war, war, dass es vier Hintergrundprozessoren gab, ein jeder entsprach in seiner Architektur der Cray 1. Sie wurden gesteuert durch einen Vordergrundprozessor, der die Ein-/Ausgabe abwickelte, aber auch die Hintergrundprozessoren überwachte. Der Vordergrundprozessor war ein 32-Bit-Rechner mit zwei kleinen lokalen Speichern für Daten und Code. Er war nicht für Berechnungen zuständig.

Die wichtigste Neuerung in der Architektur war der größere Speicher von 256 MWorten, 256-mal so viel wie die Cray 1 hatte. Es gab Wünsche nach mehr Speicher und für die CDC 6600, Cray 1S und Cray X-MP wurden Zusatzspeicher angeboten. Doch diese waren nicht in den Adressraum eingebunden, konnten also keine Programme aufnehmen. Sie wurden als RAM-Disk für den schnellen Datenzugriff genutzt.

Eventuell waren diese Wünsche die Ursache, dass man die Cray 2 mit so viel Speicher ausstattete. Doch so viel Speicher war mit den Bipolar-Speicherbausteinen nicht möglich. Diese hatten seit der Cray 1 nur um den Faktor 4 zugelegt. Seymour Cray machte nun einen 180-Grad-Schwenk und wechselte auf MOSFET-DRAM. Das ist der Speicher, der damals wie heute, in jedem PC steckt. Diese Speicherbausteine waren mit 256 KBit Kapazität verfügbar und erlaubten den Speicherausbau, obwohl die Anzahl der Chips gleich blieb. Doch das hatte seinen Preis: Dieser Speicher ist bauartbedingt viel langsamer als der ECL-Speicher. Anstatt in acht Bänken musste der Speicher in 128 Bänken angeordnet werden, er war vierzigmal langsamer als die CPU. Das bedeutete: Konnte der Speicher nicht sequenziell angesprochen werden, z.B. weil eine Unterroutine Daten von woanders brauchte oder es Sprünge gab, so musste die CPU sehr lange auf die Daten warten. Dazu kam, dass in der Cray 2 vier Prozessoren auf den Speicher zugriffen, anstatt einer. Auch dadurch konnte eine Bank kurz nach dem Zugriff eines Prozessors vom nächsten angesprochen werden, aber noch nicht bereit sein.

Cray führte einen lokalen Puffer aus schnellem ECL-Bausteinen von 16 KWorten pro CPU ein. Er wurde als „Registerfile“ genutzt, sollte also Werte zwischenspeichern, die man häufig in den Registern brauchte. Anders als ein Cache wurde er durch das Programm verwaltet. Dafür entfielen die B- und T-Register, die bei der Cray 1 Zwischenergebnisse aufnahmen. Auch die bei der Cray 1 als inadäquat kritisierte Bandbreite wurde nicht vergrößert: Eine Cray 1 wie 2 konnte pro Takt bei Vektoroperationen zwei Werte verarbeiten und ein Ergebnis produzieren. Der Speicher erlaubte aber nur das Lesen eines Wertes oder das Schreiben eines Wertes pro Takt. (Beim firmeninternen Konkurrenzmodell Cray X-MP waren dagegen zwei Lese- eine Schreiboperation und eine I/O-Operation pro Takt möglich).

Andere Firmen, die damals DRAM für ihre Supercomputer einsetzten, kompensierten dessen Langsamkeit durch zusätzlichen, lokalen, Speicher pro CPU aus schnellen SRAM. Seymour Cray verzichtete darauf und dies rächte sich. Setzte man ein Programm der Cray 1 unverändert ein, so nutzte es nur einen Bruchteil der Leistung aus. Doch selbst mit optimierten Programmen kam die Cray 2 bestenfalls auf 1 GFLOPS, also knapp die Hälfte der Spitzenleistung, wie die Firma später bei der Vorstellung der Cray 3 einräumte. Später ersetzte man das DRAM durch SRAM, wodurch die Geschwindigkeit um 15 bis 25% anstieg.

In vielem erinnert die Cray 2 an die eingestellte CDC 8600. Eine aufwendige Kühlung, ein im Vergleich zur CPU sehr langsamer Speicher und der Aufbau aus in der Z-Ebene verdrahteten Modulen – das alles gab es schon bei der CDC 8600. Diesmal hatte er die Probleme soweit gelöst, dass der Rechner lief, aber es wurden zu wenige verkauft.

53. Abbildung: Seymour Cray neben der Cray 3

Die Cray 3

Die Cray unterscheidet sich in der internen Architektur nicht von der Cray 2. Wie bei dieser gibt es einen Vordergrundprozessor für die Ein-/Ausgabe und 4 bis 16 Hintergrundprozessoren für die Rechenarbeit. Mehr Geschwindigkeit erreichte die Cray 3 durch 16 anstatt 4 Prozessoren und Halbierung des Taktzyklus. In der Architektur gab es nur kleine Änderungen. So konnte man nun auf einem Port gleichzeitig Lesen und Schreiben und bei Ganzzahloperationen, bisher einem Schwachpunkt der Cray

Rechner, erreichte er eine Geschwindigkeit von einer Instruktion pro Takt, das entsprach einer Verdoppelung.

Die wichtigen Änderungen gab es im internen Aufbau. Durch den Takt von nur 2 ns war der Rechner noch kleiner, die Kühlung, die in zwei weiteren Schränken steckte, brauchte mehr Platz als der Rechner, auch weil die abgegebene Leistung sich erneut verdoppelt hatte – die Wasserkühlung, an die die Wärme abgegeben wurde, musste einen Kubikmeter Wasser pro Minute umwälzen! Wie der Vorgänger wurde das ganze Rechnergehäuse mit Kühlmittel durchflossen.

Die wichtigste Änderung waren die Schaltungen. Sie bestanden nun aus Galliumarsenid für die Logik. Ein Modul bestand aus neun Platinen. Jede Platine aus 16 Unterplatinen die jeweils 12 Chips von nur 3,8 × 3,8 mm Größe aufnahmen. Das Modul von 10,2 × 12,6 × 0,7 cm Größe hatte noch mehr Verbindungen zwischen den Chips als die Cray 2, sie waren dreidimensional verbunden mit 11.000 Drähten zwischen den bis zu 1.024 Chips pro Modul. Dies ging nur durch Roboter. Menschen konnten diese feinen Drahtbrücken nicht mehr setzen und wahrscheinlich war ein defekter Chip im Modul auch nicht auswechselbar. Durch die hohe Packungsdichte belegten die bis zu 16 Prozessoren nur die obersten 20 cm des achteckigen Gehäuses von 107 cm Durchmesser und 127 cm Höhe.

Beim Speicher hatte Seymour Cray hinzugelernt, er bestand nun aus statischem RAM (SRAM). Je nach Prozessoranzahl betrug er 256 bis 2048 MWorte. Er war so deutlich schneller als der Speicher der Cray 2 und bremste die CPU nicht mehr aus. Dazu kam die höhere Bandbreite.

Da nur eine Cray 3 installiert wurde, ist eine geschichtliche Beurteilung schwierig. Es gibt keine Daten über ihre Geschwindigkeit, zumal die einzige Cray 3 nur vier Prozessoren hatte, also nur eine Teilkonfiguration der maximal 16 Prozessoren. Immerhin war sie zu 95% der Zeit verfügbar.

Crays Supercomputer						
Rechner	**CDC 6600**	**CDC 7600**	**CDC 8600**	**Cray 1**	**Cray 2**	**Cray 3**
Erschienen:	1964	1969	nie	1976	1985	1993
Dimensione:	4 Schränke, 3,34 × 1,67 m	11 Schränke je 200 × 54 × 30 cm	Höhe ca 90 cm, Durchmesser ca 350 cm	263 cm Durchmesser, 199 cm Höhe	134 cm Durchmesser 114 cm Höhe	107 cm Durchmesser, 127 cm Höhe
Gewicht:	5.400 kg			5.000 kg	5.500 kg	7.000 kg
Stromverbrauch:	150 kW		375 kW	115 kW	180 kW	360 – 450 kW
Takt:	10 MHz	36,4 MHz	125 MHz	80 MHz	486 MHz	1000 MHz
Architektur:	60 Bit RISC	60 Bit RISC	64 Bit CISC	64 Bit Vektor	64 Bit Vektor	64 Bit Vektor
Speicher:	131 KWorte	64 + 500 KWorte	256 KWorte	1 MWorte	256 MWorte	2048 MWorte
Adressbereich:	256 KWorte	256 KWorte	1 MWorte	16 MWorte	256 MWorte	4096 MWorte
Geschwindigkeit (Peak):	10 MIPS 3 MFLOPS	36,4 MIPS 13 MFLOPS	500 MIPS 200 MFLOPS	40 MIPS 160 MFLOPS	500 MIPS 1.942 MFLOPS	8.000 MIPS 16.000 MFLOPS
Geschwindigkeit (mittel):	2,2-3 MIPS 1 MFLOPS	7-15 MIPS 5 MFLOPS	200 MIPS 62,5 MFLOPS	100-130 MFLOPS	<1.000 MFLOPS	
Prozessoren:	1	1	4	1	4+1	16+1
Kosten:	7 Millionen Dollar	5,1 Millionen Dollar		8,89 Millionen Dollar	17,6 Millionen Dollar	30 Millionen Dollar
Verkaufte Exemplare:	82 -100	50	0	81	25 – 30	1

Verkaufte Stückzahlen

Modell	Verkaufszahlen	Modell	Verkaufszahlen
MITS Altair 8800/A/B	40.000	Amstrad CPC Serie	3 Millionen
MITS Altair 680	10.000	Amstrad Joyce Serie	8 Millionen
Apple I	175	Texas Instruments Ti 99/4a	2,8 Millionen
Apple II/II+ //e IIc	3,36 Millionen	Sinclair QL	150.000
Apple IIGS	1,5 Millionen	Sinclair ZX80	50.000
Apple III	65.000	Sinclair ZX81	1,5 Millionen
Apple LISA	100.000	Sinclair ZX Spectrum	5 Millionen
Macintosh / Fat-Mac	572.000 (nur diese beiden Modelle)	MSX Serie (alle Hersteller zusammen)	5 Millionen
Xerox Alto	1.000 bis 2.000	Atari ST Serie	2,1 bis 3 Millionen
Xerox Star	17.000 bis 25.000	Atari 400/800	2 Millionen
Osborne 1	140.000	Tandy TRS-80	1,485 Millionen
MOS KIM-1	10.000	Next Cube und Next Station	79.000
Commodore VC-20	2,5 Millionen	IBM PC Mod. 5150	1 Million in den ersten 3 Jahren
Commodore C-64	17 Millionen	CDC 6600	82 – 100
Commodore Plus 4	400.000	CDC 7600	50
Commodore C128	4 Millionen	Cray 1	81
Commodore Amiga	4 Millionen	Cray 2	25 30
Atari 8 Bit Serie	2 Millionen	Cray 3	1

Die Entwicklung der Intel Prozessoren

Intel 4004 / 4040

Der Intel 4004 war im November 1971 der erste kommerziell verfügbare Prozessor. Er verfügte nur über einen Adressbereich von 4 KiB. Er war langsam (etwa 60.000 Befehle/s) und schwer zu programmieren. 1972 wurde eine verbesserte Version, der Intel 4040 vorgestellt. Er verfügte über 14 neue Befehle (4004: 46). Der Chip hatte einen internen Stack von drei Registern. Beim 4040 wurde dieser auf sieben Register erweitert. Es gab noch keine PUSH/POP Instruktionen. Die Adressierung von RAM und ROM war getrennt. (Hardvard Architektur). Er wurde in Steuerungen wie Verkehrsampeln eingesetzt.

Intel 8008

Der erste 8-Bit-Prozessor von Intel übertrug das Konzept des 4004 auf eine Verarbeitung von einem Byte. Die Zahl der Anschlüsse stieg nur von 16 auf 18, trotz des verdoppelten Datenbusses. Der Prozessor wurde ursprünglich für das Datapoint 2200 Terminal von CTC als Auftragsarbeit entwickelt. Dies erfolgte zeitgleich mit der Entwicklung des 4004, so ist es nicht verwunderlich, dass er dessen Architektur übernahm.

Der Adressraum betrug 16 KiB. Mit maximal 80.000 Instruktionen pro Sekunde war er nur wenig schneller als der 4004. Im Markt war er nicht erfolgreich. Da das Gehäuse nur 18 Pins hatte, war ein 8008-System sehr schwierig aufzubauen. Es mussten weitere Bausteine die über einen gemeinsamen Pin herausgeführten Adress- und Datenleitungen decodieren. Nur wenige Computer entstanden auf seiner Basis, wie der Mark 8 oder Micral N.

Der 8008 führte die Register B,C,D,E,H und L und den Akkumulator A ein, die es auch bei seinem Nachfolger 8080 gab. Insgesamt 50 Befehle standen zur Verfügung. Der Stack war auf einem separaten Baustein von 512 Bit Größe untergebracht. Es gab keinen, im Arbeitsspeicher frei verschiebbaren, Stackpointer.

Intel 8080 / 8085

Der zwei Jahre später erschienene 8080 war erste, vollwertige, 8-Bit-Prozessor, der auch in den ersten PCs steckte.

Neu war die Einführung des Stackpointers, der nun auf eine Adresse im Arbeitsspeicher zeigte und frei verschoben werden konnte. Bei den vorhergehenden Modellen war der Stack fest im Prozessor oder in einem eigenen Baustein untergebracht. Durch ein 40-poliges Gehäuse war nun auch die Mehrfachbelegung von Pins mit Datenbus und Adressbus wie beim 8008 nicht mehr nötig. So sank der Schaltungsaufwand für ein einfaches System von 20 auf sechs Chips.

Der 8080 hatte 56 Befehle. Neu waren Bitmanipulationsbefehle und die Möglichkeit die Register B+C, D+E und H+L als 16-Bit-Register zu nutzen. Die Rechengeschwindigkeit erreichte 290.000 Befehle pro Sekunde. Er war also fast viermal schneller als sein Vorgänger. Weiterhin konnte er den vierfachen Arbeitsspeicher adressieren.

Ein System benötigte noch zwei weitere Bausteine: den Taktgenerator (Intel 8224) und Bus-Controller (Intel 8228). Aufwendig war auch, dass der 8080 drei Versorgungsspannungen (-5, +5 und +12 V) erforderte. Der 8080 konnte nicht zuverlässig den Refreshzyklus für dynamische RAMs erzeugen. Das löste Intel mit dem 8080A, der auch höher getaktet war (2,5 anstatt 2 MHz).

1976 entstand der Nachfolger 8085, der Taktgenerator und Buscontroller auf dem Chip integrierte und eine leistungsfähigere Interruptbehandlung bot. Er benötigte nun nur eine Versorgungsspannung von +5 V.

Doch zur gleichen Zeit entstand der Zilog Z80, den ein ehemaliges Intel Entwicklungsteam in Eigenregie aus dem 8080 entwickelt hatte. Er verfügte über mehr Register, über Hundert neue Befehle und die Logik für das Refreshsignal für RAMs, sodass Aufbau und Programmierung eines Z80-Systems einfacher als beim 8085 waren. Dadurch verkaufte er sich erheblich besser als der 8085. Noch 1996 startete eine Raumsonde mit dem Intel 8085 zum Mars: der Rover Sojourner.

Intel 8086

Der 8086 entstand wie der 8008: Die Architektur des 8080 wurde auf 16 Bit erweitert. Während andere 16-Bit-Prozessoren, wie der Motorola 68000, volle 16 MB adressierten, konnte der 8086 nur 1 MB adressieren und der Prozessor konnte nicht den ganzen Adressraum durchgängig ansprechen, sondern nur in Segmenten von je 64 KiB Größe. Als Folge waren die größten Datenstrukturen auch auf 64 KiB beschränkt. Dies ergab sich daraus, dass die Register nur 16 Bit breit waren und diese 64 KiB großen Bereiche mit einer 4-Bit-Segmentadresse versehen wurden. Es gab so drei Segmente im 1 MByte großen Adressraum für Code, Daten und Stack. Wichtig war die Kompatibilität zum 8080. Es war durch die 16 Bit breiten Register und Befehle, die jeweils eine Hälfte eines Registers ansprachen, möglich ein Maschinenprogramm des 8080 in eines des 8086 automatisch zu übersetzen. Damit bewarb Intel den Prozessor.

Im Juni 1979 erschien der 8088 mit einem 8-Bit anstatt 16-Bit-Datenbus, wodurch die Datenrate zum Speicher halbiert wurde und die Geschwindigkeit um 40-50% sank. Der 8088 war jedoch wegen der wesentlich preiswerteren Zusatzbausteine, die damals noch alle für 8-Bit-Mikroprozessoren ausgelegt waren, sehr populär. Ein System konnte dadurch kostengünstiger produziert werden, wenn auch unter gravierenden Geschwindigkeitsverlusten. Der 8088 steckte im IBM PC und vielen IBM-Kompatiblen Rechnern. Von allen Prozessoren Intels hatte der 8086 die längste „Blütezeit". Noch 1987 wurden mehr PCs mit 8086/88 als mit dem 80286 verkauft. Ein 8086 erreichte eine Geschwindigkeit von bis zu 0,8 MIPS (**M**illionen **I**nstruktionen **p**ro **S**ekunde).

80186

Der 80186 war eine verbesserte Version des 8086. Er beinhaltete den Interrupt-Controller und DMA-Controller. Beide Bausteine wurden in einem PC System benötigt, um Peripherie an den Prozessor anzubinden. Durch die enge räumliche Anbindung dieser Bausteine konnte die Taktfrequenz auf 20 MHz gesteigert werden. Obwohl der Intel 80186 deutliche Vorteile gegenüber dem 8086 hatte (er war bei gleichem Takt um zwei Drittel schneller und in höheren Taktfrequenzen lieferbar), blieb ihm der große Durchbruch versagt, da er zeitgleich mit dem leistungsfähigeren 80286 vorgestellt wurde. Er wurde aber lange Zeit als Embedded-Prozessor vertrieben, auch noch, als die Produktion des 8086 längst eingestellt war.

80286

Der 80286 erweiterte den Adressraum auf durchgehende 16 MB ohne die 65-KiB Segmente des 8086. Zugleich war der Prozessor bei gleicher Taktfrequenz zweieinhalbmal schneller als ein 8086. Dies wurde erreicht, indem die Ausführung und die Befehlskodierung getrennt wurden und durch eine Pipeline beide Einheiten parallel arbeiten konnten.

Da Intel jedoch auf die Kompatibilität zum 8086 Rücksicht nehmen musste, gab es beim 80286 zwei Modi: Einen zum 8086 kompatiblen, („Real Mode"), in dem nur ein Megabyte Speicher genutzt werden konnte und einen Modus, bei dem der volle Adressraum verfügbar war. Dieser „Protected Mode" ermöglichte auch die gleichzeitige Ausführung mehrerer Programme. Intel sah darin die Zukunft und hoffte das bald die meiste Software diesen „Protected Mode" nutzen würden. Leider war ein Rückumschalten in den Real Mode nicht möglich. DOS konnte ihn daher nicht nutzen. So wurden die meisten Rechner, wie der IBM AT im Real Mode betrieben, indem sich der 80286 von einem 8086 nur durch seine höhere Geschwindigkeit unterschied. Ein 80286 erreichte je nach Taktfrequenz 0,8 bis 2,5 MIPS.

80386

Der 386 war der erste 32-Bit-Prozessor von Intel. Die Register waren auf 32 Bit erweiter worden und es gab neue Befehle um diese Register anzusprechen. Der alte 16-Bit-Code konnte aber auch ausgeführt werden. Sein Code war über zwei Jahrzehnte die Basis für Windows. Er führte Schutzmechanismen für einzelne Programme ein, die Grundvoraussetzung für ein Multitasking-Betriebssystem. Anders als der 80286 konnte der 80386 zwischen dem 32-Bit-Betrieb und dem 8086 kompatiblen Mode umschalten. Wegen der Bedeutung von alter Software war ein „virtueller" 8086-Modus eingeführt worden. Er erlaubte es, mehrere 8086 Programme parallel auszuführen und voneinander abzuschotten. Wie es sich für einen 32-Bit-Prozessor gehört, kann der 80386 volle 4 GB Arbeitsspeicher und 1 Terabyte virtuellen Speicher auf der Festplatte ansprechen. Mehr Geschwindigkeit erreichte der 90386 durch das vorausschauende Lesen der Befehle, (Prefetch) und die Unterteilung der Ausführungseinheit in drei Einheiten, die so parallel arbeiten konnten.

Am 16. Juni 1988 führte Intel den 386SX ein, einen 386 (der dann 386DX hieß) mit 16-Bit-Datenbus, also eine Art moderner 8088. Bis zu diesem Zeitpunkt verkauften sich Rechner mit dem Prozessor nicht wie erwartet, weil es unter dem Betriebs-system DOS keinen Unterschied machte, ob man einen 386, 286 oder 86 Prozessor hatte. Obgleich der 386SX nicht viel schneller als ein 80286 war, und es kaum Software gab, welche die neuen Möglichkeiten nutzte, gingen nun mehr 386SX-Rechner über den Ladentisch als 286-Rechner. Ein 386-Prozessor erreichte je nach Taktfrequenz 3 bis 9,6 MIPS.

80486

In den vier Jahren der Entwicklung des 80486 hat Intel das Design des Prozessors grundlegend geändert, aber keine neuen Befehle oder eine neue Architektur eingeführt. Es wurden Zusatzbausteine integriert. Zum einen der Cache, der seit dem 386 notwendig war. 8 KiB waren auf dem Prozessor integriert. Damit lief der Cache immer mit voller Prozessorgeschwindigkeit. Ein zweiter, deutlich größerer Cache, mit geringerer Geschwindigkeit wurde auf der Hauptplatine verbaut. Das erlaubte es, den internen Takt und Bustakt zu trennen. Das nutzten spätere Versionen mit doppelten bis vierfachem internem Takt aus (DX2 und DX4).

Zum Zweiten wurde der Coprozessor (**F**loating **P**oint **U**nit, FPU) integriert, der bisher ein separater Baustein war. Ihre Architektur wurde neu ausgelegt und sie war dadurch um 60% schneller.

Die Taktfrequenz wurde von anfänglich 25 MHz auf 50 MHz gesteigert. Dann entwickelte Intel die „Overdrive“ Prozessoren: Der interne Takt wurde zuerst verdoppelt, später vervierfacht, nicht jedoch der Speichertakt. Diese „Overdrive“

Versionen DX2/DX4 waren sockelkompatibel, sodass Benutzer eine alte CPU durch eine schnellere 486 DX2/DX4 austauschen konnten.

Der 486 führte 80% der Befehle in einem Takt aus und erreichte dadurch 20 MIPS. (DX4 Version: 50 MIPS). Eine Version mit künstlich abgeschaltetem (aber funktionsfähigem) Coprozessor führte Intel unter der Bezeichnung 486SX ein, um AMD vom Markt zu verdrängen, da AMD mit dem 40 MHz AM386-Prozessor sehr erfolgreich war.

Pentium

Nachdem Intel Zahlen nicht markenrechtlich schützen konnte, erhielt der nächste Prozessor einen Namen. Eine wichtige Verbesserung war ein getrennter Cache für Daten und Code von je 8 KiB Größe. Er wurde mit der Einführung der MMX Version auf 16 KiB vergrößert. Der Datenbus wurde bei späteren Exemplaren von 32 auf 64 Bit vergrößert, um doppelt so viele Daten pro Takt übertragen zu können.

Mit dem Pentium verabschiedete sich Intel von der bisherigen internen Architektur. Die x86-Serie steigerte während der Entwicklung nicht nur die Taktfrequenz, sondern verringerte auch die Anzahl der Takte, die ein Prozessor für einen Befehl brauchte. Ein 8086 brauchte durchschnittlich 10-12 Takte pro Befehl. Beim 80486 konnten die meisten Befehle schon in einem Taktzyklus ausgeführt werden. Eine weitere Steigerung war mit dieser Architektur nicht möglich. Mit dem Pentium zogen zum ersten Mal superskalare Einheiten bei der x86-Linie ein. (Bei Großrechnern tat dies schon die CDC 6600 dreißig Jahre vorher). Darunter versteht man, dass der Chip mehrere Recheneinheiten hat, auf welche die Befehle verteilt werden. Im Idealfall (wenn die Befehle nicht voneinander abhängen) kann so die Geschwindigkeit bei zwei Einheiten verdoppelt werden. Der Pentium hatte zwei ALU (**A**rithmetic **L**ogic **U**nit) und eine Fließkommarecheneinheit (**F**loating **P**oint **U**nit, FPU). Zumindest Ganzzahloperationen konnte er bis zu doppelt so schnell, wie ein 486 bei gleicher Taktrate ausführen. Damit diese beiden Einheiten auch optimal ausgelastet wurden, musste der Code entsprechend aufgebaut sein. Mit Altem (in DOS Programmen verwendeten) Code war er nur etwa 60% schneller als ein 486, mit optimiertem Code dagegen 130% schneller. Das hemmte bei der Einführung den Absatz, da es damals schon den 486 mit 100 MHz gab, der dann genauso schnell war wie ein Pentium mit 66 MHz, aber um 1.200 DM billiger.

Spätere Versionen des Pentium führten dann MMX (**M**ulti**m**edia E**x**tension) ein. Dies war eine Erweiterung des Befehlssatzes, bei dem Intel die Fließkommaregister zweckentfremdete, um gleichzeitig 4 × 16 Bit oder 8 × 8 Bit Zahlen der gleichen Rechenoperation zu unterziehen. Je nach Code und Takt erreichte ein Pentium 100 bis 575 MIPS.

Pentium Pro

Mit dem Pentium Pro steckte Intel den bisher größten kommerziellen Misserfolg in ihrer x86 Erfolgsstory ein. Intel hatte die Architektur des Pentiums auf mehr superskalare Einheiten erweitert – zwei Fließkomma- und zwei Integereinheiten und auf schnelle 32-Bit-Verarbeitung getrimmt. Um die Geschwindigkeit weiter zu erhöhen, wurde der 256 KiB große Level-2 Cache auf demselben Chip untergebracht. So konnte er mit voller Taktfrequenz arbeiten, anstatt wie beim Pentium mit Halber oder einem Drittel der Taktfrequenz.

Nach dem superskalaren Design des Pentium wurde nun die Arbeitsweise des Prozessors verändert. Die Befehle wurden in kleinere, elementare, Einheiten zerlegt, (sogenannte Micro-Ops). Diese wurden auf mehrere RISC-Einheiten verteilt. Dazu kamen Schattenregister, die die relativ kleine Registerzahl intern kaschierten. So war es möglich, mehrere Befehle gleichzeitig zu verarbeiten, wenn nicht ein Befehl auf dem Ergebnis eines anderen aufbaute. Um die Geschwindigkeit weiter zu erhöhen, konnte diese RISC-Einheit auch Befehle vorziehen, wenn z.B. eine Einheit gerade frei war, aber der nächste Befehl eine schon belegte Einheit nutzen wollte. Man nennt dies „Out of Order Execution".

Damit das Ganze effektiv geht, müssen Abhängigkeiten erkannt werden und bei Verzweigungen prognostiziert werden, wo es weiter geht. Dazu speicherte der Prozessor alle Adressen von Verzweigungen. Lud man in die Segmentregister einen neuen

Wert, so waren alle diese Einträge ungültig und der Prozessor lud alle Befehle erneut vorausschauend ein und berechnete die neuen Adressen. Bei einem 32-Bit-Betriebssystem kam das einmal beim Start vor, in 16-Bit (Windows 3 und DOS) Programmen wurden die Segmentregister dagegen dauernd neu gesetzt. Als Folge brach die Performance stark ein, auch unter Windows 95, das noch viele 16-Bit-Altlasten hatte und der Prozessor war dann langsamer als ein Pentium mit niedrigerer Taktfrequenz.

Als zweites Handicap zeigte sich bald, dass das Konzept den L2-Cache auf dem Prozessor zu integrieren falsch war. Sehr viele Prozessoren hatten Defekte im Cache. Die Ausbeute sank, da mit dem Cache auch der Prozessor funktionsuntüchtig war. Es gelang auch nicht, die Geschwindigkeit des Cache entscheidend zu steigern, sodass der Prozessortakt nur langsam anstieg. Der Pentium Pro wurde daher vor allem in Workstations und Servern, aber weniger in PCs eingesetzt. Seine Technologie, „P6" genannt war aber die Basis für die nächsten Generationen Pentium II+III. Aus ihr wurde, nach dem Zwischenspiel des Pentium 4, dann die Core Prozessoren die Vorläufer der heutigen iCore Serie entwickelt. Je nach Takt erreichte ein Pentium Pro 406 bis 575 MIPS.

Pentium II

Nach den Erfahrungen mit dem Pentium Pro verlagerte Intel beim Pentium II den Level 2 Cache auf einem Modul neben dem Prozessor. Dadurch war es bei defektem Cache nicht nötig, den Prozessor ebenfalls auszusondern. Der Cache lief nun auch nicht mehr mit der vollen Taktfrequenz. Erstmals wurde der Prozessor nicht als Chip, sondern als Modul bestehend aus Prozessor, Cachecontroller und Cachebausteinen verkauft. Der Pentium II basiert auf der Technologie des Pentium Pro, nicht des Pentium. Der interne Level-1 Cache wurde auf 32 KiB vergrößert, die Nachteile bei der Abarbeitung von 16-Bit-Instruktionen beseitigt und die MMX-Erweiterung des Pentiums integriert. Die Low-Cost Version des Pentium II ist der Celeron, zuerst ohne Level-2 Cache, dann mit 128 KiB Level-2 Cache im Prozessor integriert. Der Celeron begründete eine Linie von preiswerten Prozessoren. „Pentium" steht dagegen als Bezeichnung für Prozessoren mittlerer Leistung. Je nach Takt erreichte der Pentium II/III 700 bis 4100 MIPS.

Pentium III

Neuere Versionen des Pentium II heißen seit 1999 Pentium III. Es handelt sich jedoch mehr um eine Marketingmaßnahme als eine echte Neuentwicklung. Technisch unterscheidet ihn vom Pentium II, dass nun der L2-Cache wieder im Prozessor integriert ist. Er wird daher wieder als Sockelvariante und nicht als Modul verkauft.

Die wichtigste Erweiterung ist SSE. (**S**treaming **S**IMD **E**xtensions). Sie ersetzt MMX. SSE erlaubt es, vier Fließkommaberechnungen mit einfacher Genauigkeit anstatt einer doppelt genauen auszuführen. Bei MMX ging die parallele Verarbeitung mehrere Daten nur mit ganzen Zahlen. Sie ist der einzige Architekturunterschied zwischen dem Pentium II und III. Für SSE wurden 70 neue Befehle eingeführt. SSE verwendet wie MMX die Register der FPU. Anders als bei MMX muss nicht zwischen SSE und FPU-Modus umgeschaltet werden. Dies war ein Grund dafür, warum MMX nur selten eingesetzt wurde. Die Größe der FPU Register wurde dafür von 80 auf 128 Bit erhöht.

Pentium 4

Mit dem Pentium 4 setzte Intel auf eine neue Technologie, die wie die P6 Technologie über einige Jahre Bestand haben sollte. Die „Netburst“ Architektur war auf hohe Taktgeschwindigkeit optimiert. Anders als der Pentium III speichert z.B. der L1 Cache nicht x86-Instruktionen, sondern sitzt hinter dem Befehlsdecoder und speichert vollständig decodierte RISC Operationen. Wobei der Cache so intelligent sein soll, nur die häufig benötigten Instruktionen zu speichern. Ist der Code relativ klein und wird oft durchlaufen, so beschleunigt dies die Ausführung beträchtlich. Die Pipeline (Befehlspuffer) war auf 20 bis 31 Stufen angewachsen, was einen höheren Takt erlaubt (pro Stufe muss weniger getan werden). Wird der Inhalt ungültig, z.B. durch einen Sprung, so braucht der Pentium 4 sehr lange, um die Pipeline mit neuen Befehlen zu füllen. Deswegen hat der Pentium 4 eine größere Tabelle, um mehrere Sprungziele spekulativ voraus zu berechnen.

Später führte der Pentium 4 Hyperthreading (HT) ein. Dies gaukelt dem Betriebssystem zwei Prozessoren vor. Da der Prozessor intern über mehr Register und

Funktionseinheiten verfügte, als durch Befehle angesprochen werden konnten, war dies nur konsequent: Nun konnten die Funktionseinheiten explizit angesprochen werden. Da der Code denselben Befehlsdecoder durchlief und auch der Cache weiterhin gemeinsam genutzt wurde, war der Pentium 4 HT nicht doppelt so schnell, sondern nur etwa 10-15% schneller als ein Pentium 4 ohne dieses Feature.

In der Praxis war der Athlon von AMD aber trotz niedrigerem Takt schneller. Das lag daran, dass der Athlon über mehr Recheneinheiten verfügte, die parallel arbeiteten. Weiterhin hatte er Stromsparmechanismen integriert. Intel führte in Demonstrationen Pentiums mit 7-9 GHz Takt vor, allerdings gekühlt mit flüssigem Stickstoff. Je höher der Takt anstieg, desto höher war aber auch die Verlustleistung und bei 3,83 GHz war die Grenze erreicht, die handelsübliche Kühler abführen konnten. Die letzten Versionen übernahmen die vom AMD eingeführten 64 Bit Befehle. (IA64 Architektur).

Die folgende Generation „Core 2 Duo“ setzte daher erneut auf die P6 Architektur, die renoviert wurde. Da sich nach dem Pentium 4 die Produktpalette Intels stark erweiterte und es heute über 100 lieferbare x86-Prozessoren für alle Einsatzzwecke gibt, habe ich auf eine genaue Beschreibung der folgenden Generationen verzichtet. Wesentliche Schritte waren Einführung von echten Mehrkernrechnern (Intel Core Duo) und die Erweiterung von SIMD Instruktionen. Es folgten weitere Versionen von SSE mit der Fähigkeit auch größere Zahlen zu verarbeiten und mehr Zahlen auf einmal. Der neueste Spross heißt AVX (**A**dvanced **V**ector E**x**tensions), mit dem die CPU der 5-ten iCore Architektur bis zu vier Zahlen mit zwei Operationen (kombinierte Addition und Multiplikation) in einem Taktzyklus verarbeiten können. Der neueste Xeon mit dieser Architektur schafft so 750 GFLOPS.

Die folgende Tabelle führt die wesentlichen Kerndaten der Prozessoren auf. Da Intel im Laufe der Zeit leistungsfähigere Exemplare vorstellte, gelten die Angaben nur für den ersten Typ. Intel hat 2007 die Entwicklungszyklen geändert: Es erscheint im 1-2 Jahresabstand zuerst eine neue Architektur („Tock“) danach wird die Fertigungstechnologie verkleinert (kleinere Strukturen) das „Tick“. Es gibt anstatt neuer Architekturen evolutionäre Verbesserungen der Prozessoren.

Tabellarische Übersicht der Intel Prozessoren

Typ	Erscheinungs-datum	Speicher	Takt-frequenz	Transistoren	Technologie
4004	November 1971	0.64 KiB / 4 KiB	0.108 MHz	2.300	10 µm PMOS
4040	Herbst 1972	0.64 KiB / 8 KiB	0.74 MHz	3.000	10 µm PMOS
8008	April 1972	16 KiB	0.2 MHz	3.500	10 µm PMOS
8080	April 1974	64 KiB	2 MHz	6.000	6 µm PMOS
8085	März 1976	64 KiB	2 MHz	6.500	5 µm NMOS
8086	Juni 1978	1 MB	5 MHz	29.000	3 µm NMOS
8088	Juni 1979	1 MB	5 MHz	29.000	3 µm NMOS
80186	Februar 1982	1 MB	8 MHz	56.000	1,5 µm HMOS
80286	Februar 1982	16 MB	8 MHz	134.000	1,5 µm HMOS
386DX	Oktober 1985	4 GB	16 MHz	275.000	1,5 µm CMOS
486DX	April 1989	4 GB	25 MHz	1,2 Millionen	1,0 µm HCMOS
486DX2	Juni 1993	4 GB	40 MHz	1,2 Millionen	0,8 µm HCMOS
486DX4	März 1994	4 GB	75 MHz	1,6 Millionen	0,6 µm HCMOS
Pentium	März 1993	4 GB	60 MHz	3,1 Millionen	0,8 µm HCMOS
Pentium Pro	November 1995	64 GB	150 MHz	5,5 Millionen	0,6 µm HCMOS
Pentium MMX	Oktober 1996	4 GB	166 MHz	4,5 Millionen	0,35 µm HCMOS
Pentium II	Mai 1997	64 GB	233 MHz	7,5 Millionen	0,35 µm HCMOS
Pentium III	Februar 1999	64 GB	450 MHz	9,5 Millionen	0,25 µm HCMOS
Pentium 4	November 2000	64 GB	1.400 MHz	42 Millionen	0,18 µm HCMOS
Pentium 4 HT	April 2003	64 GB	3.000 MHz	125 Millionen	0,09 µm HCMOS
Core 2 Duo	Juli 2006	64 GB	2.930 MHz	291 Millionen	0,065 µm HCMOS
ICore 1xxx	November 2008	64 GB	2.660 MHz	781 Millionen	0,045 µm HCMOS
ICore 2xxx	Januar 2011	64 GB	3.600 MHz	1.160 Millionen	0,032 µm HCMOS
ICore 3xxx	November 2011	64 GB	3.700 MHz	1.400 Millionen	0,032 µm HCMOS
ICore 4xxx	Juni 2013	64 GB	4.000 MHz	1.860 Millionen	0,022 µm HCMOS
ICore 5xxx	Juli 2014	64 GB	4.400 MHz	2.600 Millionen	0,014 µm HCMOS

Epilog

An dieser Stelle einige persönliche Gedanken zur Geschichte des PC und der Zukunft.

Seit nun dreißig Jahren arbeiten wir mit einer Architektur, die auf dem IBM-PC basiert. Auch heute kann ein neuer PC immer noch PC-DOS 1.0 ausführen. Selbst ein Fehler des 8086, der Überlauf des Speichers bei mehr als 1 MB, der seit dem IBM AT durch ein Gatter, das A20-Gate, abgefangen wird, ist bis heute als Feature in den Prozessoren vorhanden. So läuft auch auf einem modernen Rechner MS-DOS – auch wenn es weniger als ein Zehntausendstel des Speichers nutzt …

Warum konnten weder Mac, noch Atari ST oder Amiga diese Architektur ablösen? Warum sind alle anderen Architekturen verschwunden, genauso wie es bei den Betriebssystemen nur noch Mac OS und Windows gibt?

Es ist meiner Ansicht nach eine Folge des sich verändernden Anwenderkreises. Die ersten Rechner wurden von Leuten gekauft, die sich für Elektronik interessierten. Für sie war der Rechner ein Selbstzweck. Es ging darum, mehr über Computer zu lernen. Wenn ein neuer Prozessor auf den Markt kam, interessierten sich die „Elektronikfreaks“ für diesen.

Die nächste Generation vom Typ Apple II, mit einem BASIC Interpreter im ROM, sprach alle an, die einen Rechner haben wollten, um ihn selbst zu programmieren. Entweder um dies zu lernen, oder weil Sie damit ein Problem lösen konnten. Ein neuer Rechner wurde dann gekauft, wenn man mit ihm die Probleme besser als mit dem Alten lösen konnte. Entweder, weil er schneller war, mehr Speicher oder eine bessere Programmiersprache hatte.

Mit VisiCalc, WordStar und dBase II konnten Rechner dieser Generation aber auch schon nützliche Dinge erledigen und man musste nicht mehr programmieren. Damit sprachen diese Anwendungen ein Publikum an, das einen Computer kaufte, um die Produktivität zu steigern oder sich die Arbeit zu erleichtern.

Ein Anwender dieser Gruppe steigt nur um, wenn es auf der neuen Hardwareplattform auch die Programme gibt, die er benötigt oder diese besser sind, als das, was er gerade nutzt. Das war das Manko des Macs, aber auch des Amiga und Atari ST. Mochte seine Oberfläche leichter zu bedienen sein. Für die Brot- und Butteranwendung der damaligen Zeit, Tabellenkalkulation brachte er keine Vorteile. Es störte vielmehr, dass der Monitor eine beschränkte Auflösung hatte. Später fanden sich für alle drei Rechner Anwendungsnischen, welche ihre spezifischen Vorteile auch nutzten. Beim Mac waren es Desktop-Publishing und Design, welche vom WYSIWYG profitierten. Beim Amiga war es die Produktion von Videos und beim Atari ST die Bearbeitung von Musik. Für die letzten beiden Rechner reichte dies nicht zum Überleben aus.

Es ist bei jeder Neuerung, egal ob es eine neue Hardwareplattform ist oder ein neues Betriebssystem, das gleiche: Seit Mitte der achtziger Jahre gibt es das „Henne-und-Ei-Problem“. Damit ist Folgendes gemeint: Erfolgreich kann eine neue Plattform nur sein, wenn es für sie genügend Programme für die wichtigsten Anwendungszwecke gibt. Diese müssen aber erst entwickelt werden und Softwarehäuser werden dadurch abgeschreckt, dass der Marktanteil dieser Rechner bei Einführung bei 0% liegt. Wenn sich die neue Plattform nicht verkauft, dann hat man Millionen in den Sand gesetzt. Daher wird ein Softwareentwickler im Zweifelsfall für die schon etablierte Plattform entwickeln, wo er mit Millionen von Kunden rechnen kann. Das Problem wird dadurch verschärft, dass Anwendungen immer größer werden, immer mehr Personen zum Programmieren benötigt werden und die Investitionen immer größer werden.

Windows wurde erfolgreich, weil auch die Version 3.0 noch ein DOS-Aufsatz war. Man startete Windows von DOS aus, konnte zu DOS zurückkehren und Windows konnte (anders als Version 1 und 2) DOS-Anwendungen ausführen. Damit musste ein Benutzer sich nicht zwischen dem etablierten Standard und einem neuen entscheiden, sondern konnte beides parallel ausführen. Microsoft hat dies verinnerlicht. Das führte dazu, dass sich die folgenden Versionen von Windows nur langsam weiterentwickelten, weil radikale Änderungen die Kompatibilität zu alter Software gefährdet hätten. Erst Windows 7 schaffte 2009 die DOS-Kompatibilität ab – inzwischen hatten Anwendungen für DOS/Windows 3.1 keine Marktbedeutung mehr.

Eine zweite Sache ist das Erfahrungswissen. Ist ein Programm erst einmal populär, das gilt auch für ein Betriebssystem, so werden sehr viele Benutzer sich damit auskennen, oder zumindest jemand im Bekanntenkreis haben, der sich damit auskennt. Das ist der Grund, warum Linux bis heute ein Nischendasein führt. Es mag das bessere System sein. Es ist auch die wichtigste Software, die man zum Arbeiten braucht, für Linux verfügbar. Aber es bedeutet auch, sich in ein neues Konzept einzuarbeiten. Das Wissen, das man in Jahren der Arbeit unter Windows erworben hat, ist nutzlos. Was macht man, wenn der Scanner nicht funktioniert? Wie installiere ich ein Programm im RPM-Paketformat – man muss sich komplett neu einarbeiten. Ich prophezeie, dass es schwierig wird, aus diesem Win-Tel Dilemma auszubrechen. Wenn, dann ist eher von Microsoft und Intel zu erwarten, dass sie zu einem neuen System migrieren und dabei das alte als Emulation oder in einem Kompatibilitätsmodus ausführen. Das gilt auch für Anwendungen, ihre Bedienkonzepte und Dateiformate.

Doch die letzten zehn Jahre zeigen auch, dass es Chancen gibt, erfolgreich zu sein, ohne zu Windows/Intel kompatibel zu sein.

Die Firmen, die im Internet erfolgreich sind, an der Spitze Google, zeigen das es anders geht. Sie produzieren keine Hardware und keine Software. Sie stellen Services zur Verfügung, welche „ankommen“ sei es ein soziales Netzwerk wie Facebook, seien es Videos bei Youtube oder das Suchen bei Google. Geld wird über Werbung verdient oder indem Mehrwertdienste gegen Bezahlung angeboten werden.

Derzeit arbeiten viele Firmen daran, Anwendungsprogramme, ja teilweise den gesamten Desktop im Browser auszuführen. Auch Microsoft arbeitet an einer Online-Version seines MS-Office. Der Vorteil für den Benutzer ist, dass er unabhängig von der Hard- und Softwareplattform ist und er Daten überall bearbeiten kann. Sie werden beim Anbieter des Programms gespeichert. Dadurch kommt dieser, wenn dies nicht verschlüsselt erfolgt, in die Kenntnis persönlicher und vertraulicher Daten. In jedem Falle ist der Anwender so stärker von dem Dienstleister abhängig, als bei einer lokal installierten Anwendung.

Internet Services, wozu auch der Vertrieb von Medien und Gütern, also der Ersatz für den Verkauf über den Einzelhandel gehört, generieren heute mehr Umsatz als Software und Hardware. Apple wurde nach der Rückkehr von Steve Jobs nicht durch die Produktion neuer Computer, sondern durch den iTunes Store, der Musik verkauft, profitabel. Apples jüngste Produkte zeigen auch, wie man heute noch mit Hardware erfolgreich sein kann: Die Produkte müssen so beschaffen sein, dass sie „cool" sind, aber auch von jedem ohne Handbuch bedient werden können. Erlöse werden auch durch „Apps" generiert, die einfach und unkompliziert installiert werden. Das geht schnell und die Bezahlung erfolgt online, während man sich den Kauf eines Softwarepaketes eher überlegt. So wird in der Summe viel mehr Umsatz gemacht, zumal die einzelnen Apps nur eine beschränkte Funktionalität haben. Das iPad löst heute das ein, was der Macintosh versprach: ein Computer, den jeder intuitiv benutzen kann.

Apple ist heute vor allem in einem Segment erfolgreich das während seiner ersten Zeit von Jobs bei Apple (bis 1985) nicht bedient wurde – der Consumermarkt. Jobs schuf auch ein neues Segment, die boomende Industrie der digitalen Lifestyleprodukte. Sie könnte in wenigen Jahren die PC-Branche an Umsatz und Gewinn überholen. Hier werden die Claims aber noch abgesteckt, sowohl was die Hardwareplattform wie auch das Betriebssystem angeht. Mehr noch: Für den Benutzer ist beides beim Kauf völlig nebensächlich. Es zählt nur die Bedienung des Geräts, und dessen Fähigkeiten.

Dabei machen Apple aber auch andere Hersteller noch einen besseren Umsatz mit den neuen Geräten als die PC-Hersteller: Sie werden in kürzeren Abständen neu gekauft und viele Anwender haben mehrere davon: Ein Tablett, ein Smartphone, eine Smartwatch etc.

Links

http://archive.computerhistory.org/resources/access/text/Oral_History/10265797 4.05.01.acc.pdf
Ted Hoff und Stan Mazor über ihre Beteiligung am Intel 4004.

http://www.bricklin.com/history/sai.htm
Dan Bricklins Seite über die Geschichte von VisiCalc und Software Arts.

http://www.cwhonors.org/archives/histories/Eubanks.pdf
Gordon Eubanks Oral History über seine frühen Jahre, unter anderem bei Gary Kildall und Digital Research.

http://www.archive.org/details/computerchronicles
Die Sendungen mit Gary Kildall können heute online angesehen oder heruntergeladen werden.

http://www.commodore.ca/history/company/chronology_portcommodore.htm
Ausführliche Geschichte der Firma Commodore.

http://oldcomputers.net/
Website mit zahlreichen Informationen über alte Rechner, dazu Anzeigen und Videos der Maschinen in Betrieb.

http://www.nvg.ntnu.no/sinclair/contents.htm
Planet Sinclair mit Informationen zu Sir Clive Sinclair, seinen Erfindungen und Computern.

http://www.textfiles.com/bitsavers/pdf/cdc/6x00/books/DesignOfAComputer_CDC6600.pdf
Buch über den Aufbau der CDC 6600, sehr stark ins Detail gehend, inklusive technischer Zeichnungen.

Literaturhinweise

Es gibt eine Reihe von englischsprachigen Büchern über die Geschichte des PC und seiner Schöpfer.

Paul Freiberger, Michael Swaine: „Fire in the Valley – the making of the personal computer“

Dieses Buch ist sicher das Standardwerk über die Geschichte des PC. Auf über 300 Seiten wird die Geschichte zahlreicher Firmen und Pioniere erzählt. Es geht weiter als dieses Buch und endet mit modernen Imperien wie Google. Neben den Erlebnissen zahlreicher Personen findet man auch Artikel über die Ursprünge der Computerclubs, Zeitschriften und Computershops. Das Buch wurde 1999 als „Pirates of the Valley“ verfilmt.

James Wallace & Jim Erickson: „Hard Drive: Bill Gates and the Making of the Microsoft Empire“

Ein älteres Buch über Bill Gates, das etwa 1994 endet und den Zeitraum abdeckt, den auch dieses Buch zum Inhalt hat. Es ist recht neutral geschrieben, anders als viele Autobiografien von Bill Gates. Wer über Bill Gates und die frühe Geschichte von Microsoft, seine Beteiligung am Altair und wie es zum MS-DOS Deal kam, genauer Bescheid wissen will, sollte dieses Buch kaufen.

David A. Kaplan: „The Silicon Boys and their Valley of dream“

Ein Buch über zahlreiche Personen in der Computerbranche, beginnend von Shockley bis zu den Gründern von Google. Es geht meistens nicht um Technik und Firmen, viel mehr um die Personen, ihre Eigenarten und ihre Lebensgeschichte. Aufgrund der vielen Beschriebenen wird jeder nur kurz dargestellt. Daher ist ideal für alle, die sich schnell informieren möchten.

BBC: „The Dream Machine – Exploring the Computer Age“

Dies ist ein Buch basierend auf einer BBC-Fernsehserie. Es beschreibt die Geschichte der Computer allgemein verständlich. Es beginnt bei den Anfängen und Endet etwa Mitte der Neunziger Jahre. Es beschreibt die Entstehung einer Industrie aber auch den technischen Fortschritt und wichtige Entwicklungen. Das Buch ist reich bebildert. Es ist eine gute Ergänzung zu obigen Büchern, die sich weitgehend auf die Personen konzentrieren, aber nicht was sie nun genau gemacht haben.

Die folgenden deutschsprachigen Bücher sind ebenfalls sehr lesenswert:

Steve Wozniak: „iWoz – wie ich den Personal Computer erfand und Apple mitgründete“

Die Autobiografie von Steve Wozniak ist sehr gut zu lesen und zeigt, wie er denkt und was er für ein Mensch ist. Für alle, die sich für Computer und Apple interessieren, sehr lesenswert. So erfährt der Leser auch viel über seine Jugend und das Studium. Das Buch endet weitgehend mit seinem Ausscheiden aus Apple 1987.

Tim Jackson: „Inside Intel“

Die Firmengeschichte Intels füllt das dickste hier vorgestellte Buch. Herausgekommen ist eine packende Story eines Unternehmens, und wie es sich veränderte – von einer Firma, die neue, innovative, Produkte herausbrachte zu einem Unternehmen, das andere mit Prozessen überzieht, um seine Marktmacht zu behalten. Es ist sehr lesenswert.

Jennifer Engström und Marlin Eller: „Barbarians led by Bill Gates“

Dieses Buch beschreibt sehr genau, wie es innerhalb von Microsoft zugeht, wie Bill Gates Einfluss auf die Entwicklung nimmt und Entwicklungen verschläft. Die Geschichte von Windows, OS/2 und zahlreichen anderen sind enthalten. Das Buch beginnt etwa 1982 und endet 1996 – die Zeit in der Eller bei Microsoft war. Geschrieben haben es nicht zwei Journalisten, sondern Insider: Jennifer Edstrom ist die Tochter von Pam Edström. Lange Jahre war ihre Agentur Waggener – Edström für die Pressearbeit von Microsoft zuständig. Marlin Eller war von 1982 bis 1995 Entwickler und Softwarearchitekt bei Microsoft.

Jeffrey Young und William L. Simon: „Steve Jobs und die Erfolgsgeschichte von Apple“

Ein eher kritisches Buch über Steve Jobs. Es ist sinnvoll es zusammen mit dem Buch von Wozniak zu lesen, der weitaus positiver über seinen ehemaligen Freund schreibt. Ich denke dann bekommt man ein Bild von Jobs aus zwei unterschiedlichen Sichten. Größter Nachteil des Buches ist, dass die Zeit bis zum Verlassen von Apple nur ein Drittel des Buches ausmacht. Der Rest entfällt auf die Jahre bei NeXT und Pixar. Auch die Wiederkehr zu Apple kommt deutlich zu kurz weg. Doch da es recht dick, und auch als Taschenbuch erhältlich ist, ist dies zu verschmerzen.

Das Buch ist akribisch recherchiert und wurde von Jobs aus dem Apple Bookstore verbannt.

William J. Kaufmann, Larry L. Snarr: Simulierte Welten

Das Buch, das im Spectrum Verlag erschienen ist, behandelt Supercomputer. Schon die Wahl des Verlags verrät, dass es sich an eine an Naturwissenschaft und Technik interessierte Leserschaft wendet. Es beginnt mit einer Einführung der Geschichte des Supercomputing – von den Anfängen bis etwa ins Jahr 1995, bevor MPP Architekturen dominierten. Es folgt eine Übersicht wie die Modelle konstruiert sind, die von den Rechnern berechnet werden und dann werden im größten Teil des Buchs Anwendungen vorgestellt, wo Supercomputer die Wissenschaft weiter gebracht haben inklusive der physikalischen Hintergründe oder der Herausforderungen bei der Modellierung. Das Buch ist, ein faszinierender Einstieg in das Thema, allgemein verständlich geschrieben. Leider gibt es im vorderen Teil einige falsche Angaben zu den Rechnern, die den positiven Gesamteindruck etwas trüben.

Zeittafel

Datum	Ereignis
1964	Erste CDC 6600 wird ausgeliefert.
1969	Erste CDC 7600 wird ausgeliefert.
November 1971	Intel 4004 als erster Mikroprozessor auf dem Markt.
April 1974	Erster 8 Bit Mikroprozessor 8080 erscheint.
Januar 1975	Altair 8800 wird angekündigt.
April 1975	Altair BASIC wird von Paul Allen vorgeführt.
16.9.1975	Erste 6502 Mikroprozessoren werden verkauft.
1976	Apple I läuft zum ersten Mal, erste Cray 1 zum Testbetrieb ans NCAR geliefert.
April 1977	Apple II, Tandy TRS-80, Commodore PET 2001 werden angekündigt.
November 1977	Erste CP/M Version erscheint.
Juni 1978	Intel 8086 Mikroprozessor erscheint.
1979	Die populärste CP/M Version 2.2 erscheint.
Juni 1979	Apple II+ erscheint. VisiCalc wird vorgestellt.
Februar 1980	Sinclair ZX80 wird angekündigt.
März 1980	Microsoft bringt die Z80 Karte als erstes Hardwareprodukt heraus.
April 1980	Tim Patterson beginnt die Arbeit an QDOS.
Mai 1980	Apple III erscheint.
Juni 1980	Commodore VC-20 wird vorgestellt.
März 1981	Sinclair ZX81 erscheint.
3.4.1981	Osborne 1 wird vorgestellt.
Juni 1989	CP/M-86 erscheint.
12.8.1981	IBM PC wird angekündigt. MS-DOS 1.0 erscheint.
Ende 1981	Sirius 1 wird vorgestellt.
Februar 1982	80286 Mikroprozessor erscheint.
21.4.1982	Sinclair Spectrum kommt auf den Markt.
1982	Osborne Executive wird angekündigt.
August 1982	Commodore C64 erscheint.

Datum	Ereignis
November 1982	Entwicklungsbeginn Windows 1.0
Januar 1983	Apple IIe erscheint, letzte 8 Bit CP/M Version 3.0 erscheint
19.1.1983	Apple LISA wird vorgestellt.
12/22.1.1984	Sinclair QL erscheint, Apple Macintosh wird angekündigt,
24.4.1984	Apple IIc erscheint.
14.8.1984	IBM AT wird vorgestellt.
1985	Erste Cray 2 installiert.
April 1985	Digital Research veröffentlicht GEM.
22.6.1985	Erster Amiga 1000 präsentiert. Zeitgleich: erster Atari ST vorgestellt.
Oktober 1985	Intel 80386 Mikroprozessor erscheint.
20.11.1985	Windows 1.0 erscheint.
1986	Tandon PAC erscheint.
September 1986	Apple IIGS wird vorgestellt.
April 1987	IBM Personal System/2 und OS/2 erscheinen.
9.12.1987	Windows 2.0 erscheint.
12.10.1988	NeXT Computer erscheint.
April 1989	Intel 486 Mikroprozessor verfügbar.
22.5.1990	Windows 3.0 erscheint.
18.9.1990	NeXT Cube veröffentlicht.
1991	Atari STE vorgestellt
April 1992	OS/2 2.0 mit Unterstützung für den 386-Prozessor erscheint.
März 1993	Pentium Mikroprozessor verfügbar.
Mai 1993	Erste und einzige Cray 3 ausgeliefert.
November 1993	Letzte Apple IIe laufen vom Band.
1994	OS/2 3.0 „Warp“ erscheint.
24.8.1995	Windows 95 erscheint.
November 1995	Pentium Pro Prozessor erscheint.
29.6.1996	Letzte und populärste Version von Windows NT (4.0) wird veröffentlicht.